U0239539

"十三五"国家重点出版物出版规划项目

世界名校名家基础教育系列

Textbooks of Base Disciplines from World's Top Universities and Experts

普通高等教育"十一五"国家级规划教材

# 线性代数

## 第2版

申亚男　张晓丹　李为东　编

吴昌悫　陈兆斗　审

机械工业出版社

本书是根据高等院校理工科各专业的“线性代数课程基本要求”编写的，主要内容包括矩阵、方阵的行列式、向量空间、线性方程组、矩阵的对角化、二次型、线性变换 7 章。本书选编了较多不同层次的例题和习题供教师选择，并引入了数学软件 MATLAB，以提高学生的学习兴趣和应用能力。书中部分章节打了“＊”，教师可以根据学时选讲或不讲，不影响整个体系。

本书内容丰富，阐述简明易懂，注重理论联系实际，可作为高等院校理工科各专业线性代数课程的教材或教学参考书。

**图书在版编目（CIP）数据**

线性代数/申亚男，张晓丹，李为东编. —2 版. —北京：机械工业出版社，2015. 8（2025. 1 重印）

普通高等教育“十一五”国家级规划教材

ISBN 978-7-111-50999-8

Ⅰ. ①线… Ⅱ. ①申… ②张… ③李… Ⅲ. ①线性代数-高等学校-教材 Ⅳ. ①O151. 2

中国版本图书馆 CIP 数据核字（2015）第 172128 号

机械工业出版社（北京市百万庄大街 22 号　邮政编码 100037）

策划编辑：郑　玫　责任编辑：郑　玫　孟令磊

版式设计：霍永明　责任校对：佟瑞鑫

封面设计：张　静　责任印制：单爱军

北京虎彩文化传播有限公司印刷

2025 年 1 月第 2 版第 11 次印刷

190mm×215mm · 12. 333 印张 · 306 千字

标准书号：ISBN 978-7-111-50999-8

定价：39. 80 元

凡购本书，如有缺页、倒页、脱页，由本社发行部调换

| 电话服务 | 网络服务 |
| --- | --- |
| 服务咨询热线：010-88379833 | 机 工 官 网：www. cmpbook. com |
| 读者购书热线：010-88379649 | 机 工 官 博：weibo. com/cmp1952 |
|  | 教育服务网：www. cmpedu. com |
| **封面无防伪标均为盗版** | 金 书 网：www. golden-book. com |

# 前 言

线性代数是理工科大学生最重要的数学基础课程之一，主要研究能够进行线性运算的量及其相互之间的关系和规律。

线性代数课程的主要内容包括矩阵理论、行列式理论、向量空间理论、线性方程组理论、二次型理论及矩阵的特征值问题等。本教材是以这些内容为主体编写的。

矩阵是研究线性运算的主要工具，在线性代数中处于核心地位，因此，本书强调和突出了矩阵的作用，第 1 章花费了较大的篇幅介绍了矩阵的概念和运算，特别加强了初等变换、矩阵相抵、分块矩阵的运算等内容，并附有大量的例题。使学生通过学习本章知识认识和掌握矩阵这一有力的数学工具。

行列式一直在线性代数中占有重要地位，虽然今天它较之矩阵已经退居次要地位，但仍在线性方程组求解、矩阵秩的计算、矩阵求逆、矩阵特征值计算中发挥着重要作用，是线性代数研究中不可缺少的工具。本书第 2 章详细介绍了行列式的理论与应用。

第 3 章从几何空间切入，引入 $n$ 维向量的概念及线性运算，使学生对线性相关、线性无关等概念有直观的几何理解。在向量组的基础上引入向量空间，之后再引入一般的线性空间的概念，使学生对抽象的空间概念有一个初步的认识。通过类比及推广的方法，使学生认识和领悟抽象线性空间的实质。第 4 章系统讨论了线性方程组解的结构及求解。

本书后 3 章在介绍了矩阵的特征值理论及二次型理论之后，用例题和习题的形式给出了线性递推关系、线性微分方程（组）、二次曲线及二次曲面的标准化问题。虽然，这些内容不是本书的核心，但是花一定的篇幅介绍这些知识，可以使学生尝试用线性代数工具解决一些其他领域的数学问题。

本书注意概念的引入背景，配备了较多不同层次的例题，同时配备了 A、B、C 三类习题，分别是基础题、较难的题及拓展知识题，使教师有较大的选择余地，同时引导有兴趣的学生去思考和探索数学问题。

学习数学的目的之一是使用数学技术解决其他学科及生产、生活实际中的问题，结合线性代数的内容，我们介绍了数学软件 MATLAB 的使用方法，使学生在掌握知识的同时，学会使用数学技术及现代工具，让计算机逐步真正走进我们的教学。

本书由张晓丹编写第1、2章，申亚男编写第3、4章，李为东编写第5、6、7章，申亚男负责全书的统稿工作。

在本书编写过程中，北京航空航天大学李心灿教授给予了热情的关心和真诚的帮助，北京信息科技大学吴昌悫教授和中国地质大学陈兆斗教授认真审阅了书稿，提出了不少中肯的修改意见，在此一并表示衷心的感谢。

由于水平所限，错漏之处在所难免，望读者不吝指正。

编　者

2014年10月

# 目 录

# 第1章 矩阵

矩阵是数学中的一个重要概念，是线性代数的重要研究对象．线性代数的许多内容都可借助于矩阵进行讨论．矩阵作为一种重要的数学工具，不仅广泛应用于数学的其他分支，而且在其他学科中也有着广泛的应用．

本章从实际问题入手，引入矩阵的概念，然后介绍矩阵运算、分块矩阵、可逆矩阵、矩阵的初等变换等内容，最后简单介绍数学软件MATLAB在矩阵中的应用．

**知识网络框图**

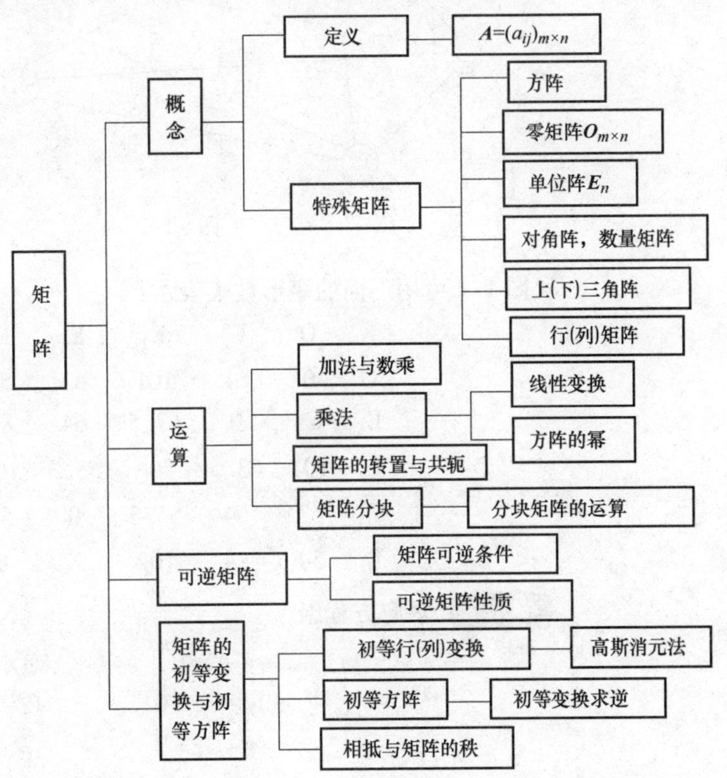

# 1.1 矩阵及其运算

## 1.1.1 矩阵的概念

在很多实际问题中，人们经常要处理一些数，不仅要描述它们，还要研究它们之间的相互关系.

**例 1.1** 某城市有 4 个县城，市政府决定修建公路网. 图 1-1 所示为公路网中各段公路的里程数（单位：km)，其中，五个圆分别表示城市 O 与四个县城 $E_1$，$E_2$，$E_3$，$E_4$，图中两圆连线上的数字表示两地之间公路的总里程.

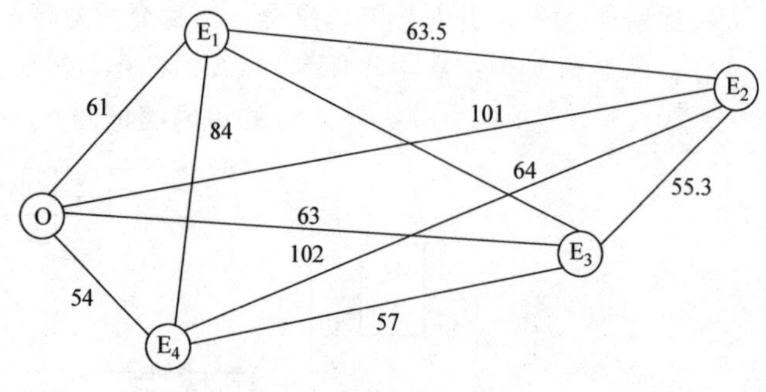


图 1-1

图 1-1 可用下面的矩形数表表示：

| | O | $E_1$ | $E_2$ | $E_3$ | $E_4$ |
|---|---|---|---|---|---|
| O | 0 | 61 | 101 | 63 | 54 |
| $E_1$ | 61 | 0 | 63. 5 | 64 | 84 |
| $E_2$ | 101 | 63. 5 | 0 | 55. 3 | 102 |
| $E_3$ | 63 | 64 | 55. 3 | 0 | 57 |
| $E_4$ | 54 | 84 | 102 | 57 | 0 |

**例 1.2** 求解方程组

$$\begin{cases} x-y+2z=1 & ① \\ -x+2y-3z=0. & ② \\ x-y+3z=2 & ③ \end{cases} \tag{1.1}$$

**解** 采用消元法求解，式②+式①，式③-式①，得

$$\begin{cases} x-y+2z=1 & ① \\ y-z=1. & ② \\ z=1 & ③ \end{cases} \tag{1.2}$$

形如式（1.2）的方程组称为**阶梯形线性方程组**.

采用**回代法**求解阶梯形线性方程组. 由式（1.2）中的式③知 $z=1$，将其回代式②，得 $y=2$，再回代式①，得 $x=1$.

原方程组（1.1）的解为 $\begin{cases} x=1 \\ y=2. \\ z=1 \end{cases}$

由例 1.2 的求解过程可以看出：线性方程组由未知变量的系数和常数项唯一确定，与未知变量的记号无关. 因此，要研究方程组的求解问题，只需研究未知变量的系数和常数项构成的数表即可. 我们将方程组（1.1）中未知变量的系数和常数项构成的数表记为

$$\begin{pmatrix} 1 & -1 & 2 & 1 \\ -1 & 2 & -3 & 0 \\ 1 & -1 & 3 & 2 \end{pmatrix},$$

这样的矩形数表称为矩阵. 因该矩阵有 3 行（横为行）4 列（竖为列），故称之为 3 行 4 列矩阵，简称 $3\times4$ 矩阵.

类似地，例 1.1 中的数表可用一个 $5\times5$ 矩阵表示为

$$\begin{pmatrix} 0 & 61 & 101 & 63 & 54 \\ 61 & 0 & 63.5 & 64 & 84 \\ 101 & 63.5 & 0 & 55.3 & 102 \\ 63 & 64 & 55.3 & 0 & 57 \\ 54 & 84 & 102 & 57 & 0 \end{pmatrix}.$$

**定义 1.1** $m\times n$ 个数 $a_{ij}$（$1\leqslant i\leqslant m$, $1\leqslant j\leqslant n$）组成的矩形数表

$$\boldsymbol{A}=\begin{pmatrix} a_{11} & a_{12} & \cdots & a_{1n} \\ a_{21} & a_{22} & \cdots & a_{2n} \\ \vdots & \vdots & & \vdots \\ a_{m1} & a_{m2} & \cdots & a_{mn} \end{pmatrix}$$

称为 $m$ 行 $n$ 列矩阵，或 $m\times n$ 矩阵，记作 $\boldsymbol{A}=(a_{ij})_{m\times n}$. 数 $a_{ij}$ 位于矩阵 $\boldsymbol{A}$ 的第 $i$ 行第 $j$ 列，称为矩阵 $\boldsymbol{A}$ 的元素.

矩阵是一个数表，没有值.

元素是实数的矩阵称为**实矩阵**，元素是复数的矩阵称为**复矩阵**. 通常，使用大写拉丁字母 $\boldsymbol{A}$，$\boldsymbol{B}$，$\boldsymbol{C}$，…表示矩阵. 对 $\boldsymbol{A}=(a_{ij})_{m\times n}$，若 $m=n$，称 $\boldsymbol{A}$ 为 $n$ 阶矩阵（或 $n$ 阶方阵）. $a_{ii}$（$1\leqslant i\leqslant n$）称为 $\boldsymbol{A}$ 的**对角元素**. 元素 $a_{ii}$（$i=1, 2, \cdots, n$）所在的直线称为该方阵的**主对角线**.

若 $m=1$，则 $\boldsymbol{A}=(a_{11}\quad a_{12}\quad \cdots\quad a_{1n})$，称 $\boldsymbol{A}$ 为**行矩阵**，又称**行向量**；若 $n=1$，则 $\boldsymbol{A}=\begin{pmatrix} a_{11} \\ a_{21} \\ \vdots \\ a_{m1} \end{pmatrix}$，称 $\boldsymbol{A}$ 为**列矩阵**，又称**列向量**.

两个矩阵的行数相等、列数也相等时，称它们是**同型矩阵**.

$m\times n$ 个元素全为零的矩阵称为**零矩阵**，记做 $\boldsymbol{O}_{m\times n}$ 或 $\boldsymbol{O}$.

例如，$\boldsymbol{A}=\begin{pmatrix} 1 & 0 & -4 \\ -2.5 & 3 & 6.2 \end{pmatrix}$，$\boldsymbol{B}=\begin{pmatrix} 0.5 & 1+\mathrm{i} & 1-2\mathrm{i} \\ 2 & 3 & 7 \end{pmatrix}$，$\boldsymbol{C}=\begin{pmatrix} 0 & 0 \\ 0 & 0 \\ 0 & 0 \end{pmatrix}$，其中 $\mathrm{i}=\sqrt{-1}$. 则 $\boldsymbol{A}$ 是 $2\times 3$ 实矩阵，$\boldsymbol{B}$ 是 $2\times 3$ 复矩阵，$\boldsymbol{A}$ 与 $\boldsymbol{B}$ 是同型矩阵，$\boldsymbol{C}=\boldsymbol{O}$ 是 $3\times 2$ 零矩阵.

**例 1.3** 给定 $n$ 个变量 $m$ 个方程的线性方程组

$$\begin{cases} a_{11}x_1+a_{12}x_2+\cdots+a_{1n}x_n=b_1 \\ a_{21}x_1+a_{22}x_2+\cdots+a_{2n}x_n=b_2, \\ \quad\vdots \\ a_{m1}x_1+a_{m2}x_2+\cdots+a_{mn}x_n=b_m \end{cases}$$

其中，$x_1$，$x_2$，…，$x_n$ 是未知数，$a_{ij}$（$i=1, 2, \cdots, m$；$j=1, 2, \cdots, n$）是系数；$b_1$，$b_2$，…，$b_m$ 是常数项.

将对应的系数按顺序排成矩形数表

$$\boldsymbol{A}=\begin{pmatrix} a_{11} & a_{12} & \cdots & a_{1n} \\ a_{21} & a_{22} & \cdots & a_{2n} \\ \vdots & \vdots & & \vdots \\ a_{m1} & a_{m2} & \cdots & a_{mn} \end{pmatrix},$$

$\boldsymbol{A}$ 是一个 $m\times n$ 矩阵，称为方程组的**系数矩阵**.

将对应的系数与常数项按顺序排成矩形数表

$$\boldsymbol{B}=\begin{pmatrix} a_{11} & a_{12} & \cdots & a_{1n} & b_1 \\ a_{21} & a_{22} & \cdots & a_{2n} & b_2 \\ \vdots & \vdots & & \vdots & \vdots \\ a_{m1} & a_{m2} & \cdots & a_{mn} & b_m \end{pmatrix},$$

$\boldsymbol{B}$ 是一个 $m\times(n+1)$ 矩阵，称为方程组的**增广矩阵**.

下面介绍几种特殊的矩阵.

**定义 1.2** 主对角元素全为 1，而其他元素全为零的 $n$ 阶矩阵称为 $n$ 阶**单位矩阵**，简称单位阵，记为 $\boldsymbol{E}_n$ 或 $\boldsymbol{E}$，即

$$\boldsymbol{E}=\begin{pmatrix} 1 & 0 & \cdots & 0 \\ 0 & 1 & \cdots & 0 \\ \vdots & \vdots & & \vdots \\ 0 & 0 & \cdots & 1 \end{pmatrix}.$$

**定义 1.3** 对角元不全为零，非主对角元素全为零的 $n$ 阶矩阵称为 $n$ 阶**对角矩阵**，简称对角阵，记为 $\boldsymbol{\Lambda}$，即

$$\boldsymbol{\Lambda}=\begin{pmatrix} a_1 & 0 & \cdots & 0 \\ 0 & a_2 & \cdots & 0 \\ \vdots & \vdots & & \vdots \\ 0 & 0 & \cdots & a_n \end{pmatrix},$$

或记作 $\boldsymbol{\Lambda}=\mathrm{diag}(a_1,a_2,\cdots,a_n)$，$a_1,a_2,\cdots,a_n$ 不全为零.

对角矩阵 $\begin{pmatrix} k & 0 & \cdots & 0 \\ 0 & k & \cdots & 0 \\ \vdots & \vdots & & \vdots \\ 0 & 0 & \cdots & k \end{pmatrix}$ $(k\neq 0)$ 称为 $n$ 阶**数量矩阵**.

**定义 1.4** 形如 $\begin{pmatrix} a_{11} & a_{12} & \cdots & a_{1n} \\ 0 & a_{22} & \cdots & a_{2n} \\ \vdots & \vdots & & \vdots \\ 0 & 0 & \cdots & a_{nn} \end{pmatrix}$ 与 $\begin{pmatrix} a_{11} & 0 & \cdots & 0 \\ a_{21} & a_{22} & \cdots & 0 \\ \vdots & \vdots & & \vdots \\ a_{n1} & a_{n2} & \cdots & a_{nn} \end{pmatrix}$ 的 $n$ 阶方阵分别称为 $n$ 阶**上三角阵**与 $n$ 阶**下三角阵**.

显然，矩阵 $\boldsymbol{A}=(a_{ij})_{n\times n}$ 是上三角阵，当且仅当 $a_{ij}=0$，$(i>j,\ j=1,2,\cdots,n-1)$；矩阵 $\boldsymbol{A}=(a_{ij})_{n\times n}$ 是下三角阵，当且仅当 $a_{ij}=0$ $(i<j,\ j=2,3,\cdots,n)$.

### 1.1.2 矩阵的加法与数量乘法

为了有效地处理不同矩阵之间的相互关系，我们来定义矩阵的代数运算. 首先对两个矩阵相等给予定义.

**定义 1.5** 设 $\boldsymbol{A}=(a_{ij})_{m\times n}$，$\boldsymbol{B}=(b_{ij})_{m\times n}$是同型矩阵，且各对应位置的元素都相等，即 $a_{ij}=b_{ij}$ ($i=1, 2, \cdots, m$; $j=1, 2, \cdots, n$)，则称 $\boldsymbol{A}$ 和 $\boldsymbol{B}$ 相等，记作 $\boldsymbol{A}=\boldsymbol{B}$.

例如，若$\begin{pmatrix} a & -1 \\ 0 & b \\ 2 & 3 \end{pmatrix}=\begin{pmatrix} 1 & -1 \\ 0 & 2 \\ c & 3 \end{pmatrix}$，则必有 $a=1$，$b=2$，$c=2$.

不同于数 0，不是任意两个零矩阵都相等，两个同型零矩阵才相等.

又如，$\begin{pmatrix} 0 & 0 \\ 0 & 0 \\ 0 & 0 \end{pmatrix}\neq\begin{pmatrix} 0 & 0 \\ 0 & 0 \end{pmatrix}$.

**定义 1.6** 设 $\boldsymbol{A}=(a_{ij})_{m\times n}$，$\boldsymbol{B}=(b_{ij})_{m\times n}$是同型矩阵，令

$$\boldsymbol{C}=\boldsymbol{A}+\boldsymbol{B}=\begin{pmatrix} a_{11}+b_{11} & a_{12}+b_{12} & \cdots & a_{1n}+b_{1n} \\ a_{21}+b_{21} & a_{22}+b_{22} & \cdots & a_{2n}+b_{2n} \\ \vdots & \vdots & & \vdots \\ a_{m1}+b_{m1} & a_{m2}+b_{m2} & \cdots & a_{mn}+b_{mn} \end{pmatrix},$$

称 $m\times n$ 矩阵 $\boldsymbol{C}=(c_{ij})_{m\times n}$ 为矩阵 $\boldsymbol{A}$ 与 $\boldsymbol{B}$ 的和. 其中，$c_{ij}=a_{ij}+b_{ij}$，$1\leqslant i\leqslant m$, $1\leqslant j\leqslant n$.

**注意**：只有同型矩阵才能相加，同型矩阵之和与原矩阵仍是同型矩阵.

加法运算满足：

(1) **交换律**：$\boldsymbol{A}+\boldsymbol{B}=\boldsymbol{B}+\boldsymbol{A}$.

(2) **结合律**：$(\boldsymbol{A}+\boldsymbol{B})+\boldsymbol{C}=\boldsymbol{A}+(\boldsymbol{B}+\boldsymbol{C})$.

(3) **零矩阵的特性**：$\boldsymbol{A}+\boldsymbol{O}=\boldsymbol{O}+\boldsymbol{A}=\boldsymbol{A}$. 其中，$\boldsymbol{A}$ 为与零矩阵同型的任意矩阵.

设 $\boldsymbol{A}=(a_{ij})_{m\times n}$，记 $-\boldsymbol{A}=(-a_{ij})_{m\times n}$，$-\boldsymbol{A}$ 称为 $\boldsymbol{A}$ 的负矩阵.

(4) **存在负矩阵 $-\boldsymbol{A}$**，满足 $\boldsymbol{A}+(-\boldsymbol{A})=(-\boldsymbol{A})+\boldsymbol{A}=\boldsymbol{O}$.

以上性质很容易由定义直接验证. 利用性质 (4)，可定义矩阵的减法为

$$\boldsymbol{A}-\boldsymbol{B}=\boldsymbol{A}+(-\boldsymbol{B}).$$

例如，若 $\boldsymbol{A}=\begin{pmatrix}2&3&1\\-1&2&1\end{pmatrix}$，$\boldsymbol{B}=\begin{pmatrix}1&-1&1\\2&0&-1\end{pmatrix}$，则

$$\boldsymbol{A}+\boldsymbol{B}=\begin{pmatrix}3&2&2\\1&2&0\end{pmatrix},\ \boldsymbol{A}-\boldsymbol{B}=\begin{pmatrix}1&4&0\\-3&2&2\end{pmatrix}.$$

**定义 1.7** 设矩阵 $\boldsymbol{A}=(a_{ij})_{m\times n}$，$\lambda$ 为一实数或复数，规定

$$\lambda\boldsymbol{A}=(\lambda a_{ij})_{m\times n}=\begin{pmatrix}\lambda a_{11}&\lambda a_{12}&\cdots&\lambda a_{1n}\\\lambda a_{21}&\lambda a_{22}&\cdots&\lambda a_{2n}\\\vdots&\vdots&&\vdots\\\lambda a_{m1}&\lambda a_{m2}&\cdots&\lambda a_{mn}\end{pmatrix},$$

称此矩阵为数 $\lambda$ 和矩阵 $\boldsymbol{A}$ 的**数量乘积**，简称为矩阵的**数乘**.

矩阵的数量乘法满足下列运算规律：

(1) $(\lambda+\mu)\boldsymbol{A}=\lambda\boldsymbol{A}+\mu\boldsymbol{A}$.

(2) $\lambda(\boldsymbol{A}+\boldsymbol{B})=\lambda\boldsymbol{A}+\lambda\boldsymbol{B}$.

(3) $(\lambda\mu)\boldsymbol{A}=\lambda(\mu\boldsymbol{A})=\mu(\lambda\boldsymbol{A})$.

(4) $1\quad\boldsymbol{A}=\boldsymbol{A},0\quad\boldsymbol{A}=\boldsymbol{O}$.

其中 $\lambda$，$\mu$ 为任何实数，$\boldsymbol{A}$，$\boldsymbol{B}$ 为同型矩阵.

矩阵的加法与矩阵的数乘统称为矩阵的线性运算.

**例 1.4** 设 $\boldsymbol{A}=\begin{pmatrix}2&3&1\\-1&2&1\end{pmatrix}$，$\boldsymbol{B}=\begin{pmatrix}1&-1&1\\2&0&-1\end{pmatrix}$，求矩阵 $\boldsymbol{X}$，使得 $4\boldsymbol{A}+2\boldsymbol{X}=\boldsymbol{B}$.

矩阵的线性运算与函数的线性运算有相似之处，零矩阵扮演着数零的角色，负矩阵扮演着相反数的角色.

**解** $2\boldsymbol{X}=\boldsymbol{B}-4\boldsymbol{A}=\begin{pmatrix}1&-1&1\\2&0&-1\end{pmatrix}-4\begin{pmatrix}2&3&1\\-1&2&1\end{pmatrix}$

$$=\begin{pmatrix}1&-1&1\\2&0&-1\end{pmatrix}-\begin{pmatrix}8&12&4\\-4&8&4\end{pmatrix}=\begin{pmatrix}-7&-13&-3\\6&-8&-5\end{pmatrix},$$

从而 $$\boldsymbol{X}=\frac{1}{2}\begin{pmatrix}-7&-13&-3\\6&-8&-5\end{pmatrix}=\begin{pmatrix}-7/2&-13/2&-3/2\\3&-4&-5/2\end{pmatrix}.$$

### 1.1.3 矩阵与矩阵的乘法

矩阵的乘法定义来源于研究线性变换的需要.

**定义 1.8** $n$ 个变量 $x_1$，$x_2$，$\cdots$，$x_n$ 与 $m$ 个变量 $y_1$，$y_2$，$\cdots$，$y_m$ 之间的关系式

$$\begin{cases} y_1 = a_{11}x_1 + a_{12}x_2 + \cdots + a_{1n}x_n \\ y_2 = a_{21}x_1 + a_{22}x_2 + \cdots + a_{2n}x_n \\ \qquad \vdots \\ y_m = a_{m1}x_1 + a_{m2}x_2 + \cdots + a_{mn}x_n \end{cases}$$

称为一个从变量 $x_1$，$x_2$，…，$x_n$ 到变量 $y_1$，$y_2$，…，$y_m$ 的线性变换. 这里，$a_{ij}$为常数；$\boldsymbol{A}=(a_{ij})_{m\times n}$称为线性变换的系数矩阵.

线性变换与其系数矩阵一一对应，研究线性变换可归结为研究其系数矩阵. 例如，矩阵 $\begin{pmatrix} \cos\theta & -\sin\theta \\ \sin\theta & \cos\theta \end{pmatrix}$ 对应的线性变换为 $\begin{cases} x_1 = x\cos\theta - y\sin\theta \\ y_1 = x\sin\theta + y\cos\theta \end{cases}$，表示将点 $P(x, y)$ 变为点 $P_1(x_1, y_1)$ 的变换，从几何上看，就是将 $xOy$ 平面上向量 $\overrightarrow{OP}=(x, y)$ 旋转 $\theta$ 角变为向量 $\overrightarrow{OP_1}=(x_1, y_1)$. 因此，该变换也称为**旋转变换**，见图 1-2.

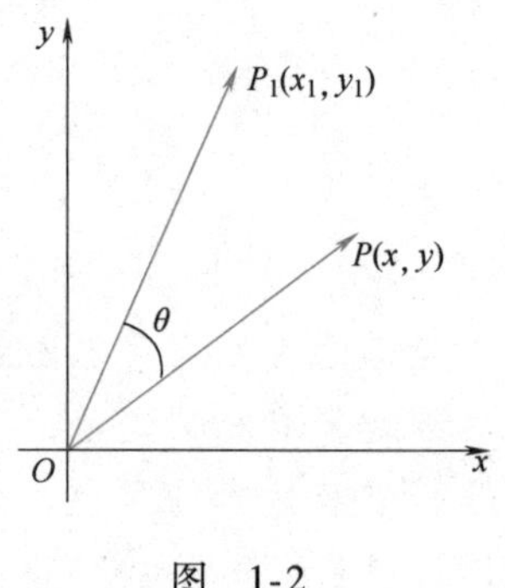


图 1-2

关系式

$$\sigma_{xy}: \begin{cases} y_1 = a_{11}x_1 + a_{12}x_2 + a_{13}x_3 \\ y_2 = a_{21}x_1 + a_{22}x_2 + a_{23}x_3 \end{cases}$$

是从变量 $x_1$，$x_2$，$x_3$ 到变量 $y_1$，$y_2$ 的线性变换，其系数矩阵为 $\boldsymbol{A}=\begin{pmatrix} a_{11} & a_{12} & a_{13} \\ a_{21} & a_{22} & a_{23} \end{pmatrix}$.

关系式

$$\sigma_{tx}: \begin{cases} x_1 = b_{11}t_1 + b_{12}t_2 \\ x_2 = b_{21}t_1 + b_{22}t_2 \\ x_3 = b_{31}t_1 + b_{32}t_2 \end{cases}$$

是从变量 $t_1$，$t_2$ 到变量 $x_1$，$x_2$，$x_3$ 的线性变换，其系数矩阵为 $\boldsymbol{B}=\begin{pmatrix} b_{11} & b_{12} \\ b_{21} & b_{22} \\ b_{31} & b_{32} \end{pmatrix}$.

将 $\sigma_{tx}$ 代入 $\sigma_{xy}$，得到从变量 $t_1$，$t_2$ 到变量 $y_1$，$y_2$ 的线性变换 $\sigma_{ty}: \begin{cases} y_1 = c_{11}t_1 + c_{12}t_2 \\ y_2 = c_{21}t_1 + c_{22}t_2 \end{cases}$，其系数矩阵为 $\boldsymbol{C}=\begin{pmatrix} c_{11} & c_{12} \\ c_{21} & c_{22} \end{pmatrix}$. 容易验证

$$\boldsymbol{C}=\begin{pmatrix} a_{11}b_{11}+a_{12}b_{21}+a_{13}b_{31} & a_{11}b_{12}+a_{12}b_{22}+a_{13}b_{32} \\ a_{21}b_{11}+a_{22}b_{21}+a_{23}b_{31} & a_{21}b_{12}+a_{22}b_{22}+a_{23}b_{32} \end{pmatrix}.$$

在代数学中，我们将变换 $\sigma_{ty}$ 称为变换 $\sigma_{xy}$ 与变换 $\sigma_{tx}$ 的乘积. 由此，将矩阵 $\boldsymbol{C}$ 称为矩阵 $\boldsymbol{A}$ 与 $\boldsymbol{B}$ 的乘积，记作 $\boldsymbol{C}=\boldsymbol{AB}$.

下面推广到一般情况.

**定义 1.9** 设矩阵 $\boldsymbol{A}=(a_{ij})_{m\times p}$，$\boldsymbol{B}=(b_{ij})_{p\times n}$，以 $\boldsymbol{AB}$ 表示矩阵 $\boldsymbol{A}$ 和 $\boldsymbol{B}$ 的乘积，它是一个 $m\times n$ 矩阵，其第 $i$ 行、第 $j$ 列的元素等于 $\boldsymbol{A}$ 的第 $i$ 行的 $p$ 个元素与 $\boldsymbol{B}$ 的第 $j$ 列相应的 $p$ 个元素分别相乘的乘积之和. 即若记 $\boldsymbol{C}=(c_{ij})_{m\times n}=\boldsymbol{AB}$，则

$$c_{ij}=\sum_{k=1}^{p}a_{ik}b_{kj}=a_{i1}b_{1j}+a_{i2}b_{2j}+\cdots+a_{ip}b_{pj},\ i=1,2,\cdots,m,\ j=1,2,\cdots,n.$$

由定义看出：只有当矩阵 $\boldsymbol{A}$ 的列数与矩阵 $\boldsymbol{B}$ 的行数相等时，乘积 $\boldsymbol{AB}$ 才有意义. 否则，$\boldsymbol{A}$ 与 $\boldsymbol{B}$ 不可乘. 可见，**不是任意两个矩阵都可相乘.**

**例 1.5** 设 $\boldsymbol{A}=\begin{pmatrix}3 & 2\\ -2 & 3\end{pmatrix}$，$\boldsymbol{B}=\begin{pmatrix}2 & -1 & 1\\ -1 & 2 & 2\end{pmatrix}$，求 $\boldsymbol{AB}$.

**解**

$$\boldsymbol{AB}=\begin{pmatrix}3 & 2\\ -2 & 3\end{pmatrix}\begin{pmatrix}2 & -1 & 1\\ -1 & 2 & 2\end{pmatrix}$$

$$=\begin{pmatrix}3\times2+2\times(-1) & 3\times(-1)+2\times2 & 3\times1+2\times2\\ -2\times2+3\times(-1) & -2\times(-1)+3\times2 & -2\times1+3\times2\end{pmatrix}$$

$$=\begin{pmatrix}4 & 1 & 7\\ -7 & 8 & 4\end{pmatrix}.$$

但 $\boldsymbol{BA}$ 是没有意义的.

**例 1.6** 设 $\boldsymbol{A}=(2\quad 3\quad 0\quad -5)$，$\boldsymbol{B}=\begin{pmatrix}0.5\\ -2\\ 4.5\\ -3\end{pmatrix}$，求 $\boldsymbol{AB}$ 与 $\boldsymbol{BA}$.

**解** 按定义，一个 $1\times4$ 行矩阵与一个 $4\times1$ 列矩阵的乘积是一个一阶方阵. 运算结果是一阶方阵时，可将它看成一个数，不用加括号.

$$\boldsymbol{AB}=(2\quad 3\quad 0\quad -5)\begin{pmatrix}0.5\\ -2\\ 4.5\\ -3\end{pmatrix}=10,$$

$$\boldsymbol{BA}=\begin{pmatrix}0.5\\-2\\4.5\\-3\end{pmatrix}(2\quad 3\quad 0\quad -5)=\begin{pmatrix}1&1.5&0&-2.5\\-4&-6&0&10\\9&13.5&0&-22.5\\-6&-9&0&15\end{pmatrix}.$$

$\boldsymbol{AB}$ 是一个数，$\boldsymbol{BA}$ 是一个四阶方阵，$\boldsymbol{AB}$ 与 $\boldsymbol{BA}$ 不是同型矩阵，$\boldsymbol{AB}\neq\boldsymbol{BA}$.

**例 1.7** 设 $\boldsymbol{A}=\begin{pmatrix}a&-b\\a&-b\end{pmatrix}$，$a\neq0$，$\boldsymbol{B}=\begin{pmatrix}b&b\\a&a\end{pmatrix}$，求 $\boldsymbol{AB}$ 与 $\boldsymbol{BA}$.

解
$$\boldsymbol{AB}=\begin{pmatrix}a&-b\\a&-b\end{pmatrix}\begin{pmatrix}b&b\\a&a\end{pmatrix}=\begin{pmatrix}0&0\\0&0\end{pmatrix},$$

$$\boldsymbol{BA}=\begin{pmatrix}b&b\\a&a\end{pmatrix}\begin{pmatrix}a&-b\\a&-b\end{pmatrix}=\begin{pmatrix}2ab&-2b^2\\2a^2&-2ab\end{pmatrix}.$$

$\boldsymbol{AB}$ 与 $\boldsymbol{BA}$ 是同阶方阵，但 $\boldsymbol{AB}\neq\boldsymbol{BA}$.

由例 1.5 ~ 例 1.7 可看出，矩阵乘法与数的乘法的区别有以下几点：

（1）**矩阵乘法不满足交换律.** 即一般地，$\boldsymbol{AB}\neq\boldsymbol{BA}$.

当 $\boldsymbol{AB}=\boldsymbol{BA}$ 时，称 $\boldsymbol{A}$ 与 $\boldsymbol{B}$ 可交换. 易证，若 $\boldsymbol{AB}=\boldsymbol{BA}$，则 $\boldsymbol{A}$，$\boldsymbol{B}$ 必是同阶方阵.

（2）**由矩阵乘积 $\boldsymbol{AB}=\boldsymbol{O}$，不能推出 $\boldsymbol{A}=\boldsymbol{O}$ 或 $\boldsymbol{B}=\boldsymbol{O}$.**

换句话说：$\boldsymbol{A}\neq\boldsymbol{O}$，$\boldsymbol{B}\neq\boldsymbol{O}$，可能会有 $\boldsymbol{AB}=\boldsymbol{O}$.（如例 1.7）

（3）**矩阵乘法不满足消去律.** 即由 $\boldsymbol{AB}=\boldsymbol{AC}$，$\boldsymbol{A}\neq\boldsymbol{O}$，不能导出 $\boldsymbol{B}=\boldsymbol{C}$.

矩阵乘法亦具有与数的乘法相似的性质，满足结合律、分配律.

**性质 1** $(\boldsymbol{AB})\boldsymbol{C}=\boldsymbol{A}(\boldsymbol{BC})$.

**性质 2** $(\boldsymbol{A}+\boldsymbol{B})\boldsymbol{C}=\boldsymbol{AC}+\boldsymbol{BC}$.

$\boldsymbol{C}(\boldsymbol{A}+\boldsymbol{B})=\boldsymbol{CA}+\boldsymbol{CB}$.

**性质 3** $\lambda(\boldsymbol{AB})=(\lambda\boldsymbol{A})\boldsymbol{B}=\boldsymbol{A}(\lambda\boldsymbol{B})$，其中 $\lambda$ 是数.

**性质 4** $\boldsymbol{E}_m\boldsymbol{A}_{m\times n}=\boldsymbol{A}_{m\times n}$，$\boldsymbol{A}_{m\times n}\boldsymbol{E}_n=\boldsymbol{A}_{m\times n}$.

$\boldsymbol{O}_{p\times m}\boldsymbol{A}_{m\times n}=\boldsymbol{O}_{p\times n}$，$\boldsymbol{A}_{m\times n}\boldsymbol{O}_{n\times s}=\boldsymbol{O}_{m\times s}$.

这里只给出性质 1 的证明，性质 2 ~ 性质 4 的证明留给读者作练习.

**证** （**性质 1**）设 $\boldsymbol{A}=(a_{ij})_{m\times n}$，$\boldsymbol{B}=(b_{ij})_{n\times p}$，$\boldsymbol{C}=(c_{ij})_{p\times q}$，则

$$\boldsymbol{AB} = \left(\sum_{k=1}^{n} a_{ik}b_{kl}\right)_{m\times p},\ \boldsymbol{BC} = \left(\sum_{l=1}^{p} b_{kl}c_{lj}\right)_{n\times q}.$$

从而

$$\begin{aligned}(\boldsymbol{AB})\boldsymbol{C} &= \left(\sum_{l=1}^{p}\left(\sum_{k=1}^{n} a_{ik}b_{kl}\right)c_{lj}\right)_{m\times q} = \left(\sum_{l=1}^{p}\sum_{k=1}^{n} a_{ik}b_{kl}c_{lj}\right)_{m\times q}\\ &= \left(\sum_{k=1}^{n}\sum_{l=1}^{p} a_{ik}b_{kl}c_{lj}\right)_{m\times q}\\ &= \left(\sum_{k=1}^{n} a_{ik}\left(\sum_{l=1}^{p} b_{kl}c_{lj}\right)\right)_{m\times q} = \boldsymbol{A}(\boldsymbol{BC}).\end{aligned}$$

性质 4 说明，单位阵与零矩阵在矩阵乘法中的作用类似于数 1 与数 0 在数的乘法中的作用.

矩阵乘法使线性方程组与线性变换的表示变得异常简洁.

例如，给定线性方程组

$$\begin{cases} a_{11}x_1 + a_{12}x_2 + \cdots + a_{1n}x_n = b_1 \\ a_{21}x_1 + a_{22}x_2 + \cdots + a_{2n}x_n = b_2, \\ \qquad\vdots \\ a_{m1}x_1 + a_{m2}x_2 + \cdots + a_{mn}x_n = b_m \end{cases}$$

设 $\boldsymbol{A} = \begin{pmatrix} a_{11} & a_{12} & \cdots & a_{1n} \\ a_{21} & a_{22} & \cdots & a_{2n} \\ \vdots & \vdots & & \vdots \\ a_{m1} & a_{m2} & \cdots & a_{mn} \end{pmatrix}$, $\boldsymbol{x} = \begin{pmatrix} x_1 \\ x_2 \\ \vdots \\ x_n \end{pmatrix}$, $\boldsymbol{b} = \begin{pmatrix} b_1 \\ b_2 \\ \vdots \\ b_m \end{pmatrix}$.

利用矩阵的乘法，上述方程组可记作 $\boldsymbol{Ax} = \boldsymbol{b}$.

对于线性变换

$$\begin{cases} y_1 = a_{11}x_1 + a_{12}x_2 + \cdots + a_{1n}x_n \\ y_2 = a_{21}x_1 + a_{22}x_2 + \cdots + a_{2n}x_n, \\ \qquad\vdots \\ y_m = a_{m1}x_1 + a_{m2}x_2 + \cdots + a_{mn}x_n \end{cases}$$

利用矩阵的乘法，可记作 $\boldsymbol{Y} = \boldsymbol{AX}$，其中

$$\boldsymbol{A} = (a_{ij})_{m\times n},\ \boldsymbol{Y} = \begin{pmatrix} y_1 \\ y_2 \\ \vdots \\ y_m \end{pmatrix},\ \boldsymbol{X} = \begin{pmatrix} x_1 \\ x_2 \\ \vdots \\ x_n \end{pmatrix}.$$

下面定义方阵的乘幂与方阵的多项式.

**定义 1.10** 设 $\boldsymbol{A}$ 是 $n$ 阶矩阵，$k$ 是自然数，$k$ 个 $\boldsymbol{A}$ 的连乘积称为 $\boldsymbol{A}$ 的 $k$ 次幂，记作$\boldsymbol{A}^k$，即$\boldsymbol{A}^k=\underbrace{\boldsymbol{A}\boldsymbol{A}\cdot\cdots\cdot\boldsymbol{A}}_{k\text{个}}$.

规定 $\boldsymbol{A}^0=\boldsymbol{E}$，$\boldsymbol{A}^1=\boldsymbol{A}$.

方阵的幂有如下的运算性质：

(1) $\boldsymbol{A}^n\boldsymbol{A}^m=\boldsymbol{A}^{n+m}$.

(2) $(\boldsymbol{A}^n)^m=\boldsymbol{A}^{nm}$.

这里，$m$，$n$ 是自然数.

一般地，$(\boldsymbol{AB})^k\neq\boldsymbol{A}^k\boldsymbol{B}^k$. 当 $\boldsymbol{A}$ 与 $\boldsymbol{B}$ 可交换时，$(\boldsymbol{AB})^k=\boldsymbol{A}^k\boldsymbol{B}^k$. 因此，有（$\boldsymbol{A}$ 与 $\boldsymbol{B}$ 可交换除外）

$$(\boldsymbol{A}+\boldsymbol{B})^2\neq\boldsymbol{A}^2+2\boldsymbol{AB}+\boldsymbol{B}^2,$$
$$\boldsymbol{A}^2-\boldsymbol{B}^2\neq(\boldsymbol{A}+\boldsymbol{B})(\boldsymbol{A}-\boldsymbol{B}).$$

**定义 1.11** 设 $f(x)=a_nx^n+a_{n-1}x^{n-1}+\cdots+a_1x+a_0$ 是 $x$ 的 $n$ 次多项式，$\boldsymbol{A}$ 是 $n$ 阶方阵，$f(\boldsymbol{A})=a_n\boldsymbol{A}^n+a_{n-1}\boldsymbol{A}^{n-1}+\cdots+a_1\boldsymbol{A}+a_0\boldsymbol{E}$ 称为方阵 $\boldsymbol{A}$ 的 $n$ 次多项式.

**例 1.8** 设 $\boldsymbol{A}=\begin{pmatrix}1&0\\2&1\end{pmatrix}$，求 $\boldsymbol{A}^2$，$\boldsymbol{A}^3-2\boldsymbol{A}^2+\boldsymbol{A}-3\boldsymbol{E}$，$\boldsymbol{A}^n$.

**解**

$$\boldsymbol{A}^2=\boldsymbol{A}\boldsymbol{A}=\begin{pmatrix}1&0\\2&1\end{pmatrix}\begin{pmatrix}1&0\\2&1\end{pmatrix}=\begin{pmatrix}1&0\\4&1\end{pmatrix},$$

$$\boldsymbol{A}^3=\boldsymbol{A}^2\boldsymbol{A}=\begin{pmatrix}1&0\\4&1\end{pmatrix}\begin{pmatrix}1&0\\2&1\end{pmatrix}=\begin{pmatrix}1&0\\6&1\end{pmatrix}.$$

二阶方阵 $\boldsymbol{A}$ 的 3 次多项式 $\boldsymbol{A}^3-2\boldsymbol{A}^2+\boldsymbol{A}-3\boldsymbol{E}$ 为

$$\boldsymbol{A}^3-2\boldsymbol{A}^2+\boldsymbol{A}-3\boldsymbol{E}=\begin{pmatrix}1&0\\6&1\end{pmatrix}-2\begin{pmatrix}1&0\\4&1\end{pmatrix}+\begin{pmatrix}1&0\\2&1\end{pmatrix}-3\begin{pmatrix}1&0\\0&1\end{pmatrix}$$
$$=\begin{pmatrix}-3&0\\0&-3\end{pmatrix}.$$

求 $\boldsymbol{A}^n$ 常用以下两种方法：

(1) 归纳法. 根据上面 $\boldsymbol{A}^2$ 与 $\boldsymbol{A}^3$ 的结果，可猜想 $\boldsymbol{A}^n=\begin{pmatrix}1&0\\2n&1\end{pmatrix}$.

$n=1$ 时，公式成立.

当 $n>1$ 时，设公式对 $n-1$ 成立，则

$$A^n = A^{n-1}A = \begin{pmatrix} 1 & 0 \\ 2(n-1) & 1 \end{pmatrix}\begin{pmatrix} 1 & 0 \\ 2 & 1 \end{pmatrix} = \begin{pmatrix} 1 & 0 \\ 2n & 1 \end{pmatrix},$$

猜想正确.

(2) 利用二项式公式.

矩阵二项式公式为：若 $\boldsymbol{A}$ 与 $\boldsymbol{B}$ 是 $n$ 阶可交换方阵，即：$\boldsymbol{AB} = \boldsymbol{BA}$，则

$$(\boldsymbol{A}+\boldsymbol{B})^n = \sum_{k=0}^{n} \mathrm{C}_n^k \boldsymbol{A}^{n-k}\boldsymbol{B}^k, n \in \boldsymbol{Z}_+.\ (\mathrm{C}_n^k \text{ 是二项式系数})$$

（证明留作习题）. 应用于该题，设 $\boldsymbol{B} = \begin{pmatrix} 0 & 0 \\ 2 & 0 \end{pmatrix}$，则 $\boldsymbol{A} = \boldsymbol{E} + \boldsymbol{B}$. 因为 $\boldsymbol{EB} = \boldsymbol{BE}$，矩阵二项式公式成立. 因为 $\boldsymbol{B}^2 = \begin{pmatrix} 0 & 0 \\ 2 & 0 \end{pmatrix}\begin{pmatrix} 0 & 0 \\ 2 & 0 \end{pmatrix} = \begin{pmatrix} 0 & 0 \\ 0 & 0 \end{pmatrix}$，当 $k>2$ 时，$\boldsymbol{B}^k = \boldsymbol{B}^2\boldsymbol{B}^{k-2} = \boldsymbol{O}$，又 $\boldsymbol{E}^k = \boldsymbol{E}$，从而 $\boldsymbol{A}^n = (\boldsymbol{E}+\boldsymbol{B})^n = \sum_{k=0}^{n} \mathrm{C}_n^k \boldsymbol{B}^k = \boldsymbol{E} + n\boldsymbol{B} = \begin{pmatrix} 1 & 0 \\ 0 & 1 \end{pmatrix} + \begin{pmatrix} 0 & 0 \\ 2n & 0 \end{pmatrix} = \begin{pmatrix} 1 & 0 \\ 2n & 1 \end{pmatrix}$.

### 1.1.4 矩阵的转置

**定义 1.12** 设 $\boldsymbol{A} = (a_{ij})_{m\times n}$，把 $\boldsymbol{A}$ 的行依次改变为列，所得到的 $n\times m$ 矩阵称为 $\boldsymbol{A}$ 的转置矩阵，记作 $\boldsymbol{A}^{\mathrm{T}} = \begin{pmatrix} a_{11} & a_{21} & \cdots & a_{m1} \\ a_{12} & a_{22} & \cdots & a_{m2} \\ \vdots & \vdots & & \vdots \\ a_{1n} & a_{2n} & \cdots & a_{mn} \end{pmatrix}$.

例如，设 $\boldsymbol{A} = \begin{pmatrix} 1 & 2 \\ 0 & -5 \\ 3 & 6 \end{pmatrix}$，则 $\boldsymbol{A}^{\mathrm{T}} = \begin{pmatrix} 1 & 0 & 3 \\ 2 & -5 & 6 \end{pmatrix}$.

**例 1.9** 设 $\boldsymbol{A} = \begin{pmatrix} a & b \\ c & d \end{pmatrix}$ 是实矩阵，若 $\boldsymbol{A}^{\mathrm{T}}\boldsymbol{A} = \boldsymbol{O}$，则 $\boldsymbol{A} = \boldsymbol{O}$.

**解** $\boldsymbol{A}^{\mathrm{T}} = \begin{pmatrix} a & c \\ b & d \end{pmatrix}$，$\boldsymbol{A}^{\mathrm{T}}\boldsymbol{A} = \begin{pmatrix} a & c \\ b & d \end{pmatrix}\begin{pmatrix} a & b \\ c & d \end{pmatrix} = \begin{pmatrix} a^2+c^2 & ab+cd \\ ab+cd & b^2+d^2 \end{pmatrix}$.

因为 $\boldsymbol{A}^{\mathrm{T}}\boldsymbol{A} = \boldsymbol{O}$，所以

$$a^2+c^2=0,\ b^2+d^2=0.$$

因为 $a$、$b$、$c$、$d$ 全为实数，故由上式可得 $a=b=c=d=0$，即

$A=O$.

一般地，设 $A$ 是实矩阵，若 $A^{T}A=O$，则 $A=O$.

矩阵的转置具有以下性质：

(1) $(A^{T})^{T}=A$.

(2) $(A+B)^{T}=A^{T}+B^{T}$

(3) $(AB)^{T}=B^{T}A^{T}$

(4) $(\lambda A)^{T}=\lambda A^{T}$，$\lambda$ 是数.

**证** 这里仅验证性质 (3).

设 $A=(a_{ij})_{m\times n}$，$B=(b_{ij})_{n\times p}$，则 $A^{T}=(a_{ji})_{n\times m}$，$B^{T}=(b_{ji})_{p\times n}$.

又 $AB=\left(\sum_{k=1}^{n}a_{ik}b_{kj}\right)_{m\times p}$，$(AB)^{T}=\left(\sum_{k=1}^{n}a_{jk}b_{ki}\right)_{p\times m}$，$B^{T}A^{T}=\left(\sum_{k=1}^{n}b_{ki}a_{jk}\right)_{p\times m}$，所以 $B^{T}A^{T}=(AB)^{T}$.

**定义 1.13** 若方阵 $A$ 满足条件 $A^{T}=A$，则称 $A$ 为对称矩阵；若满足条件 $A^{T}=-A$，则称 $A$ 为反对称矩阵.

设 $A=(a_{ij})_{n\times n}$，由定义，$A$ 是对称阵当且仅当 $a_{ij}=a_{ji}$，$i$，$j=1$，…，$n$；$A$ 为反对称阵当且仅当 $a_{ij}=-a_{ji}$，$i$，$j=1$，…，$n$. 特别地，$a_{ii}=-a_{ii}$，从而 $a_{ii}=0$，$i=1$，…，$n$.

例如，$A=\begin{pmatrix}1&2&3\\2&4&5\\3&5&6\end{pmatrix}$是对称阵，$B=\begin{pmatrix}0&2&3\\-2&0&5\\-3&-5&0\end{pmatrix}$是反对称阵.

### 1.1.5 共轭矩阵

**定义 1.14** 设 $A=(a_{ij})_{m\times n}$是复矩阵，用$\overline{a_{ij}}$表示数 $a_{ij}$ 的共轭，记 $\overline{A}=(\overline{a_{ij}})_{m\times n}$，称 $\overline{A}$ 为矩阵 $A$ 的共轭矩阵.

例如，$A=\begin{pmatrix}1&-2+\mathrm{i}\\\mathrm{i}&6\end{pmatrix}$，$\overline{A}=\begin{pmatrix}1&-2-\mathrm{i}\\-\mathrm{i}&6\end{pmatrix}$.

共轭矩阵具有如下性质：

(1) $\overline{A+B}=\overline{A}+\overline{B}$.

(2) $\overline{\lambda A}=\overline{\lambda}\,\overline{A}$，$\lambda$ 是数.

(3) $\overline{AB}=\overline{A}\,\overline{B}$.

(4) $\overline{\boldsymbol{A}^{\mathrm{T}}}=(\overline{\boldsymbol{A}})^{\mathrm{T}}$.

**定义 1.15** 设 $\boldsymbol{A}=(a_{ij})_{m\times n}$ 是复矩阵，$\boldsymbol{A}$ 的复共轭转置矩阵或转置复共轭矩阵称为 $\boldsymbol{A}$ 的 **Hermite**（厄米特）共轭矩阵，记为 $\boldsymbol{A}^{\mathrm{H}}$，即 $\boldsymbol{A}^{\mathrm{H}}=(\overline{\boldsymbol{A}})^{\mathrm{T}}=\overline{\boldsymbol{A}^{\mathrm{T}}}$.

例如，$\boldsymbol{A}=\begin{pmatrix}1 & -2+\mathrm{i}\\ \mathrm{i} & 6\end{pmatrix}$，$\boldsymbol{A}^{\mathrm{H}}=\begin{pmatrix}1 & -\mathrm{i}\\ -2-\mathrm{i} & 6\end{pmatrix}$.

**Hermite** 共轭矩阵与转置矩阵有类似的性质：

(1) $(\boldsymbol{A}^{\mathrm{H}})^{\mathrm{H}}=\boldsymbol{A}$.

(2) $(\boldsymbol{A}+\boldsymbol{B})^{\mathrm{H}}=\boldsymbol{A}^{\mathrm{H}}+\boldsymbol{B}^{\mathrm{H}}$.

(3) $(\boldsymbol{A}\boldsymbol{B})^{\mathrm{H}}=\boldsymbol{B}^{\mathrm{H}}\boldsymbol{A}^{\mathrm{H}}$.

(4) $(\lambda\boldsymbol{A})^{\mathrm{H}}=\overline{\lambda}\boldsymbol{A}^{\mathrm{H}}$，$\lambda$ 是数.

**定义 1.16** 设 $\boldsymbol{A}=(a_{ij})_{n\times n}$ 是复方阵，若复方阵 $\boldsymbol{A}$ 满足 $\boldsymbol{A}^{\mathrm{H}}=\boldsymbol{A}$，则称 $\boldsymbol{A}$ 为 **Hermite** 矩阵.

例如，$\boldsymbol{A}=\begin{pmatrix}1 & 2+\mathrm{i}\\ 2-\mathrm{i} & 6\end{pmatrix}$，$\boldsymbol{A}^{\mathrm{H}}=(\overline{\boldsymbol{A}})^{\mathrm{T}}=\begin{pmatrix}1 & 2+\mathrm{i}\\ 2-\mathrm{i} & 6\end{pmatrix}=\boldsymbol{A}$，$\boldsymbol{A}$ 是 Hermite 矩阵. **实 Hermite 矩阵就是对称矩阵.**

## 习 题 1.1

### A 组

1. 设 $\begin{pmatrix}a+2b & -1\\ 0 & 2\\ 2 & 3\end{pmatrix}=\begin{pmatrix}1 & -1\\ 0 & 2\\ a-b & 3\end{pmatrix}$，求 $a$，$b$.

2. 已知 $\boldsymbol{A}=\begin{pmatrix}6 & -1\\ 3 & 0\\ 2 & 3\end{pmatrix}$，$\boldsymbol{B}=\begin{pmatrix}1 & -1\\ 0 & 2\\ 5 & 3\end{pmatrix}$，求 $\boldsymbol{A}+3\boldsymbol{B}$，$\boldsymbol{A}^{\mathrm{T}}-2\boldsymbol{B}^{\mathrm{T}}$.

3. 已知两个线性变换

$$\begin{cases}y_1=2x_1+3x_2-x_3\\ y_2=-x_1+4x_2\end{cases},\quad \begin{cases}x_1=-3t_1+t_2\\ x_2=7t_1+3t_2\\ x_3=-t_1+5t_2\end{cases},$$

求从变量 $t_1$，$t_2$ 到变量 $y_1$，$y_2$ 的线性变换.

4. 设矩阵 $\boldsymbol{A}=\begin{pmatrix}0 & 0\\ 0 & 1\end{pmatrix}$，求 $\boldsymbol{A}$ 对应的线性变换，并指出该变换的几何意义.

5. 计算下列乘积：

(1) $\begin{pmatrix}3 & 2 & 1\\ -1 & -2 & -3\end{pmatrix}\begin{pmatrix}1 & -1 & 1\\ 2 & 1 & -2\\ -1 & 3 & -1\end{pmatrix}$.

(2) $(6\ \ 0\ \ 8\ \ -3)\begin{pmatrix}0.5\\ -2\\ 2.5\\ -1\end{pmatrix}$.

(3) $\begin{pmatrix}0.5\\ -2\\ 2.5\\ -1\end{pmatrix}(6\ \ 0\ \ 8\ \ -3)$.

(4) $\begin{pmatrix} 1 & -1 & 1 \\ 2 & 1 & -2 \\ -1 & 3 & -1 \end{pmatrix}\begin{pmatrix} 3 & -1 & 0 \\ 0 & 4 & -1 \\ 3 & -3 & 0 \end{pmatrix}$.

(5) $(x_1 \quad x_2 \quad x_3)\begin{pmatrix} 1 & -1 & 1 \\ -1 & 1 & 3 \\ 1 & 3 & -1 \end{pmatrix}\begin{pmatrix} x_1 \\ x_2 \\ x_3 \end{pmatrix}$.

(6) $\begin{pmatrix} 3 & 2 & 1 \\ -1 & -2 & -3 \end{pmatrix}\begin{pmatrix} x_1 \\ x_2 \\ x_3 \end{pmatrix}$.

6. 已知 $\boldsymbol{A} = \begin{pmatrix} 3 & -1 & 1 \\ 2 & 1 & 3 \\ 1 & 3 & -1 \end{pmatrix}$, $\boldsymbol{B} = \begin{pmatrix} 1 & -1 & 1 \\ -1 & 1 & 3 \\ 1 & 3 & -1 \end{pmatrix}$, 求 $\boldsymbol{AB} - \boldsymbol{BA}$. 此题结果说明什么?

7. 证明性质 2 ~ 性质 4.

8. 举反例说明下列结果是错误的.

(1) $\boldsymbol{A}^2 - \boldsymbol{B}^2 = (\boldsymbol{A}+\boldsymbol{B})(\boldsymbol{A}-\boldsymbol{B})$

(2) $\boldsymbol{A}^2 = \boldsymbol{O}$, 则 $\boldsymbol{A} = \boldsymbol{O}$,

(3) $\boldsymbol{A}^2 = \boldsymbol{A}$, 则 $\boldsymbol{A} = \boldsymbol{O}$ 或 $\boldsymbol{A} = \boldsymbol{E}$.

9. 计算

(1) $\begin{pmatrix} 0 & 1 \\ -1 & 0 \end{pmatrix}^n$. (2) $\begin{pmatrix} \cos\alpha & \sin\alpha \\ -\sin\alpha & \cos\alpha \end{pmatrix}^n$, $n$ 是正整数. (3) 设 $\boldsymbol{\alpha} = [1,1,0]^{\mathrm{T}}$, $\boldsymbol{A} = \boldsymbol{\alpha\alpha}^{\mathrm{T}}$ 求 $\boldsymbol{A}^n$.

10. 设 $\boldsymbol{A}$ 为实对称矩阵, 证明: 若 $\boldsymbol{A}^2 = \boldsymbol{O}$, 则 $\boldsymbol{A} = \boldsymbol{O}$.

11. (1) 设 $f(x) = x^2 + x + 1$, $\boldsymbol{A} = \begin{pmatrix} 3 & -1 & 1 \\ 2 & 1 & 3 \\ 1 & 3 & -1 \end{pmatrix}$, 求 $f(\boldsymbol{A})$.

(2) 设 $f(x) = x^n + x + 1$, $\boldsymbol{B} = \begin{pmatrix} 3 & 0 & 0 \\ 0 & 2 & 0 \\ 0 & 0 & -1 \end{pmatrix}$, 求 $f(\boldsymbol{B})$.

12. 设 $\boldsymbol{A} = (a_{ij})_{n\times n}$, 证明: $\boldsymbol{A}$ 是 Hermite 矩阵当且仅当 $a_{ij} = \overline{a_{ji}}$, $i, j = 1, \cdots, n$, 且 $a_{ii}$ 是实数 ($i = 1, \cdots, n$).

## B 组

1. 设 $\boldsymbol{A} = \begin{pmatrix} 1 & 1 \\ 0 & 1 \end{pmatrix}$, 求所有与 $\boldsymbol{A}$ 可交换的矩阵.

2. 设 $\boldsymbol{A}$ 与 $\boldsymbol{B}$ 是同阶方阵, 且 $\boldsymbol{AB} = \boldsymbol{BA}$. 证明矩阵二项式公式:

$$(\boldsymbol{A}+\boldsymbol{B})^n = \sum_{k=0}^{n} \mathrm{C}_n^k \boldsymbol{A}^{n-k}\boldsymbol{B}^k (\boldsymbol{A}+\boldsymbol{B})^n = \sum_{k=0}^{n} \mathrm{C}_n^k \boldsymbol{A}^{n-k}\boldsymbol{B}^k.$$

3. 设 $P_n(x) = x^n + x + 1$, $\boldsymbol{A} = \begin{pmatrix} \lambda & 1 & 0 \\ 0 & \lambda & 1 \\ 0 & 0 & \lambda \end{pmatrix}$, 求 $P_n(\boldsymbol{A})$, $P_5(\boldsymbol{A})$.

4. 证明: 两个 $n$ 阶下三角矩阵的乘积仍是下三角矩阵.

5. 满足元素 $a_{ij} = 0$ ($i > j+1$, $j = 1, 2, \cdots, n-2$) 的方阵

$$\begin{pmatrix} a_{11} & a_{12} & & \cdots & a_{1n} \\ a_{21} & a_{22} & & \cdots & a_{2n} \\ 0 & a_{32} & \ddots & & \\ \vdots & \ddots & \ddots & \ddots & \vdots \\ 0 & \cdots & 0 & a_{n,n-1} & a_{nn} \end{pmatrix}$$

称为 $n$ 阶上 Hessenberg 矩阵; 满足元素 $a_{ij} = 0$ ($j > i+1$, $i = 1, 2, \cdots, n-2$) 的方阵

$$\begin{pmatrix} a_{11} & a_{12} & 0 & \cdots & 0 \\ a_{21} & a_{22} & a_{23} & \ddots & \vdots \\ \vdots & \vdots & \ddots & \ddots & 0 \\ & & & \ddots & a_{n-1,n} \\ a_{n1} & a_{n2} & \cdots & & a_{nn} \end{pmatrix}$$

称为 $n$ 阶下 Hessenberg 矩阵. 证明: $n$ 阶上 Hessenberg 矩阵与 $n$ 阶上三角矩阵的乘积仍是 $n$ 阶上 Hessenberg 矩阵.

6. 设 $\boldsymbol{A}$ 是任意 $n$ 阶方阵, 证明:

（1）$A+A^{\mathrm{T}}$ 是对称矩阵，$A-A^{\mathrm{T}}$ 是反对称矩阵.

（2）$A$ 可表示为对称矩阵与反对称矩阵之和.

7. 已知$\begin{pmatrix}3 & 4\\ -1 & -2\end{pmatrix}=\frac{1}{3}\begin{pmatrix}-1 & -4\\ 1 & 1\end{pmatrix}\begin{pmatrix}-1 & 0\\ 0 & 2\end{pmatrix}\begin{pmatrix}1 & 4\\ -1 & -1\end{pmatrix}$，且

$$\frac{1}{3}\begin{pmatrix}-1 & -4\\ 1 & 1\end{pmatrix}\begin{pmatrix}1 & 4\\ -1 & -1\end{pmatrix}=\begin{pmatrix}1 & 0\\ 0 & 1\end{pmatrix},$$

计算$\begin{pmatrix}3 & 4\\ -1 & -2\end{pmatrix}^{11}$.

### C 组

1. $n$ 阶方阵 $A=(a_{ij})$ 的主对角元素之和：$a_{11}+a_{22}+\cdots+a_{nn}$ 称为方阵 $A$ 的迹，记作 Tr（$A$）. 证明：若 $A=(a_{ij})_{m\times n}$，$B=(b_{ij})_{n\times m}$，则 $\mathrm{tr}(AB)=\mathrm{tr}(BA)$.

2. 证明：与任意 $n$ 阶方阵可交换的矩阵必是 $n$ 阶数量矩阵.

3. 称方阵 $A$ 是幂零阵，如果存在正整数 $k$，使得 $A^k=O$. 证明：上三角矩阵 $A$ 是幂零阵的充分必要条件是 $A$ 的主对角元素全为零.

## 1.2 分块矩阵

在处理高阶矩阵时，将一个矩阵用横直线和纵直线分成若干块就得到分块矩阵. 将大型矩阵分块，转化为低阶矩阵，是矩阵运算中常用的一个重要技巧. 熟练掌握矩阵分块的方法与运算将会为研究矩阵带来方便.

**定义 1.17** 将一个 $m\times n$ 矩阵 $A$ 用横直线分成 $s$ 块、用纵直线分成 $t$ 块，$A$ 称为 $s\times t$ **分块矩阵**，记作 $A=(A_{ij})_{s\times t}$，即

$$A=\begin{pmatrix}A_{11} & A_{12} & \cdots & A_{1t}\\ A_{21} & A_{22} & \cdots & A_{2t}\\ \vdots & \vdots & & \vdots\\ A_{s1} & A_{s2} & \cdots & A_{st}\end{pmatrix}\begin{matrix}m_1\\ m_2\\ \vdots\\ m_s\end{matrix}.$$
$$\qquad\begin{matrix}n_1 & n_2 & \cdots & n_t\end{matrix}$$

小矩阵 $A_{ij}(i=1,2,\cdots,s;j=1,2,\cdots,t)$ 是 $m_i\times n_j$ 矩阵，称为 $A$ 的子块. 这里 $\sum_{i=1}^{s}m_i=m$，$\sum_{j=1}^{t}n_j=n$.

一个矩阵的分块方法很多，下面列举常见的三种形式：

设
$$A=\begin{pmatrix}1 & 2 & 1 & 0\\ 0 & 2 & 0 & 1\\ 3 & 0 & 0 & 0\\ 0 & 3 & 0 & 0\end{pmatrix},$$

$$(1)\ \left(\begin{array}{cc|cc} 1 & 2 & 1 & 0 \\ 0 & 2 & 0 & 1 \\ \hline 3 & 0 & 0 & 0 \\ 0 & 3 & 0 & 0 \end{array}\right),$$

$$(2)\ \left(\begin{array}{c|c|c|c} 1 & 2 & 1 & 0 \\ 0 & 2 & 0 & 1 \\ 3 & 0 & 0 & 0 \\ 0 & 3 & 0 & 0 \end{array}\right),$$

$$(3)\ \left(\begin{array}{cccc} 1 & 2 & 1 & 0 \\ \hline 0 & 2 & 0 & 1 \\ \hline 3 & 0 & 0 & 0 \\ \hline 0 & 3 & 0 & 0 \end{array}\right).$$

分法 1　可记为 $\boldsymbol{A}=\begin{pmatrix} \boldsymbol{A}_{11} & \boldsymbol{E}_2 \\ 3\boldsymbol{E}_2 & \boldsymbol{O}_{22} \end{pmatrix}$，其中

$$\boldsymbol{A}_{11}=\begin{pmatrix} 1 & 2 \\ 0 & 2 \end{pmatrix},\ \boldsymbol{E}_2=\begin{pmatrix} 1 & 0 \\ 0 & 1 \end{pmatrix},\ 3\boldsymbol{E}_2=\begin{pmatrix} 3 & 0 \\ 0 & 3 \end{pmatrix},\ \boldsymbol{O}_{22}=\begin{pmatrix} 0 & 0 \\ 0 & 0 \end{pmatrix}.$$

$\boldsymbol{A}$ 是一个 $2\times2$ 分块矩阵. 其特点是根据矩阵元素的特征分块.

分法 2　按列分块，可记为 $\boldsymbol{A}=(\boldsymbol{\alpha}_1\quad\boldsymbol{\alpha}_2\quad\boldsymbol{\alpha}_3\quad\boldsymbol{\alpha}_4)$，其中

$$\boldsymbol{\alpha}_1=\begin{pmatrix} 1 \\ 0 \\ 3 \\ 0 \end{pmatrix},\ \boldsymbol{\alpha}_2=\begin{pmatrix} 2 \\ 2 \\ 0 \\ 3 \end{pmatrix},\ \boldsymbol{\alpha}_3=\begin{pmatrix} 1 \\ 0 \\ 0 \\ 0 \end{pmatrix},\ \boldsymbol{\alpha}_4=\begin{pmatrix} 0 \\ 1 \\ 0 \\ 0 \end{pmatrix}.$$

$\boldsymbol{A}$ 是一个 $1\times4$ 分块行矩阵.

分法 3　按行分块，可记为 $\boldsymbol{A}=\begin{pmatrix} \boldsymbol{\beta}_1^{\mathrm{T}} \\ \boldsymbol{\beta}_2^{\mathrm{T}} \\ \boldsymbol{\beta}_3^{\mathrm{T}} \\ \boldsymbol{\beta}_4^{\mathrm{T}} \end{pmatrix}$，其中

$$\boldsymbol{\beta}_1^{\mathrm{T}}=(1\quad 2\quad 1\quad 0),\ \boldsymbol{\beta}_2^{\mathrm{T}}=(0\quad 2\quad 0\quad 1),$$

$$\boldsymbol{\beta}_3^{\mathrm{T}}=(3 \quad 0 \quad 0 \quad 0),\ \boldsymbol{\beta}_4^{\mathrm{T}}=(0 \quad 3 \quad 0 \quad 0).$$

$\boldsymbol{A}$ 是一个 $4\times 1$ 分块列矩阵.

在实际中，主要根据矩阵进行的运算，以及矩阵元素的特征来考虑如何分块.

当 $n$ 阶方阵 $\boldsymbol{A}$ 的非零元集中在主对角线附近时，可分块为

$$\boldsymbol{A}=\begin{pmatrix} \boldsymbol{A}_1 & & & \\ & \boldsymbol{A}_2 & & \\ & & \ddots & \\ & & & \boldsymbol{A}_s \end{pmatrix}.$$

其中，$\boldsymbol{A}_i\ (i=1,2,\cdots,s)$ 是方矩阵. $\boldsymbol{A}$ 称为**分块对角阵**，又称**准对角阵**.

例如，

$$\boldsymbol{A}=\begin{pmatrix} -2 & 1 & & & & & \\ 0 & 3 & & & & & \\ & & 5 & 0 & 9 & 3 & \\ & & 2 & 6 & -8 & 7 & \\ & & 1 & 3 & -4 & 0 & \\ & & -3 & 0 & 3 & -7 & \\ & & & & & & 9 \end{pmatrix} = \begin{pmatrix} \boldsymbol{A}_1 & & \\ & \boldsymbol{A}_2 & \\ & & \boldsymbol{A}_3 \end{pmatrix},$$

其中，$\boldsymbol{A}_1=\begin{pmatrix} -2 & 1 \\ 0 & 3 \end{pmatrix}$，$\boldsymbol{A}_2=\begin{pmatrix} 5 & 0 & 9 & 3 \\ 2 & 6 & -8 & 7 \\ 1 & 3 & -4 & 0 \\ -3 & 0 & 3 & -7 \end{pmatrix}$，$\boldsymbol{A}_3=(9)$.

下面讨论分块矩阵的运算

1. 相等

设 $m\times n$ 矩阵 $\boldsymbol{A}$ 和 $\boldsymbol{B}$ 有相同的分块方式，

$$\boldsymbol{A}=\begin{pmatrix} \boldsymbol{A}_{11} & \boldsymbol{A}_{12} & \cdots & \boldsymbol{A}_{1t} \\ \boldsymbol{A}_{21} & \boldsymbol{A}_{22} & \cdots & \boldsymbol{A}_{2t} \\ \vdots & \vdots & & \vdots \\ \boldsymbol{A}_{s1} & \boldsymbol{A}_{s2} & \cdots & \boldsymbol{A}_{st} \end{pmatrix},\ \boldsymbol{B}=\begin{pmatrix} \boldsymbol{B}_{11} & \boldsymbol{B}_{12} & \cdots & \boldsymbol{B}_{1t} \\ \boldsymbol{B}_{21} & \boldsymbol{B}_{22} & \cdots & \boldsymbol{B}_{2t} \\ \vdots & \vdots & & \vdots \\ \boldsymbol{B}_{s1} & \boldsymbol{B}_{s2} & \cdots & \boldsymbol{B}_{st} \end{pmatrix},$$

则 $\boldsymbol{A}=\boldsymbol{B}$ 当且仅当 $\boldsymbol{A}_{ij}=\boldsymbol{B}_{ij}$ $(i=1, 2, \cdots, s; j=1, 2, \cdots, t)$.

2. 转置

设 $\boldsymbol{A}=\begin{pmatrix} \boldsymbol{A}_{11} & \boldsymbol{A}_{12} & \cdots & \boldsymbol{A}_{1t} \\ \boldsymbol{A}_{21} & \boldsymbol{A}_{22} & \cdots & \boldsymbol{A}_{2t} \\ \vdots & \vdots & & \vdots \\ \boldsymbol{A}_{s1} & \boldsymbol{A}_{s2} & \cdots & \boldsymbol{A}_{st} \end{pmatrix}$, 则 $\boldsymbol{A}^{\mathrm{T}}=\begin{pmatrix} \boldsymbol{A}_{11}^{\mathrm{T}} & \boldsymbol{A}_{21}^{\mathrm{T}} & \cdots & \boldsymbol{A}_{s1}^{\mathrm{T}} \\ \boldsymbol{A}_{12}^{\mathrm{T}} & \boldsymbol{A}_{22}^{\mathrm{T}} & \cdots & \boldsymbol{A}_{s2}^{\mathrm{T}} \\ \vdots & \vdots & & \vdots \\ \boldsymbol{A}_{1t}^{\mathrm{T}} & \boldsymbol{A}_{2t}^{\mathrm{T}} & \cdots & \boldsymbol{A}_{st}^{\mathrm{T}} \end{pmatrix}$.

3. 加减法

设 $\boldsymbol{A}=(a_{ij})_{m\times n}$, $\boldsymbol{B}=(b_{ij})_{m\times n}$, 且矩阵 $\boldsymbol{A}$、$\boldsymbol{B}$ 有相同的分块方式, 则

$$\boldsymbol{A}\pm\boldsymbol{B}=\begin{pmatrix} \boldsymbol{A}_{11}\pm\boldsymbol{B}_{11} & \boldsymbol{A}_{12}\pm\boldsymbol{B}_{12} & \cdots & \boldsymbol{A}_{1t}\pm\boldsymbol{B}_{1t} \\ \boldsymbol{A}_{21}\pm\boldsymbol{B}_{21} & \boldsymbol{A}_{22}\pm\boldsymbol{B}_{22} & \cdots & \boldsymbol{A}_{2t}\pm\boldsymbol{B}_{2t} \\ \vdots & \vdots & & \vdots \\ \boldsymbol{A}_{s1}\pm\boldsymbol{B}_{s1} & \boldsymbol{A}_{s2}\pm\boldsymbol{B}_{s2} & \cdots & \boldsymbol{A}_{st}\pm\boldsymbol{B}_{st} \end{pmatrix}=(\boldsymbol{A}_{ij}\pm\boldsymbol{B}_{ij})_{s\times t}.$$

4. 数乘

$$\lambda\boldsymbol{A}=\begin{pmatrix} \lambda\boldsymbol{A}_{11} & \lambda\boldsymbol{A}_{12} & \cdots & \lambda\boldsymbol{A}_{1t} \\ \lambda\boldsymbol{A}_{21} & \lambda\boldsymbol{A}_{22} & \cdots & \lambda\boldsymbol{A}_{2t} \\ \vdots & \vdots & & \vdots \\ \lambda\boldsymbol{A}_{s1} & \lambda\boldsymbol{A}_{s2} & \cdots & \lambda\boldsymbol{A}_{st} \end{pmatrix}=(\lambda\boldsymbol{A}_{ij})_{s\times t}, \text{ 这里 } \lambda \text{ 是数.}$$

5. 乘法

设 $\boldsymbol{A}=(a_{ij})_{m\times n}$, $\boldsymbol{B}=(b_{ij})_{n\times p}$, 且 $\boldsymbol{A}$ 的列的分法和 $\boldsymbol{B}$ 的行的分法相同, 即

$$\boldsymbol{A}=\begin{pmatrix} \boldsymbol{A}_{11} & \boldsymbol{A}_{12} & \cdots & \boldsymbol{A}_{1s} \\ \boldsymbol{A}_{21} & \boldsymbol{A}_{22} & \cdots & \boldsymbol{A}_{2s} \\ \vdots & \vdots & & \vdots \\ \boldsymbol{A}_{r1} & \boldsymbol{A}_{r2} & \cdots & \boldsymbol{A}_{rs} \end{pmatrix}\begin{matrix} m_1 \\ m_2 \\ \vdots \\ m_r \end{matrix}, \quad \boldsymbol{B}=\begin{pmatrix} \boldsymbol{B}_{11} & \boldsymbol{B}_{12} & \cdots & \boldsymbol{B}_{1t} \\ \boldsymbol{B}_{21} & \boldsymbol{B}_{22} & \cdots & \boldsymbol{B}_{2t} \\ \vdots & \vdots & & \vdots \\ \boldsymbol{B}_{s1} & \boldsymbol{B}_{s2} & \cdots & \boldsymbol{B}_{st} \end{pmatrix}\begin{matrix} n_1 \\ n_2 \\ \vdots \\ n_s \end{matrix},$$
$$\begin{matrix} n_1 & n_2 & \cdots & n_s \end{matrix} \qquad\qquad \begin{matrix} p_1 & p_2 & \cdots & p_t \end{matrix}$$

则

$$\boldsymbol{AB}=\begin{pmatrix} \boldsymbol{C}_{11} & \boldsymbol{C}_{12} & \cdots & \boldsymbol{C}_{1t} \\ \boldsymbol{C}_{21} & \boldsymbol{C}_{22} & \cdots & \boldsymbol{C}_{2t} \\ \vdots & \vdots & & \vdots \\ \boldsymbol{C}_{r1} & \boldsymbol{C}_{r2} & \cdots & \boldsymbol{C}_{rt} \end{pmatrix}\begin{matrix} m_1 \\ m_2 \\ \vdots \\ m_r \end{matrix}$$
$$\begin{matrix} p_1 & p_2 & \cdots & p_t \end{matrix}$$

其中，$C_{ij}=\sum_{k=1}^{s}A_{ik}B_{kj}$ ($i=1,2,\cdots,r$; $j=1,2,\cdots,t$).

在做分块矩阵的乘法时，要注意小块矩阵相乘的计算次序，只能是 $A_{ik}B_{kj}$，不允许 $B_{kj}A_{ik}$. 可以证明，分块相乘得到的 $AB$ 与不分块直接相乘求得的 $AB$ 完全相等.

在分块相乘时要注意分块矩阵的元素是矩阵不是数，不能改变次序.

由上可见，分块矩阵的运算规则和普通矩阵的运算规则形式上完全一样，要注意的是该运算是否有意义.

**例 1.10** 设 $A=\begin{pmatrix}1&2&1&0\\0&2&0&1\\3&0&0&0\\0&3&0&0\end{pmatrix}$, $B=\begin{pmatrix}1&1&2\\0&2&0\\1&-4&1\\1&2&0\end{pmatrix}$, 求 $AB$.

**解** 根据矩阵 $A$ 的特点：右下角为零矩阵，右上角为单位阵，将 $A$ 分块为

$$A=\left(\begin{array}{cc:cc}1&2&1&0\\0&2&0&1\\\hdashline 3&0&0&0\\0&3&0&0\end{array}\right)=\begin{pmatrix}A_{11}&E_2\\3E_2&O_{22}\end{pmatrix},$$

其中

$$A_{11}=\begin{pmatrix}1&2\\0&2\end{pmatrix},\ E_2=\begin{pmatrix}1&0\\0&1\end{pmatrix},\ 3E_2=\begin{pmatrix}3&0\\0&3\end{pmatrix},\ O_{22}=\begin{pmatrix}0&0\\0&0\end{pmatrix}.$$

为使 $A$、$B$ 相乘有意义，$B$ 的行的分法应与 $A$ 的列的分法相同，将 $B$ 对应分块为

$$B=\left(\begin{array}{c:cc}1&1&2\\0&2&0\\\hdashline 1&-4&1\\1&2&0\end{array}\right)=\begin{pmatrix}B_{11}&B_{12}\\B_{21}&B_{22}\end{pmatrix},$$

其中

$$B_{11}=\begin{pmatrix}1\\0\end{pmatrix},\ B_{12}=\begin{pmatrix}1&2\\2&0\end{pmatrix},\ B_{21}=\begin{pmatrix}1\\1\end{pmatrix},\ B_{22}=\begin{pmatrix}-4&1\\2&0\end{pmatrix},$$

则

$$\boldsymbol{AB}=\begin{pmatrix}\boldsymbol{A}_{11} & \boldsymbol{E}_2\\ 3\boldsymbol{E}_2 & \boldsymbol{O}_{22}\end{pmatrix}\begin{pmatrix}\boldsymbol{B}_{11} & \boldsymbol{B}_{12}\\ \boldsymbol{B}_{21} & \boldsymbol{B}_{22}\end{pmatrix}=\begin{pmatrix}\boldsymbol{A}_{11}\boldsymbol{B}_{11}+\boldsymbol{B}_{21} & \boldsymbol{A}_{11}\boldsymbol{B}_{12}+\boldsymbol{B}_{22}\\ 3\boldsymbol{B}_{11} & 3\boldsymbol{B}_{12}\end{pmatrix}.$$

这里
$$\boldsymbol{A}_{11}\boldsymbol{B}_{11}+\boldsymbol{B}_{21}=\begin{pmatrix}1 & 2\\ 0 & 2\end{pmatrix}\begin{pmatrix}1\\ 0\end{pmatrix}+\begin{pmatrix}1\\ 1\end{pmatrix}=\begin{pmatrix}2\\ 1\end{pmatrix},$$

矩阵 $\boldsymbol{B}$ 还有什么分块法，计算较简单？

$$\boldsymbol{A}_{11}\boldsymbol{B}_{12}+\boldsymbol{B}_{22}=\begin{pmatrix}1 & 2\\ 0 & 2\end{pmatrix}\begin{pmatrix}1 & 2\\ 2 & 0\end{pmatrix}+\begin{pmatrix}-4 & 1\\ 2 & 0\end{pmatrix}=\begin{pmatrix}1 & 3\\ 6 & 0\end{pmatrix},$$

$$3\boldsymbol{B}_{11}=\begin{pmatrix}3\\ 0\end{pmatrix},\ 3\boldsymbol{B}_{12}=3\begin{pmatrix}1 & 2\\ 2 & 0\end{pmatrix}=\begin{pmatrix}3 & 6\\ 6 & 0\end{pmatrix}.$$

从而
$$\boldsymbol{AB}=\left(\begin{array}{c:cc}2 & 1 & 3\\ 1 & 6 & 0\\ \hdashline 3 & 3 & 6\\ 0 & 6 & 0\end{array}\right)=\begin{pmatrix}2 & 1 & 3\\ 1 & 6 & 0\\ 3 & 3 & 6\\ 0 & 6 & 0\end{pmatrix}.$$

**例 1.11** 设矩阵 $\boldsymbol{A}$、$\boldsymbol{B}$ 是有相同分块方式的同型分块对角阵，即

$$\boldsymbol{A}=\begin{pmatrix}\boldsymbol{A}_1 & & & \\ & \boldsymbol{A}_2 & & \\ & & \ddots & \\ & & & \boldsymbol{A}_s\end{pmatrix},\ \boldsymbol{B}=\begin{pmatrix}\boldsymbol{B}_1 & & & \\ & \boldsymbol{B}_2 & & \\ & & \ddots & \\ & & & \boldsymbol{B}_s\end{pmatrix},$$

其中 $\boldsymbol{A}_i$、$\boldsymbol{B}_i$（$i=1,2,\cdots,s$）是同阶方阵，求 $\boldsymbol{AB}$.

解
$$\boldsymbol{AB}=\begin{pmatrix}\boldsymbol{A}_1 & & & \\ & \boldsymbol{A}_2 & & \\ & & \ddots & \\ & & & \boldsymbol{A}_s\end{pmatrix}\begin{pmatrix}\boldsymbol{B}_1 & & & \\ & \boldsymbol{B}_2 & & \\ & & \ddots & \\ & & & \boldsymbol{B}_s\end{pmatrix}$$
$$=\begin{pmatrix}\boldsymbol{A}_1\boldsymbol{B}_1 & & & \\ & \boldsymbol{A}_2\boldsymbol{B}_2 & & \\ & & \ddots & \\ & & & \boldsymbol{A}_s\boldsymbol{B}_s\end{pmatrix}$$

分块对角阵的乘积还是分块对角阵，其对角线上的子块为两个因子矩阵对应子块的乘积.

更一般地，$\boldsymbol{A}^k=\begin{pmatrix}\boldsymbol{A}_1^k & & & \\ & \boldsymbol{A}_2^k & & \\ & & \ddots & \\ & & & \boldsymbol{A}_s^k\end{pmatrix}$.

例 1.12 $\boldsymbol{A}=(a_{ij})_{n\times n}$，$\boldsymbol{e}_i=(0\ \cdots\ 0\ \underset{(i)}{1}\ 0\ \cdots\ 0)^{\mathrm{T}}$，求 $\boldsymbol{A}\boldsymbol{e}_i$，$\boldsymbol{e}_i^{\mathrm{T}}\boldsymbol{A}$.

解　将 $\boldsymbol{A}$ 按列分块，$\boldsymbol{A}=(\boldsymbol{\alpha}_1\cdots\ \boldsymbol{\alpha}_i\cdots\ \boldsymbol{\alpha}_n)$，其中 $\boldsymbol{\alpha}_i=\begin{pmatrix}a_{1i}\\ \vdots\\ a_{ni}\end{pmatrix}$（$i=1$，⋯，$n$）.

$$\boldsymbol{A}\boldsymbol{e}_i=(\boldsymbol{\alpha}_1\cdots\ \boldsymbol{\alpha}_i\cdots\ \boldsymbol{\alpha}_n)\begin{pmatrix}0\\ \vdots\\ 1\\ \vdots\\ 0\end{pmatrix}=0\boldsymbol{\alpha}_1+\cdots+1\boldsymbol{\alpha}_i+\cdots+0\boldsymbol{\alpha}_n=\boldsymbol{\alpha}_i.$$

将 $\boldsymbol{A}$ 按行分块，$\boldsymbol{A}=\begin{pmatrix}\boldsymbol{\beta}_1^{\mathrm{T}}\\ \vdots\\ \boldsymbol{\beta}_i^{\mathrm{T}}\\ \vdots\\ \boldsymbol{\beta}_n^{\mathrm{T}}\end{pmatrix}$，其中 $\boldsymbol{\beta}_i^{\mathrm{T}}=(a_{i1}\cdots a_{ii}\cdots a_{in})$（$i=1$，⋯，$n$），则

$$\begin{aligned}\boldsymbol{e}_i^{\mathrm{T}}\boldsymbol{A}&=(0\ \cdots\ 0\ \underset{(i)}{1}\ 0\ \cdots\ 0)\begin{pmatrix}\boldsymbol{\beta}_1^{\mathrm{T}}\\ \vdots\\ \boldsymbol{\beta}_i^{\mathrm{T}}\\ \vdots\\ \boldsymbol{\beta}_n^{\mathrm{T}}\end{pmatrix}\\ &=0\boldsymbol{\beta}_1^{\mathrm{T}}+\cdots+1\boldsymbol{\beta}_i^{\mathrm{T}}+\cdots+0\boldsymbol{\beta}_n^{\mathrm{T}}=\boldsymbol{\beta}_i^{\mathrm{T}}.\end{aligned}$$

特别地，$\boldsymbol{e}_i^{\mathrm{T}}\boldsymbol{A}\boldsymbol{e}_j=\boldsymbol{\beta}_i^{\mathrm{T}}\boldsymbol{e}_j=a_{ij}$.

## 习题 1.2

### A 组

1. 设 $A=\begin{pmatrix}1&-1&1&0\\3&2&0&1\\3&0&0&0\\0&3&0&0\end{pmatrix}$,

$B=\begin{pmatrix}2&1&0&0\\-3&1&0&0\\1&0&3&0\\0&1&0&3\end{pmatrix}$, 利用矩阵分块求

(1) $AB$. (2) $BA$. (3) $AB-BA$. (4) 设 $A=(\alpha_1\quad\alpha_2\quad\alpha_3\quad\alpha_4)$, $\beta=(1\quad 2\quad 0\quad -1)^{\mathrm{T}}$, 求 $A\beta$.

2. 设 $A=\begin{pmatrix}4&3&0&0\\-3&1&0&0\\0&0&3&0\\0&0&3&3\end{pmatrix}$, $B=\begin{pmatrix}2&0&0\\0&0&0\\0&3&0\end{pmatrix}$

求 $A^4$, $B^n$.

3. 设矩阵 $A=\begin{pmatrix}2&-1&&&\\-1&\frac{2}{3}&&&\\&&4&&\\&&&5&-2\\&&&-7&3\end{pmatrix}$, $B=\begin{pmatrix}2&0&1&0&0\\0&2&5&1&0\\3&0&0&0&1\end{pmatrix}$利用矩阵分块, 求 $AB^{\mathrm{T}}$, 并写出一种 $A$ 与 $B$ 的分块方法.

4. 满足条件 $A^{\mathrm{T}}A=AA^{\mathrm{T}}=E$ 的 $n$ 阶方阵, 称为 $n$ 阶**正交矩阵**. 证明: 若 $A$ 是正交矩阵, 则矩阵 $M=\begin{pmatrix}E_m&O\\O&A\end{pmatrix}$也是正交矩阵.

### B 组

1. 设 $A=\begin{pmatrix}0&1&&\\&0&\ddots&\\&&\ddots&1\\1&&&0\end{pmatrix}$是一个 $n$ 阶方阵, 证明: (1) $A^k=\begin{pmatrix}O&E_{n-k}\\E_k&O\end{pmatrix}$, $k=1, 2,\cdots, n-1$.

(2) $A^n=E$.

## 1.3 可逆矩阵

### 1.3.1 可逆矩阵的概念

对于一元线性函数 $y=ax$, 当 $a\neq0$ 时, 有反函数 $x=\frac{1}{a}y$, 这里, $a\cdot\frac{1}{a}=1$, $\frac{1}{a}$称为 $a$ 的倒数, 记作 $a^{-1}=\frac{1}{a}$.

对于 $n$ 元线性变换

$$Y=AX \tag{1.3}$$

其中，$A=(a_{ij})_{n\times n}$，$Y=\begin{pmatrix}y_1\\y_2\\\vdots\\y_n\end{pmatrix}$，$X=\begin{pmatrix}x_1\\x_2\\\vdots\\x_n\end{pmatrix}$，若存在线性变换

$$X=BY,\ B=(b_{ij})_{n\times n} \tag{1.4}$$

使得 $Y=AX=ABY$ 成为恒等变换，即 $AB=E$；$X=BY=BAX$ 成为恒等变换，即 $BA=E$. 则线性变换式（1.4）称为线性变换式（1.3）的逆变换，反之亦然.

由此我们引入逆矩阵的定义.

**定义 1.18** 设 $A$ 是 $n$ 阶方阵，若存在 $n$ 阶方阵 $B$，使 $AB=BA=E$，则称方阵 $A$ 是可逆的，$B$ 称为 $A$ 的逆矩阵.

**定理 1.1** 若方阵 $A$ 可逆，则它的逆矩阵是唯一的.

**证** 若方阵 $B$ 和 $C$ 都是方阵 $A$ 的逆矩阵，由定义 1.18，有

$$AB=BA=E\ 及\ AC=CA=E$$

从而，$B=BE=B(AC)=(BA)C=EC=C$.

通常，$A$ 的逆矩阵记作 $A^{-1}$.

**例 1.13** 证明：某一行或一列为零的 $n$ 阶方阵不可逆.

只有方阵才可讨论逆矩阵. 但并不是每一个方阵都是可逆的. 例如，零方阵就是不可逆的.

**证** 设 $A=(a_{ij})_{n\times n}$的某一行为零，不妨设为第一行，即

$$A=\begin{pmatrix}O^{\mathrm T}\\\beta_2^{\mathrm T}\\\vdots\\\beta_n^{\mathrm T}\end{pmatrix}，其中\ \beta_i^{\mathrm T}=(a_{i1}\ \ \cdots\ \ a_{in})\ (i=2,\ \cdots,\ n),$$

则对任何 $n$ 阶矩阵 $B$，

$$AB=\begin{pmatrix}O^{\mathrm T}\\\beta_2^{\mathrm T}\\\vdots\\\beta_n^{\mathrm T}\end{pmatrix}B=\begin{pmatrix}O^{\mathrm T}\\\beta_2^{\mathrm T}B\\\vdots\\\beta_n^{\mathrm T}B\end{pmatrix}\neq E$$

由定义 1.18 可知，方阵 $A$ 不可逆.

类似地，可以证明一列为零的 $n$ 阶方阵亦不可逆.

**定理 1.2** 设 $A$，$B$ 是 $n$ 阶方阵，若 $AB=E_n$（或 $BA=E_n$），则

方阵 $\boldsymbol{A}$，$\boldsymbol{B}$ 是可逆的，且 $\boldsymbol{B}=\boldsymbol{A}^{-1}$，$\boldsymbol{A}=\boldsymbol{B}^{-1}$.（证明见 2.3 节）

根据定理 1.2，要验证方阵 $\boldsymbol{B}$ 是 $\boldsymbol{A}$ 的逆矩阵，只需验证 $\boldsymbol{AB}=\boldsymbol{E}_n$（或 $\boldsymbol{BA}=\boldsymbol{E}_n$）.

**例 1.14** 设 $\boldsymbol{A}=\begin{pmatrix}4&1\\2&1\end{pmatrix}$，则 $\boldsymbol{A}$ 可逆，且 $\boldsymbol{A}^{-1}=\dfrac{1}{2}\begin{pmatrix}1&-1\\-2&4\end{pmatrix}$.

证 因为 $\begin{pmatrix}4&1\\2&1\end{pmatrix}\cdot\dfrac{1}{2}\begin{pmatrix}1&-1\\-2&4\end{pmatrix}=\begin{pmatrix}1&0\\0&1\end{pmatrix}$，所以 $\boldsymbol{A}$ 可逆，

$$\boldsymbol{A}^{-1}=\frac{1}{2}\begin{pmatrix}1&-1\\-2&4\end{pmatrix}.$$

一般地，设 $\boldsymbol{A}=\begin{pmatrix}a&b\\c&d\end{pmatrix}$，当 $ad-bc\neq 0$ 时，$\boldsymbol{A}$ 可逆，且 $\boldsymbol{A}^{-1}=\dfrac{1}{ad-bc}\begin{pmatrix}d&-b\\-c&a\end{pmatrix}$.

**例 1.15** 设 $\boldsymbol{A}=\begin{pmatrix}1&0&1&2\\0&1&0&2\\3&0&0&0\\0&3&0&0\end{pmatrix}$，$\boldsymbol{B}=\begin{pmatrix}1&1\\1&2\end{pmatrix}$，$\boldsymbol{C}=\begin{pmatrix}1&-1\\2&0\\3&0\\1&1\end{pmatrix}$，

（1）证明：$\boldsymbol{A}$ 可逆. 并求 $\boldsymbol{A}^{-1}$.

（2）求矩阵 $\boldsymbol{X}$，使其满足矩阵方程 $\boldsymbol{AXB}=\boldsymbol{C}$.

解 （1）将 $\boldsymbol{A}$ 分块为

$$\boldsymbol{A}=\left(\begin{array}{cc:cc}1&0&1&2\\0&1&0&2\\\hdashline 3&0&0&0\\0&3&0&0\end{array}\right)=\begin{pmatrix}\boldsymbol{E}_2&\boldsymbol{A}_{12}\\3\boldsymbol{E}_2&\boldsymbol{O}_{22}\end{pmatrix},$$

其中

$$\boldsymbol{E}_2=\begin{pmatrix}1&0\\0&1\end{pmatrix},\ \boldsymbol{A}_{12}=\begin{pmatrix}1&2\\0&2\end{pmatrix},\ 3\boldsymbol{E}_2=\begin{pmatrix}3&0\\0&3\end{pmatrix},\ \boldsymbol{O}_{22}=\begin{pmatrix}0&0\\0&0\end{pmatrix}.$$

由例 1.14 知，方阵 $\boldsymbol{A}_{12}$ 和 $\boldsymbol{E}_2$ 都是可逆方阵，且

$$\boldsymbol{A}_{12}^{-1}=\frac{1}{2}\begin{pmatrix}2&-2\\0&1\end{pmatrix},\ \boldsymbol{E}_2^{-1}=\boldsymbol{E}_2,\ (3\boldsymbol{E}_2)^{-1}=\frac{1}{3}\boldsymbol{E}_2.$$

若 $\boldsymbol{A}$ 可逆，则存在 4 阶方阵 $\boldsymbol{Q}$，使得 $\boldsymbol{AQ}=\boldsymbol{E}$. 以下求矩阵 $\boldsymbol{Q}$. 把 $\boldsymbol{Q}$ 按和 $\boldsymbol{A}$ 相同的方式分块为

$$\boldsymbol{Q}=\begin{pmatrix}\boldsymbol{Q}_{11} & \boldsymbol{Q}_{12}\\ \boldsymbol{Q}_{21} & \boldsymbol{Q}_{22}\end{pmatrix},$$

其中，$\boldsymbol{Q}_{11}$、$\boldsymbol{Q}_{12}$、$\boldsymbol{Q}_{21}$、$\boldsymbol{Q}_{22}$是2阶方阵．则有

$$\begin{aligned}\boldsymbol{AQ}&=\begin{pmatrix}\boldsymbol{E}_2 & \boldsymbol{A}_{12}\\ 3\boldsymbol{E}_2 & \boldsymbol{O}\end{pmatrix}\begin{pmatrix}\boldsymbol{Q}_{11} & \boldsymbol{Q}_{12}\\ \boldsymbol{Q}_{21} & \boldsymbol{Q}_{22}\end{pmatrix}=\begin{pmatrix}\boldsymbol{Q}_{11}+\boldsymbol{A}_{12}\boldsymbol{Q}_{21} & \boldsymbol{Q}_{12}+\boldsymbol{A}_{12}\boldsymbol{Q}_{22}\\ 3\boldsymbol{Q}_{11} & 3\boldsymbol{Q}_{12}\end{pmatrix}\\&=\begin{pmatrix}\boldsymbol{E}_2 & \\ & \boldsymbol{E}_2\end{pmatrix}.\end{aligned}$$

比较可知

$$\boldsymbol{Q}_{11}+\boldsymbol{A}_{12}\boldsymbol{Q}_{21}=\boldsymbol{E}_2,\tag{1}$$

$$\boldsymbol{Q}_{12}+\boldsymbol{A}_{12}\boldsymbol{Q}_{22}=\boldsymbol{O},\tag{2}$$

$$3\boldsymbol{Q}_{11}=\boldsymbol{O},\tag{3}$$

$$3\boldsymbol{Q}_{12}=\boldsymbol{E}_2,\tag{4}$$

由式（3）、式（4），得$\boldsymbol{Q}_{11}=\boldsymbol{O}$，$\boldsymbol{Q}_{12}=\frac{1}{3}\boldsymbol{E}_2$．又由式（1）得$\boldsymbol{Q}_{21}=\boldsymbol{A}_{12}^{-1}$，由式（2）得$\boldsymbol{Q}_{22}=-\boldsymbol{A}_{12}^{-1}\boldsymbol{Q}_{12}=-\frac{1}{3}\boldsymbol{A}_{12}^{-1}$．

于是，$$\boldsymbol{Q}=\begin{pmatrix}\boldsymbol{O}_{22} & \frac{1}{3}\boldsymbol{E}_2\\ \boldsymbol{A}_{12}^{-1} & -\frac{1}{3}\boldsymbol{A}_{12}^{-1}\end{pmatrix}=\begin{pmatrix}0 & 0 & \frac{1}{3} & 0\\ 0 & 0 & 0 & \frac{1}{3}\\ 1 & -1 & -\frac{1}{3} & \frac{1}{3}\\ 0 & \frac{1}{2} & 0 & -\frac{1}{6}\end{pmatrix},$$

由于矩阵$\boldsymbol{Q}$满足$\boldsymbol{AQ}=\boldsymbol{E}$，所以$\boldsymbol{A}$可逆，$\boldsymbol{A}^{-1}=\boldsymbol{Q}$.

（2）易求得$\boldsymbol{B}^{-1}=\begin{pmatrix}2 & -1\\ -1 & 1\end{pmatrix}$，对矩阵方程$\boldsymbol{AXB}=\boldsymbol{C}$，用$\boldsymbol{A}^{-1}$左乘上式，$\boldsymbol{B}^{-1}$右乘上式，得$\boldsymbol{A}^{-1}\boldsymbol{AXBB}^{-1}=\boldsymbol{A}^{-1}\boldsymbol{CB}^{-1}$，即

$$\boldsymbol{X}=\boldsymbol{A}^{-1}\boldsymbol{CB}^{-1}=\begin{pmatrix}0 & 0 & \frac{1}{3} & 0\\ 0 & 0 & 0 & \frac{1}{3}\\ 1 & -1 & -\frac{1}{3} & \frac{1}{3}\\ 0 & \frac{1}{2} & 0 & -\frac{1}{6}\end{pmatrix}\begin{pmatrix}1 & -1\\ 2 & 0\\ 3 & 0\\ 1 & 1\end{pmatrix}\begin{pmatrix}2 & -1\\ -1 & 1\end{pmatrix}$$

$$=\begin{pmatrix} 1 & 0 \\ \frac{1}{3} & \frac{1}{3} \\ -\frac{5}{3} & -\frac{2}{3} \\ \frac{5}{6} & -\frac{1}{6} \end{pmatrix}\begin{pmatrix} 2 & -1 \\ -1 & 1 \end{pmatrix}=\begin{pmatrix} 2 & -1 \\ \frac{1}{3} & 0 \\ -\frac{8}{3} & 1 \\ \frac{11}{6} & -1 \end{pmatrix}.$$

**例 1.16** 设方阵 $\boldsymbol{A}$ 是分块对角阵，即

$$\boldsymbol{A}=\begin{pmatrix} \boldsymbol{A}_1 & & & \\ & \boldsymbol{A}_2 & & \\ & & \ddots & \\ & & & \boldsymbol{A}_s \end{pmatrix},$$

其中 $\boldsymbol{A}_i$（$i=1, 2, \cdots, s$）是可逆方阵，证明：$\boldsymbol{A}$ 可逆．并求 $\boldsymbol{A}^{-1}$.

证　由于 $\boldsymbol{A}_i$（$i=1, 2, \cdots, s$）可逆，所以 $\boldsymbol{A}_i^{-1}$ 存在，使得 $\boldsymbol{A}_i\boldsymbol{A}_i^{-1}=\boldsymbol{E}_i$. 令

$$\boldsymbol{Q}=\begin{pmatrix} \boldsymbol{A}_1^{-1} & & & \\ & \boldsymbol{A}_2^{-1} & & \\ & & \ddots & \\ & & & \boldsymbol{A}_s^{-1} \end{pmatrix}.$$

因为

$$\boldsymbol{AQ}=\begin{pmatrix} \boldsymbol{A}_1\boldsymbol{A}_1^{-1} & & & \\ & \boldsymbol{A}_2\boldsymbol{A}_2^{-1} & & \\ & & \ddots & \\ & & & \boldsymbol{A}_s\boldsymbol{A}_s^{-1} \end{pmatrix}=\begin{pmatrix} \boldsymbol{E}_1 & & & \\ & \boldsymbol{E}_2 & & \\ & & \ddots & \\ & & & \boldsymbol{E}_s \end{pmatrix}=\boldsymbol{E},$$

故 $\boldsymbol{A}$ 可逆，且

$$\boldsymbol{A}^{-1}=\boldsymbol{Q}=\begin{pmatrix} \boldsymbol{A}_1^{-1} & & & \\ & \boldsymbol{A}_2^{-1} & & \\ & & \ddots & \\ & & & \boldsymbol{A}_s^{-1} \end{pmatrix}.$$

由此题特别得到，若 $n$ 阶对角阵 $\boldsymbol{A}=\begin{pmatrix} a_1 & & & \\ & a_2 & & \\ & & \ddots & \\ & & & a_n \end{pmatrix}$，$a_i\neq 0$（$i=1,2,\cdots,n$），则 $\boldsymbol{A}$ 可逆，且

$$\boldsymbol{A}^{-1}=\begin{pmatrix} a_1^{-1} & & & \\ & a_2^{-1} & & \\ & & \ddots & \\ & & & a_n^{-1} \end{pmatrix}.$$

### 1.3.2 可逆矩阵的性质

**定理 1.3** 设 $\boldsymbol{A}$ 可逆，则

（1）$\boldsymbol{A}^{-1}$ 可逆，且 $(\boldsymbol{A}^{-1})^{-1}=\boldsymbol{A}$.

（2）$\lambda\boldsymbol{A}$ 可逆，且 $(\lambda\boldsymbol{A})^{-1}=\frac{1}{\lambda}\boldsymbol{A}^{-1}$，这里 $\lambda$ 是数，且 $\lambda\neq 0$.

（3）$\boldsymbol{A}^{\mathrm{T}}$ 也可逆，且 $(\boldsymbol{A}^{\mathrm{T}})^{-1}=(\boldsymbol{A}^{-1})^{\mathrm{T}}$.

**证** （1）、（2）由定理 1.2 直接验证.

（3）因为 $\boldsymbol{A}^{\mathrm{T}}(\boldsymbol{A}^{-1})^{\mathrm{T}}=(\boldsymbol{A}^{-1}\boldsymbol{A})^{\mathrm{T}}=\boldsymbol{E}^{\mathrm{T}}=\boldsymbol{E}$，所以 $\boldsymbol{A}^{\mathrm{T}}$ 可逆，且 $(\boldsymbol{A}^{\mathrm{T}})^{-1}=(\boldsymbol{A}^{-1})^{\mathrm{T}}$.

**定理 1.4** 若 $\boldsymbol{A},\boldsymbol{B}$ 是 $n$ 阶可逆方阵，则 $\boldsymbol{AB}$ 可逆，且 $(\boldsymbol{AB})^{-1}=\boldsymbol{B}^{-1}\boldsymbol{A}^{-1}$.

**证** 由于 $\boldsymbol{A}$，$\boldsymbol{B}$ 是 $n$ 阶可逆方阵，因此 $\boldsymbol{A}^{-1}$，$\boldsymbol{B}^{-1}$ 都存在，且

$$(\boldsymbol{AB})(\boldsymbol{B}^{-1}\boldsymbol{A}^{-1})=\boldsymbol{A}(\boldsymbol{B}(\boldsymbol{B}^{-1}\boldsymbol{A}^{-1}))=\boldsymbol{A}(\boldsymbol{BB}^{-1})\boldsymbol{A}^{-1}=\boldsymbol{AA}^{-1}=\boldsymbol{E}.$$

由定理 1.2 可知，$\boldsymbol{AB}$ 可逆，且 $(\boldsymbol{AB})^{-1}=\boldsymbol{B}^{-1}\boldsymbol{A}^{-1}$.

更一般地，如果 $\boldsymbol{A}_1$，$\boldsymbol{A}_2$，$\cdots$，$\boldsymbol{A}_s$ 都是 $n$ 阶可逆阵，那么乘积 $\boldsymbol{A}_1\boldsymbol{A}_2\cdots\boldsymbol{A}_s$ 也可逆，且

$$(\boldsymbol{A}_1\boldsymbol{A}_2\cdots\boldsymbol{A}_s)^{-1}=\boldsymbol{A}_s^{-1}\cdots\boldsymbol{A}_2^{-1}\boldsymbol{A}_1^{-1}.$$

利用定理 1.4，可以定义可逆方阵 $\boldsymbol{A}$ 的负整指数幂

$$\boldsymbol{A}^{-n}=(\boldsymbol{A}^{-1})^{n}=(\boldsymbol{A}^{n})^{-1}.$$

**例 1.17** 设 $\boldsymbol{A}=\begin{pmatrix} 1 & -1 & 0 \\ -1 & 2 & 0 \\ 0 & 0 & 1 \end{pmatrix}$，$\boldsymbol{B}=\begin{pmatrix} 3 & 0 & 0 \\ 0 & -2 & 1 \\ 0 & -3 & 1 \end{pmatrix}$，证明：$\boldsymbol{AB}$

可逆．并求 $\boldsymbol{AB}$ 的逆矩阵.

证　根据 $\boldsymbol{A}$、$\boldsymbol{B}$ 的特点，将 $\boldsymbol{A}$、$\boldsymbol{B}$ 分块为

$$\boldsymbol{A}=\begin{pmatrix}\boldsymbol{A}_1 & 0\\ 0 & 1\end{pmatrix}，其中\ \boldsymbol{A}_1=\begin{pmatrix}1 & -1\\ -1 & 2\end{pmatrix},$$

$$\boldsymbol{B}=\begin{pmatrix}3 & 0\\ 0 & \boldsymbol{B}_2\end{pmatrix}，其中\ \boldsymbol{B}_2=\begin{pmatrix}-2 & 1\\ -3 & 1\end{pmatrix},$$

则 $\boldsymbol{A}$、$\boldsymbol{B}$ 是分块对角阵．因为

$$\boldsymbol{A}_1^{-1}=\begin{pmatrix}2 & 1\\ 1 & 1\end{pmatrix},\ \boldsymbol{B}_2^{-1}=\begin{pmatrix}1 & -1\\ 3 & -2\end{pmatrix},$$

所以矩阵 $\boldsymbol{A}$、$\boldsymbol{B}$ 可逆，且有

$$\boldsymbol{A}^{-1}=\begin{pmatrix}\boldsymbol{A}_1^{-1} & 0\\ 0 & 1\end{pmatrix}=\begin{pmatrix}2 & 1 & 0\\ 1 & 1 & 0\\ 0 & 0 & 1\end{pmatrix},\ \boldsymbol{B}^{-1}=\begin{pmatrix}\frac{1}{3} & 0\\ 0 & \boldsymbol{B}_2^{-1}\end{pmatrix}=\begin{pmatrix}\frac{1}{3} & 0 & 0\\ 0 & 1 & -1\\ 0 & 3 & -2\end{pmatrix}.$$

由定理 1.4，$\boldsymbol{AB}$ 可逆，

$$(\boldsymbol{AB})^{-1}=\boldsymbol{B}^{-1}\boldsymbol{A}^{-1}=\begin{pmatrix}\frac{1}{3} & 0 & 0\\ 0 & 1 & -1\\ 0 & 3 & -2\end{pmatrix}\begin{pmatrix}2 & 1 & 0\\ 1 & 1 & 0\\ 0 & 0 & 1\end{pmatrix}=\begin{pmatrix}\frac{2}{3} & \frac{1}{3} & 0\\ 1 & 1 & -1\\ 3 & 3 & -2\end{pmatrix}.$$

**例 1.18**　设方阵 $\boldsymbol{A}$ 满足 $\boldsymbol{A}^2-\boldsymbol{A}-2\boldsymbol{E}=\boldsymbol{O}$，证明：$\boldsymbol{A}$ 及 $\boldsymbol{A}+2\boldsymbol{E}$ 都可逆，并求它们的逆矩阵.

证　由 $\boldsymbol{A}^2-\boldsymbol{A}-2\boldsymbol{E}=\boldsymbol{O}$，得 $\boldsymbol{A}^2-\boldsymbol{A}=2\boldsymbol{E}$，即 $\boldsymbol{A}\left[\frac{1}{2}(\boldsymbol{A}-\boldsymbol{E})\right]=\boldsymbol{E}$.

因此，矩阵 $\boldsymbol{A}$ 可逆，且 $\boldsymbol{A}^{-1}=\frac{1}{2}(\boldsymbol{A}-\boldsymbol{E})$.

因为 $\boldsymbol{A}+2\boldsymbol{E}=\boldsymbol{A}^2$，所以 $\boldsymbol{A}+2\boldsymbol{E}$ 可逆，且

$$(\boldsymbol{A}+2\boldsymbol{E})^{-1}=(\boldsymbol{A}^2)^{-1}=(\boldsymbol{A}^{-1})^2=\frac{1}{4}(\boldsymbol{A}-\boldsymbol{E})^2.$$

**例 1.19**　设 $\boldsymbol{A}$，$\boldsymbol{B}$ 是同阶可逆方阵，且 $\boldsymbol{A}+\boldsymbol{B}$ 也可逆，证明：$\boldsymbol{A}^{-1}+\boldsymbol{B}^{-1}$ 可逆．并求其逆矩阵.

证
$$\begin{aligned}\boldsymbol{A}^{-1}+\boldsymbol{B}^{-1}&=\boldsymbol{A}^{-1}(\boldsymbol{B}\boldsymbol{B}^{-1})+(\boldsymbol{A}^{-1}\boldsymbol{A})\boldsymbol{B}^{-1}\\&=\boldsymbol{A}^{-1}(\boldsymbol{B}+\boldsymbol{A})\boldsymbol{B}^{-1},\end{aligned}$$

因为 $\boldsymbol{A}$，$\boldsymbol{B}$，$\boldsymbol{A}+\boldsymbol{B}$ 均可逆，由定理 1.4，$\boldsymbol{A}^{-1}+\boldsymbol{B}^{-1}$ 可逆，且有

$$(A^{-1}+B^{-1})^{-1}=B(A+B)^{-1}A.$$



## 习题 1.3

### A 组

1. 计算下列矩阵的逆：

(1) $\begin{pmatrix} 3 & -1 \\ -2 & 1 \end{pmatrix}$.

(2) $\begin{pmatrix} \cos\theta & -\sin\theta & 0 \\ \sin\theta & \cos\theta & 0 \\ 0 & 0 & 3 \end{pmatrix}$.

(3) $\begin{pmatrix} 5 & 2 & 0 & 0 \\ 2 & 1 & 0 & 0 \\ 0 & 0 & 1 & 8 \\ 0 & 0 & 1 & 9 \end{pmatrix}$.　　(4) $\begin{pmatrix} 2 & 0 & 0 \\ 0 & 3 & 0 \\ 0 & 0 & 4 \end{pmatrix}$.

2. 已知$\begin{pmatrix} 1 & 2 & -1 \\ 3 & 4 & -2 \\ 5 & -4 & 1 \end{pmatrix}^{-1}=\begin{pmatrix} -2 & 1 & 0 \\ -\dfrac{13}{2} & 3 & -\dfrac{1}{2} \\ -16 & 7 & -1 \end{pmatrix}$,

求解下列方程：

(1) $\begin{cases} x_1+2x_2-x_3=1 \\ 3x_1+4x_2-2x_3=2. \\ 5x_1-4x_2+x_3=3 \end{cases}$

(2) $\begin{pmatrix} 1 & 2 & -1 \\ 3 & 4 & -2 \\ 5 & -4 & 1 \end{pmatrix}X\begin{pmatrix} 2 & 3 \\ 1 & 2 \end{pmatrix}=\begin{pmatrix} -1 & 0 \\ 3 & 2 \\ 0 & 1 \end{pmatrix}$.

3. 设$A$，$C$分别是$m$阶和$n$阶可逆方阵，求证：矩阵$M=\begin{pmatrix} O & A \\ C & B \end{pmatrix}$可逆. 并求其逆矩阵.

4. 证明某一列为零的$n$阶方阵不可逆.

5. $A=\begin{pmatrix} 1 & 2 \\ 1 & 3 \end{pmatrix}$，$AB+E=A^2+B$，求$B$.

### B 组

1. 设方阵$A$满足$A^2-4A-E=O$，证明：$A$及$4A+E$均可逆. 并求$A^{-1}$及$(4A+E)^{-1}$.

2. 设$A$为$n$阶方阵，$A^2=A$，求$(A+E)^{-1}$.

3. $A=\begin{pmatrix} 1/2 & 0 & 0 \\ 0 & 1/4 & 0 \\ 0 & 0 & 1/5 \end{pmatrix}$，$A^{-1}BA=6A+BA$，求$B$.

4. 设方阵$A$满足$A^k=O$（$k$为正整数），证明：$E-A$可逆，且

$$(E-A)^{-1}=E+A+A^2+\cdots+A^{k-1}.$$

5. 若$A$，$B$为$n$阶方阵，且$A+B$，$A-B$均可逆，计算$\begin{pmatrix} A & B \\ B & A \end{pmatrix}^{-1}$.

### C 组

1. 证明：$n$阶可逆下三角矩阵的逆矩阵仍是下三角矩阵.

2. 证明：对任意$n$阶方阵$A$，$B$，都有$AB-BA\neq E_n$.

## 1.4 矩阵的初等变换和初等方阵

矩阵的初等变换是一种特殊的矩阵运算，在线性方程组的求解与矩阵理论的研究中起着重要作用.

### 1.4.1 高斯消元法与初等变换

线性方程组是线性代数研究的重要内容，在工程实践中有许多问题的解决都归结为解方程组. 对于一个线性方程组，我们需要研究三个问题：解的判别、解的分类与解法、解的结构. 高斯消元法是求解线性方程组的常用方法，它是我们熟悉的加减消元法的推广与规范化. 本节从求解线性方程组入手，引出矩阵的初等变换.

**例 1.20** 求解方程组

$$\begin{cases} 3x+4y-6z=4 & ① \\ x-y+4z=1. & ② \\ -x+3y-10z=1 & ③ \end{cases}$$

**解** 将第 1 个方程与第 2 个方程互换，即式①↔式②，得

$$\begin{cases} x-y+4z=1 & ① \\ 3x+4y-6z=4. & ② \\ -x+3y-10z=1 & ③ \end{cases}$$

式② $-3\times$ 式①，式③ $+$ 式① 使得第 2、3 个方程消去变量 $x$，得

$$\begin{cases} x-y+4z=1 & ① \\ 7y-18z=1. & ② \\ 2y-6z=2 & ③ \end{cases}$$

$\dfrac{1}{2}\times$ 式③，式②↔式③，得

$$\begin{cases} x-y+4z=1 & ① \\ y-3z=1. & ② \\ 7y-18z=1 & ③ \end{cases}$$

式③ $-7\times$ 式②，使得第 3 个方程消去变量 $y$，得

$$\begin{cases} x-y+4z=1 & ① \\ y-3z=1 . & ② \\ 3z=-6 & ③ \end{cases}$$

回代求解阶梯形方程组，得原方程组的解为

$$\begin{cases} x=4 \\ y=-5. \\ z=-2 \end{cases}$$

例 1.20 的解法称为**高斯消元法**.

在求解过程中，由于只是对未知变量的系数和常数项进行运算，未知变量本身没有参加运算，因此方程组的求解步骤可在增广矩阵上实现.

方程组$\begin{cases} 3x+4y-6z=4 \\ x-y+4z=1 \\ -x+3y-10z=1 \end{cases}$的增广矩阵为$\begin{pmatrix} 3 & 4 & -6 & 4 \\ 1 & -1 & 4 & 1 \\ -1 & 3 & -10 & 1 \end{pmatrix}$,

将第 1 个方程与第 2 个方程互换，并将交换后的第 1 个方程的 ( −3）倍和 1 倍分别加到第 2、3 个方程上，对应于矩阵变换

$$\begin{pmatrix} 3 & 4 & -6 & 4 \\ 1 & -1 & 4 & 1 \\ -1 & 3 & -10 & 1 \end{pmatrix} \xrightarrow{r_1 \leftrightarrow r_2} \begin{pmatrix} 1 & -1 & 4 & 1 \\ 3 & 4 & -6 & 4 \\ -1 & 3 & -10 & 1 \end{pmatrix} \xrightarrow[r_3+r_1]{r_2-3r_1}$$
$$\begin{pmatrix} 1 & -1 & 4 & 1 \\ 0 & 7 & -18 & 1 \\ 0 & 2 & -6 & 2 \end{pmatrix}.$$

这里，$r_i$表示矩阵第 $i$ 行；$r_i \leftrightarrow r_j$ 表示将矩阵第 $i$ 行与第 $j$ 行交换；$r_i+kr_j$表示将矩阵第 $j$ 行的 $k$ 倍加到第 $i$ 行.

矩阵$\begin{pmatrix} 1 & -1 & 4 & 1 \\ 0 & 7 & -18 & 1 \\ 0 & 2 & -6 & 2 \end{pmatrix}$对应于方程组$\begin{cases} x-y+4z=1 \\ 7y-18z=1, \\ 2y-6z=2 \end{cases}$

将第 3 个方程乘$\frac{1}{2}$，再将第 2 个方程与第 3 个方程互换，并将交换后的第 2 个方程的（ −7）倍加到第 3 个方程上，对应于矩阵变换

$$\begin{pmatrix} 1 & -1 & 4 & 1 \\ 0 & 7 & -18 & 1 \\ 0 & 2 & -6 & 2 \end{pmatrix} \xrightarrow[r_2 \leftrightarrow r_3]{(\frac{1}{2})\ r_3} \begin{pmatrix} 1 & -1 & 4 & 1 \\ 0 & 1 & -3 & 1 \\ 0 & 7 & -18 & 1 \end{pmatrix} \xrightarrow{r_3-7r_2}$$
$$\begin{pmatrix} 1 & -1 & 4 & 1 \\ 0 & 1 & -3 & -1 \\ 0 & 0 & 3 & -6 \end{pmatrix}.$$

矩阵$\begin{pmatrix}1&-1&4&1\\0&1&-3&-1\\0&0&3&-6\end{pmatrix}$对应于阶梯形方程组$\begin{cases}x-y+4z=1\\ \quad y-3z=1\\ \qquad 3z=-6\end{cases}$.

回代求解得$\begin{cases}x=4\\y=-5.\\z=-2\end{cases}$

从上述求解过程可知，高斯消元法的消元步骤实际上是对方程组的增广矩阵作三类行变换：

(1) 交换矩阵的第 $i$ 行和第 $j$ 行的位置，记作 $r_i\leftrightarrow r_j$.

(2) 将矩阵的第 $i$ 行所有元素乘以一个非零常数 $k$，记作 $kr_i$.

(3) 将矩阵第 $j$ 行的 $k$ 倍加到第 $i$ 行，记作 $r_i+kr_j$.

以上三类矩阵行变换称为**矩阵的初等行变换**.

对矩阵的列进行上述三类变换，即得到**矩阵的初等列变换**：

(1) 交换矩阵的第 $i$ 列和第 $j$ 列的位置，记作 $c_i\leftrightarrow c_j$.

(2) 将矩阵的第 $i$ 列所有元素乘以一个非零常数 $k$，记作 $kc_i$.

(3) 将矩阵第 $j$ 列的 $k$ 倍加到第 $i$ 列，记作 $c_i+kc_j$.

对矩阵 $\boldsymbol{A}$ 做初等变换后得 $\boldsymbol{B}$，$\boldsymbol{A}$ 与 $\boldsymbol{B}$ 就不相等了，这种运算记为 $\boldsymbol{A}\to\boldsymbol{B}$

**矩阵的初等行变换与初等列变换统称为初等变换.**

例如，将矩阵$\begin{pmatrix}2&-2&3\\1&-1&2\\-1&0&1\end{pmatrix}$第 1 行的 2 倍，加到第 3 行，得$\begin{pmatrix}2&-2&3\\1&-1&2\\3&-4&7\end{pmatrix}$，应表示为

$$\begin{pmatrix}2&-2&3\\1&-1&2\\-1&0&1\end{pmatrix}\xrightarrow{r_3+2r_1}\begin{pmatrix}2&-2&3\\1&-1&2\\3&-4&7\end{pmatrix}.$$

**初等变换均是可逆的**. 事实上，初等行变换 $r_i\leftrightarrow r_j$ 与 $r_i\leftrightarrow r_j$，$r_i\times k$ 与 $r_i\times 1/k$，$r_i+kr_j$ 与 $r_i-kr_j$ 互为逆变换. 初等列变换也有类似结论.

**定义 1.19** 若线性方程组 $\boldsymbol{A}_{m\times n}\boldsymbol{x}=\boldsymbol{b}$ 与 $\boldsymbol{C}_{m\times n}\boldsymbol{x}=\boldsymbol{d}$ 有相同的解的集合，则称它们是同解方程组.

根据初等变换是可逆变换的性质不难得到如下定理.

**定理 1.5** 设线性方程组 $\boldsymbol{A}_{m\times n}\boldsymbol{x}=\boldsymbol{b}$ 的增广矩阵 $\boldsymbol{B}=(\boldsymbol{A}, \boldsymbol{b})$ 经过

有限次**初等行变换**变成矩阵 $\widetilde{\boldsymbol{B}}=(\widetilde{\boldsymbol{A}},\ \widetilde{\boldsymbol{b}})$，$\widetilde{\boldsymbol{B}}$ 对应的线性方程组为 $\widetilde{\boldsymbol{A}}_{m\times n}\boldsymbol{x}=\widetilde{\boldsymbol{b}}$，则方程组 $\boldsymbol{A}_{m\times n}\boldsymbol{x}=\boldsymbol{b}$ 与 $\widetilde{\boldsymbol{A}}_{m\times n}\boldsymbol{x}=\widetilde{\boldsymbol{b}}$ 是同解方程组.

证　线性方程组 $\boldsymbol{A}_{m\times n}\boldsymbol{x}=\boldsymbol{b}$ 是 $m$ 个方程、$n$ 个变量的方程组

$$\begin{cases}a_{11}x_1+a_{12}x_2+\cdots+a_{1n}x_n=b_1\\ a_{21}x_1+a_{22}x_2+\cdots+a_{2n}x_n=b_2\\ \quad\vdots\\ a_{m1}x_1+a_{m2}x_2+\cdots+a_{mn}x_n=b_m\end{cases},\tag{1.5}$$

其增广矩阵为 $\boldsymbol{B}=(\boldsymbol{A},\ \boldsymbol{b})=\begin{pmatrix}a_{11}&a_{12}&\cdots&a_{1n}&b_1\\ a_{21}&a_{22}&\cdots&a_{2n}&b_2\\ \vdots&\vdots&&\vdots&\vdots\\ a_{m1}&a_{m2}&\cdots&a_{mn}&b_m\end{pmatrix}$，

对其作初等行变换 $r_i+kr_j$，得

$$\boldsymbol{B}\xrightarrow{r_i+kr_j}\widetilde{\boldsymbol{B}}=(\widetilde{\boldsymbol{A}},\ \widetilde{\boldsymbol{b}})=\begin{pmatrix}a_{11}&a_{12}&\cdots&a_{1n}&b_1\\ \vdots&\vdots&&\vdots&\vdots\\ a_{i1}+ka_{j1}&a_{i2}+ka_{j2}&\cdots&a_{in}+ka_{jn}&b_i+kb_j\\ \vdots&\vdots&&\vdots&\vdots\\ a_{j1}&a_{j2}&\cdots&a_{jn}&b_j\\ \vdots&\vdots&&\vdots&\vdots\\ a_{m1}&a_{m2}&\cdots&a_{mn}&b_m\end{pmatrix},$$

$\widetilde{\boldsymbol{B}}$ 对应的线性方程组为

$$\begin{cases}a_{11}x_1+a_{12}x_2+\cdots+a_{1n}x_n=b_1\\ \quad\vdots\\ (a_{i1}+ka_{j1})x_1+(a_{i2}+ka_{j2})x_2+\cdots+(a_{in}+ka_{jn})x_n=b_i+kb_j\\ \quad\vdots\\ a_{j1}x_1+a_{j2}x_2+\cdots+a_{jn}x_n=b_j\\ \quad\vdots\\ a_{m1}x_1+a_{m2}x_2+\cdots+a_{mn}x_n=b_m\end{cases}.\tag{1.6}$$

显然，方程组（1.5）的解是方程组（1.6）的解. 反之，对方

程组（1.6）的增广矩阵 $\widetilde{\boldsymbol{B}}$ 作初等行变换 $r_i - kr_j$，得 $\widetilde{\boldsymbol{B}} \xrightarrow{r_i - kr_j} \boldsymbol{B}$，易知方程组（1.6）的解也是方程组（1.5）的解. 所以，方程组（1.5）与方程组（1.6）同解.

类似可证，对 $\boldsymbol{B}$ 作初等行变换 $r_i \leftrightarrow r_j$ 或 $kr_i$，得 $\widetilde{\boldsymbol{B}}$，两者对应的方程组亦是同解的.

依据定理 1.5，我们可以应用初等行变换求解方程组.

**例 1.21** 解方程组 $\begin{cases} 4x_1 - 4x_2 + 3x_3 - 2x_4 = 10 \\ x_1 - x_2 + 2x_3 - x_4 = 3 \\ x_1 - x_2 - 3x_3 + x_4 = 1 \\ 2x_1 - 2x_2 - 11x_3 + 4x_4 = 0 \end{cases}$.

解

$$\boldsymbol{B} = (\boldsymbol{A}\ ,\boldsymbol{b}) = \begin{pmatrix} 4 & -4 & 3 & -2 & 10 \\ 1 & -1 & 2 & -1 & 3 \\ 1 & -1 & -3 & 1 & 1 \\ 2 & -2 & -11 & 4 & 0 \end{pmatrix} \xrightarrow{r_1 \leftrightarrow r_2} \boldsymbol{B}_1$$

$$= \begin{pmatrix} 1 & -1 & 2 & -1 & 3 \\ 4 & -4 & 3 & -2 & 10 \\ 1 & -1 & -3 & 1 & 1 \\ 2 & -2 & -11 & 4 & 0 \end{pmatrix} \xrightarrow[r_4 - 2r_1]{\substack{r_2 - 4r_1 \\ r_3 - r_1}} \boldsymbol{B}_2$$

$$= \begin{pmatrix} 1 & -1 & 2 & -1 & 3 \\ 0 & 0 & -5 & 2 & -2 \\ 0 & 0 & -5 & 2 & -2 \\ 0 & 0 & -15 & 6 & -6 \end{pmatrix} \xrightarrow{\substack{r_3 - r_2 \\ r_4 - 3r_2}} \boldsymbol{B}_3$$

$$= \begin{pmatrix} 1 & -1 & 2 & -1 & 3 \\ 0 & 0 & -5 & 2 & -2 \\ 0 & 0 & 0 & 0 & 0 \\ 0 & 0 & 0 & 0 & 0 \end{pmatrix} \xrightarrow{\substack{\left(-\frac{1}{5}\right) r_2 \\ r_1 - 2r_2}} \boldsymbol{B}_4$$

$$= \begin{pmatrix} 1 & -1 & 0 & -\frac{1}{5} & \frac{11}{5} \\ 0 & 0 & 1 & -\frac{2}{5} & \frac{2}{5} \\ 0 & 0 & 0 & 0 & 0 \\ 0 & 0 & 0 & 0 & 0 \end{pmatrix},$$

由定理 1.5，原方程组与方程组$\begin{cases} x_1 - x_2 - \dfrac{1}{5}x_4 = \dfrac{11}{5} \\ x_3 - \dfrac{2}{5}x_4 = \dfrac{2}{5} \end{cases}$同解. 取 $x_2$，$x_4$ 为自由未知量，并令 $x_2 = c_1$，$x_4 = c_2$，得

$$\boldsymbol{x} = \begin{pmatrix} x_1 \\ x_2 \\ x_3 \\ x_4 \end{pmatrix} = \begin{pmatrix} c_1 + \dfrac{1}{5}c_2 + \dfrac{11}{5} \\ c_1 \\ \dfrac{2}{5}c_2 + \dfrac{2}{5} \\ c_2 \end{pmatrix} = c_1 \begin{pmatrix} 1 \\ 1 \\ 0 \\ 0 \end{pmatrix} + c_2 \begin{pmatrix} \dfrac{1}{5} \\ 0 \\ \dfrac{2}{5} \\ 1 \end{pmatrix} + \begin{pmatrix} \dfrac{11}{5} \\ 0 \\ \dfrac{2}{5} \\ 0 \end{pmatrix},$$

其中，$c_1$、$c_2$ 为任意常数. 这个解称为原方程组的**通解**. 由于 $c_1$、$c_2$ 可取任意数，所以原方程组有无穷多解.

**定义 1.20** 一个矩阵若满足①全部零行均在非零行的下方；②非零行的第一个非零元的列标大于上一行第一个非零元的列标，就称为**行阶梯阵**.

**定义 1.21** 一个行阶梯阵若满足①非零行的第一个非零元为 1；②非零行第一个非零元所在的列其余元素全为零，就称为**行简化阶梯阵**.

由题可见，高斯消元法求解线性方程组，就是利用初等行变换将方程组的增广矩阵化成**行阶梯阵**（例 1.21 中 $\boldsymbol{B}_3$，$\boldsymbol{B}_4$），这一过程称为**消元**. 若方程组有解，再继续对行阶梯阵进行初等行变换，将其化成**行简化阶梯阵**（例 1.21 中 $\boldsymbol{B}_4$），这一过程称为**回代**.

**例 1.22** 问当 $c$，$d$ 为何值时，线性方程组$\begin{cases} x_1 + x_2 + x_3 = 1 \\ 3x_1 + 2x_2 + x_3 = c \\ 5x_1 + 4x_2 + (3+d)x_3 = 0 \end{cases}$无解、有唯一解、有无穷多解. 在有无穷多解时求其通解.

解

$$\begin{pmatrix} 1 & 1 & 1 & 1 \\ 3 & 2 & 1 & c \\ 5 & 4 & 3+d & 0 \end{pmatrix} \xrightarrow[r_3 - 5r_1]{r_2 - 3r_1} \begin{pmatrix} 1 & 1 & 1 & 1 \\ 0 & -1 & -2 & c-3 \\ 0 & -1 & d-2 & -5 \end{pmatrix} \xrightarrow[r_3 + r_2]{(-1)\ r_2}$$

$$\begin{pmatrix} 1 & 1 & 1 & 1 \\ 0 & 1 & 2 & 3-c \\ 0 & 0 & d & -2-c \end{pmatrix}.$$

由行阶梯阵可知：

（1）当 $d=0$，$c\neq -2$ 时，行阶梯阵对应的第三个方程是矛盾方程："$0=-2-c$"，故原方程组无解.

（2）当 $d=0$，$c=-2$ 时，行阶梯阵的第三行是全零行. 这说明方程组的第三个方程可以用前两个方程的线性运算表示，第三个方程是多余的. 方程组有 2 个方程，3 个未知量，故有自由未知量，因而方程组有无穷多解. 将行阶梯阵化为行简化阶梯阵，

$$\begin{pmatrix} 1 & 1 & 1 & 1 \\ 3 & 2 & 1 & -2 \\ 5 & 4 & 3 & 0 \end{pmatrix} \xrightarrow{\text{初等行变换}} \cdots \rightarrow \begin{pmatrix} 1 & 1 & 1 & 1 \\ 0 & 1 & 2 & 5 \\ 0 & 0 & 0 & 0 \end{pmatrix} \rightarrow \begin{pmatrix} 1 & 0 & -1 & -4 \\ 0 & 1 & 2 & 5 \\ 0 & 0 & 0 & 0 \end{pmatrix}.$$

原方程组与方程组 $\begin{cases} x_1 - x_3 = -4 \\ x_2 + 2x_3 = 5 \end{cases}$ 同解. 取 $x_3$ 为自由未知量，并令 $x_3=c_1$，得通解 $\begin{pmatrix} x_1 \\ x_2 \\ x_3 \end{pmatrix} = \begin{pmatrix} c_1-4 \\ -2c_1+5 \\ c_1 \end{pmatrix} = c_1\begin{pmatrix} 1 \\ -2 \\ 1 \end{pmatrix} + \begin{pmatrix} -4 \\ 5 \\ 0 \end{pmatrix}$，$c_1$ 为任意常数.

（3）当 $d\neq 0$ 时，方程组有唯一解.

例 1.22 中的方程组称为**参数方程组**，求解参数方程组是方程组理论的重要内容详细讨论见第 4 章.

**定理 1.6** 每一个 $m\times n$ 矩阵总可经过有限次初等行变换化成行阶梯阵与行简化阶梯阵，且行阶梯阵中的非零行数是唯一确定的，行简化阶梯阵也是唯一确定的.

### 1.4.2 初等矩阵

**定义 1.22** 由单位矩阵 $\boldsymbol{E}$ 经过一次初等变换所得到的矩阵称为**初等矩阵**.

交换 $n$ 阶单位矩阵 $\boldsymbol{E}$ 的第 $i$ 行（列）和第 $j$ 行（列），所得初等矩阵记作 $\boldsymbol{E}(i,j)$；把第 $i$ 行（列）乘以一个非零常数 $k$，所得初等矩阵记作 $\boldsymbol{E}(i(k))$；把第 $j$ 行（第 $i$ 列）所有元素乘以 $k$，加到第 $i$ 行

(第 $j$ 列)上,所得初等矩阵记作 $\boldsymbol{E}(i,j(k))$.

单位矩阵的三种初等变换对应着三种初等矩阵. 即

$$\boldsymbol{E}\xrightarrow[(c_i\leftrightarrow c_j)]{r_i\leftrightarrow r_j}\boldsymbol{E}(i,j)=\begin{pmatrix}1&&&&&&&&&\\&\ddots&&&&&&&&\\&&1&&&&&&&\\&&&0&&&1&&&\\&&&&1&&&&&\\&&&&&\ddots&&&&\\&&&&&&1&&&\\&&&1&&&0&&&\\&&&&&&&1&&\\&&&&&&&&\ddots&\\&&&&&&&&&1\end{pmatrix}\begin{matrix}\\\\\\i\text{ 行}\\\\\\\\j\text{ 行}\\\\\\\\\end{matrix},$$

$$\boldsymbol{E}\xrightarrow[(kc_i)]{kr_i}\boldsymbol{E}(i(k))=\begin{pmatrix}1&&&&&\\&\ddots&&&&\\&&1&&&\\&&&k&&\\&&&&1&\\&&&&&\ddots&\\&&&&&&1\end{pmatrix}i\text{ 行},$$

$$\boldsymbol{E}\xrightarrow[(c_j+kc_i)]{r_i+kr_j}\boldsymbol{E}(i,j(k))=\begin{pmatrix}1&&&&&&\\&\ddots&&&&&\\&&1&&k&&\\&&&\ddots&&&\\&&&&1&&\\&&&&&\ddots&\\&&&&&&1\end{pmatrix}\begin{matrix}\\\\i\text{ 行}\\\\j\text{ 行}\\\\\\\end{matrix}.$$

**定理 1.7** 初等矩阵都是可逆的,且

$$\boldsymbol{E}(i,j)^{-1}=\boldsymbol{E}(i,j),$$

$$\boldsymbol{E}(i(k))^{-1}=\boldsymbol{E}(i(\frac{1}{k})),$$

$$\boldsymbol{E}(i,j(k))^{-1}=\boldsymbol{E}(i,j(-k)).$$

定理 1.7 告诉我们:初等矩阵的逆矩阵仍是初等矩阵,且保持

类型不变.

例 1.23 设 $A=\begin{pmatrix}a_{11}&a_{12}&a_{13}&a_{14}\\a_{21}&a_{22}&a_{23}&a_{24}\\a_{31}&a_{32}&a_{33}&a_{34}\end{pmatrix}$，分别计算 $E_3(1,3)A$，$AE_4(1,3)$，$E_3(1,3(k))A$，$AE_4(1,3(k))$，$k\neq 0$.

解

$$E_3(1,3)A=\begin{pmatrix}0&0&1\\0&1&0\\1&0&0\end{pmatrix}\begin{pmatrix}a_{11}&a_{12}&a_{13}&a_{14}\\a_{21}&a_{22}&a_{23}&a_{24}\\a_{31}&a_{32}&a_{33}&a_{34}\end{pmatrix}=\begin{pmatrix}a_{31}&a_{32}&a_{33}&a_{34}\\a_{21}&a_{22}&a_{23}&a_{24}\\a_{11}&a_{12}&a_{13}&a_{14}\end{pmatrix},$$

相当于 $A\xrightarrow{r_1\leftrightarrow r_3}E_3(1,3)A$.

$$AE_4(1,3)=\begin{pmatrix}a_{11}&a_{12}&a_{13}&a_{14}\\a_{21}&a_{22}&a_{23}&a_{24}\\a_{31}&a_{32}&a_{33}&a_{34}\end{pmatrix}\begin{pmatrix}0&0&1&0\\0&1&0&0\\1&0&0&0\\0&0&0&1\end{pmatrix}=\begin{pmatrix}a_{13}&a_{12}&a_{11}&a_{14}\\a_{23}&a_{22}&a_{21}&a_{24}\\a_{33}&a_{32}&a_{31}&a_{34}\end{pmatrix},$$

相当于 $A\xrightarrow{c_1\leftrightarrow c_3}AE_4(1,3)$.

$$E_3(1,3(k))A=\begin{pmatrix}1&0&k\\0&1&0\\0&0&1\end{pmatrix}\begin{pmatrix}a_{11}&a_{12}&a_{13}&a_{14}\\a_{21}&a_{22}&a_{23}&a_{24}\\a_{31}&a_{32}&a_{33}&a_{34}\end{pmatrix}=\begin{pmatrix}a_{11}+ka_{31}&a_{12}+ka_{32}&a_{13}+ka_{33}&a_{14}+ka_{34}\\a_{21}&a_{22}&a_{23}&a_{24}\\a_{31}&a_{32}&a_{33}&a_{34}\end{pmatrix},$$

相当于 $A\xrightarrow{r_1+kr_3}E_3(1,3(k))A$.

$$\boldsymbol{AE}_4(1,3(k))=\begin{pmatrix}a_{11}&a_{12}&a_{13}&a_{14}\\a_{21}&a_{22}&a_{23}&a_{24}\\a_{31}&a_{32}&a_{33}&a_{34}\end{pmatrix}\begin{pmatrix}1&0&k&0\\0&1&0&0\\0&0&1&0\\0&0&0&1\end{pmatrix}$$

$$=\begin{pmatrix}a_{11}&a_{12}&a_{13}+ka_{11}&a_{14}\\a_{21}&a_{22}&a_{23}+ka_{21}&a_{24}\\a_{31}&a_{32}&a_{33}+ka_{31}&a_{34}\end{pmatrix},$$

相当于$\boldsymbol{A}\xrightarrow{c_3+kc_1}\boldsymbol{AE}_4(1,\ 3(k))$.

此例告诉我们：交换$\boldsymbol{A}_{3\times4}$的第1行与第3行，相当于左乘一个3阶初等交换阵；交换$\boldsymbol{A}_{3\times4}$的第1列与第3列，相当于右乘一个4阶初等交换阵.

一般地，我们有下述定理：

**定理1.8** 对矩阵$\boldsymbol{A}_{m\times n}$作一次初等行变换相当于在矩阵$\boldsymbol{A}_{m\times n}$的左侧乘以相应的$m$阶初等矩阵；对矩阵$\boldsymbol{A}_{m\times n}$作一次列初等列变换相当于在矩阵$\boldsymbol{A}_{m\times n}$的右侧乘以相应的$n$阶初等矩阵.

此定理阐述了初等变换与初等矩阵的关系，很重要.

**例1.24** 设$\boldsymbol{A}=\begin{pmatrix}a_{11}&a_{12}&a_{13}\\a_{21}&a_{22}&a_{23}\\a_{31}&a_{32}&a_{33}\end{pmatrix}$,

$\boldsymbol{B}=\begin{pmatrix}a_{21}&a_{22}&a_{23}\\a_{11}&a_{12}&a_{13}\\a_{31}+2a_{11}&a_{32}+2a_{12}&a_{33}+2a_{13}\end{pmatrix}$, $\boldsymbol{P}_1=\begin{pmatrix}0&1&0\\1&0&0\\0&0&1\end{pmatrix}$,

$\boldsymbol{P}_2=\begin{pmatrix}1&0&0\\0&1&0\\2&0&1\end{pmatrix}$. 问$\boldsymbol{P}_1$, $\boldsymbol{P}_2$如何与$\boldsymbol{A}$相乘可得到$\boldsymbol{B}$.

**解** 这里$\boldsymbol{P}_1$, $\boldsymbol{P}_2$是初等矩阵，$\boldsymbol{P}_1=\boldsymbol{E}(1,2)$, $\boldsymbol{P}_2=\boldsymbol{E}(3,1(2))$，矩阵$\boldsymbol{B}$可由矩阵$\boldsymbol{A}$作如下初等行变换得到：$\boldsymbol{A}\xrightarrow{r_3+2r_1}A_1\xrightarrow{r_1\leftrightarrow r_2}\boldsymbol{B}$. 由定理1.8，$\boldsymbol{B}=\boldsymbol{P}_1\boldsymbol{P}_2\boldsymbol{A}$.

**定理1.9** $n$阶可逆矩阵的**行简化阶梯阵**一定是单位矩阵.

**证** 设$n$阶可逆矩阵$\boldsymbol{A}$的**行简化阶梯阵**为$\boldsymbol{B}$，则$\boldsymbol{B}$或者是$n$阶单位矩阵，或者包含零行. 由定理1.6及定理1.8知，存在有限个$n$阶初等矩阵$\boldsymbol{P}_1$，$\boldsymbol{P}_2$，…，$\boldsymbol{P}_s$，使得$\boldsymbol{P}_s\cdots\boldsymbol{P}_2\boldsymbol{P}_1\boldsymbol{A}=\boldsymbol{B}$. 令$\boldsymbol{P}=\boldsymbol{P}_s\cdots\boldsymbol{P}_2\boldsymbol{P}_1$,

则 $\boldsymbol{P}$ 可逆，满足 $\boldsymbol{PA}=\boldsymbol{B}$.

因为 $\boldsymbol{A}$ 是可逆矩阵，由定理1.4可知 $\boldsymbol{B}$ 是可逆矩阵. 从而 $\boldsymbol{B}$ 是单位矩阵（例1.13）.

**定理1.10** 方阵 $\boldsymbol{A}$ 可逆的充分必要条件是 $\boldsymbol{A}$ 可以写成有限个初等矩阵的乘积.

**证 充分性** 若 $\boldsymbol{P}_1, \boldsymbol{P}_2, \cdots, \boldsymbol{P}_s$ 是初等矩阵，且 $\boldsymbol{A}=\boldsymbol{P}_1\boldsymbol{P}_2\cdots\boldsymbol{P}_s$. 由定理1.4，$\boldsymbol{A}$ 可逆且 $\boldsymbol{A}^{-1}=\boldsymbol{P}_s^{-1}\cdots\boldsymbol{P}_2^{-1}\boldsymbol{P}_1^{-1}$.

**必要性** 若方阵 $\boldsymbol{A}$ 可逆，由定理1.9，矩阵 $\boldsymbol{A}$ 的**行简化阶梯阵**是单位矩阵. 由定理1.6及定理1.8知，存在有限个 $n$ 阶初等矩阵 $\boldsymbol{P}_1, \boldsymbol{P}_2, \cdots, \boldsymbol{P}_s$，使得 $\boldsymbol{P}_s\cdots\boldsymbol{P}_2\boldsymbol{P}_1\boldsymbol{A}=\boldsymbol{E}$，从而

$$\boldsymbol{A}=\boldsymbol{P}_1^{-1}\boldsymbol{P}_2^{-1}\cdots\boldsymbol{P}_s^{-1}.$$

由于初等矩阵的逆矩阵仍是初等矩阵，所以可逆矩阵 $\boldsymbol{A}$ 可以写成有限个初等矩阵的乘积.

由定理1.10可知，若方阵 $\boldsymbol{A}$ 可逆，一定存在有限个初等矩阵 $\boldsymbol{P}_1, \boldsymbol{P}_2, \cdots, \boldsymbol{P}_s$，使得

$$\boldsymbol{P}_s\cdots\boldsymbol{P}_2\boldsymbol{P}_1\boldsymbol{A}=\boldsymbol{E},$$

两边右乘 $\boldsymbol{A}^{-1}$，有

$$\boldsymbol{P}_s\cdots\boldsymbol{P}_2\boldsymbol{P}_1\boldsymbol{E}=\boldsymbol{A}^{-1}.$$

矩阵左乘一个初等矩阵 $\boldsymbol{P}$，相当于对这个矩阵作一次与 $\boldsymbol{P}$ 相对应的初等行变换. 对 $\boldsymbol{A}$ 依次作与 $\boldsymbol{P}_1, \boldsymbol{P}_2, \cdots, \boldsymbol{P}_s$ 相对应的初等行变换，结果得到单位矩阵 $\boldsymbol{E}$. 同时，对单位矩阵 $\boldsymbol{E}$ 作完全相同的初等行变换，所得结果为 $\boldsymbol{P}_s\cdots\boldsymbol{P}_2\boldsymbol{P}_1\boldsymbol{E}$，恰好是 $\boldsymbol{A}$ 的逆矩阵 $\boldsymbol{A}^{-1}$.

为此，构造 $n\times 2n$ 矩阵（$\boldsymbol{A}, \boldsymbol{E}$），对其施行一系列初等行变换（相当于左乘一系列初等矩阵），将 $\boldsymbol{A}$ 化为单位矩阵 $\boldsymbol{E}$；同时，将单位矩阵 $\boldsymbol{E}$ 化为 $\boldsymbol{A}$ 的逆矩阵 $\boldsymbol{A}^{-1}$. 即

$$\boldsymbol{P}_s\cdots\boldsymbol{P}_2\boldsymbol{P}_1(\boldsymbol{A},\boldsymbol{E})=(\boldsymbol{P}_s\cdots\boldsymbol{P}_2\boldsymbol{P}_1\boldsymbol{A},\boldsymbol{P}_s\cdots\boldsymbol{P}_2\boldsymbol{P}_1\boldsymbol{E})=(\boldsymbol{E},\boldsymbol{A}^{-1}).$$

**例1.25** 用初等行变换求下列矩阵的逆矩阵：

$$(1)\begin{pmatrix} 2 & -2 & 3 \\ 1 & -1 & 2 \\ -1 & 0 & 1 \end{pmatrix}. \qquad (2)\begin{pmatrix} 1 & 2 & 1 & 1 \\ 1 & 1 & -2 & -1 \\ 1 & -2 & 1 & -1 \\ 1 & -1 & -2 & 1 \end{pmatrix}.$$

解 （1）由于

$$\left(\begin{array}{ccc:ccc} 2 & -2 & 3 & 1 & 0 & 0 \\ 1 & -1 & 2 & 0 & 1 & 0 \\ -1 & 0 & 1 & 0 & 0 & 1 \end{array}\right) \xrightarrow{r_1 \leftrightarrow r_2} \left(\begin{array}{ccc:ccc} 1 & -1 & 2 & 0 & 1 & 0 \\ 2 & -2 & 3 & 1 & 0 & 0 \\ -1 & 0 & 1 & 0 & 0 & 1 \end{array}\right)$$

$$\xrightarrow[r_3 + r_1]{r_2 - 2r_1} \left(\begin{array}{ccc:ccc} 1 & -1 & 2 & 0 & 1 & 0 \\ 0 & 0 & -1 & 1 & -2 & 0 \\ 0 & -1 & 3 & 0 & 1 & 1 \end{array}\right)$$

$$\xrightarrow[\substack{(-1)r_2 \\ (-1)r_3}]{r_2 \leftrightarrow r_3} \left(\begin{array}{ccc:ccc} 1 & -1 & 2 & 0 & 1 & 0 \\ 0 & 1 & -3 & 0 & -1 & -1 \\ 0 & 0 & 1 & -1 & 2 & 0 \end{array}\right)$$

$$\xrightarrow[r_1 - 2r_3]{r_2 + 3r_3} \left(\begin{array}{ccc:ccc} 1 & -1 & 0 & 2 & -3 & 0 \\ 0 & 1 & 0 & -3 & 5 & -1 \\ 0 & 0 & 1 & -1 & 2 & 0 \end{array}\right)$$

$$\xrightarrow{r_1 + r_2} \left(\begin{array}{ccc:ccc} 1 & 0 & 0 & -1 & 2 & -1 \\ 0 & 1 & 0 & -3 & 5 & -1 \\ 0 & 0 & 1 & -1 & 2 & 0 \end{array}\right),$$

因此
$$\begin{pmatrix} 2 & -2 & 3 \\ 1 & -1 & 2 \\ -1 & 0 & 1 \end{pmatrix}^{-1} = \begin{pmatrix} -1 & 2 & -1 \\ -3 & 5 & -1 \\ -1 & 2 & 0 \end{pmatrix}.$$

(2) 由于
$$\left(\begin{array}{cccc:cccc} 1 & 2 & 1 & 1 & 1 & 0 & 0 & 0 \\ 1 & 1 & -2 & -1 & 0 & 1 & 0 & 0 \\ 1 & -2 & 1 & -1 & 0 & 0 & 1 & 0 \\ 1 & -1 & -2 & 1 & 0 & 0 & 0 & 1 \end{array}\right)$$

$$\xrightarrow[\substack{r_3 - r_1 \\ r_4 - r_1}]{r_2 - r_1} \left(\begin{array}{cccc:cccc} 1 & 2 & 1 & 1 & 1 & 0 & 0 & 0 \\ 0 & -1 & -3 & -2 & -1 & 1 & 0 & 0 \\ 0 & -4 & 0 & -2 & -1 & 0 & 1 & 0 \\ 0 & -3 & -3 & 0 & -1 & 0 & 0 & 1 \end{array}\right)$$

$$\xrightarrow{(-1)r_2} \left(\begin{array}{cccc:cccc} 1 & 2 & 1 & 1 & 1 & 0 & 0 & 0 \\ 0 & 1 & 3 & 2 & 1 & -1 & 0 & 0 \\ 0 & -4 & 0 & -2 & -1 & 0 & 1 & 0 \\ 0 & -3 & -3 & 0 & -1 & 0 & 0 & 1 \end{array}\right)$$

$$\xrightarrow[r_4+3r_2]{r_3+4r_2}\left(\begin{array}{cccc:cccc}1&2&1&1&1&0&0&0\\0&1&3&2&1&-1&0&0\\0&0&12&6&3&-4&1&0\\0&0&6&6&2&-3&0&1\end{array}\right)$$

$$\xrightarrow{r_3\leftrightarrow r_4}\left(\begin{array}{cccc:cccc}1&2&1&1&1&0&0&0\\0&1&3&2&1&-1&0&0\\0&0&6&6&2&-3&0&1\\0&0&12&6&3&-4&1&0\end{array}\right)$$

$$\xrightarrow{r_4-2r_3}\left(\begin{array}{cccc:cccc}1&2&1&1&1&0&0&0\\0&1&3&2&1&-1&0&0\\0&0&6&6&2&-3&0&1\\0&0&0&-6&-1&2&1&-2\end{array}\right)$$

$$\xrightarrow{r_3+r_4}\left(\begin{array}{cccc:cccc}1&2&1&1&1&0&0&0\\0&1&3&2&1&-1&0&0\\0&0&6&0&1&-1&1&-1\\0&0&0&-6&-1&2&1&-2\end{array}\right)$$

$$\xrightarrow[(-\frac{1}{6})r_4]{(\frac{1}{6})r_3}\left(\begin{array}{cccc:cccc}1&2&1&1&1&0&0&0\\0&1&3&2&1&-1&0&0\\0&0&1&0&\frac{1}{6}&-\frac{1}{6}&\frac{1}{6}&-\frac{1}{6}\\0&0&0&1&\frac{1}{6}&-\frac{2}{6}&-\frac{1}{6}&\frac{2}{6}\end{array}\right)$$

$$\xrightarrow[r_1-r_4]{r_2-2r_4}\left(\begin{array}{cccc:cccc}1&2&1&0&\frac{5}{6}&\frac{2}{6}&\frac{1}{6}&-\frac{2}{6}\\0&1&3&0&\frac{4}{6}&-\frac{2}{6}&\frac{2}{6}&-\frac{4}{6}\\0&0&1&0&\frac{1}{6}&-\frac{1}{6}&\frac{1}{6}&-\frac{1}{6}\\0&0&0&1&\frac{1}{6}&-\frac{2}{6}&-\frac{1}{6}&\frac{2}{6}\end{array}\right)$$

$$\xrightarrow[r_1-r_3]{r_2-3r_3}\left(\begin{array}{cccc:cccc}1&2&0&0&\frac{4}{6}&\frac{3}{6}&0&-\frac{1}{6}\\0&1&0&0&\frac{1}{6}&\frac{1}{6}&-\frac{1}{6}&-\frac{1}{6}\\0&0&1&0&\frac{1}{6}&-\frac{1}{6}&\frac{1}{6}&-\frac{1}{6}\\0&0&0&1&\frac{1}{6}&-\frac{2}{6}&-\frac{1}{6}&\frac{2}{6}\end{array}\right)$$

$$\xrightarrow{r_1-2r_2}\left(\begin{array}{cccc:cccc}1&0&0&0&\frac{2}{6}&\frac{1}{6}&\frac{2}{6}&\frac{1}{6}\\0&1&0&0&\frac{1}{6}&\frac{1}{6}&-\frac{1}{6}&-\frac{1}{6}\\0&0&1&0&\frac{1}{6}&-\frac{1}{6}&\frac{1}{6}&-\frac{1}{6}\\0&0&0&1&\frac{1}{6}&-\frac{2}{6}&-\frac{1}{6}&\frac{2}{6}\end{array}\right),$$

因此 $$\begin{pmatrix}1&2&1&1\\1&1&-2&-1\\1&-2&1&-1\\1&-1&-2&1\end{pmatrix}^{-1}=\frac{1}{6}\begin{pmatrix}2&1&2&1\\1&1&-1&-1\\1&-1&1&-1\\1&-2&-1&2\end{pmatrix}.$$

求矩阵的逆矩阵也可采用初等列变换，构造 $2n\times n$ 矩阵$\begin{pmatrix}\boldsymbol{A}\\\boldsymbol{E}\end{pmatrix}$，对其施行一系列初等列变换（相当于右乘一系列初等矩阵），将 $\boldsymbol{A}$ 化为单位矩阵 $\boldsymbol{E}$；同时，将单位矩阵 $\boldsymbol{E}$ 化为 $\boldsymbol{A}$ 的逆矩阵 $\boldsymbol{A}^{-1}$，即

$$\begin{pmatrix}\boldsymbol{A}\\\boldsymbol{E}\end{pmatrix}\boldsymbol{P}_1\boldsymbol{P}_2\cdots\boldsymbol{P}_s=\begin{pmatrix}\boldsymbol{A}\boldsymbol{P}_1\boldsymbol{P}_2\cdots\boldsymbol{P}_s\\\boldsymbol{E}\boldsymbol{P}_1\boldsymbol{P}_2\cdots\boldsymbol{P}_s\end{pmatrix}=\begin{pmatrix}\boldsymbol{E}\\\boldsymbol{A}^{-1}\end{pmatrix}.$$

**例 1.26** 求解矩阵方程 $\boldsymbol{AX}=\boldsymbol{B}$，这里 $\boldsymbol{A}=\begin{pmatrix}2&4\\1&-1\end{pmatrix}$，$\boldsymbol{B}=\begin{pmatrix}4&6\\2&-1\end{pmatrix}$.

解 $\boldsymbol{X}=\boldsymbol{A}^{-1}\boldsymbol{B}=\begin{pmatrix}2&4\\1&-1\end{pmatrix}^{-1}\begin{pmatrix}4&6\\2&-1\end{pmatrix}$，用初等行变换求 $\boldsymbol{X}$.

构造分块矩阵 $(\boldsymbol{A},\boldsymbol{B})$，作初等行变换，将矩阵 $\boldsymbol{A}$ 化为 $\boldsymbol{E}$，同时将矩阵 $\boldsymbol{B}$ 化为 $\boldsymbol{A}^{-1}\boldsymbol{B}$.

$$(\boldsymbol{A}\vdots\boldsymbol{B})=\left(\begin{array}{cc:cc}2&4&4&6\\1&-1&2&-1\end{array}\right)\to\left(\begin{array}{cc:cc}1&-1&2&-1\\2&4&4&6\end{array}\right)$$

$$\to\left(\begin{array}{cc:cc}1&-1&2&-1\\0&6&0&8\end{array}\right)\to\left(\begin{array}{cc:cc}1&-1&2&-1\\0&1&0&\frac{4}{3}\end{array}\right)$$

$$\to\left(\begin{array}{cc:cc}1&0&2&\frac{1}{3}\\0&1&0&\frac{4}{3}\end{array}\right).$$

因此，$\boldsymbol{X}=\begin{pmatrix}2&\frac{1}{3}\\0&\frac{4}{3}\end{pmatrix}$.

### 1.4.3 相抵标准形与矩阵的秩

本节讨论同型矩阵的一种等价关系：矩阵相抵.

**定义 1.23** 设 $\boldsymbol{A}$，$\boldsymbol{B}$ 是同型矩阵，若 $\boldsymbol{A}$ 经过有限次初等变换化为 $\boldsymbol{B}$，就称 $\boldsymbol{A}$ 相抵（等价）于 $\boldsymbol{B}$，记作 $\boldsymbol{A}\cong\boldsymbol{B}$.

**定理 1.11** 设 $\boldsymbol{A}$ 和 $\boldsymbol{B}$ 是 $m\times n$ 矩阵，则矩阵 $\boldsymbol{A}$ 相抵（等价）于 $\boldsymbol{B}$ 的充分必要条件是：存在 $m$ 阶可逆矩阵 $\boldsymbol{P}$ 与 $n$ 阶可逆矩阵 $\boldsymbol{Q}$，使得 $\boldsymbol{PAQ}=\boldsymbol{B}$.

请读者根据矩阵相抵定义及定理 1.8、定理 1.10，自己完成证明.

容易验证矩阵相抵具有如下性质：

（1）**反身性**：矩阵 $\boldsymbol{A}$ 和它自身相抵，即 $\boldsymbol{A}\cong\boldsymbol{A}$.

（2）**对称性**：如果 $\boldsymbol{A}$ 和 $\boldsymbol{B}$ 相抵，则 $\boldsymbol{B}$ 和 $\boldsymbol{A}$ 也相抵，即若 $\boldsymbol{A}\cong\boldsymbol{B}$，则 $\boldsymbol{B}\cong\boldsymbol{A}$.

（3）**传递性**：如果 $\boldsymbol{A}$ 和 $\boldsymbol{B}$ 相抵，$\boldsymbol{B}$ 和 $\boldsymbol{C}$ 相抵，则 $\boldsymbol{A}$ 和 $\boldsymbol{C}$ 相抵，即若 $\boldsymbol{A}\cong\boldsymbol{B}$，$\boldsymbol{B}\cong\boldsymbol{C}$，则 $\boldsymbol{A}\cong\boldsymbol{C}$.

在数学上，研究对象之间的关系如果同时满足**反身性、对称性**和**传递性**，则称其为**等价关系**. 综上所述，相抵是一种等价关系.

前面曾讲到，矩阵 $\boldsymbol{A}$ 做初等变换得 $\boldsymbol{B}$，$\boldsymbol{A}$ 与 $\boldsymbol{B}$ 就不相等了，记为 $\boldsymbol{A}\to\boldsymbol{B}$；现在可明确为：若 $\boldsymbol{A}\to\boldsymbol{B}$，则 $\boldsymbol{A}$ 与 $\boldsymbol{B}$ 相抵（等价）.

**定理 1.12** 任意 $m\times n$ 矩阵 $\boldsymbol{A}$ 必相抵于一个形如

$$I=\begin{pmatrix}1&\cdots&0&0&\cdots&0\\\vdots&\ddots&\vdots&\vdots&\ddots&\vdots\\0&\cdots&1&0&\cdots&0\\\vdots&\ddots&\vdots&\vdots&\ddots&\vdots\\0&\cdots&0&0&\cdots&0\end{pmatrix}=\begin{pmatrix}E_r&O\\O&O\end{pmatrix}$$

的矩阵，其中，$r$ 为 $A$ 的**行阶梯阵**中非零行的行数. 即存在 $m$ 阶可逆矩阵 $P$ 与 $n$ 阶可逆矩阵 $Q$，使得 $PAQ=I=\begin{pmatrix}E_r&O\\O&O\end{pmatrix}$.

证　由定理 1.6，每一个 $m\times n$ 矩阵总可经过有限次**初等行变换**化为**行简化阶梯阵** $I_1$，即存在有限个 $m$ 阶初等矩阵 $P_1$，$P_2$，…，$P_s$，使得 $P_s\cdots P_2P_1A=I_1$，再对 $I_1$ 作有限次初等列变换将 $I_1$ 化为 $I$，即存在 $n$ 阶初等矩阵 $Q_1$，$Q_2$，…，$Q_t$，使得 $I_1Q_1Q_2\cdots Q_t=I$. 令 $P_s\cdots P_2P_1=P$，$Q_1Q_2\cdots Q_t=Q$，则有 $PAQ=I$.

矩阵 $I$ 称为矩阵 $A$ 的**相抵标准形**.

**定理 1.13**　矩阵 $A_{m\times n}$ 的相抵标准形是唯一的，即

$$A\cong I=\begin{pmatrix}1&\cdots&0&0&\cdots&0\\\vdots&\ddots&\vdots&\vdots&\ddots&\vdots\\0&\cdots&1&0&\cdots&0\\\vdots&\ddots&\vdots&\vdots&\ddots&\vdots\\0&\cdots&0&0&\cdots&0\end{pmatrix}=\begin{pmatrix}E_r&O\\O&O\end{pmatrix},$$

$r$ 是唯一确定的.

*证　设矩阵 $A$ 有两个相抵标准形

$$I_r=\begin{pmatrix}1&\cdots&0&0&\cdots&0\\\vdots&\ddots&\vdots&\vdots&\ddots&\vdots\\0&\cdots&1&0&\cdots&0\\\vdots&\ddots&\vdots&\vdots&\ddots&\vdots\\0&\cdots&0&0&\cdots&0\end{pmatrix}=\begin{pmatrix}E_r&O\\O&O\end{pmatrix}\text{和}$$

$$I_s=\begin{pmatrix}1&\cdots&0&0&\cdots&0\\\vdots&\ddots&\vdots&\vdots&\ddots&\vdots\\0&\cdots&1&0&\cdots&0\\\vdots&\ddots&\vdots&\vdots&\ddots&\vdots\\0&\cdots&0&0&\cdots&0\end{pmatrix}=\begin{pmatrix}E_s&O\\O&O\end{pmatrix},\text{不妨设 } r>s.$$

由矩阵相抵的传递性，$I_r \cong I_s$，即存在 $m$ 阶可逆矩阵 $P_1$ 与 $n$ 阶可逆矩阵 $Q$，使得 $I_r = P_1 I_s Q$，等价于 $P_1^{-1} I_r = I_s Q$，记 $P = P_1^{-1}$，则 $PI_r = I_s Q$. 即

$$\begin{pmatrix} p_{11} & \cdots & p_{1r} & 0 & \cdots & 0 \\ \vdots & & \vdots & \vdots & & \vdots \\ p_{s1} & \cdots & p_{sr} & 0 & \cdots & 0 \\ \vdots & & \vdots & \vdots & & \vdots \\ p_{m1} & \cdots & p_{mr} & 0 & \cdots & 0 \end{pmatrix}_{m\times n} = \begin{pmatrix} q_{11} & \cdots & q_{1r} & \cdots & q_{1n} \\ \vdots & & \vdots & & \vdots \\ q_{s1} & \cdots & q_{sr} & \cdots & q_{sn} \\ 0 & \cdots & 0 & \cdots & 0 \\ \vdots & & \vdots & & \vdots \\ 0 & \cdots & 0 & \cdots & 0 \end{pmatrix}_{m\times n},$$

这里，$P = (p_{ij})_{m\times m}, Q = (q_{ij})_{n\times n}$.

由上式得到

$p_{ij} = 0$（$i = s+1, \cdots, m$；$j = 1, \cdots, r$），$q_{ij} = 0$（$i = 1, \cdots, s$；$j = r+1, \cdots, n$），于是，

$$P = \begin{pmatrix} p_{11} & \cdots & p_{1r} & p_{1,r+1} & \cdots & p_{1m} \\ \vdots & & \vdots & \vdots & & \vdots \\ p_{s1} & \cdots & p_{sr} & p_{s,r+1} & \cdots & p_{sm} \\ 0 & \cdots & 0 & p_{s+1,r+1} & \cdots & p_{s+1,m} \\ \vdots & & \vdots & \vdots & & \vdots \\ 0 & \cdots & 0 & p_{m,r+1} & \cdots & p_{mm} \end{pmatrix} = \begin{pmatrix} P_{sr} & P_{s(m-r)} \\ O & P_{(m-s)(m-r)} \end{pmatrix},$$

对矩阵 $P$ 的后 $m-s$ 行作初等行变换，将其变为行阶梯阵，则因为 $r>s$，行阶梯阵的非零行数 $t \leqslant m-r < m-s$，即有

$$P = \begin{pmatrix} P_{sr} & P_{s(m-r)} \\ O & P_{(m-s)(m-r)} \end{pmatrix} \xrightarrow{\text{初等行变换}} \cdots \longrightarrow P' = \begin{pmatrix} p_{11} & \cdots & p_{1r} & p_{1,r+1} & \cdots & p_{1m} \\ \vdots & & \vdots & \vdots & & \vdots \\ p_{s1} & \cdots & p_{sr} & p_{s,r+1} & \cdots & p_{sm} \\ 0 & \cdots & 0 & p'_{s+1,r+1} & \cdots & p'_{s+1,m} \\ \vdots & & \vdots & 0 & \ddots & \vdots \\ \vdots & & \vdots & \vdots & \ddots & p'_{s+t,m} \\ 0 & \cdots & 0 & 0 & \cdots & 0 \\ \vdots & & & & & \vdots \\ 0 & \cdots & 0 & 0 & \cdots & 0 \end{pmatrix}.$$

从而，$\boldsymbol{P}$ 是不可逆的，与 $\boldsymbol{P}$ 的定义矛盾．对于 $r<s$ 也有类似结论．因此，$r=s$，即 $\boldsymbol{I}_r=\boldsymbol{I}_s$．

所有 $m\times n$ 矩阵可按它们的相抵标准形分类，将具有相同相抵标准形的矩阵组成一个集合，称为一个等价类．每个 $m\times n$ 矩阵均属于且仅属于一个等价类，由等价的传递性，它们彼此相抵，且标准形 $\boldsymbol{I}$ 是这个等价类中形状最简单的矩阵．不在一个等价类中的矩阵一定不相抵．

**定义 1.24** 矩阵 $\boldsymbol{A}$ 的相抵标准形中，1 的个数称为矩阵 $\boldsymbol{A}$ 的秩，记作秩 $\boldsymbol{A}$ 或 $\mathrm{r}(\boldsymbol{A})$．

**例 1.27** 求矩阵 $\boldsymbol{A}$ 的相抵标准形，并求 $\mathrm{r}(\boldsymbol{A})$．其中

$$\boldsymbol{A}=\begin{pmatrix}4&-4&3&-2&10\\1&-1&2&-1&3\\1&-1&-3&1&1\\2&-2&-11&4&0\end{pmatrix}.$$

**解** 首先对矩阵 $\boldsymbol{A}$ 作初等行变换，将其化为行简化阶梯阵，

$$\boldsymbol{A}=\begin{pmatrix}4&-4&3&-2&10\\1&-1&2&-1&3\\1&-1&-3&1&1\\2&-2&-11&4&0\end{pmatrix}\xrightarrow{\text{初等行变换}}\cdots\longrightarrow\boldsymbol{A}_1=\begin{pmatrix}1&-1&0&-\frac{1}{5}&\frac{11}{5}\\0&0&1&-\frac{2}{5}&\frac{2}{5}\\0&0&0&0&0\\0&0&0&0&0\end{pmatrix}.$$

再对 $\boldsymbol{A}_1$ 作初等列变换，将 $\boldsymbol{A}_1$ 化为 $\boldsymbol{A}$ 的相抵标准形 $\boldsymbol{I}$，

$$\boldsymbol{A}_1=\begin{pmatrix}1&-1&0&-\frac{1}{5}&\frac{11}{5}\\0&0&1&-\frac{2}{5}&\frac{2}{5}\\0&0&0&0&0\\0&0&0&0&0\end{pmatrix}\xrightarrow{c_2\leftrightarrow c_3}\boldsymbol{A}_2=\begin{pmatrix}1&0&-1&-\frac{1}{5}&\frac{11}{5}\\0&1&0&-\frac{2}{5}&\frac{2}{5}\\0&0&0&0&0\\0&0&0&0&0\end{pmatrix}$$

$$\xrightarrow[c_5-\frac{11}{5}c_1]{c_3+c_1,\ c_4+\frac{1}{5}c_1}\boldsymbol{A}_3=\begin{pmatrix}1&0&0&0&0\\0&1&0&-\frac{2}{5}&\frac{2}{5}\\0&0&0&0&0\\0&0&0&0&0\end{pmatrix}\xrightarrow[c_5-\frac{2}{5}c_2]{c_4+\frac{2}{5}c_2}\boldsymbol{I}=\begin{pmatrix}1&0&0&0&0\\0&1&0&0&0\\0&0&0&0&0\\0&0&0&0&0\end{pmatrix}.$$

由秩的定义，$r(\boldsymbol{A})=2$.

**定理 1.14** 设矩阵 $\boldsymbol{A}$ 与 $\boldsymbol{B}$ 同型，则 $r(\boldsymbol{A})=r(\boldsymbol{B})$ 的充分必要条件是 $\boldsymbol{A}$ 与 $\boldsymbol{B}$ 相抵.

证 **必要性** 设 $r(\boldsymbol{A})=r(\boldsymbol{B})=r$，则同型矩阵 $\boldsymbol{A}$ 与 $\boldsymbol{B}$ 均相抵于标准形 $\boldsymbol{I}_r=\begin{pmatrix}\boldsymbol{E}_r & \boldsymbol{O}\\ \boldsymbol{O} & \boldsymbol{O}\end{pmatrix}$，由相抵的传递性，$\boldsymbol{A}$ 与 $\boldsymbol{B}$ 相抵.

**充分性** 设 $\boldsymbol{A}$ 与 $\boldsymbol{B}$ 相抵，由定理 1.13 知，$\boldsymbol{A}$ 与 $\boldsymbol{B}$ 有相同的相抵标准形. 从而 $r(\boldsymbol{A})=r(\boldsymbol{B})$.

**推论** 矩阵的初等变换不改变矩阵的秩.

**定理 1.15** $r(\boldsymbol{A})=r(\boldsymbol{A}^{\mathrm{T}})$.

证 设 $\boldsymbol{A}$ 是 $m\times n$ 矩阵，且 $r(\boldsymbol{A})=r$，则存在 $m$ 阶可逆矩阵 $\boldsymbol{P}$ 与 $n$ 阶可逆矩阵 $\boldsymbol{Q}$，使 $\boldsymbol{PAQ}=\boldsymbol{I}_r=\begin{pmatrix}\boldsymbol{E}_r & \boldsymbol{O}\\ \boldsymbol{O} & \boldsymbol{O}\end{pmatrix}$. 等号两边转置，得 $\boldsymbol{Q}^{\mathrm{T}}\boldsymbol{A}^{\mathrm{T}}\boldsymbol{P}^{\mathrm{T}}=\boldsymbol{I}_r^{\mathrm{T}}$，即 $\boldsymbol{A}^{\mathrm{T}}$ 的相抵标准形为 $\boldsymbol{I}_r^{\mathrm{T}}$. 由此得 $r(\boldsymbol{A}^{\mathrm{T}})=r=r(\boldsymbol{A})$.

**定理 1.16** $n$ 阶矩阵 $\boldsymbol{A}$ 可逆的充分必要条件是 $r(\boldsymbol{A})=n$.

证 充分性 若 $r(\boldsymbol{A})=n$，则矩阵 $\boldsymbol{A}$ 的相抵标准形为单位矩阵 $\boldsymbol{E}$，即有可逆矩阵 $\boldsymbol{P}$，$\boldsymbol{Q}$ 使得 $\boldsymbol{PAQ}=\boldsymbol{E}$，所以 $\boldsymbol{A}=\boldsymbol{P}^{-1}\boldsymbol{Q}^{-1}$，从而 $\boldsymbol{A}$ 可逆.

必要性 若矩阵 $\boldsymbol{A}$ 可逆，则 $\boldsymbol{A}$ 经初等行变换可变为单位矩阵 $\boldsymbol{E}$，由于 $r(\boldsymbol{E})=n$，所以 $r(\boldsymbol{A})=n$.

**推论** $n$ 阶矩阵 $\boldsymbol{A}$ 不可逆的充分必要条件是 $r(\boldsymbol{A})<n$.

**定义 1.25** 设 $\boldsymbol{A}$ 是 $n$ 阶方阵，若 $r(\boldsymbol{A})=n$，则称 $\boldsymbol{A}$ 是**满秩矩阵**. 若 $r(\boldsymbol{A})<n$，则称 $\boldsymbol{A}$ 是**降秩矩阵**.

显然，可逆矩阵是满秩矩阵，不可逆矩阵是降秩矩阵.

**例 1.28** 设矩阵

$$\boldsymbol{A}=\begin{pmatrix}a_{11} & a_{12} & \cdots & a_{1r} & \cdots & a_{1n}\\ 0 & a_{22} & \cdots & a_{2r} & \cdots & a_{2n}\\ \vdots & \vdots & & \vdots & & \vdots\\ 0 & 0 & \cdots & a_{rr} & \cdots & a_{rn}\\ 0 & 0 & \cdots & 0 & \cdots & 0\\ \vdots & \vdots & & \vdots & & \vdots\\ 0 & 0 & \cdots & 0 & \cdots & 0\end{pmatrix},\quad a_{11}a_{22}\cdots a_{rr}\neq 0,$$

求 r($\boldsymbol{A}$).

解 对矩阵 $\boldsymbol{A}$ 进行初等列变换，首先用 $a_{11}$ 将第一行的其余元素化为零，再用 $a_{22}$ 将第二行的其余元素化为零，依次进行下去，最后用 $a_{rr}$ 将第 $r$ 行的其余元素化为零，得

$$\boldsymbol{A} \to \begin{pmatrix} a_{11} & 0 & \cdots & 0 & \cdots & 0 \\ 0 & a_{22} & \cdots & 0 & \cdots & 0 \\ \vdots & \vdots & & \vdots & & \vdots \\ 0 & 0 & \cdots & a_{rr} & \cdots & 0 \\ 0 & 0 & \cdots & 0 & \cdots & 0 \\ \vdots & \vdots & & \vdots & & \vdots \\ 0 & 0 & \cdots & 0 & \cdots & 0 \end{pmatrix}, \quad a_{11}a_{22}\cdots a_{rr} \neq 0.$$

由于 $a_{11}$，…，$a_{rr}$ 均不为零，继续进行初等变换得

$$\boldsymbol{A} \to \begin{pmatrix} 1 & 0 & \cdots & 0 & \cdots & 0 \\ 0 & 1 & \cdots & 0 & \cdots & 0 \\ \vdots & \vdots & & \vdots & & \vdots \\ 0 & 0 & \cdots & 1 & \cdots & 0 \\ 0 & 0 & \cdots & 0 & \cdots & 0 \\ \vdots & \vdots & & \vdots & & \vdots \\ 0 & 0 & \cdots & 0 & \cdots & 0 \end{pmatrix},$$

所以 r($\boldsymbol{A}$) = $r$.

一般地，行阶梯形矩阵作初等列变换可以化为例 1.28 的形式，所以**行阶梯形矩阵的秩为其非零行的行数**. 对于一般矩阵，我们可通过将矩阵化成行阶梯形矩阵来求矩阵的秩.

**例 1.29** 设矩阵 $\boldsymbol{A}$ 为

$$\boldsymbol{A} = \begin{pmatrix} 4 & 0 & 0 & 0 & 0 \\ 1 & 1 & 0 & 0 & 0 \\ 1 & -1 & 0 & 0 & 0 \\ 2 & -2 & -11 & 0 & 0 \end{pmatrix},$$

求 r($\boldsymbol{A}$).

解　因为 $A^{\mathrm{T}}=\begin{pmatrix}4&1&1&2\\0&1&-1&-2\\0&0&0&-11\\0&0&0&0\\0&0&0&0\end{pmatrix}$ 是行阶梯形矩阵，其非零行的行数为3，由例1.28及定理1.15知 $\mathrm{r}(A)=\mathrm{r}(A^{\mathrm{T}})=3$.

## *1.4.4　分块矩阵的初等变换与分块初等矩阵

分块矩阵的初等变换是矩阵运算的重要技巧，掌握它会为我们讨论一些问题带来方便.

本节仅讨论 $2\times2$ 分块矩阵 $A=\begin{pmatrix}A_1&A_2\\A_3&A_4\end{pmatrix}$. 与普通矩阵的初等变换类似，分块矩阵的初等行（列）变换可分为三类：

（1）交换矩阵 $A$ 的两行（列）：$r_1\leftrightarrow r_2$（$c_1\leftrightarrow c_2$）.

$$A=\begin{pmatrix}A_1&A_2\\A_3&A_4\end{pmatrix}\xrightarrow{r_1\leftrightarrow r_2}\widetilde{A}=\begin{pmatrix}A_3&A_4\\A_1&A_2\end{pmatrix}\text{或}A=\begin{pmatrix}A_1&A_2\\A_3&A_4\end{pmatrix}\xrightarrow{c_1\leftrightarrow c_2}\widetilde{A}=\begin{pmatrix}A_2&A_1\\A_4&A_3\end{pmatrix}.$$

（2）用可逆矩阵 $P$ 左（右）乘 $A$ 的某一行（列）全部子块：$Pr_i(c_jP)$.

$$A=\begin{pmatrix}A_1&A_2\\A_3&A_4\end{pmatrix}\xrightarrow{Pr_1}\widetilde{A}=\begin{pmatrix}PA_1&PA_2\\A_3&A_4\end{pmatrix}\text{或}A=\begin{pmatrix}A_1&A_2\\A_3&A_4\end{pmatrix}\xrightarrow{c_1P}\widetilde{A}=\begin{pmatrix}A_1P&A_2\\A_3P&A_4\end{pmatrix}.$$

（3）用矩阵 $P$ 左（右）乘 $A$ 的某一行（列）全部子块加到另一行（列）上：$r_i+Pr_j(c_i+c_jP)$.

$$A=\begin{pmatrix}A_1&A_2\\A_3&A_4\end{pmatrix}\xrightarrow{r_2+Pr_1}\widetilde{A}=\begin{pmatrix}A_1&A_2\\A_3+PA_1&A_4+PA_2\end{pmatrix},$$

或

$$A=\begin{pmatrix}A_1&A_2\\A_3&A_4\end{pmatrix}\xrightarrow{c_2+c_1P}\widetilde{A}=\begin{pmatrix}A_1&A_2+A_1P\\A_3&A_4+A_3P\end{pmatrix}.$$

注意，对分块矩阵 $A$ 作行变换时，矩阵 $P$ 在 $A$ 左侧；作列变换时，矩阵 $P$ 在 $A$ 右侧. 作第二类初等变换时，矩阵 $P$ 要可逆. 作第三类初等变换时，矩阵 $A$ 对应行（列）的对应块要同型.

**例1.30**　已知分块矩阵 $A=\begin{pmatrix}A_1&A_2\\O&A_4\end{pmatrix}$，其中 $A_1$，$A_4$ 均为 $n$ 阶可

逆矩阵，证明：$\boldsymbol{A}$ 可逆，并求其逆矩阵.

解　对 $\boldsymbol{A}$ 作初等行变换，若 $\boldsymbol{A}$ 可化为单位阵，则 $\boldsymbol{A}$ 可逆，并可求得 $\boldsymbol{A}$ 的逆矩阵. 为此，构造 $2\times4$ 分块矩阵 $\begin{pmatrix}\boldsymbol{A}_1 & \boldsymbol{A}_2 & \vdots & \boldsymbol{E}_n & \boldsymbol{O}\\ \boldsymbol{O} & \boldsymbol{A}_4 & \vdots & \boldsymbol{O} & \boldsymbol{E}_n\end{pmatrix}$，作初等行变换，将其化为行简化阶梯阵.

$$\begin{pmatrix}\boldsymbol{A}_1 & \boldsymbol{A}_2 & \vdots & \boldsymbol{E}_n & \boldsymbol{O}\\ \boldsymbol{O} & \boldsymbol{A}_4 & \vdots & \boldsymbol{O} & \boldsymbol{E}_n\end{pmatrix}\xrightarrow{\boldsymbol{A}_4^{-1}r_2}\begin{pmatrix}\boldsymbol{A}_1 & \boldsymbol{A}_2 & \vdots & \boldsymbol{E}_n & \boldsymbol{O}\\ \boldsymbol{O} & \boldsymbol{E}_n & \vdots & \boldsymbol{O} & \boldsymbol{A}_4^{-1}\end{pmatrix}\xrightarrow{r_1-\boldsymbol{A}_2r_2}$$

$$\begin{pmatrix}\boldsymbol{A}_1 & \boldsymbol{O} & \vdots & \boldsymbol{E}_n & -\boldsymbol{A}_2\boldsymbol{A}_4^{-1}\\ \boldsymbol{O} & \boldsymbol{E}_n & \vdots & \boldsymbol{O} & \boldsymbol{A}_4^{-1}\end{pmatrix}\xrightarrow{\boldsymbol{A}_1^{-1}r_1}\begin{pmatrix}\boldsymbol{E}_n & \boldsymbol{O} & \vdots & \boldsymbol{A}_1^{-1} & -\boldsymbol{A}_1^{-1}\boldsymbol{A}_2\boldsymbol{A}_4^{-1}\\ \boldsymbol{O} & \boldsymbol{E}_n & \vdots & \boldsymbol{O} & \boldsymbol{A}_4^{-1}\end{pmatrix}.$$

令 $\boldsymbol{B}=\begin{pmatrix}\boldsymbol{A}_1^{-1} & -\boldsymbol{A}_1^{-1}\boldsymbol{A}_2\boldsymbol{A}_4^{-1}\\ \boldsymbol{O} & \boldsymbol{A}_4^{-1}\end{pmatrix}$，因为

$$\boldsymbol{AB}=\begin{pmatrix}\boldsymbol{A}_1 & \boldsymbol{A}_2\\ \boldsymbol{O} & \boldsymbol{A}_4\end{pmatrix}\begin{pmatrix}\boldsymbol{A}_1^{-1} & -\boldsymbol{A}_1^{-1}\boldsymbol{A}_2\boldsymbol{A}_4^{-1}\\ \boldsymbol{O} & \boldsymbol{A}_4^{-1}\end{pmatrix}=\begin{pmatrix}\boldsymbol{E}_n & \boldsymbol{O}\\ \boldsymbol{O} & \boldsymbol{E}_n\end{pmatrix},$$

所以，$\boldsymbol{A}$ 可逆，且 $\boldsymbol{A}^{-1}=\boldsymbol{B}=\begin{pmatrix}\boldsymbol{A}_1^{-1} & -\boldsymbol{A}_1^{-1}\boldsymbol{A}_2\boldsymbol{A}_4^{-1}\\ \boldsymbol{O} & \boldsymbol{A}_4^{-1}\end{pmatrix}$.

**定义 1.26**　由分块单位矩阵 $\boldsymbol{E}=\begin{pmatrix}\boldsymbol{E}_r & \boldsymbol{O}\\ \boldsymbol{O} & \boldsymbol{E}_t\end{pmatrix}$ 经过一次分块初等变换所得到的矩阵称为**分块初等矩阵**.

对应于分块矩阵的三类初等变换，分块初等矩阵可相应地定义三类：

（1）分块倍乘阵：$\begin{pmatrix}\boldsymbol{P} & \boldsymbol{O}\\ \boldsymbol{O} & \boldsymbol{E}_t\end{pmatrix}$ 或 $\begin{pmatrix}\boldsymbol{E}_r & \boldsymbol{O}\\ \boldsymbol{O} & \boldsymbol{Q}\end{pmatrix}$（$\boldsymbol{P}$，$\boldsymbol{Q}$ 均可逆）.

（2）分块倍加阵：$\begin{pmatrix}\boldsymbol{E}_r & \boldsymbol{O}\\ \boldsymbol{C}_1 & \boldsymbol{E}_t\end{pmatrix}$ 或 $\begin{pmatrix}\boldsymbol{E}_r & \boldsymbol{C}_2\\ \boldsymbol{O} & \boldsymbol{E}_t\end{pmatrix}$.

（3）分块交换阵：$\begin{pmatrix}\boldsymbol{O} & \boldsymbol{E}_t\\ \boldsymbol{E}_r & \boldsymbol{O}\end{pmatrix}$.

**定理 1.17**　对分块矩阵 $\boldsymbol{A}$ 作一次行分块初等变换相当于在矩阵 $\boldsymbol{A}$ 的左侧乘以相应的分块初等矩阵；对矩阵 $\boldsymbol{A}$ 作一次列分块初等变换相当于在矩阵 $\boldsymbol{A}$ 的右侧乘以相应的分块初等矩阵.

例如，$\begin{pmatrix} O & E_t \\ E_r & O \end{pmatrix}\begin{pmatrix} A_1 & A_2 \\ A_3 & A_4 \end{pmatrix}=\begin{pmatrix} A_3 & A_4 \\ A_1 & A_2 \end{pmatrix} \Leftrightarrow \begin{pmatrix} A_1 & A_2 \\ A_3 & A_4 \end{pmatrix}\xrightarrow{r_1 \leftrightarrow r_2}\begin{pmatrix} A_3 & A_4 \\ A_1 & A_2 \end{pmatrix}$.

## 习题 1.4

### A 组

1. 利用矩阵的初等变换解下列方程组：

(1) $\begin{cases} x_1-2x_2+x_3=1 \\ 2x_1-x_2+5x_3=0 \\ 3x_2+x_3=2 \end{cases}$.

(2) $\begin{cases} x_1-x_2+x_3=1 \\ 3x_1+4x_3=5 \\ x_1+2x_2+2x_3=0 \end{cases}$.

(3) $\begin{cases} 3x_1+4x_2-5x_3+7x_4=0 \\ 2x_1-3x_2+3x_3-2x_4=0 \\ 4x_1+11x_2-13x_3+16x_4=0 \\ 7x_1-2x_2+x_3+3x_4=0 \end{cases}$.

(4) $\begin{cases} 3x_1-2x_2+x_3-3x_4=4 \\ 2x_1+x_2-x_3+x_4=1 \\ x_1+4x_2-3x_3+5x_4=-2 \end{cases}$.

2. 利用矩阵的初等变换计算下列矩阵的逆矩阵：

(1) $\begin{pmatrix} 4 & -3 \\ -1 & 2 \end{pmatrix}$.　　(2) $\begin{pmatrix} 1 & -1 & -1 \\ 0 & 1 & -1 \\ 0 & 0 & 1 \end{pmatrix}$.

(3) $\begin{pmatrix} 1 & 2 & 3 & 4 \\ 2 & 3 & 1 & 2 \\ 1 & 1 & 1 & -1 \\ 1 & 0 & -2 & -6 \end{pmatrix}$.

(4) $\begin{pmatrix} 0 & 0 & \cdots & 0 & a_n \\ a_1 & 0 & \cdots & 0 & 0 \\ 0 & a_2 & \ddots & & \\ \vdots & \ddots & \ddots & \ddots & \vdots \\ 0 & \cdots & 0 & a_{n-1} & 0 \end{pmatrix}$,

其中 $a_i \neq 0$，$i=1$，…，$n$.

(5) $\begin{pmatrix} 0 & 0 & \cdots & 0 & b_1 \\ 0 & 0 & \cdots & b_2 & 0 \\ \vdots & \vdots & ⋰ & \vdots & \vdots \\ 0 & b_{n-1} & \cdots & 0 & 0 \\ b_n & 0 & \cdots & 0 & 0 \end{pmatrix}$,

其中 $b_i \neq 0$，$i=1$，…，$n$.

3. 解下列矩阵方程：

(1) $\begin{pmatrix} 3 & 5 \\ 5 & 9 \end{pmatrix}X=\begin{pmatrix} 1 & 2 \\ 3 & 4 \end{pmatrix}$.

(2) $X\begin{pmatrix} 1 & 2 \\ 3 & 4 \end{pmatrix}=\begin{pmatrix} 3 & 5 \\ 5 & 9 \end{pmatrix}$.

(3) $\begin{pmatrix} 1 & 2 & 3 \\ 3 & 2 & -4 \\ 2 & -1 & 0 \end{pmatrix}X=\begin{pmatrix} 1 & 3 \\ 0 & -2 \\ 2 & 1 \end{pmatrix}$.

4. 利用逆矩阵解线性方程组

(1) $\begin{cases} x_1-x_2-x_3=2 \\ 2x_1-x_2-3x_3=1 \\ 3x_1+2x_2-5x_3=0 \end{cases}$.

(2) $\begin{cases} x_1-2x_2+x_3=1 \\ x_1-x_2+4x_3=0 \\ x_2+x_3=3 \end{cases}$.

5. 求出下列矩阵的相抵标准形：

(1) $\begin{pmatrix} 1 & -2 & 1 \\ 2 & -4 & 2 \end{pmatrix}$.　(2) $\begin{pmatrix} 1 & 2 & -1 \\ 3 & 4 & 5 \\ 6 & -3 & 2 \\ 0 & -1 & 1 \end{pmatrix}$.

6. 设 $A=\begin{pmatrix} 1 & -2 & 1 & -2 \\ 2 & -4 & 2 & -3 \\ -1 & 2 & -1 & 0 \end{pmatrix}$，求可逆矩阵

$\boldsymbol{P}$，$\boldsymbol{Q}$，使得 $\boldsymbol{PAQ}$ 等于 $\boldsymbol{A}$ 的相抵标准形.

7. 设 $\boldsymbol{A}$ 是 $m\times n$ 矩阵，$\boldsymbol{P}$ 是 $m$ 阶可逆矩阵，$\boldsymbol{Q}$ 是 $n$ 阶可逆矩阵，证明：$\mathrm{r}(\boldsymbol{A})=\mathrm{r}(\boldsymbol{PA})=\mathrm{r}(\boldsymbol{AQ})=\mathrm{r}(\boldsymbol{PAQ})$.

*8. 设 $\boldsymbol{A}$，$\boldsymbol{B}$ 都是可逆矩阵，利用分块矩阵的初等变换计算下列分块矩阵的逆矩阵：

(1) $\begin{pmatrix}\boldsymbol{O} & \boldsymbol{A}\\ \boldsymbol{B} & \boldsymbol{O}\end{pmatrix}$.　　(2) $\begin{pmatrix}\boldsymbol{O} & \boldsymbol{A}\\ \boldsymbol{B} & \boldsymbol{C}\end{pmatrix}$.

## B 组

1. 当 $\lambda$ 取何值时，线性方程组

$$\begin{cases} x_1+\lambda x_2+x_3=1\\ x_1+x_2+\lambda x_3=\lambda\\ \lambda x_1+x_2+x_3=\lambda^2 \end{cases}$$

有唯一解、无解或有无穷多解？并在有无穷多解时求解.

2. 已知 $\boldsymbol{XA}=\boldsymbol{A}+3\boldsymbol{X}$，其中

$$\boldsymbol{A}=\begin{pmatrix}4 & 2 & 3\\ 1 & 1 & 0\\ 1 & 2 & 3\end{pmatrix},$$

求矩阵 $\boldsymbol{X}$.

3. 已知 $\boldsymbol{AP}=\boldsymbol{PB}$，其中 $\boldsymbol{B}=\begin{pmatrix}1 & 0 & 0\\ 0 & 0 & 0\\ 0 & 0 & -1\end{pmatrix}$，$\boldsymbol{P}=\begin{pmatrix}1 & 0 & 0\\ 2 & -1 & 0\\ 2 & 1 & 1\end{pmatrix}$，求 $\boldsymbol{A}$ 及 $\boldsymbol{A}^5$.

4. 给矩阵 $\begin{pmatrix}1 & 0\\ 0 & 0\\ 0 & 1\end{pmatrix}$ 添加一列，使得到的新矩阵 $\begin{pmatrix}1 & 0 & x\\ 0 & 0 & y\\ 0 & 1 & z\end{pmatrix}$ 是可逆的. 你可以找出多少组满足条件的 $x$，$y$，$z$？为什么？

5. 求下列矩阵的逆矩阵：

(1) $\begin{pmatrix}1 & a & a^2 & \cdots & a^{n-1}\\ 0 & 1 & a & \cdots & a^{n-2}\\ 0 & 0 & 1 & \cdots & a^{n-3}\\ \vdots & \vdots & \vdots & \ddots & \vdots\\ 0 & 0 & 0 & \cdots & 1\end{pmatrix}$.

(2) $\begin{pmatrix}0 & 1 & 1 & \cdots & 1\\ 1 & 0 & 1 & \cdots & 1\\ 1 & 1 & 0 & \cdots & 1\\ \vdots & \vdots & \vdots & \ddots & \vdots\\ 1 & 1 & 1 & \cdots & 0\end{pmatrix}$.

6. 设矩阵 $\boldsymbol{A}=\begin{pmatrix}1 & 1 & 0\\ 0 & a & 0\\ 0 & 0 & b+c\end{pmatrix}$ 的秩为 2，求 $a$，$b$，$c$ 满足的条件及 $\boldsymbol{A}$ 的相抵标准形.

7. 设 $\boldsymbol{A}$ 和 $\boldsymbol{B}$ 是 $m\times n$ 矩阵，证明：矩阵 $\boldsymbol{A}$ 相抵于 $\boldsymbol{B}$ 的充分必要条件是，存在 $m$ 阶可逆矩阵 $\boldsymbol{P}$ 与 $n$ 阶可逆矩阵 $\boldsymbol{Q}$，使得 $\boldsymbol{PAQ}=\boldsymbol{B}$.

8. 求矩阵 $\boldsymbol{A}=\begin{pmatrix}a & 1 & \cdots & 1\\ 1 & a & \cdots & 1\\ \vdots & \vdots & \ddots & \vdots\\ 1 & 1 & \cdots & a\end{pmatrix}_{n\times n}$ 的相抵标准形及秩.

*9. 设分块矩阵 $\boldsymbol{A}=\begin{pmatrix}\boldsymbol{A}_{n-1} & \boldsymbol{\beta}\\ \boldsymbol{\alpha}^{\mathrm{T}} & a_{nn}\end{pmatrix}$ 可逆，且 $n-1$ 阶矩阵 $\boldsymbol{A}_{n-1}$ 也可逆，其逆矩阵为 $\boldsymbol{A}_{n-1}^{-1}$，求 $\boldsymbol{A}^{-1}$（此种方法称为加边法）. 利用加边法的结果，计算矩阵

$$\boldsymbol{A}=\begin{pmatrix}1 & 1 & -1 & -3\\ 0 & 2 & 2 & 1\\ 1 & -1 & 0 & 1\\ 2 & 3 & 3 & 2\end{pmatrix}.$$

的逆矩阵.

10. 证明：$n$ 阶不可逆矩阵是降秩矩阵.

## C 组

1. 形如

$$A=\begin{pmatrix} b_1 & c_1 & & & \\ a_2 & b_2 & c_2 & & \\ & \ddots & \ddots & \ddots & \\ & & a_{n-1} & b_{n-1} & c_{n-1} \\ & & & a_n & b_n \end{pmatrix}$$的矩阵称为**三对角矩阵**. 以三对角矩阵 $\boldsymbol{A}$ 为系数矩阵的方程组 $\boldsymbol{Ax}=\boldsymbol{b}$ 称为**三对角方程组**. 设三对角矩阵 $\boldsymbol{A}$ 可逆,

(1) 求 $q_i(i=1,\cdots,n)$, $p_i(i=2,\cdots,n)$, $r_i(i=1,\cdots,n-1)$, 使得三对角矩阵 $\boldsymbol{A}$ 分解为

$$A=\begin{pmatrix} q_1 & & & & \\ p_2 & q_2 & & & \\ & \ddots & \ddots & & \\ & & p_{n-1} & q_{n-1} & \\ & & & p_n & q_n \end{pmatrix}\begin{pmatrix} 1 & r_1 & & & \\ & 1 & r_2 & & \\ & & \ddots & \ddots & \\ & & & 1 & r_{n-1} \\ & & & & 1 \end{pmatrix}.$$

(2) 利用上述分解, 解三对角方程组

$$\begin{pmatrix} 1 & 2 & & \\ 2 & 1 & 1 & \\ & 1 & 2 & 1 \\ & & 1 & 2 \end{pmatrix}\begin{pmatrix} x_1 \\ x_2 \\ x_2 \\ x_4 \end{pmatrix}=\begin{pmatrix} 6 \\ 8 \\ 8 \\ 6 \end{pmatrix}.$$

2. $\boldsymbol{A}=\begin{pmatrix} 2 & 1 & & \\ & 2 & 1 & \\ & & 2 & 1 \\ & & & 2 \end{pmatrix}$, $f(x)=(x-1)^n$. 试求 $f(\boldsymbol{A})$. 当 $f(\boldsymbol{A})$ 可逆时, 求其逆矩阵.

## *1.5 数学软件 MATLAB 应用——矩阵的运算与求逆

MATLAB 是 MATrix LABoratory (矩阵实验室) 的缩写, 它是美国 MathWorks 公司于 1967 年推出的软件包, 现已发展成为一种功能强大的计算机语言, 特别适用于科学和工程计算. 本节简单介绍它在矩阵运算方面的功能.

### 1.5.1 变量和表达式

#### 1. 变量与常量

MATLAB 变量区分字母的大小写, 如 A 和 a 是不同的变量.

变量命名规则: 英文, 数字, 下连符, 如 fe2_ a.

MATLAB 规定了 5 个固定变量 (即常量), 它们是 pi: 圆周率 π; i (或 j) 虚数单位 $\sqrt{-1}$; eps: 浮点数精度; inf: 正无穷大量; NaN: 不定值 inf/inf 或0/0. 用引号表示字符变量的值, 如 "高斯消元法".

#### 2. 算术运算符

+ : 加; - : 减; * : 乘; / : 右除、\ : 左除, 如 3/4 =4\3 = 0.75; ∧ : 幂.

### 3. 关系运算符

<：小于，>：大于，==：等于，<=：小于等于，>=：大于等于，~=:不等于.

关系运算比较两个数值：关系成立时结果为1（表示真），否则为0（表示假）.

### 4. 逻辑运算符

&（与）， |（或）， ~（非）.

逻辑真用1表示，假用0表示.

### 5. 控制语句

（1）if 语句

1）if 关系表达式

```
    语句1
end
```

2）if 关系表达式

```
    语句1
else
    语句2
end
```

3）多重选择

```
if 关系表达式
    语句1
else if 关系表达式
    语句2
else
    语句3
end
```

**例1.31** 计算分段函数

$$y=\begin{cases}0 & x\leqslant 0\\ x & 0<x\leqslant 1.\\ 1 & x>1\end{cases}$$

**解** 用下列条件语句描述：

```
if  x<=0
```

```
    y = 0;
else if  x <= 1
    y = x;
else
    y = 1;
end
```

(2) for 语句

```
for 循环参数 = 初值：步长：终值
    语句
end
```

步长为 1 时可省略.

**例 1.32** 生成 Hilbert 矩阵.

解

```
for i = 1: n
    for j = 1: n
        a(i,j) = 1/(i + j - 1);
    end
end
```

(3) While 语句　　%用于不知道循环次数

```
while  关系表达式
    语句
end
```

**例 1.33** 计算 $1+2+\cdots+n<2000$ 时的最大值 $n$.

解

```
s = 0
n = 0
while s < 2000
  n = n + 1
  s = s + n
end
n = n - 1
```

则计算出的结果为 $n=63$.

(4) 其他控制语句

1) break 语句　　%中断最内层的循环

**例 1.34** 鸡兔同笼问题，头共 36，脚共 100，求鸡兔各多少？

解
```
i=1;
while 1
   if rem(100-i*2,4)==0&(i+(100-i*2)/4)==36
      break;
   end
i=i+1;
end
a1=i        %鸡的只数
a2=(100-2*i)/4        %兔的只数
```

注释 rem($x$,$y$)表示 $x$ 除以 $y$ 的余数.

2）return 语句　　　　%中断函数的执行.

3）pause 语句　　　　%等待用户反应命令.

4）input　　　　　　%等待键盘输入.

```
R=input ('How many apples')
How many apples 2
R =2
```

### 6. 库函数

（1）初等函数

sin(x)，cos(x)，abs(x)：$|x|$，sqrt(x)：$\sqrt{x}$，log(x)：$\ln x$，log10(x)：$\lg x$，exp(x)：$e^x$，sign(x)：符号函数.

（2）线性代数

trace(A)：矩阵 $\boldsymbol{A}$ 的迹；inv(A)：可逆矩阵 $\boldsymbol{A}$ 的逆矩阵.

## 1.5.2 矩阵创建和运算

### 1. 创建矩阵

（1）数值矩阵的创建

直接输入法创建简单矩阵.

**例 1.35** 矩阵 $\boldsymbol{A}=\begin{pmatrix}1 & 2 & 3 & 4\\ 5 & 6 & 7 & 8\\ 9 & 10 & 11 & 12\end{pmatrix}$的输入.

解 A= [1 2 3 4; 5 6 7 8; 9 10 11 12]

```
A =
     1    2    3    4
     5    6    7    8
     9   10   11   12
```

例 B = [ -1.3, sqrt(3); (1+2)*4/5, sin(5); exp(2),6].

```
B =
   -1.3000    1.7321
    2.4000   -0.9589
    7.3891    6.0000
```

(2) 利用控制语句生成矩阵

例 1.36 生成 4 阶 Hilbert 矩阵.

解
```
for i = 1:4
    for j = 1:4
        a(i,j) = 1/(i+j-1);
    end
end
a =
```

$$\begin{matrix} 1 & \frac{1}{2} & \frac{1}{3} & \frac{1}{4} \\ \frac{1}{2} & \frac{1}{3} & \frac{1}{4} & \frac{1}{5} \\ \frac{1}{3} & \frac{1}{4} & \frac{1}{5} & \frac{1}{6} \end{matrix}$$

(3) 矩阵元素的标识

A (i, j) 表示矩阵 $\boldsymbol{A}$ 的第 $i$ 行 $j$ 列的元素，矩阵的整行或整列可以用一个冒号表示.

例 1.37 A (1,:) 表示 $\boldsymbol{A}$ 的第一行.

A (:, 3) 表示 $\boldsymbol{A}$ 的第三列.

n = length(A):取矩阵 $\boldsymbol{A}$ 的行数和列数的最大值.

[m,n] = size(A):取矩阵 $\boldsymbol{A}$ 的行数和列数.

例如:A = [1 2 3 4; 5 6 7 8; 9 10 11 12].

n = length(A), n = 4

n = 4[m,n] = size(A), m = 3; n = 4.

2. 矩阵的运算

(1) 矩阵的加减、乘积与转置

A = [1 2 3 4; 5 6 7 8; 9 10 11 12]; A1 = [1 2; 2 1; 0 -1; 0 1];

B = [1 0 2 - 1; -5 2 - 3 0; -11 10 - 8 3].

$\boldsymbol{C}=\boldsymbol{A}+\boldsymbol{B}$：加，$\boldsymbol{D}=\boldsymbol{A}-\boldsymbol{B}$：减，$\boldsymbol{F}=3*\boldsymbol{A}$：数乘，$\boldsymbol{G}=\mathrm{A}*\mathrm{A1}$：A 与 A1 相乘，

$\boldsymbol{K}=\boldsymbol{A}'$：矩阵 $\boldsymbol{A}$ 的转置.

$$\boldsymbol{C}=\begin{pmatrix}2&2&5&3\\0&8&4&8\\-2&20&3&15\end{pmatrix},\ \boldsymbol{D}=\begin{pmatrix}0&2&1&5\\10&4&10&8\\20&0&19&9\end{pmatrix},$$

$$\boldsymbol{F}=\begin{pmatrix}3&6&9&12\\15&18&21&24\\27&30&33&36\end{pmatrix},\ \boldsymbol{G}=\begin{pmatrix}5&5\\17&17\\29&29\end{pmatrix},\ \boldsymbol{K}=\begin{pmatrix}1&5&9\\2&6&10\\3&7&11\\4&8&12\end{pmatrix}.$$

(2) 生成特殊矩阵

**全 1 阵**

ones (n)：$n$ 阶全 1 阵，ones (m, n)：$m\times n$ 阶全 1 阵，

ones (size (A))：与矩阵 $\boldsymbol{A}$ 同型的全 1 阵.

**全零阵**

zeros (n)：$n$ 阶全零阵，zeros (m, n)：$m\times n$ 阶全零阵，

zeros (size (A))：与矩阵 $\boldsymbol{A}$ 同型的全零阵.

常常用于对某个矩阵或向量赋零初值.

**单位阵**

eye (n), eye (m, n)

**例 1.38** $\mathrm{E}_3$ = eye (3).

$\mathrm{E}_3$ =

```
1 0 0
0 1 0
0 0 1
```

(3) 矩阵求逆

A1 = [3 0 1 0; 1 1 0 -1; 0 1 4 2; 2 3 1 -1];

H = inv (A1)　　% 矩阵 $\boldsymbol{A}_1$ 的逆矩阵.

```
H = inv (A1)  = A1 ∧ -1.
H =
    0.3571   -0.5000   -0.1429    0.2143
   -0.1429   -1.0000   -0.1429    0.7143
   -0.0714    1.5000    0.4286   -0.6429
    0.2143   -2.5000   -0.2857    0.9286
B1 = inv(A1 - 2 * eye(4)) * A1;
B1 =
   14.0000   -9.0000   -6.0000   -1.0000
    4.0000   -3.0000   -2.0000   -0.0000
  -11.0000    9.0000    7.0000    1.0000
    9.0000   -7.0000   -4.0000         0
```

(4) 矩阵的左除和右除

左除“ \ ”: 求矩阵方程 $\boldsymbol{AX}=\boldsymbol{B}$ 的解（$\boldsymbol{A}$ 、$\boldsymbol{B}$ 的行要保持一致).

解为 $\boldsymbol{X}=\boldsymbol{A}\setminus\boldsymbol{B}$.

当 $\boldsymbol{A}$ 为方阵且可逆时，有 $\boldsymbol{X}=\boldsymbol{A}\setminus\boldsymbol{B}$ = inv(A) * B.

右除“ / ”: 求矩阵方程 $\boldsymbol{XA}=\boldsymbol{B}$ 的解（$\boldsymbol{A}$ 、$\boldsymbol{B}$ 的列要保持一致).

解为 $\boldsymbol{X}=\boldsymbol{B}/\boldsymbol{A}$.

当 $\boldsymbol{A}$ 为方阵且可逆时有 $\boldsymbol{X}=\boldsymbol{B}/\boldsymbol{A}$ = B * inv（A）

**例 1.39** 设 $\boldsymbol{A}$、$\boldsymbol{B}$ 满足关系式 $\boldsymbol{AB}=2\boldsymbol{B}+\boldsymbol{A}$，求 $\boldsymbol{B}$.

其中 $\boldsymbol{A}=\begin{pmatrix}3&0&1\\1&1&0\\0&1&4\end{pmatrix}$.

解　$(\boldsymbol{A}-2\boldsymbol{E})\boldsymbol{B}=\boldsymbol{A}$.

程序如下:

```
A = [3 0 1; 1 1 0;0 1 4];
B = inv(A - 2 * eye(3)) * A,
B = (A - 2 * eye(3)) \A.
```

### 1.5.3　分块矩阵——矩阵的裁剪、分割、修改与提取

**1. 矩阵的裁剪、分割**

A = [1 0 1 1 2;0 1 -1 2 3;3 0 5 1 0;2 3 1 2 1], vr = [1,3];vc =

[1,3];

A0 = A(vr,vc) %取出 **A** 的1、3行和1、3列的交叉处元素，构成新矩阵 $A_0$.

```
A0 =1    1
    3    5
```

将上面的矩阵 **A** 分为四块，并把它们赋值到矩阵 **B** 中，观察运行后的结果.

A11 = A（1：2，1：2），A12 = A（1：2，3：5），A21 = A（3：4，1：2），A22 = A（3：4，3：5）.

```
B = [A11 A12; A21 A22]
B =
    1    0    1    1    2
    0    1   -1    2    3
    3    0    5    1    0
    2    3    1    2    1
```

***B*** = ***A***

**2. 矩阵的修改与提取**

```
A = [1 0 1 1 2; 0 1 -1 2 3; 3 0 5 1 0; 2 3 1 2 1],
A (1,:) = [0 0 0 0 0]; A
A =
    0    0    0    0    0
    0    1   -1    2    3
    3    0    5    1    0
    2    3    1    2    1
```

B（:，[2，4]）=[ ]  %删除矩阵 **B** 的第2、4列.

```
B =
    1    1    2
    0   -1    3
    3    5    0
    2    1    1
```

（1）diag：内部命令，由向量形成对角矩阵，或从矩阵中提取对角元素.

例 1.40 A = diag ( [1, 3]),

则 A =

    1    0
    0    3

B = [1 , 2 , 3 , 4], C = diag (B);

则 C =

    1
    4

(2) tril: MATLAB 内部命令，获得一个矩阵的下三角矩阵.

例 1.41 A = [1, 2, 3, 4
    2, 3, 4, 5
    3, 4, 5, 6]

B = tril (A), 则有

B = [1, 0, 0, 0
    2, 3, 0, 0
    3, 4, 5, 0]

(3) triu: MATLAB 内部命令，获得一个矩阵的上三角矩阵. 用法同 tril.

## 小　　结

本章主要介绍矩阵的概念与运算. 在学习中要注意矩阵运算律与数的运算律的相同点与不同点，掌握矩阵运算，学会用矩阵表示方程组，用初等变换求解方程组. 了解相抵与矩阵秩的概念.

1. 矩阵

矩阵是一个 $m$ 行 $n$ 列的数表；矩阵表示为 $\boldsymbol{A}=(a_{ij})_{m\times n}$. 特殊矩阵有专用记法，如 $n$ 阶单位阵为 $\boldsymbol{E}_n$，$n$ 阶对角阵为 $\boldsymbol{\Lambda}=\mathrm{diag}(a_1, a_2, \cdots, a_n)$，$m\times n$ 阶零矩阵表示为 $\boldsymbol{O}_{m\times n}$ 等.

2. 矩阵线性运算

由加法与数乘组成，两个同型矩阵可以进行加减法运算.

3. 矩阵乘积

$$\boldsymbol{A}_{m\times s}\boldsymbol{B}_{s\times n} = (c_{ij})_{m\times n}, c_{ij} = \sum_{k=1}^{p} a_{ik}b_{kj}.$$

性质:

(1) $(\boldsymbol{AB})\boldsymbol{C}=\boldsymbol{A}(\boldsymbol{BC})$

(2) $(\boldsymbol{A}+\boldsymbol{B})\boldsymbol{C}=\boldsymbol{AC}+\boldsymbol{BC}$,
$\boldsymbol{C}(\boldsymbol{A}+\boldsymbol{B})=\boldsymbol{CA}+\boldsymbol{CB}$

(3) $\lambda(\boldsymbol{AB})=(\lambda\boldsymbol{A})\boldsymbol{B}=\boldsymbol{A}(\lambda\boldsymbol{B})$，其中 $\lambda$ 为实数.

(4) $\boldsymbol{E}_m\boldsymbol{A}_{m\times n}=\boldsymbol{A}_{m\times n}$，$\boldsymbol{A}_{m\times n}\boldsymbol{E}_n=\boldsymbol{A}_{m\times n}$

$\boldsymbol{O}_{p\times m}\boldsymbol{A}_{m\times n}=\boldsymbol{O}_{p\times n}$，$\boldsymbol{A}_{m\times n}\boldsymbol{O}_{n\times s}=\boldsymbol{O}_{m\times s}$

对于数的乘法成立的某些运算律（如：交换律、消去律）对矩阵乘法不成立.

$n$ 阶方阵相乘可以定义幂运算.

4. 矩阵的转置

性质：

(1) $(\boldsymbol{A}^{\mathrm{T}})^{\mathrm{T}}=\boldsymbol{A}$

(2) $(\boldsymbol{A}+\boldsymbol{B})^{\mathrm{T}}=\boldsymbol{A}^{\mathrm{T}}+\boldsymbol{B}^{\mathrm{T}}$

(3) $(\boldsymbol{AB})^{\mathrm{T}}=\boldsymbol{B}^{\mathrm{T}}\boldsymbol{A}^{\mathrm{T}}$

(4) $(\lambda\boldsymbol{A})^{\mathrm{T}}=\lambda\boldsymbol{A}^{\mathrm{T}}$，$\lambda$ 为实数.

若方阵 $\boldsymbol{A}$ 满足 $\boldsymbol{A}^{\mathrm{T}}=\boldsymbol{A}$，则 $\boldsymbol{A}$ 称为对称矩阵.

5. 矩阵分块

将一个矩阵用横直线和纵直线分成若干块就得到分块矩阵.

选择合适的分块法可以达到化难为易的目的. 较常见的分块法为：①按行分块，②按列分块，③按矩阵元素的特征分块. 在进行分块运算时要注意分块矩阵的元素是矩阵不是数.

6. 可逆矩阵

当 $n$ 阶方阵 $\boldsymbol{A}$，$\boldsymbol{B}$ 满足 $\boldsymbol{AB}=\boldsymbol{E}_n$时，方阵 $\boldsymbol{A}$，$\boldsymbol{B}$ 才可逆，且有$\boldsymbol{B}=\boldsymbol{A}^{-1}$，$\boldsymbol{A}=\boldsymbol{B}^{-1}$.

性质：

(1) $\boldsymbol{A}^{-1}$可逆，且 $(\boldsymbol{A}^{-1})^{-1}=\boldsymbol{A}$；

(2) $\lambda\boldsymbol{A}$ 可逆，且 $(\lambda\boldsymbol{A})^{-1}=\dfrac{1}{\lambda}\boldsymbol{A}^{-1}$，这里 $\lambda$ 为实数且 $\lambda\neq0$；

(3) $\boldsymbol{A}^{\mathrm{T}}$也可逆，且 $(\boldsymbol{A}^{\mathrm{T}})^{-1}=(\boldsymbol{A}^{-1})^{\mathrm{T}}\overset{\Delta}{=}\boldsymbol{A}^{-\mathrm{T}}$.

(4) 若 $\boldsymbol{A}$，$\boldsymbol{B}$ 是 $n$ 阶可逆方阵，则 $\boldsymbol{AB}$ 可逆，且 $(\boldsymbol{AB})^{-1}=\boldsymbol{B}^{-1}\boldsymbol{A}^{-1}$.

7. 矩阵的初等变换

矩阵的初等行（列）变换有三种：

(1) 交换矩阵的第 $i$ 行（列）与第 $j$ 行（列），记作 $r_i\leftrightarrow r_j(c_i\leftrightarrow c_j)$；

(2) 将矩阵的第 $i$ 行（列）所有元素乘以一个非零常数 $k$，记作 $r_i\times k(c_i\times k)$；

(3) 将矩阵第 $j$ 行（列）的 $k$ 倍，加到第 $i$ 行（列），记作 $r_i+kr_j(c_i+kc_j)$；

初等行变换与初等列变换统称为初等变换.

8. 有关初等行变换的重要定理

(1) 设线性方程组 $\boldsymbol{A}_{m\times n}\boldsymbol{x}=\boldsymbol{b}$ 的增广矩阵 $\boldsymbol{B}=(\boldsymbol{A}\,,\boldsymbol{b})$ 经过有限次**初等行变换**变成矩阵 $\widetilde{\boldsymbol{B}}=(\widetilde{\boldsymbol{A}},\ \widetilde{\boldsymbol{b}})$，$\widetilde{\boldsymbol{B}}$ 对应的线性方程组为 $\widetilde{\boldsymbol{A}}_{m\times n}\boldsymbol{x}=\widetilde{\boldsymbol{b}}$，则方程组 $\boldsymbol{A}_{m\times n}\boldsymbol{x}=\boldsymbol{b}$ 与 $\widetilde{\boldsymbol{A}}_{m\times n}\boldsymbol{x}=\widetilde{\boldsymbol{b}}$ 是同解方程组.（定理1.5）

(2) 每一个 $m\times n$ 矩阵总可经过有限次初等行变换化成**行阶梯阵**与**行简化阶梯阵**；且行简化阶梯阵是唯一确定的，行阶梯阵中的非零行数也是唯一确定的.（定义 1.20，定义 1.21，定理 1.6）

9. 初等矩阵

(1) 由单位矩阵 $\boldsymbol{E}$ 经过一次初等变换所得到的矩阵称为**初等矩阵**. 单位矩阵的三种初等变换对应着三种初等矩阵：第一型初等矩阵 $\boldsymbol{E}(i,\ j)$，第二型初等矩阵 $\boldsymbol{E}(i(k))$，第三型初等矩阵 $\boldsymbol{E}(i,\ j(k))$.

(2) 初等矩阵都是可逆的，且

$$\boldsymbol{E}(i,j)^{-1}=\boldsymbol{E}(i,j);$$

$$E(i(k))^{-1}=E\left(i\left(\frac{1}{k}\right)\right);$$

$$E(i,j(k))^{-1}=E(i,j(-k)).$$

（3）初等矩阵与初等变换的关系定理

对矩阵 $\boldsymbol{A}_{m\times n}$ 作一次初等行变换相当于在矩阵 $\boldsymbol{A}_{m\times n}$ 的左侧乘以相应的 $m$ 阶初等矩阵；对矩阵 $\boldsymbol{A}_{m\times n}$ 作一次列初等列变换相当于在矩阵 $\boldsymbol{A}_{m\times n}$ 的右侧乘以相应的 $n$ 阶初等矩阵 .（定理 1. 8）

10. 可逆矩阵与初等矩阵的关系定理

（1）$n$ 阶可逆矩阵的**行简化阶梯阵**一定是单位矩阵 .

（2）方阵 $\boldsymbol{A}$ 可逆的充分必要条件是 $\boldsymbol{A}$ 可以写成有限个初等矩阵的乘积 .（定理 1. 10）

基于上述定理可以提出求逆矩阵的一种方法：初等变换求逆法.

11. 矩阵相抵（等价）

（1）矩阵相抵（等价）定义：

若矩阵 $\boldsymbol{A}$ 经过有限次初等变换化为 $\boldsymbol{B}$，就称 $\boldsymbol{A}$ 相抵（等价）$\boldsymbol{B}$，记作 $\boldsymbol{A}\cong\boldsymbol{B}$.

（2）矩阵相抵的充分必要条件：

设 $\boldsymbol{A}$ 和 $\boldsymbol{B}$ 是 $m\times n$ 矩阵，则 $\boldsymbol{A}\cong\boldsymbol{B}\Leftrightarrow$存在 $m$ 阶可逆矩阵 $\boldsymbol{P}$ 与 $n$ 阶可逆矩阵 $\boldsymbol{Q}$，使得 $\boldsymbol{PAQ}=\boldsymbol{B}$.

（3）相抵标准形：

任意 $m\times n$ 矩阵 $A$ 必相抵于一个形如

$$\boldsymbol{I}=\begin{pmatrix}1 & \cdots & 0 & 0 & \cdots & 0\\ \vdots & \ddots & \vdots & \vdots & \ddots & \vdots\\ 0 & \cdots & 1 & 0 & \cdots & 0\\ \vdots & \ddots & \vdots & \vdots & \ddots & \vdots\\ 0 & \cdots & 0 & 0 & \cdots & 0\end{pmatrix}=\begin{pmatrix}\boldsymbol{E}_r & \boldsymbol{O}\\ \boldsymbol{O} & \boldsymbol{O}\end{pmatrix}$$

的矩阵 . 其中，$r$ 为 $\boldsymbol{A}$ 的**行阶梯阵**中非零行的行数 . 矩阵 $\boldsymbol{I}$ 称为矩阵 $\boldsymbol{A}$ 的**相抵标准形** .

（4）性质：

矩阵 $\boldsymbol{A}_{m\times n}$ 的相抵标准形是唯一的.

12. 矩阵的秩

（1）定义：

矩阵 $\boldsymbol{A}$ 的相抵标准形中，1 的个数称为矩阵 $\boldsymbol{A}$ 的**秩**，记作**秩 $\boldsymbol{A}$**或 $\mathrm{r}(\boldsymbol{A})$.

（2）性质：

1）设矩阵 $\boldsymbol{A}$ 与 $\boldsymbol{B}$ 同型，则 $\mathrm{r}(\boldsymbol{A})=\mathrm{r}(\boldsymbol{B})$ 的充分必要条件是 $\boldsymbol{A}$ 与 $\boldsymbol{B}$ 相抵 .

2）矩阵的初等变换不改变矩阵的秩 .

3）$\mathrm{r}(\boldsymbol{A})=\mathrm{r}(\boldsymbol{A}^{\mathrm{T}})$ .

4）$n$ 阶矩阵 $\boldsymbol{A}$ 可逆的充分必要条件是 $\mathrm{r}(\boldsymbol{A})=n$.

5）$n$ 阶矩阵 $\boldsymbol{A}$ 不可逆的充分必要条件是 $\mathrm{r}(\boldsymbol{A})<n$.

# 第 2 章 方阵的行列式

行列式是研究线性方程组、矩阵等问题的重要工具，在许多实际问题中都有重要应用．本章首先介绍二阶、三阶行列式的概念，引入 $n$ 阶行列式的定义；然后介绍 $n$ 阶行列式的性质、计算方法及行列式的一个重要应用——求解 $n$ 元线性方程组的克莱姆（Cramer）法则；最后，简单介绍数学软件 MATLAB 在行列式中的应用．

**知识网络框图**

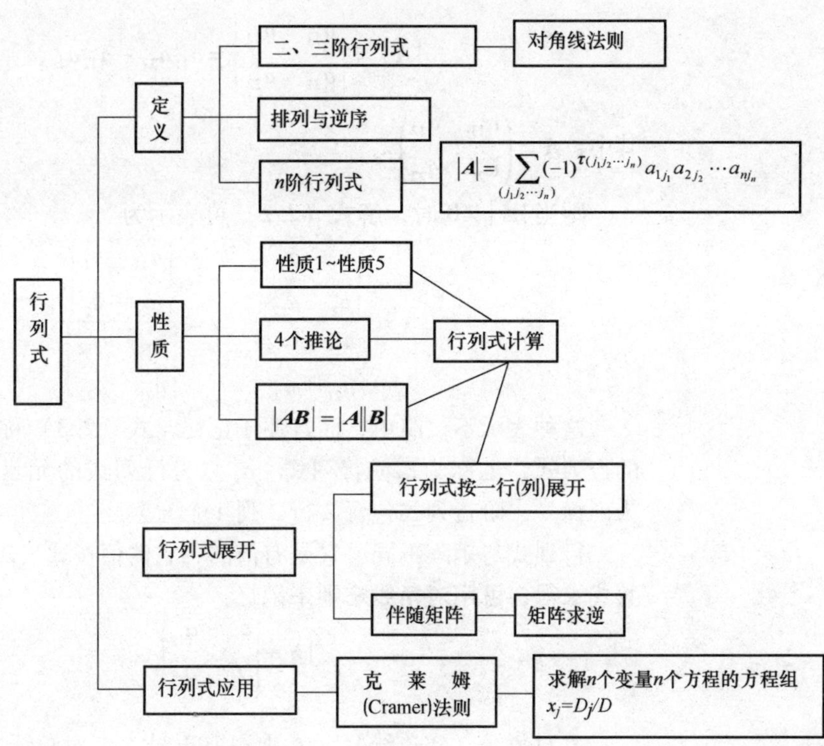

# 2.1 行列式的定义

## 2.1.1 二阶、三阶行列式

本节从线性方程组求解入手，引入行列式的概念. 考虑二元线性方程组

$$\begin{cases} a_{11}x + a_{12}y = b_1 \\ a_{21}x + a_{22}y = b_2 \end{cases}, \tag{2.1}$$

当 $a_{11}a_{22} - a_{12}a_{21} \neq 0$ 时，其解为

$$x = \frac{b_1 a_{22} - a_{12} b_2}{a_{11}a_{22} - a_{12}a_{21}},\ y = \frac{a_{11}b_2 - b_1 a_{21}}{a_{11}a_{22} - a_{12}a_{21}}. \tag{2.2}$$

式（2.2）中分子与分母恰是变量 $x$、$y$ 系数的代数运算. 为便于记忆，我们定义

$$|\boldsymbol{A}| = \begin{vmatrix} a_{11} & a_{12} \\ a_{21} & a_{22} \end{vmatrix} = a_{11}a_{22} - a_{12}a_{21}, \tag{2.3}$$

其中，$\boldsymbol{A} = \begin{pmatrix} a_{11} & a_{12} \\ a_{21} & a_{22} \end{pmatrix}$.

则当 $|\boldsymbol{A}| \neq 0$ 时，解式（2.2）可表示为

$$x = \frac{\begin{vmatrix} b_1 & a_{12} \\ b_2 & a_{22} \end{vmatrix}}{\begin{vmatrix} a_{11} & a_{12} \\ a_{21} & a_{22} \end{vmatrix}},\ y = \frac{\begin{vmatrix} a_{11} & b_1 \\ a_{21} & b_2 \end{vmatrix}}{\begin{vmatrix} a_{11} & a_{12} \\ a_{21} & a_{22} \end{vmatrix}}. \tag{2.4}$$

这种表示不仅简单，而且便于记忆. 式（2.3）称为二阶方阵 $\boldsymbol{A}$ 的**行列式**，也称为**二阶行列式**. $a_{ij}$ 称为行列式的元素，$i$ 为行标，$j$ 为列标. 二阶行列式包含 2 行 2 列 4 个元素.

行列式与矩阵不同，它是有值的，它的值按式（2.3）右端的代数式求得；可用**对角线法则**来记忆：

行列式是一个数，不是数表. 如 $\begin{vmatrix} 3 & 2 \\ 4 & 3 \end{vmatrix} = 1$.

$$|\boldsymbol{A}| = \begin{vmatrix} a_{11} & a_{12} \\ a_{21} & a_{22} \end{vmatrix}$$

$-\quad +$

主对角线（实连线）元素乘积取正号，副对角线（虚连线）元素乘积取负号.

由于方阵 $\boldsymbol{A}$ 是线性方程组（2.1）的系数矩阵，故行列式 $|\boldsymbol{A}|$ 又称为方程组（2.1）的系数行列式.

若用线性方程组（2.1）的右端项 $b_1$、$b_2$ 替换系数行列式 $|\boldsymbol{A}|$ 的第 1 列，并将所得行列式记为 $|\boldsymbol{A}_1|$，将右端项 $b_1$、$b_2$ 替换系数行列式 $|\boldsymbol{A}|$ 的第 2 列后所得行列式记为 $|\boldsymbol{A}_2|$，即

$$|\boldsymbol{A}_1| = \begin{vmatrix} b_1 & a_{12} \\ b_2 & a_{22} \end{vmatrix},\ |\boldsymbol{A}_2| = \begin{vmatrix} a_{11} & b_1 \\ a_{21} & b_2 \end{vmatrix},$$

解式（2.4）可表示得更为简单

$$x = \frac{|\boldsymbol{A}_1|}{|\boldsymbol{A}|},\ y = \frac{|\boldsymbol{A}_2|}{|\boldsymbol{A}|}. \tag{2.5}$$

**例 2.1** 求解二元线性方程组

$$\begin{cases} 3x+2y=1 \\ 4x+3y=0 \end{cases}.$$

**解** 方程组的系数行列式为

$$|\boldsymbol{A}| = \begin{vmatrix} 3 & 2 \\ 4 & 3 \end{vmatrix} = 9-8=1\neq 0,$$

又

$$|\boldsymbol{A}_1| = \begin{vmatrix} 1 & 2 \\ 0 & 3 \end{vmatrix} = 3,\ |\boldsymbol{A}_2| = \begin{vmatrix} 3 & 1 \\ 4 & 0 \end{vmatrix} = -4,$$

由式（2.5），所求解为

$$x = \frac{|\boldsymbol{A}_1|}{|\boldsymbol{A}|} = 3,\ y = \frac{|\boldsymbol{A}_2|}{|\boldsymbol{A}|} = -4.$$

用类似的方法可引入三阶行列式. 考察三元线性方程组

$$\begin{cases} a_{11}x+a_{12}y+a_{13}z=b_1 \\ a_{21}x+a_{22}y+a_{23}z=b_2, \\ a_{31}x+a_{32}y+a_{33}z=b_3 \end{cases} \tag{2.6}$$

经消元法，得到方程组的解

$$\begin{aligned} x &= \frac{b_1a_{22}a_{33}+a_{12}a_{23}b_3+a_{13}b_2a_{32}-a_{13}a_{22}b_3-b_1a_{23}a_{32}-a_{12}b_2a_{33}}{a_{11}a_{22}a_{33}+a_{12}a_{23}a_{31}+a_{13}a_{21}a_{32}-a_{13}a_{22}a_{31}-a_{11}a_{23}a_{32}-a_{12}a_{21}a_{33}}, \\ y &= \frac{a_{11}b_2a_{33}+b_1a_{23}a_{31}+a_{13}a_{21}b_3-a_{13}b_2a_{31}-a_{11}a_{23}b_3-b_1a_{21}a_{33}}{a_{11}a_{22}a_{33}+a_{12}a_{23}a_{31}+a_{13}a_{21}a_{32}-a_{13}a_{22}a_{31}-a_{11}a_{23}a_{32}-a_{12}a_{21}a_{33}}, \end{aligned}$$

(2.7)

$$z=\frac{a_{11}a_{22}b_3+a_{12}b_2a_{31}+b_1a_{21}a_{32}-b_1a_{22}a_{31}-a_{11}b_2a_{32}-a_{12}a_{21}b_3}{a_{11}a_{22}a_{33}+a_{12}a_{23}a_{31}+a_{13}a_{21}a_{32}-a_{13}a_{22}a_{31}-a_{11}a_{23}a_{32}-a_{12}a_{21}a_{33}}.$$

这里，假设 $a_{11}a_{22}a_{33}+a_{12}a_{23}a_{31}+a_{13}a_{21}a_{32}-a_{13}a_{22}a_{31}-a_{11}a_{23}a_{32}-a_{12}a_{21}a_{33}\neq 0$，这个结果比二元线性方程组的解更复杂，为此引入定义

$$|\boldsymbol{A}|=\begin{vmatrix}a_{11}&a_{12}&a_{13}\\a_{21}&a_{22}&a_{23}\\a_{31}&a_{32}&a_{33}\end{vmatrix}=a_{11}a_{22}a_{33}+a_{12}a_{23}a_{31}+a_{13}a_{21}a_{32}-a_{13}a_{22}a_{31}-a_{11}a_{23}a_{32}-a_{12}a_{21}a_{33}\tag{2.8}$$

其中，$\boldsymbol{A}=\begin{pmatrix}a_{11}&a_{12}&a_{13}\\a_{21}&a_{22}&a_{23}\\a_{31}&a_{32}&a_{33}\end{pmatrix}$.

式（2.8）称为三阶方阵 $\boldsymbol{A}$ 的**行列式**，也称为**三阶行列式**.

三阶行列式包含 3 行 3 列 9 个元素，其值可按下面的对角线法则计算得到.

$$\begin{vmatrix}a_{11}&a_{12}&a_{13}\\a_{21}&a_{22}&a_{23}\\a_{31}&a_{32}&a_{33}\end{vmatrix}\begin{matrix}a_{11}&a_{12}\\a_{21}&a_{22}\\a_{31}&a_{32}\end{matrix}$$

$-\quad -\quad -\quad +\quad +\quad +$

实连线元素乘积取正号，虚连线元素乘积取负号.

例如，

$$|\boldsymbol{A}|=\begin{vmatrix}1&2&1\\0&4&2\\3&-1&5\end{vmatrix}=20+12-12+2=22.$$

行列式的表示不同于矩阵，$\begin{vmatrix}1&2\\0&4\end{vmatrix}$ 是行列式，$\begin{pmatrix}1&2\\0&4\end{pmatrix}$是矩阵.

三阶行列式 $|\boldsymbol{A}|=\begin{vmatrix}a_{11}&a_{12}&a_{13}\\a_{21}&a_{22}&a_{23}\\a_{31}&a_{32}&a_{33}\end{vmatrix}$ 也称为线性方程组（2.6）的系数行列式.

若令 $|\boldsymbol{A}_1|=\begin{vmatrix}b_1&a_{12}&a_{13}\\b_2&a_{22}&a_{23}\\b_3&a_{32}&a_{33}\end{vmatrix}$，$|\boldsymbol{A}_2|=\begin{vmatrix}a_{11}&b_1&a_{13}\\a_{21}&b_2&a_{23}\\a_{31}&b_3&a_{33}\end{vmatrix}$，

$$|\boldsymbol{A}_3| = \begin{vmatrix} a_{11} & a_{12} & b_1 \\ a_{21} & a_{22} & b_2 \\ a_{31} & a_{32} & b_3 \end{vmatrix},$$

则当$|\boldsymbol{A}|\neq 0$时，解式（2.7）可简化为

$$x=\frac{|\boldsymbol{A}_1|}{|\boldsymbol{A}|},\ y=\frac{|\boldsymbol{A}_2|}{|\boldsymbol{A}|},\ z=\frac{|\boldsymbol{A}_3|}{|\boldsymbol{A}|}.$$

例 2.2　利用行列式，求解三元线性方程组

$$\begin{cases} 2x-3y+2z=-3 \\ x+4y-3z=0. \\ 3x-y-z=1 \end{cases}$$

解　系数行列式为 $\begin{vmatrix} 2 & -3 & 2 \\ 1 & 4 & -3 \\ 3 & -1 & -1 \end{vmatrix} = -8+27-2-24-6-3=$

$-16\neq 0$,

分子行列式分别为

$$|\boldsymbol{A}_1| = \begin{vmatrix} -3 & -3 & 2 \\ 0 & 4 & -3 \\ 1 & -1 & -1 \end{vmatrix} = 12+9-8+9=22,$$

$$|\boldsymbol{A}_2| = \begin{vmatrix} 2 & -3 & 2 \\ 1 & 0 & -3 \\ 3 & 1 & -1 \end{vmatrix} = 27+2+6-3=32,$$

$$|\boldsymbol{A}_3| = \begin{vmatrix} 2 & -3 & -3 \\ 1 & 4 & 0 \\ 3 & -1 & 1 \end{vmatrix} = 8+3+36+3=50.$$

于是，方程组的解为

$$x=\frac{|\boldsymbol{A}_1|}{|\boldsymbol{A}|}=\frac{22}{-16}=-\frac{11}{8},\ y=\frac{|\boldsymbol{A}_2|}{|\boldsymbol{A}|}=-\frac{32}{16}=-2,\ z=\frac{|\boldsymbol{A}_3|}{|\boldsymbol{A}|}=\frac{50}{-16}=-\frac{25}{8}.$$

二阶、三阶行列式只适用于求解二元、三元线性方程组，为求解 $n$ 个变元 $n$ 个方程的线性方程组需要引入 $n$ 阶行列式的概念. 下面先介绍全排列的知识，然后引入 $n$ 阶行列式.

### 2.1.2　排列与逆序

**定义 2.1**　由自然数 1，2，…，$n$ 所构成的一个有序数组，称为

这 $n$ 个数的一个 $n$ 级排列.

例如：4321，1234，3214 均是 1，2，3，4 这 4 个数的 4 级排列.

$n$ 个自然数 1，2，…，$n$ 由小到大的自然顺序排列 $12\cdots n$ 称为**$n$ 级自然排列**.

1234 就是 4 级自然排列. 显然，$n$ 级排列的种数共有 $n!$ 个.

**定义 2.2** 在排列 $j_1j_2\cdots j_n$ 中，数 $j_1$ 前面比 $j_1$ 大的数字的个数，称为 $j_1$ 的逆序；数 $j_2$ 前面比 $j_2$ 大的数字的个数，称为 $j_2$ 的逆序……数 $j_n$ 前面比 $j_n$ 大的数字的个数，称为 $j_n$ 的逆序. 所有这 $n$ 个数的逆序之和称为该排列的**逆序数**，记作 $\tau(j_1j_2\cdots j_n)$. 逆序数为奇数的排列称为**奇排列**，逆序数为偶数的排列称为**偶排列**.

**例 2.3** 分别求排列 4321，1234，3214 的逆序数，并判别排列的奇偶性.

**解** 在排列 4321 中，4 的逆序为 0，3 的逆序为 1，2 的逆序为 2，1 的逆序为 3，因此，$\tau(4321)=1+2+3=6$.

类似可得，$\tau(1234)=0,\tau(3214)=1+2=3$.

排列 4321，1234 是偶排列；排列 3214 是奇排列.

**定义 2.3** 在一个排列中，某两个数互换位置，其余的数不动，就得到一个新排列，这样的变换称为一个**对换**. 若对换的两个数相邻，则称为**相邻对换**.

**定理 2.1** 对换改变排列的奇偶性.

**证** 分几种情况讨论.

**1. 相邻对换**

考察排列
$$a_1a_2\cdots a_tabc_1c_2\cdots c_r,$$
将 $a$，$b$ 进行一次对换，得到排列
$$a_1a_2\cdots a_tbac_1c_2\cdots c_r.$$
显然，对换后，$a$，$b$ 前后的数字的逆序数是不变的，而对 $a$，$b$ 有两种情况：①当 $a<b$ 时，对换后 $a$ 的逆序增加 1，$b$ 的逆序不变；②当 $a>b$ 时，对换后 $a$ 的逆序不变，$b$ 的逆序数减少 1. 综上所述，即有
$$\tau(a_1a_2\cdots a_tbac_1c_2\cdots c_r)=\begin{cases}\tau(a_1a_2\cdots a_tabc_1c_2\cdots c_r)+1 & a<b\\ \tau(a_1a_2\cdots a_tabc_1c_2\cdots c_r)-1 & a>b\end{cases},$$
所以，相邻对换改变排列的奇偶性.

2. 一般情况

将排列

$$a_1a_2\cdots a_tab_1b_2\cdots b_sbc_1c_2\cdots c_r \tag{1}$$

中 $a$，$b$ 进行一次对换，得到排列

$$a_1a_2\cdots a_tbb_1b_2\cdots b_sac_1c_2\cdots c_r. \tag{2}$$

排列式（2）可按如下方式获得：首先，在排列式（1）中将数 $a$ 依次与其右边的数进行相邻对换，进行 $s$ 次相邻对换后得到排列

$$a_1a_2\cdots a_tb_1b_2\cdots b_sabc_1c_2\cdots c_r. \tag{3}$$

再将排列式（3）中的数 $b$ 依次与其左边的数进行相邻对换，进行 $s+1$次相邻对换后得到排列式（2）．总之，排列式（1）进行 $2s+1$ 次相邻对换，就可以变为排列式（2）．由情况 1 知，排列式（1）与排列式（2）的奇偶性相反.

在例 2.3 中，排列 4321 是偶排列，将数 3 与 1 做一次对换，则新排列的逆序数为 $\tau(4123)=3$，即，原排列对换一次后奇偶性改变，变为奇排列．若将排列 4321 做二次对换：3 与 1 交换，1 与 2 交换，则有 $\tau(4213)=4$．原排列对换二次后奇偶性不变，仍为偶排列.

**推论** 奇排列经过奇数次对换可变为自然排列；偶排列经过偶数次对换可变为自然排列.

**证** 由定理 2.1，对换改变排列的奇偶性，对换的次数就是排列奇偶性的变化次数，自然排列是偶排列，因此推论成立.

### 2.1.3 *n* 阶行列式

考察三阶行列式

$$|\boldsymbol{A}| = \begin{vmatrix} a_{11} & a_{12} & a_{13} \\ a_{21} & a_{22} & a_{23} \\ a_{31} & a_{32} & a_{33} \end{vmatrix}$$

$$= a_{11}a_{22}a_{33} + a_{12}a_{23}a_{31} + a_{13}a_{21}a_{32} - a_{13}a_{22}a_{31} - a_{11}a_{23}a_{32} - a_{12}a_{21}a_{33},$$

三阶行列式是三阶方阵的行列式，它的展开式有 6（3!）项，每一项是三个数的乘积，这三个数位于不同的行、不同的列．6 项中的任一项可写为 $(-1)^t a_{1j_1}a_{2j_2}a_{3j_3}$，三个数的行标为自然排列 123，列标为 1，2，3 的某一排列 $j_1j_2j_3$．任一项的符号可由 $t=\tau(j_1j_2j_3)$ 的奇偶

性确定.

将上述规律进行推广，可得到 $n$ 阶行列式定义.

**定义 2.4** 设 $n$ 阶方阵 $\boldsymbol{A}=(a_{ij})_{n\times n}$，称

$$|\boldsymbol{A}|=\begin{vmatrix} a_{11} & a_{12} & \cdots & a_{1n} \\ a_{21} & a_{22} & \cdots & a_{2n} \\ \vdots & \vdots & & \vdots \\ a_{n1} & a_{n2} & \cdots & a_{nn} \end{vmatrix}$$

为方阵 $\boldsymbol{A}$ 的行列式，也称为 $n$ 阶行列式. $n$ 阶行列式是一个数，其值按如下代数式计算：

$$\begin{vmatrix} a_{11} & a_{12} & \cdots & a_{1n} \\ a_{21} & a_{22} & \cdots & a_{2n} \\ \vdots & \vdots & & \vdots \\ a_{n1} & a_{n2} & \cdots & a_{nn} \end{vmatrix}=\sum_{(j_1j_2\cdots j_n)}(-1)^{\tau(j_1j_2\cdots j_n)}a_{1j_1}a_{2j_2}\cdots a_{nj_n} \quad (2.9)$$

其中，和号 $\sum$ 是对所有的 $n$ 级排列求和（共 $n!$ 项).

方阵 $\boldsymbol{A}$ 的行列式也记为 $|\boldsymbol{A}|=\det(\boldsymbol{A})$.

**注释** $n=1$ 时，$|\boldsymbol{A}|=|a_{11}|=a_{11}$；$n=2$，3 时，就是前面定义的二阶、三阶行列式，它们的值可用对角线法求得；$n\geqslant 4$ 时，前述法则不再适用.

**定理 2.2** $n$ 阶方阵 $\boldsymbol{A}$ 的行列式可定义为

$$|\boldsymbol{A}|=\sum_{(i_1i_2\cdots i_n)}(-1)^{\tau(i_1i_2\cdots i_n)}a_{i_11}a_{i_22}\cdots a_{i_nn}, \quad (2.10)$$

即每一项在列下标为自然排列时，由行下标排列的逆序数决定其符号.

式（2.10）与式（2.9）的区别在于每项中各元素的列标按自然排列，行标为 1，2，…，$n$ 的某一排列 $i_1i_2\cdots i_n$.

**证** 由定义 2.4，$n$ 阶方阵 $\boldsymbol{A}$ 的行列式为

$$|\boldsymbol{A}|=\sum_{(j_1j_2\cdots j_n)}(-1)^{\tau(j_1j_2\cdots j_n)}a_{1j_1}a_{2j_2}\cdots a_{nj_n},$$

对于行列式的任一项 $(-1)^{\tau(j_1j_2\cdots j_n)}a_{1j_1}a_{2j_2}\cdots a_{nj_n}$，将其元素作 $r$ 次对换，化为

$$(-1)^{\tau(j_1j_2\cdots j_n)}a_{i_11}a_{i_22}\cdots a_{i_nn},$$

其值不变. 此时，列标由排列 $j_1j_2\cdots j_n$ 变为自然排列 $12\cdots n$；同时，行标由自然排列变为 1，2，…，$n$ 的某一排列 $i_1i_2\cdots i_n$. 由定理 2.1

的推论，列标排列$j_1j_2\cdots j_n$的逆序数$\tau(j_1j_2\cdots j_n)$与对换次数$r$有相同的奇偶性. 类似地，行标排列$i_1i_2\cdots i_n$的逆序数$\tau(i_1i_2\cdots i_n)$与对换次数$r$亦有相同的奇偶性. 于是

$$\begin{aligned}(-1)^{\tau(j_1j_2\cdots j_n)}a_{1j_1}a_{2j_2}\cdots a_{nj_n}&=(-1)^{\tau(j_1j_2\cdots j_n)}a_{i_11}a_{i_22}\cdots a_{i_nn}\\&=(-1)^{r}a_{i_11}a_{i_22}\cdots a_{i_nn}\\&=(-1)^{\tau(i_1i_2\cdots i_n)}a_{i_11}a_{i_22}\cdots a_{i_nn},\end{aligned}$$

从而
$$|\boldsymbol{A}|=\sum_{(i_1i_2\cdots i_n)}(-1)^{\tau(i_1i_2\cdots i_n)}a_{i_11}a_{i_22}\cdots a_{i_nn}.$$

**例 2.4** 计算$n$阶行列式

$$\begin{vmatrix}a_{11}&a_{12}&\cdots&a_{1n}\\0&a_{22}&\cdots&a_{2n}\\\vdots&\ddots&\ddots&\vdots\\0&\cdots&0&a_{nn}\end{vmatrix}.$$

解 由式 (2.10) 有

$$|\boldsymbol{A}|=\sum_{(i_1i_2\cdots i_n)}(-1)^{\tau(i_1i_2\cdots i_n)}a_{i_11}a_{i_22}\cdots a_{i_nn}$$

这里，$a_{i_11}a_{i_22}\cdots a_{i_nn}$为不同行、不同列的$n$个数的乘积. 由于第一列除了$a_{11}$外其余数都为零，故非零项的第一个数必为$a_{11}$，第二列只能选$a_{22}$（不能选$a_{12}$，因第一行已选过）. 类似地，第三列只能选$a_{33}$……第$n$列只能选$a_{nn}$. 因此，行列式只有一个非零项，即

$$\begin{vmatrix}a_{11}&a_{12}&\cdots&a_{1n}\\0&a_{22}&\cdots&a_{2n}\\\vdots&\ddots&\ddots&\vdots\\0&\cdots&0&a_{nn}\end{vmatrix}=(-1)^{\tau(12\cdots n)}a_{11}a_{22}\cdots a_{nn}=a_{11}a_{22}\cdots a_{nn}.$$

这个行列式称为**上三角行列式**.

类似地，可得**下三角行列式**

$$\begin{vmatrix}a_{11}&0&\cdots&0\\a_{21}&a_{22}&\ddots&\vdots\\\vdots&\ddots&\ddots&0\\a_{n1}&\cdots&a_{n,n-1}&a_{nn}\end{vmatrix}=a_{11}a_{22}\cdots a_{nn}.$$

特别地，**对角行列式**

$$\begin{vmatrix} a_{11} & 0 & \cdots & 0 \\ 0 & a_{22} & \ddots & \vdots \\ \vdots & \ddots & \ddots & 0 \\ 0 & \cdots & 0 & a_{nn} \end{vmatrix} = a_{11}a_{22}\cdots a_{nn}.$$

**例 2.5** 计算右下三角行列式

$$\begin{vmatrix} 0 & \cdots & 0 & a_{1n} \\ \vdots & \therefore & a_{2,n-1} & a_{2n} \\ 0 & \therefore & \therefore & \vdots \\ a_{n1} & a_{n2} & \cdots & a_{nn} \end{vmatrix}.$$

解　由式（2.9）有

$$|\boldsymbol{A}| = \sum_{(j_1j_2\cdots j_n)} (-1)^{\tau(j_1j_2\cdots j_n)} a_{1j_1}a_{2j_2}\cdots a_{nj_n},$$

同例 2.4，由于第一行除了 $a_{1n}$ 外其余数都为零，故非零项的第一个数必为 $a_{1n}$，第二行只能选 $a_{2,n-1}$. 类似地，第三行只能选 $a_{3,n-2}$……第 $n$ 行只能选 $a_{n1}$. 因此，行列式只有一个非零项，即

反三角行列式的符号不仅与对角元有关，也与阶数 n 有关.

$$\begin{vmatrix} 0 & \cdots & 0 & a_{1n} \\ \vdots & \therefore & a_{2,n-1} & a_{2n} \\ 0 & \therefore & \therefore & \vdots \\ a_{n1} & a_{n2} & \cdots & a_{nn} \end{vmatrix} = (-1)^{\tau(n(n-1)\cdots 1)} a_{1n}a_{2,n-1}\cdots a_{n1}$$

$$= (-1)^{\frac{n(n-1)}{2}} a_{1n}a_{2,n-1}\cdots a_{n1}.$$

类似可得**反对角行列式**:

$$\begin{vmatrix} 0 & \cdots & 0 & a_{1n} \\ \vdots & \therefore & a_{2,n-1} & 0 \\ 0 & \therefore & \therefore & \vdots \\ a_{n_1} & 0 & \cdots & 0 \end{vmatrix} = (-1)^{\frac{n(n-1)}{2}} a_{1n}a_{2,n-1}\cdots a_{n1}$$

## 习　题　2.1

### A　组

1. 计算下列行列式的值：

(1) $\begin{vmatrix} 4 & -3 \\ -7 & 6 \end{vmatrix}$.　　(2) $\begin{vmatrix} \cos\alpha & -\sin\alpha \\ \sin\alpha & \cos\alpha \end{vmatrix}$.

(3) $\begin{vmatrix} 1 & -2 & 3 \\ 4 & 5 & -6 \\ 7 & 0 & 9 \end{vmatrix}$.　(4) $\begin{vmatrix} x & 1 & -1 \\ -1 & x & 1 \\ 1 & -1 & x \end{vmatrix}$.

(5) $\begin{vmatrix} 0 & 0 & a_1 \\ 0 & a_2 & 0 \\ a_3 & 0 & 0 \end{vmatrix}$

2. 利用行列式解下列方程组：

(1) $\begin{cases} 3x-2y=1 \\ -7x+5y=0 \end{cases}$.

(2) $\begin{cases} x+2y=1 \\ 3x+7y=0 \end{cases}$

(3) $\begin{cases} 2x-3y-3z=\ \ 0 \\ x+4y+6z=-1. \\ 3x-\ y+\ z=\ \ 2 \end{cases}$

(4) $\begin{cases} y-z=0 \\ x+2y+5z=-1 \\ 2x+z=3 \end{cases}$

3. 计算下列排列的逆序数，并判断其奇偶性：

(1) 4357261.

(2) 217986354.

4. 如果排列 $x_1x_2\cdots x_n$ 的逆序数是 $k$，那么排列 $x_n\cdots x_2x_1$ 的逆序数是多少？

5. 写出四阶行列式中，包含 $a_{21}a_{42}$ 的项，并指出对应项的符号.

6. 写出 4 阶行列式中所有带负号且包含 $a_{23}$ 的项.

7. 利用行列式的定义计算下列行列式的值：

(1) $\begin{vmatrix} 1 & 1 & 0 & 0 \\ 2 & -1 & 0 & 0 \\ 0 & 0 & 3 & 0 \\ 0 & 0 & 4 & 4 \end{vmatrix}$.

(2) $\begin{vmatrix} 0 & n & 0 & \cdots & 0 \\ 0 & 0 & n-1 & \cdots & 0 \\ \vdots & \vdots & \ddots & \ddots & \vdots \\ 0 & 0 & \cdots & 0 & 2 \\ 1 & 0 & \cdots & 0 & 0 \end{vmatrix}$.

(3) $\begin{vmatrix} 0 & 0 & 1 & 2 \\ 0 & 0 & -1 & 2 \\ 3 & 0 & 0 & 0 \\ 1 & 2 & 0 & 0 \end{vmatrix}$.

### B 组

1. 在函数

$$f(x)=\begin{vmatrix} x & x & 1 & 2 & 3 \\ 1 & x & 0 & 2 & 4 \\ 2 & 5 & x & 1 & 2 \\ 1 & 3 & -4 & x & 0 \\ 2 & 6 & 4 & 1 & x \end{vmatrix}$$

中，求 $x^4$ 的系数.

2. 利用 $D_n=\begin{vmatrix} 1 & 1 & \cdots & 1 \\ 1 & 1 & \cdots & 1 \\ \vdots & \vdots & & \vdots \\ 1 & 1 & \cdots & 1 \end{vmatrix}=0$，证明：$n$ 个数 1，2，…，$n$ 的所有排列中，奇偶排列各半.

3. 利用行列式的定义证明：

$$\begin{vmatrix} a_1 & a_2 & a_3 & a_4 & a_5 \\ b_1 & b_2 & b_3 & b_4 & b_5 \\ c_1 & c_2 & 0 & 0 & 0 \\ d_1 & d_2 & 0 & 0 & 0 \\ e_1 & e_2 & 0 & 0 & 0 \end{vmatrix}=0.$$

## 2.2 行列式的性质

由前面讨论可以看出，用定义计算行列式比较麻烦. 为了简化行列式的计算，下面介绍行列式的性质.

**性质1** 设$\boldsymbol{A}=(a_{ij})_{n\times n}$为$n$阶方阵，则$|\boldsymbol{A}|=|\boldsymbol{A}^{\mathrm{T}}|$. 即

$$\begin{vmatrix} a_{11} & a_{12} & \cdots & a_{1n} \\ a_{21} & a_{22} & \cdots & a_{2n} \\ \vdots & \vdots & & \vdots \\ a_{n1} & a_{n2} & \cdots & a_{nn} \end{vmatrix} = \begin{vmatrix} a_{11} & a_{21} & \cdots & a_{n1} \\ a_{12} & a_{22} & \cdots & a_{n2} \\ \vdots & \vdots & & \vdots \\ a_{1n} & a_{2n} & \cdots & a_{nn} \end{vmatrix}.$$

**证** 设$\boldsymbol{A}^{\mathrm{T}}=(b_{ij})_{n\times n}$，则$b_{ij}=a_{ji}$. 由行列式定义，

$$\begin{aligned} |\boldsymbol{A}^{\mathrm{T}}| &= \sum_{(j_1j_2\cdots j_n)}(-1)^{\tau(j_1j_2\cdots j_n)}b_{1j_1}b_{2j_2}\cdots b_{nj_n} \\ &= \sum_{(j_1j_2\cdots j_n)}(-1)^{\tau(j_1j_2\cdots j_n)}a_{j_11}a_{j_22}\cdots a_{j_nn}. \end{aligned}$$

由定理2.2，有

$$|\boldsymbol{A}| = \sum_{(j_1j_2\cdots j_n)}(-1)^{\tau(j_1j_2\cdots j_n)}a_{j_11}a_{j_22}\cdots a_{j_nn},$$

从而
$$|\boldsymbol{A}|=|\boldsymbol{A}^{\mathrm{T}}|.$$

$|\boldsymbol{A}^{\mathrm{T}}|$称为$\boldsymbol{A}$的转置行列式. 性质1告诉我们，行列式转置值不变. 在行列式中，行与列具有相同的地位，关于行成立的性质，关于列也同样成立，反之亦然.

**性质2** 设$\boldsymbol{A}=(a_{ij})_{n\times n}$，若$\boldsymbol{A}\xrightarrow[(c_i\leftrightarrow c_k)]{r_i\leftrightarrow r_k}\boldsymbol{B}$，则$|\boldsymbol{B}|=-|\boldsymbol{A}|$.

**证** 考虑对$\boldsymbol{A}$作行交换. 设$\boldsymbol{B}=(b_{ij})_{n\times n}$，则

$$b_{pj}=\begin{cases} a_{pj}, & p\neq i,\ k \\ a_{kj}, & p=i \\ a_{ij}, & p=k \end{cases}.$$

不妨设$i<k$. 由行列式定义，

$$|\boldsymbol{A}| = \sum_{(j_1j_2\cdots j_n)}(-1)^{\tau(j_1j_2\cdots j_n)}a_{1j_1}a_{2j_2}\cdots a_{nj_n},$$

$$\begin{aligned} |\boldsymbol{B}| &= \sum_{(j_1j_2\cdots j_n)}(-1)^{\tau(j_1\cdots j_i\cdots j_k\cdots j_n)}b_{1j_1}\cdots b_{ij_i}\cdots b_{kj_k}\cdots b_{nj_n} \\ &= \sum_{(j_1j_2\cdots j_n)}(-1)^{\tau(j_1\cdots j_i\cdots j_k\cdots j_n)}a_{1j_1}\cdots a_{kj_i}\cdots a_{ij_k}\cdots a_{nj_n} \\ &= \sum_{(j_1j_2\cdots j_n)}(-1)^{\tau(j_1\cdots j_i\cdots j_k\cdots j_n)}a_{1j_1}\cdots a_{ij_k}\cdots a_{kj_i}\cdots a_{nj_n}. \end{aligned}$$

因为$\tau(j_1\cdots j_i\cdots j_k\cdots j_n)$与$\tau(j_1\cdots j_k\cdots j_i\cdots j_n)$的奇偶性相反，所以

$$(-1)^{\tau(j_1\cdots j_i\cdots j_k\cdots j_n)}=-(-1)^{\tau(j_1\cdots j_k\cdots j_i\cdots j_n)}.$$

从而

$$\begin{aligned}|\boldsymbol{B}| &= \sum_{(j_1j_2\cdots j_n)}(-1)^{\tau(j_1\cdots j_i\cdots j_k\cdots j_n)}a_{1j_1}\cdots a_{ij_k}\cdots a_{kj_i}\cdots a_{nj_n}\\ &= -\sum_{(j_1j_2\cdots j_n)}(-1)^{\tau(j_1\cdots j_k\cdots j_i\cdots j_n)}a_{1j_1}\cdots a_{ij_k}\cdots a_{kj_i}\cdots a_{nj_n}\\ &= -|\boldsymbol{A}|.\end{aligned}$$

性质2告诉我们，交换行列式的任意两行（列），行列式的值变号.

**推论** 设$\boldsymbol{A}=(a_{ij})_{n\times n}$，若$\boldsymbol{A}$中有两行（列）相同，则$|\boldsymbol{A}|=0$.

**证** 将相同的两行对换，有$|\boldsymbol{A}|=-|\boldsymbol{A}|$，从而$|\boldsymbol{A}|=0$.

**性质3** 设$\boldsymbol{A}=(a_{ij})_{n\times n}$，若$\boldsymbol{A}\xrightarrow[(kc_i)]{kr_i}\boldsymbol{B}$，则$|\boldsymbol{B}|=k|\boldsymbol{A}|$，$k$为常数.

**证** 由行列式定义，

$$\begin{aligned}|\boldsymbol{B}| &= \begin{vmatrix} a_{11} & a_{12} & \cdots & a_{1n}\\ \vdots & \vdots & & \vdots\\ ka_{i1} & ka_{i2} & \cdots & ka_{in}\\ \vdots & \vdots & & \vdots\\ a_{n1} & a_{n2} & \cdots & a_{nn}\end{vmatrix}\\ &= \sum_{(j_1j_2\cdots j_n)}(-1)^{\tau(j_1\cdots j_i\cdots j_n)}a_{1j_1}\cdots ka_{ij_i}\cdots a_{nj_n}\\ &= k\sum_{(j_1j_2\cdots j_n)}(-1)^{\tau(j_1\cdots j_i\cdots j_n)}a_{1j_1}\cdots a_{ij_i}\cdots a_{nj_n}\\ &= k|\boldsymbol{A}|.\end{aligned}$$

性质3说明，用一个数乘以行列式，等于用这个数乘行列式的某一行（列）的每一个元素．换句话说，行列式中某一行（列）的公因子可以提到行列式符号之外.

**注释** 请注意，$|k\boldsymbol{A}|$与$k|\boldsymbol{A}|$不同.

$$|k\boldsymbol{A}| = \begin{vmatrix} ka_{11} & ka_{12} & \cdots & ka_{1n}\\ \vdots & \vdots & & \vdots\\ ka_{i1} & ka_{i2} & \cdots & ka_{in}\\ \vdots & \vdots & & \vdots\\ ka_{n1} & ka_{n2} & \cdots & ka_{nn}\end{vmatrix} = k^n|\boldsymbol{A}|,$$

行列式第2行有公因子2可以提到行列式外：

$$\begin{vmatrix}1 & -5\\ 4 & 2\end{vmatrix}=2\begin{vmatrix}1 & -5\\ 2 & 1\end{vmatrix}$$

而
$$k|\boldsymbol{A}|=\begin{vmatrix} a_{11} & a_{12} & \cdots & a_{1n} \\ \vdots & \vdots & & \vdots \\ ka_{i1} & ka_{i2} & \cdots & ka_{in} \\ \vdots & \vdots & & \vdots \\ a_{n1} & a_{n2} & \cdots & a_{nn} \end{vmatrix}.$$

**推论 1** 若方阵 $\boldsymbol{A}$ 中有一个零行（列），则 $|\boldsymbol{A}|=0$.

**推论 2** 若方阵 $\boldsymbol{A}$ 中有两行（列）成比例，则 $|\boldsymbol{A}|=0$.

**性质 4** 若方阵 $\boldsymbol{A}$ 的某行（列）的元素都是两数之和，
$$\boldsymbol{A}=\begin{pmatrix} a_{11} & a_{12} & \cdots & a_{1n} \\ \vdots & \vdots & & \vdots \\ a_{i1}+b_{i1} & a_{i2}+b_{i2} & \cdots & a_{in}+b_{in} \\ \vdots & \vdots & & \vdots \\ a_{n1} & a_{n2} & \cdots & a_{nn} \end{pmatrix},$$
则 $\boldsymbol{A}$ 的行列式等于两个行列式之和，即
$$|\boldsymbol{A}|=\begin{vmatrix} a_{11} & a_{12} & \cdots & a_{1n} \\ \vdots & \vdots & & \vdots \\ a_{i1} & a_{i2} & \cdots & a_{in} \\ \vdots & \vdots & & \vdots \\ a_{n1} & a_{n2} & \cdots & a_{nn} \end{vmatrix}+\begin{vmatrix} a_{11} & a_{12} & \cdots & a_{1n} \\ \vdots & \vdots & & \vdots \\ b_{i1} & b_{i2} & \cdots & b_{in} \\ \vdots & \vdots & & \vdots \\ a_{n1} & a_{n2} & \cdots & a_{nn} \end{vmatrix}.$$

**证** 由行列式定义，
$$\begin{aligned} |\boldsymbol{A}| &= \begin{vmatrix} a_{11} & a_{12} & \cdots & a_{1n} \\ \vdots & \vdots & & \vdots \\ a_{i1}+b_{i1} & a_{i2}+b_{i2} & \cdots & a_{in}+b_{in} \\ \vdots & \vdots & & \vdots \\ a_{n1} & a_{n2} & \cdots & a_{nn} \end{vmatrix} \\ &= \sum_{(j_1j_2\cdots j_n)}(-1)^{\tau(j_1\cdots j_i\cdots j_n)}a_{1j_1}\cdots(a_{ij_i}+b_{ij_i})\cdots a_{nj_n} \\ &= \sum_{(j_1j_2\cdots j_n)}(-1)^{\tau(j_1\cdots j_i\cdots j_n)}a_{1j_1}\cdots a_{ij_i}\cdots a_{nj_n}+ \\ &\quad \sum_{(j_1j_2\cdots j_n)}(-1)^{\tau(j_1\cdots j_i\cdots j_n)}a_{1j_1}\cdots b_{ij_i}\cdots a_{nj_n} \end{aligned}$$

$$= \begin{vmatrix} a_{11} & a_{12} & \cdots & a_{1n} \\ \vdots & \vdots & & \vdots \\ a_{i1} & a_{i2} & \cdots & a_{in} \\ \vdots & \vdots & & \vdots \\ a_{n1} & a_{n2} & \cdots & a_{nn} \end{vmatrix} + \begin{vmatrix} a_{11} & a_{12} & \cdots & a_{1n} \\ \vdots & \vdots & & \vdots \\ b_{i1} & b_{i2} & \cdots & b_{in} \\ \vdots & \vdots & & \vdots \\ a_{n1} & a_{n2} & \cdots & a_{nn} \end{vmatrix}.$$

**性质5** 设 $\boldsymbol{A}=(a_{ij})_{n\times n}$，若 $\boldsymbol{A}\xrightarrow[(c_i+kc_k)]{r_i+kr_k}\boldsymbol{B}$，则 $|\boldsymbol{B}|=|\boldsymbol{A}|$.

利用性质3与性质4即得结论，请读者自己完成证明.

性质5告诉我们，矩阵 $\boldsymbol{A}$ 的行列式的某一行（列）元素，加上另一行（列）对应元素的 $k$ 倍，行列式值不变.

注意矩阵运算与行列式运算的区别，若 $\boldsymbol{A}\xrightarrow[(c_i+kc_k)]{r_i+kr_k}\boldsymbol{B}$，则 $\boldsymbol{A}\neq\boldsymbol{B}$，但 $|\boldsymbol{A}|=|\boldsymbol{B}|$.

**例2.6** 计算四阶行列式

$$D=\begin{vmatrix} 5 & -2 & 3 & -5 \\ -2 & 5 & -1 & 2 \\ -1 & 0 & 3 & 5 \\ 2 & -3 & 5 & 4 \end{vmatrix}.$$

**解** 利用行列式的性质，将 $D$ 化为上三角行列式.

$$D=\begin{vmatrix} 5 & -2 & 3 & -5 \\ -2 & 5 & -1 & 2 \\ -1 & 0 & 3 & 5 \\ 2 & -3 & 5 & 4 \end{vmatrix} \xlongequal{r_1+2r_2} \begin{vmatrix} 1 & 8 & 1 & -1 \\ -2 & 5 & -1 & 2 \\ -1 & 0 & 3 & 5 \\ 2 & -3 & 5 & 4 \end{vmatrix}$$

第一步行运算是将第1行首元化为1，以便后面化简.

$$\xlongequal[r_4-2r_1]{r_2+2r_1,\ r_3+r_1} \begin{vmatrix} 1 & 8 & 1 & -1 \\ 0 & 21 & 1 & 0 \\ 0 & 8 & 4 & 4 \\ 0 & -19 & 3 & 6 \end{vmatrix} \xlongequal{r_2+r_4} \begin{vmatrix} 1 & 8 & 1 & -1 \\ 0 & 2 & 4 & 6 \\ 0 & 8 & 4 & 4 \\ 0 & -19 & 3 & 6 \end{vmatrix}$$

性质5与性质3的运用将第2行非零首元化为1.

$$=2\begin{vmatrix} 1 & 8 & 1 & -1 \\ 0 & 1 & 2 & 3 \\ 0 & 8 & 4 & 4 \\ 0 & -19 & 3 & 6 \end{vmatrix} \xlongequal[r_4+19r_2]{r_3-8r_2} 2\begin{vmatrix} 1 & 8 & 1 & -1 \\ 0 & 1 & 2 & 3 \\ 0 & 0 & -12 & -20 \\ 0 & 0 & 41 & 63 \end{vmatrix}$$

$$\xlongequal{r_4+3r_3} 2\begin{vmatrix} 1 & 8 & 1 & -1 \\ 0 & 1 & 2 & 3 \\ 0 & 0 & -12 & -20 \\ 0 & 0 & 5 & 3 \end{vmatrix} = 8\begin{vmatrix} 1 & 8 & 1 & -1 \\ 0 & 1 & 2 & 3 \\ 0 & 0 & -3 & -5 \\ 0 & 0 & 5 & 3 \end{vmatrix}$$

$$\xlongequal{r_3+r_4} 8\begin{vmatrix} 1 & 8 & 1 & -1 \\ 0 & 1 & 2 & 3 \\ 0 & 0 & 2 & -2 \\ 0 & 0 & 5 & 3 \end{vmatrix} = 16\begin{vmatrix} 1 & 8 & 1 & -1 \\ 0 & 1 & 2 & 3 \\ 0 & 0 & 1 & -1 \\ 0 & 0 & 5 & 3 \end{vmatrix}$$

$$\xlongequal{r_4-5r_3} 16\begin{vmatrix} 1 & 8 & 1 & -1 \\ 0 & 1 & 2 & 3 \\ 0 & 0 & 1 & -1 \\ 0 & 0 & 0 & 8 \end{vmatrix} = 128.$$

注释　运算 $r_i + kr_j$ 表示将行列式的第 $j$ 行的 $k$ 倍加到第 $i$ 行，$r_i$ 与 $r_j$ 的位置不能颠倒. 此外，在运算中，各步骤之间是等号连接，与矩阵的初等变换运算符号不同.

例 2.7　证明：

$$\begin{vmatrix} a+d & d+g & g \\ b+e & e+h & h \\ c+f & f+l & l \end{vmatrix} = \begin{vmatrix} a & d & g \\ b & e & h \\ c & f & l \end{vmatrix}.$$

证　证法 1

$$\begin{vmatrix} a+d & d+g & g \\ b+e & e+h & h \\ c+f & f+l & l \end{vmatrix} \xlongequal{c_1-c_2} \begin{vmatrix} a-g & d+g & g \\ b-h & e+h & h \\ c-l & f+l & l \end{vmatrix} \xlongequal[c_2-c_3]{c_1+c_3} \begin{vmatrix} a & d & g \\ b & e & h \\ c & f & l \end{vmatrix}.$$

证法 2　利用性质 4，依次将行列式按第 1，2 列拆开，化为 4 个行列式之和：

$$\begin{vmatrix} a+d & d+g & g \\ b+e & e+h & h \\ c+f & f+l & l \end{vmatrix} = \begin{vmatrix} a & d+g & g \\ b & e+h & h \\ c & f+l & l \end{vmatrix} + \begin{vmatrix} d & d+g & g \\ e & e+h & h \\ f & f+l & l \end{vmatrix}$$

$$= \begin{vmatrix} a & d & g \\ b & e & h \\ c & f & l \end{vmatrix} + \begin{vmatrix} a & g & g \\ b & h & h \\ c & l & l \end{vmatrix} + \begin{vmatrix} d & d & g \\ e & e & h \\ f & f & l \end{vmatrix} + \begin{vmatrix} d & g & g \\ e & h & h \\ f & l & l \end{vmatrix}.$$

上式等号右端后三个行列式各有两列相等，由性质 2 的推论，其值为零. 因此

$$\begin{vmatrix} a+d & d+g & g \\ b+e & e+h & h \\ c+f & f+l & l \end{vmatrix} = \begin{vmatrix} a & d & g \\ b & e & h \\ c & f & l \end{vmatrix} +0+0+0 = \begin{vmatrix} a & d & g \\ b & e & h \\ c & f & l \end{vmatrix}.$$

**例 2.8** 计算 $n$ 阶行列式 $\begin{vmatrix} x & a & \cdots & a \\ a & x & \cdots & a \\ \vdots & \vdots & \ddots & \vdots \\ a & a & \cdots & x \end{vmatrix}$.

**解** 这个行列式的特点是各列（行）的元素之和相等，故可将各行加到第一行，提出公因子，再化为上三角行列式.

$$\begin{vmatrix} x & a & \cdots & a \\ a & x & \cdots & a \\ \vdots & \vdots & \ddots & \vdots \\ a & a & \cdots & x \end{vmatrix} \xlongequal[i=2,\cdots,n]{r_1+r_i} \begin{vmatrix} x+(n-1)a & x+(n-1)a & \cdots & x+(n-1)a \\ a & x & \cdots & a \\ \vdots & \vdots & \ddots & \vdots \\ a & a & \cdots & x \end{vmatrix}$$

$$= [x+(n-1)a] \begin{vmatrix} 1 & 1 & \cdots & 1 \\ a & x & \cdots & a \\ \vdots & \vdots & \ddots & \vdots \\ a & a & \cdots & x \end{vmatrix}$$

$$\xlongequal[i=2,\cdots,n]{r_i-ar_1} [x+(n-1)a] \begin{vmatrix} 1 & 1 & \cdots & 1 \\ 0 & x-a & \cdots & 0 \\ \vdots & \vdots & \ddots & \vdots \\ 0 & 0 & \cdots & x-a \end{vmatrix}$$

$$= [x+(n-1)a](x-a)^{n-1}.$$

**例 2.9** 设 $\boldsymbol{A}$ 是反对称矩阵，即

$$\boldsymbol{A} = \begin{pmatrix} 0 & a_{12} & a_{13} & \cdots & a_{1n} \\ -a_{12} & 0 & a_{23} & \cdots & a_{2n} \\ -a_{13} & -a_{23} & 0 & \ddots & \vdots \\ \vdots & \vdots & \ddots & \ddots & a_{n-1,n} \\ -a_{1n} & -a_{2n} & \cdots & -a_{n-1,n} & 0 \end{pmatrix},$$

证明：奇数阶反对称矩阵的行列式 $|\boldsymbol{A}|=0$.

**证** 由性质1

$$|\boldsymbol{A}| = |\boldsymbol{A}^{\mathrm{T}}| = \begin{vmatrix} 0 & -a_{12} & \cdots & -a_{1n} \\ a_{12} & 0 & \ddots & \vdots \\ \vdots & \ddots & \ddots & -a_{n-1,n} \\ a_{1n} & \cdots & a_{n-1,n} & 0 \end{vmatrix},$$

利用性质3，提出每行的公因子（-1），得

$$|\boldsymbol{A}|=|\boldsymbol{A}^{\mathrm{T}}|=(-1)^n\begin{vmatrix}0 & a_{12} & \cdots & a_{1n}\\ -a_{12} & 0 & \ddots & \vdots\\ \vdots & \ddots & \ddots & a_{n-1,n}\\ -a_{1n} & \cdots & -a_{n-1,n} & 0\end{vmatrix}$$

$$=(-1)^n|\boldsymbol{A}|.$$

当 $n$ 为奇数时，$|\boldsymbol{A}|=-|\boldsymbol{A}|$，所以 $|\boldsymbol{A}|=0$.

例 2.10 证明：$D=\begin{vmatrix}1&2&0&0&0\\3&4&0&0&0\\-1&2&2&1&5\\3&4&1&0&2\\5&6&8&4&14\end{vmatrix}=\begin{vmatrix}1&2\\3&4\end{vmatrix}\begin{vmatrix}2&1&5\\1&0&2\\8&4&14\end{vmatrix}$.

证　设 $D_1=\begin{vmatrix}1&2\\3&4\end{vmatrix}$，$D_2=\begin{vmatrix}2&1&5\\1&0&2\\8&4&14\end{vmatrix}$，二阶行列式 $D_1$ 与三阶行列式 $D_2$ 分别位于行列式 $D$ 的左上角与右下角. 对 $D_1$ 作行运算，将其化为下三角行列式，

$$D_1=\begin{vmatrix}1&2\\3&4\end{vmatrix}\overset{r_1\leftrightarrow r_2}{=\!=}-\begin{vmatrix}3&4\\1&2\end{vmatrix}\overset{r_1-2r_2}{=\!=}-\begin{vmatrix}1&0\\1&2\end{vmatrix}=-2.$$

对 $D_2$ 作列运算，也将其化为下三角行列式，

$$D_2=\begin{vmatrix}2&1&5\\1&0&2\\8&4&14\end{vmatrix}\overset{c_1\leftrightarrow c_2}{=\!=}-\begin{vmatrix}1&2&5\\0&1&2\\4&8&14\end{vmatrix}\overset{\substack{c_2-2c_1\\c_3-5c_1}}{=\!=}-\begin{vmatrix}1&0&0\\0&1&2\\4&0&-6\end{vmatrix}$$

$$\overset{c_3-2c_2}{=\!=}-\begin{vmatrix}1&0&0\\0&1&0\\4&0&-6\end{vmatrix}=6$$

从而，对 $D$ 有

$$D=\begin{vmatrix}1&2&0&0&0\\3&4&0&0&0\\-1&2&2&1&5\\3&4&1&0&2\\5&6&8&4&14\end{vmatrix}\xlongequal[r_1-2r_2]{r_1\leftrightarrow r_2}-\begin{vmatrix}1&0&0&0&0\\1&2&0&0&0\\-1&2&2&1&5\\3&4&1&0&2\\5&6&8&4&14\end{vmatrix}$$

$$\xlongequal{c_3\leftrightarrow c_4}\begin{vmatrix}1&0&0&0&0\\1&2&0&0&0\\-1&2&1&2&5\\3&4&0&1&2\\5&6&4&8&14\end{vmatrix}\xlongequal[c_5-2c_4]{c_4-2c_3,\ c_5-5c_3}\begin{vmatrix}1&0&0&0&0\\1&2&0&0&0\\-1&2&1&0&0\\3&4&0&1&0\\5&6&4&0&-6\end{vmatrix}=-12=D_1D_2.$$

先对 $D$ 的前两行做行运算，再对 $D$ 的后三列做列运算化为下三角行列式.

在此例算法中，行列式 $D$ 中左下角与右上角的元素在运算中始终没变，只是 $D_1$ 与 $D_2$ 中的元素在变化. 这是因为，我们仅对 $D$ 中的前两行作行运算，对后三列作列运算，结果正好是 $D=D_1D_2$. 用类似的方法可证明更一般的情况：

$$\begin{vmatrix}a_{11}&\cdots&a_{1k}&&&\\\vdots&&\vdots&&O&\\a_{k1}&\cdots&a_{kk}&&&\\c_{11}&\cdots&c_{1k}&b_{11}&\cdots&b_{1t}\\\vdots&&\vdots&\vdots&&\vdots\\c_{t1}&\cdots&c_{tk}&b_{t1}&\cdots&b_{tt}\end{vmatrix}=\begin{vmatrix}a_{11}&\cdots&a_{1k}\\\vdots&&\vdots\\a_{k1}&\cdots&a_{kk}\end{vmatrix}\begin{vmatrix}b_{11}&\cdots&b_{1t}\\\vdots&&\vdots\\b_{t1}&\cdots&b_{tt}\end{vmatrix},\tag{2.11}$$

简记为 $\begin{vmatrix}\boldsymbol{A}&\boldsymbol{O}\\\boldsymbol{C}&\boldsymbol{B}\end{vmatrix}=|\boldsymbol{A}||\boldsymbol{B}|$，这里 $\boldsymbol{A}=(a_{ij})_{k\times k}$，$\boldsymbol{B}=(b_{ij})_{t\times t}$，$\boldsymbol{C}=(c_{ij})_{t\times k}$.

**例 2.11** 计算初等矩阵的行列式.

解 初等矩阵有三种类型，分别是 $\boldsymbol{E}(i,j)$、$\boldsymbol{E}(i(k))$、$\boldsymbol{E}(i,j(k))$. 因为

$$\boldsymbol{E}\xrightarrow[(c_i\leftrightarrow c_j)]{r_i\leftrightarrow r_j}\boldsymbol{E}(i,j),\ \boldsymbol{E}\xrightarrow[(kc_i)]{kr_i}\boldsymbol{E}(i(k)),\ \boldsymbol{E}\xrightarrow[(c_j+kc_i)]{r_i+kr_j}\boldsymbol{E}(i,j(k)),$$

由性质2、性质3、性质5，有

$$|\boldsymbol{E}(i,j)|=-|\boldsymbol{E}|=-1,\ |\boldsymbol{E}(i(k))|=k|\boldsymbol{E}|=k,\ |\boldsymbol{E}(i,j(k))|=|\boldsymbol{E}|=1.$$

在本节的最后，介绍矩阵乘积行列式的一个重要性质.

**定理 2.3** 设 $\boldsymbol{A}$，$\boldsymbol{B}$ 均为 $n$ 阶方阵，则 $|\boldsymbol{AB}| = |\boldsymbol{A}||\boldsymbol{B}|$.

**证** 分两种情况讨论.

**1. $\boldsymbol{A}$ 是初等矩阵**

(1) $\boldsymbol{A}=\boldsymbol{E}(i,j)$，此时 $\boldsymbol{B}\xrightarrow{r_i\leftrightarrow r_j}\boldsymbol{E}(i,j)\boldsymbol{B}=\boldsymbol{AB}$. 由行列式的性质 2，$|\boldsymbol{AB}| = -|\boldsymbol{B}|$，

又 $|\boldsymbol{A}| = -1$，从而 $|\boldsymbol{AB}| = |\boldsymbol{A}||\boldsymbol{B}|$.

(2) $\boldsymbol{A}=\boldsymbol{E}(i(k))$，此时 $\boldsymbol{B}\xrightarrow{kr_i}\boldsymbol{E}(i(k))\boldsymbol{B}=\boldsymbol{AB}$. 由行列式的性质 3，$|\boldsymbol{AB}| = k|\boldsymbol{B}|$，

又 $|\boldsymbol{A}| = k$，从而 $|\boldsymbol{AB}| = |\boldsymbol{A}||\boldsymbol{B}|$.

(3) $\boldsymbol{A}=\boldsymbol{E}(i,j(k))$，此时 $\boldsymbol{B}\xrightarrow{r_i+kr_j}\boldsymbol{E}(i,j(k))\boldsymbol{B}$. 由行列式的性质 5，$|\boldsymbol{AB}| = |\boldsymbol{B}|$，又 $|\boldsymbol{A}|=1$，从而 $|\boldsymbol{AB}| = |\boldsymbol{A}||\boldsymbol{B}|$.

**2. $\boldsymbol{A}$ 为任意 $n$ 阶方阵**

此时，存在初等矩阵 $\boldsymbol{P}_i\,(i=1,\cdots,t)$，使得 $\boldsymbol{A}=\boldsymbol{P}_1\boldsymbol{P}_2\cdots\boldsymbol{P}_t\boldsymbol{R}$，其中 $\boldsymbol{R}$ 为行简化阶梯阵，由第一种情况可得，

$$\begin{aligned}|\boldsymbol{AB}| &= |\boldsymbol{P}_1\boldsymbol{P}_2\cdots\boldsymbol{P}_t\boldsymbol{RB}|\\ &= |\boldsymbol{P}_1||\boldsymbol{P}_2\cdots\boldsymbol{P}_t\boldsymbol{RB}| = \cdots = |\boldsymbol{P}_1||\boldsymbol{P}_2|\cdots|\boldsymbol{P}_t||\boldsymbol{RB}|.\end{aligned}$$

(1) 当 $\boldsymbol{A}$ 为可逆矩阵时，其行简化阶梯阵 $\boldsymbol{R}=\boldsymbol{E}$，从而 $\boldsymbol{RB}=\boldsymbol{B}$，

$|\boldsymbol{AB}| = |\boldsymbol{P}_1||\boldsymbol{P}_2|\cdots|\boldsymbol{P}_t||\boldsymbol{RB}| = |\boldsymbol{P}_1||\boldsymbol{P}_2|\cdots|\boldsymbol{P}_t||\boldsymbol{B}|$.

由于

$$|\boldsymbol{A}| = |\boldsymbol{P}_1\cdots\boldsymbol{P}_t| = |\boldsymbol{P}_1||\boldsymbol{P}_2\cdots\boldsymbol{P}_{t-1}\boldsymbol{P}_t| = \cdots = |\boldsymbol{P}_1|\cdots|\boldsymbol{P}_t|,$$

因此
$$|\boldsymbol{AB}| = |\boldsymbol{A}||\boldsymbol{B}|.$$

(2) 当 $\boldsymbol{A}$ 为不可逆矩阵时，其行简化阶梯阵 $\boldsymbol{R}$ 有零行，从而 $\boldsymbol{RB}$ 有零行.

由性质 3 的推论 1，$|\boldsymbol{R}| = |\boldsymbol{RB}| = 0$，从而

$$|\boldsymbol{AB}| = |\boldsymbol{P}_1||\boldsymbol{P}_2|\cdots|\boldsymbol{P}_t||\boldsymbol{RB}| = 0.$$

另一方面
$$|\boldsymbol{A}| = |\boldsymbol{P}_1\cdots\boldsymbol{P}_t\boldsymbol{R}| = |\boldsymbol{P}_1|\cdots|\boldsymbol{P}_t||\boldsymbol{R}| = 0,$$

因此
$$|\boldsymbol{AB}| = |\boldsymbol{A}||\boldsymbol{B}|.$$

**推论** 若 $\boldsymbol{A}_i$ $(i=1, 2, \cdots, s)$ 为 $n$ 阶方阵，则有

$$|\boldsymbol{A}_1\boldsymbol{A}_2\cdots\boldsymbol{A}_s| = |\boldsymbol{A}_1||\boldsymbol{A}_2|\cdots|\boldsymbol{A}_s|.$$

特别地，若 $\boldsymbol{A}$ 为 $n$ 阶方阵，则有 $|\boldsymbol{A}^n| = |\boldsymbol{A}|^n$.

**例 2.12** 设 $A=\begin{pmatrix}1&2&3&4\\-2&1&4&-3\\-3&-4&1&2\\-4&3&-2&1\end{pmatrix}$，且 $|A|>0$，计算 $|A|$.

解
$$AA^{\mathrm{T}}=\begin{pmatrix}1&2&3&4\\-2&1&4&-3\\-3&-4&1&2\\-4&3&-2&1\end{pmatrix}\begin{pmatrix}1&-2&-3&-4\\2&1&-4&3\\3&4&1&-2\\4&-3&2&1\end{pmatrix}$$
$$=\begin{pmatrix}30&0&0&0\\0&30&0&0\\0&0&30&0\\0&0&0&30\end{pmatrix},$$

所以 $|A|^2=|A||A^{\mathrm{T}}|=|AA^{\mathrm{T}}|=30^4$. 因为 $|A|>0$，

从而 $|A|=30^2=900.$

这里用到了行列式性质 1.

## 习 题 2.2

### A 组

1. (1) 不用计算，证明：行列式
$$\begin{vmatrix}1&2&3&4\\3&-1&6&7\\41&-7&-9&0\\-9&21&32&1\end{vmatrix}$$
一定是 5 的整数倍.

(2) 设 $\boldsymbol{\alpha}_i^{\mathrm{T}}=(a_{i1}\quad a_{i2}\quad a_{i3}\quad a_{i4}),i=1,2,3,\boldsymbol{\beta}_i^{\mathrm{T}}=(b_{i1}\quad b_{i2}\quad b_{i3}\quad b_{i4}),i=1,2,|\boldsymbol{\alpha}_1,\boldsymbol{\alpha}_2,\boldsymbol{\alpha}_3,\boldsymbol{\beta}_1|=m$，$|\boldsymbol{\alpha}_1,\boldsymbol{\alpha}_2,\boldsymbol{\beta}_2,\boldsymbol{\alpha}_3|=n$，计算 $|\boldsymbol{\alpha}_3,\ \boldsymbol{\alpha}_2,\ \boldsymbol{\alpha}_1,\ (\boldsymbol{\beta}_1-\boldsymbol{\beta}_2)|$.

2. 利用行列式的性质，计算下列行列式的值：

(1) $\begin{vmatrix}0&-1&-1\\1&0&-1\\1&1&0\end{vmatrix}$.　(2) $\begin{vmatrix}4&1&2&4\\1&2&0&2\\10&5&2&0\\0&1&1&7\end{vmatrix}$.

(3) $\begin{vmatrix}a^2&(a+1)^2&(a+2)^2&(a+3)^2\\b^2&(b+1)^2&(b+2)^2&(b+3)^2\\c^2&(c+1)^2&(c+2)^2&(c+3)^2\\d^2&(d+1)^2&(d+2)^2&(d+3)^2\end{vmatrix}$.

(4) $\begin{vmatrix}a&b&a+b\\b&a+b&a\\a+b&a&b\end{vmatrix}$.

3. 计算 $n$ 阶行列式
$$\begin{vmatrix}a_1+b_1&a_1+b_2&\cdots&a_1+b_n\\a_2+b_1&a_2+b_2&\cdots&a_2+b_n\\\vdots&\vdots&\ddots&\vdots\\a_n+b_1&a_n+b_2&\cdots&a_n+b_n\end{vmatrix}.$$

4. 设 $A=(a_{ij})_{n\times n}$，证明：若 $A\xrightarrow[(c_i+kc_k)]{r_i+kr_k}B$，则 $|B|=|A|$.

5. 设 $A=\begin{pmatrix} a & b & c & d \\ -b & a & d & -c \\ -c & -d & a & b \\ -d & c & -b & a \end{pmatrix}$.

（1）计算 $|AA^{\mathrm{T}}|$　（2）计算 $|A|$.

## B 组

1. 计算 $n$ 阶行列式

（1）$\begin{vmatrix} 1 & 1 & 1 & \cdots & 1 \\ -1 & 2 & 0 & \cdots & 0 \\ -1 & 0 & 3 & \ddots & \vdots \\ \vdots & \vdots & \ddots & \ddots & 0 \\ -1 & 0 & \cdots & 0 & n \end{vmatrix}$.

（2）证明 $\begin{vmatrix} a_1 & 1 & 1 & \cdots & 1 \\ 1 & a_2 & 0 & \cdots & 0 \\ 1 & 0 & a_3 & \ddots & \vdots \\ \vdots & \vdots & \ddots & \ddots & 0 \\ 1 & 0 & \cdots & 0 & a_n \end{vmatrix} = a_2\cdots a_n\left(a_1 - \sum_{i=2}^{n}\frac{1}{a_i}\right)$，$a_i \neq 0, i=2,\cdots,n$.

2. 证明：

$$\begin{vmatrix} n & n-1 & \cdots & 3 & 2 & 1 \\ n & n-1 & \cdots & 3 & 2 & 2 \\ n & n-1 & \cdots & 3 & 3 & 3 \\ \vdots & \vdots & & \vdots & \vdots & \vdots \\ n & n-1 & \cdots & n-1 & n-1 & n-1 \\ n & n & \cdots & n & n & n \end{vmatrix} = (-1)^{\frac{(n-1)(n+2)}{2}}n.$$

3. 证明：若方阵 $A$ 中有两行（列）成比例，则 $|A|=0$.

4. 证明：

（1）$\begin{vmatrix} a_{11} & \cdots & a_{1k} & & & \\ \vdots & & \vdots & & O & \\ a_{k1} & \cdots & a_{kk} & & & \\ c_{11} & \cdots & c_{1k} & b_{11} & \cdots & b_{1t} \\ \vdots & & \vdots & \vdots & & \vdots \\ c_{t1} & \cdots & c_{tk} & b_{t1} & \cdots & b_{tt} \end{vmatrix} = \begin{vmatrix} a_{11} & \cdots & a_{1k} \\ \vdots & & \vdots \\ a_{k1} & \cdots & a_{kk} \end{vmatrix} \begin{vmatrix} b_{11} & \cdots & b_{1t} \\ \vdots & & \vdots \\ b_{t1} & \cdots & b_{tt} \end{vmatrix}$.

（2）$\begin{vmatrix} & & & a_{11} & \cdots & a_{1k} \\ & O & & \vdots & & \vdots \\ & & & a_{k1} & \cdots & a_{kk} \\ b_{11} & \cdots & b_{1t} & c_{11} & \cdots & c_{1k} \\ \vdots & & \vdots & \vdots & & \vdots \\ b_{t1} & \cdots & b_{tt} & c_{t1} & \cdots & c_{tk} \end{vmatrix} = (-1)^{kt} \begin{vmatrix} a_{11} & \cdots & a_{1k} \\ \vdots & & \vdots \\ a_{k1} & \cdots & a_{kk} \end{vmatrix} \begin{vmatrix} b_{11} & \cdots & b_{1t} \\ \vdots & & \vdots \\ b_{t1} & \cdots & b_{tt} \end{vmatrix}$.

5. 设 $f(x)=\begin{vmatrix} 2 & 1 & 2 & 3 \\ 2 & 5-x^2 & 2 & 3 \\ 10 & 5 & 2 & 1 \\ 10 & 5 & 2 & 2-x^2 \end{vmatrix}$，计算 $f(x)$，并求 $f(x)$ 的零点.

# 2.3 行列式的展开定理

将高阶行列式降阶为低阶行列式，是计算行列式的重要方法，本节首先引入余子式和代数余子式的概念，介绍降阶的基本方法.然后介绍如何应用代数余子式求逆矩阵.

### 2.3.1 行列式按一行（列）展开

**定义 2.5** 在 $n$ 阶行列式 $|\boldsymbol{A}|=\begin{vmatrix} a_{11} & a_{12} & \cdots & a_{1n} \\ a_{21} & a_{22} & \cdots & a_{2n} \\ \vdots & \vdots & & \vdots \\ a_{n1} & a_{n2} & \cdots & a_{nn} \end{vmatrix}$ 中，划掉元素 $a_{ij}$ 所在的第 $i$ 行与第 $j$ 列，剩下的元素按原来的相对位置排列，形成的 $n-1$ 阶行列式称为元素 $a_{ij}$ 的**余子式**，记作 $M_{ij}$. 称 $A_{ij}=(-1)^{i+j}M_{ij}$ 为元素 $a_{ij}$ 的**代数余子式**.

例如，在三阶行列式 $\begin{vmatrix} a_{11} & a_{12} & a_{13} \\ a_{21} & a_{22} & a_{23} \\ a_{31} & a_{32} & a_{33} \end{vmatrix}$ 中，元素 $a_{12}$ 的余子式和代数余子式分别为

$$M_{12}=\begin{vmatrix} a_{21} & a_{23} \\ a_{31} & a_{33} \end{vmatrix},\ A_{12}=(-1)^{1+2}\begin{vmatrix} a_{21} & a_{23} \\ a_{31} & a_{33} \end{vmatrix}=-\begin{vmatrix} a_{21} & a_{23} \\ a_{31} & a_{33} \end{vmatrix}=-M_{12}.$$

思考：在 $n$ 阶行列式中，改变第 $i$ 行元素，其他元素保持不变．问：$M_{ij}$ 变化吗？

**引理 2.1**

$$|\boldsymbol{A}|=\begin{vmatrix} a_{11} & 0 & \cdots & 0 \\ a_{21} & a_{22} & \cdots & a_{2n} \\ \vdots & \vdots & & \vdots \\ a_{n1} & a_{n2} & \cdots & a_{nn} \end{vmatrix}=a_{11}A_{11}. \tag{2.12}$$

**证** 式（2.12）是式（2.11）当 $k=1$ 时的特例，由式（2.11），有

$$|\boldsymbol{A}|=a_{11}M_{11}.$$

由于
$$A_{11}=(-1)^{1+1}M_{11}=M_{11},$$
所以
$$|\boldsymbol{A}|=a_{11}A_{11}.$$

**引理 2.2** 若 $\boldsymbol{A}$ 的第 $i$ 行除 $a_{ij}$ 外，其余元素均为零，则 $|\boldsymbol{A}|=a_{ij}A_{ij}$.

**证** 由题设 $|\boldsymbol{A}|=\begin{vmatrix} a_{11} & \cdots & a_{1j} & \cdots & a_{1n} \\ \vdots & & \vdots & & \vdots \\ 0 & \cdots & a_{ij} & \cdots & 0 \\ \vdots & & \vdots & & \vdots \\ a_{n1} & \cdots & a_{nj} & \cdots & a_{nn} \end{vmatrix}$,

将$|\boldsymbol{A}|$的第$i$行依次与第$i-1$行、第$i-2$行……第1行互换，再将第$j$列依次与第$j-1$列、第$j-2$列……第1列互换，得

$$|\boldsymbol{A}|=(-1)^{i-1+j-1}\begin{vmatrix} a_{ij} & 0 & \cdots & 0 & 0 & \cdots & 0 \\ a_{1j} & a_{11} & \cdots & a_{1,j-1} & a_{1,j+1} & \cdots & a_{1n} \\ \vdots & \vdots & & \vdots & \vdots & & \vdots \\ a_{i-1,j} & a_{i-1,1} & \cdots & a_{i-1,j-1} & a_{i-1,j+1} & \cdots & a_{i-1,n} \\ a_{i+1,j} & a_{i+1,1} & \cdots & a_{i+1,j-1} & a_{i+1,j+1} & \cdots & a_{i+1,n} \\ \vdots & \vdots & & \vdots & \vdots & & \vdots \\ a_{n,j} & a_{n1} & \cdots & a_{n,j-1} & a_{n,j+1} & \cdots & a_{nn} \end{vmatrix},$$

由引理2.1，有

$$|\boldsymbol{A}|=(-1)^{i+j}a_{ij}M_{ij}=a_{ij}A_{ij}.$$

**定理2.4** 设$n$阶矩阵$\boldsymbol{A}=(a_{ij})_{n\times n}$，则$\boldsymbol{A}$的行列式等于它的任一行（列）的各元素与其代数余子式的乘积之和，即

$$|\boldsymbol{A}|=a_{i1}A_{i1}+a_{i2}A_{i2}+\cdots+a_{in}A_{in},$$

或

$$|\boldsymbol{A}|=a_{1j}A_{1j}+a_{2j}A_{2j}+\cdots+a_{nj}A_{nj},$$

$$i,\ j=1,\ 2,\ \cdots,\ n.$$

**证** 将行列式$|\boldsymbol{A}|$的第$i$行的每一个元素加上$n-1$个零，再由性质4将其拆成$n$个行列式，可得

$$|\boldsymbol{A}|=\begin{vmatrix} a_{11} & a_{12} & \cdots & a_{1n} \\ \vdots & \vdots & & \vdots \\ a_{i1} & 0 & \cdots & 0 \\ \vdots & \vdots & & \vdots \\ a_{n1} & a_{n2} & \cdots & a_{nn} \end{vmatrix}+\begin{vmatrix} a_{11} & a_{12} & \cdots & a_{1n} \\ \vdots & \vdots & & \vdots \\ 0 & a_{i2} & \cdots & 0 \\ \vdots & \vdots & & \vdots \\ a_{n1} & a_{n2} & \cdots & a_{nn} \end{vmatrix}+\cdots$$

$$+\begin{vmatrix} a_{11} & a_{12} & \cdots & a_{1n} \\ \vdots & \vdots & & \vdots \\ 0 & 0 & \cdots & a_{in} \\ \vdots & \vdots & & \vdots \\ a_{n1} & a_{n2} & \cdots & a_{nn} \end{vmatrix}$$

由引理2.2

$$|\boldsymbol{A}|=a_{i1}A_{i1}+a_{i2}A_{i2}+\cdots+a_{in}A_{in}.$$

按列展开同理可证.

**推论** 设 $n$ 阶矩阵 $\boldsymbol{A}=(a_{ij})_{n\times n}$，则行列式 $|\boldsymbol{A}|$ 某一行（列）的元素与另一行（列）对应元素的代数余子式乘积之和等于零. 即

$$a_{i1}A_{j1}+a_{i2}A_{j2}+\cdots+a_{in}A_{jn}=\begin{cases}|\boldsymbol{A}| & i=j\\ 0 & i\neq j\end{cases},$$

$$a_{1i}A_{1j}+a_{2i}A_{2j}+\cdots+a_{ni}A_{nj}=\begin{cases}|\boldsymbol{A}| & i=j\\ 0 & i\neq j\end{cases}.$$

**证** （考虑行的情况）由定理 2.4，将行列式 $|\boldsymbol{A}|$ 按第 $j$ 行展开，有

$$|\boldsymbol{A}|=a_{j1}A_{j1}+a_{j2}A_{j2}+\cdots+a_{jn}A_{jn},$$

将行列式 $|\boldsymbol{A}|$ 中第 $j$ 行元素换成第 $i$ 行元素（不妨设 $j>i$），再按第 $j$ 行展开，得到

$$\begin{vmatrix} a_{11} & \cdots & a_{1n}\\ \vdots & & \vdots\\ a_{i1} & \cdots & a_{in}\\ \vdots & & \vdots\\ a_{i1} & \cdots & a_{in}\\ \vdots & & \vdots\\ a_{n1} & \cdots & a_{nn}\end{vmatrix}=a_{i1}A_{j1}+a_{i2}A_{j2}+\cdots+a_{in}A_{jn},$$

上式等号左端的行列式有两行元素相同，其值应等于零. 故有

$$a_{i1}A_{j1}+a_{i2}A_{j2}+\cdots+a_{in}A_{jn}=0,\ i\neq j.$$

**例 2.13** 计算三阶行列式 $\begin{vmatrix} -1 & 0 & 1\\ 1 & -2 & 1\\ 2 & 1 & -1\end{vmatrix}$.

**解** 按第一行展开，得到

$$\begin{vmatrix} -1 & 0 & 1\\ 1 & -2 & 1\\ 2 & 1 & -1\end{vmatrix}=(-1)\times(-1)^{1+1}\begin{vmatrix} -2 & 1\\ 1 & -1\end{vmatrix}+0\times(-1)^{1+2}\begin{vmatrix} 1 & 1\\ 2 & -1\end{vmatrix}+1\times(-1)^{1+3}\begin{vmatrix} 1 & -2\\ 2 & 1\end{vmatrix}=-1+5=4.$$

**例 2.14** 计算 $n$ 阶行列式

$$D_n = \begin{vmatrix} a & a-1 & 0 & 0 & \cdots & 0 & 0 & 0 \\ 1 & a & a-1 & 0 & \cdots & 0 & 0 & 0 \\ 0 & 1 & a & a-1 & \cdots & 0 & 0 & 0 \\ \vdots & \vdots & \vdots & \vdots & & \vdots & \vdots & \vdots \\ 0 & 0 & 0 & 0 & \cdots & 1 & a & a-1 \\ 0 & 0 & 0 & 0 & \cdots & 0 & 1 & a \end{vmatrix}.$$

**解** 按第一行展开，得

$$D_n = aD_{n-1} - (a-1)D_{n-2},$$

等号两端减 $D_{n-1}$，得

$$D_n - D_{n-1} = aD_{n-1} - D_{n-1} - (a-1)D_{n-2} = (a-1)(D_{n-1} - D_{n-2}),$$

这是一个关于 $D_n - D_{n-1}$ 的递推公式，反复使用递推公式，得

$$D_n - D_{n-1} = (a-1)^2(D_{n-2} - D_{n-3}) = \cdots = (a-1)^{n-2}(D_2 - D_1).$$

因为 $D_2 = \begin{vmatrix} a & a-1 \\ 1 & a \end{vmatrix} = a^2 - a + 1$，$D_1 = a$，$D_2 - D_1 = (a-1)^2$，

所以 $$D_n - D_{n-1} = (a-1)^{n-2}(D_2 - D_1) = (a-1)^n,$$

即 $$D_n = D_{n-1} + (a-1)^n.$$

从而

$$\begin{aligned} D_n &= D_{n-1} + (a-1)^n = D_{n-2} + (a-1)^{n-1} + (a-1)^n \\ &= \cdots \\ &= a + (a-1)^2 + \cdots + (a-1)^{n-1} + (a-1)^n \\ &= \begin{cases} n+1 & a = 2 \\ \dfrac{(a-1)^2 - (a-1)^{n+1}}{2-a} + a & a \neq 2 \end{cases} \end{aligned}$$

将行列式按一行展开，导出关于 $D_n$ 的递推公式，是常用的计算技巧。

**例 2.15** 证明：范德蒙（Vandemonde）行列式

$$\begin{vmatrix} 1 & 1 & 1 & \cdots & 1 \\ x_1 & x_2 & x_3 & \cdots & x_n \\ x_1^2 & x_2^2 & x_3^2 & \cdots & x_n^2 \\ \vdots & \vdots & \vdots & & \vdots \\ x_1^{n-1} & x_2^{n-1} & x_3^{n-1} & \cdots & x_n^{n-1} \end{vmatrix} = \prod_{n \geqslant i > j \geqslant 1} (x_i - x_j). \quad (2.13)$$

注意范德蒙行列式的特点，$x_1$，$x_2$，…，$x_n$ 互异，$x_i$ 的指数按行相等，按列由 0 至 $n-1$ 连续递增.

**证** 利用归纳法证明.

$$\text{记}\quad V_n(x_1, x_2, \cdots, x_n) = \begin{vmatrix} 1 & 1 & 1 & \cdots & 1 \\ x_1 & x_2 & x_3 & \cdots & x_n \\ x_1^2 & x_2^2 & x_3^2 & \cdots & x_n^2 \\ \vdots & \vdots & \vdots & & \vdots \\ x_1^{n-1} & x_2^{n-1} & x_3^{n-1} & \cdots & x_n^{n-1} \end{vmatrix},$$

当 $n=2$ 时,

$$V_2(x_1, x_2) = \begin{vmatrix} 1 & 1 \\ x_1 & x_2 \end{vmatrix} = x_2 - x_1 = \prod_{2 \geqslant i > j \geqslant 1} (x_i - x_j),$$

式（2.13）成立. 现假设等式对阶数小于等于 $n-1$ 的范德蒙行列式成立，下面证明对 $n$ 阶范德蒙行列式也成立.

$$V_n(x_1, x_2, \cdots, x_n) = \begin{vmatrix} 1 & 1 & 1 & \cdots & 1 \\ x_1 & x_2 & x_3 & \cdots & x_n \\ x_1^2 & x_2^2 & x_3^2 & \cdots & x_n^2 \\ \vdots & \vdots & \vdots & & \vdots \\ x_1^{n-1} & x_2^{n-1} & x_3^{n-1} & \cdots & x_n^{n-1} \end{vmatrix}$$

$$\xlongequal[i=n,n-1,\cdots,2]{r_i - x_n r_{i-1}} \begin{vmatrix} 1 & 1 & 1 & \cdots & 1 \\ x_1 - x_n & x_2 - x_n & x_3 - x_n & \cdots & 0 \\ x_1^2 - x_1 x_n & x_2^2 - x_2 x_n & x_3^2 - x_3 x_n & \cdots & 0 \\ \vdots & \vdots & \vdots & \ddots & \vdots \\ x_1^{n-1} - x_1^{n-2} x_n & x_2^{n-1} - x_2^{n-2} x_n & x_3^{n-1} - x_3^{n-2} x_n & \cdots & 0 \end{vmatrix}$$

$$= \begin{vmatrix} 1 & 1 & 1 & \cdots & 1 \\ x_1 - x_n & x_2 - x_n & x_3 - x_n & \cdots & 0 \\ x_1(x_1 - x_n) & x_2(x_2 - x_n) & x_3(x_3 - x_n) & \cdots & 0 \\ \vdots & \vdots & \vdots & \ddots & \vdots \\ x_1^{n-2}(x_1 - x_n) & x_2^{n-2}(x_2 - x_n) & x_3^{n-2}(x_3 - x_n) & \cdots & 0 \end{vmatrix}$$

$$\xlongequal{\text{按第}n\text{列展开}} (-1)^{n+1} \begin{vmatrix} x_1 - x_n & x_2 - x_n & \cdots & x_{n-1} - x_n \\ x_1(x_1 - x_n) & x_2(x_2 - x_n) & \cdots & x_{n-1}(x_{n-1} - x_n) \\ \vdots & \vdots & & \vdots \\ x_1^{n-2}(x_1 - x_n) & x_2^{n-2}(x_2 - x_n) & & x_{n-1}^{n-2}(x_{n-1} - x_n) \end{vmatrix}$$

$$\xlongequal{\text{提出各列的公因子}} (-1)^{n+1}(x_1-x_n)(x_2-x_n)\cdots(x_{n-1}-x_n)\begin{vmatrix} 1 & 1 & \cdots & 1 \\ x_1 & x_2 & \cdots & x_{n-1} \\ \vdots & \vdots & & \vdots \\ x_1^{n-2} & x_2^{n-2} & \cdots & x_{n-1}^{n-2} \end{vmatrix}$$

$$= (-1)^{n+1}(-1)^{n-1}(x_n-x_1)(x_n-x_2)\cdots(x_n-x_{n-1})V_{n-1}(x_1, x_2, \cdots, x_{n-1})$$

$$= (x_n-x_1)(x_n-x_2)\cdots(x_n-x_{n-1})V_{n-1}(x_1, x_2, \cdots, x_{n-1}),$$

由归纳法假设 $V_{n-1}(x_1, x_2, \cdots, x_{n-1}) = \prod\limits_{n-1\geqslant i>j\geqslant 1}(x_i-x_j)$,

代入上式,即得

$$V_n(x_1, x_2, \cdots, x_n) = \prod_{n\geqslant i>j\geqslant 1}(x_i-x_j).$$

**例 2.16** 计算 $n$ 阶行列式

$$D_n = \begin{vmatrix} a_1 & b & b & \cdots & b \\ b & a_2 & b & \cdots & b \\ b & b & a_3 & \ddots & \vdots \\ \vdots & \vdots & \ddots & \ddots & b \\ b & b & \cdots & b & a_n \end{vmatrix}_n, \quad b\neq a_i,\ i=1, \cdots, n.$$

**解** 用加边法，即构造 $n+1$ 阶行列式，使其按第一列（行）展开后，等于原行列式.

这是箭形行列式，它的解法很重要.

$$D_n = \begin{vmatrix} 1 & b & b & \cdots & b \\ 0 & a_1 & b & \cdots & b \\ 0 & b & a_2 & \ddots & \vdots \\ \vdots & \vdots & \ddots & \ddots & b \\ 0 & b & \cdots & b & a_n \end{vmatrix}_{n+1} \xlongequal[i=2,\cdots,n+1]{r_i-r_1} \begin{vmatrix} 1 & b & b & \cdots & b \\ -1 & a_1-b & 0 & \cdots & 0 \\ -1 & 0 & a_2-b & \ddots & \vdots \\ \vdots & \vdots & \ddots & \ddots & 0 \\ -1 & 0 & \cdots & 0 & a_n-b \end{vmatrix}_{n+1}$$

此题不同于例 2.8，对角元不等，故不能采用上题的解法. 本题采用了加边法，想一想还有什么解法?

$$\xlongequal[i=1,\cdots,n]{c_1+\frac{1}{a_i-b}c_{i+1}} \begin{vmatrix} 1+\sum\limits_{i=1}^{n}\dfrac{b}{a_i-b} & b & b & \cdots & b \\ 0 & a_1-b & 0 & \cdots & 0 \\ 0 & 0 & a_2-b & \ddots & \vdots \\ \vdots & \vdots & \ddots & \ddots & 0 \\ 0 & 0 & \cdots & 0 & a_n-b \end{vmatrix}_{n+1}$$

$$= (a_1-b)(a_2-b)\cdots(a_n-b)\left(1+\sum_{i=1}^{n}\frac{b}{a_i-b}\right).$$

**注释** 行列式计算是本章的难点与重点. 计算行列式的方法很多, 例如: 建立递推公式、加边法、归纳法、性质、展开定理等. 具体计算时, 要针对行列式的特点, 选择适当的求解方法.

在本小节最后补充拉普拉斯定理, 该定理课程中不讲, 但有时很有用. 有兴趣的同学可查阅相关书籍 [1].

**拉普拉斯定理*** 行列式可以按任何 $k(1\leqslant k\leqslant n-1)$ 行展开. 即在 $n$ 阶行列式 $D$ 中, 可任意选定 $k$ 行, 则含于此 $k$ 行的所有 $k$ 阶子式与其代数余子式乘积之和即为 $D$ 的值.

### 2.3.2 伴随矩阵与矩阵求逆

第1章1.3节引进了逆矩阵的概念, 1.4节介绍了初等变换求逆矩阵的方法. 本节引进伴随矩阵的定义并介绍另一种求逆矩阵的方法.

**定义2.6** 设 $\boldsymbol{A}=(a_{ij})_{n\times n}$ 是 $n$ 阶方阵, $A_{ij}$ 是行列式 $|\boldsymbol{A}|$ 中元素 $a_{ij}$ 的代数余子式. 称 $n$ 阶方阵

$$\begin{pmatrix} A_{11} & A_{21} & A_{31} & \cdots & A_{n1} \\ A_{12} & A_{22} & A_{32} & \cdots & A_{n2} \\ A_{13} & A_{23} & A_{33} & \cdots & A_{n3} \\ \vdots & \vdots & \vdots & & \vdots \\ A_{1n} & A_{2n} & A_{3n} & \cdots & A_{nn} \end{pmatrix}$$

为方阵 $\boldsymbol{A}$ 的伴随矩阵, 记为 $\boldsymbol{A}^*$.

直接验证可以得到

$$\boldsymbol{A}\boldsymbol{A}^*=\boldsymbol{A}^*\boldsymbol{A}=\begin{pmatrix} |\boldsymbol{A}| & & & \\ & |\boldsymbol{A}| & & \\ & & \ddots & \\ & & & |\boldsymbol{A}| \end{pmatrix}=|\boldsymbol{A}|\boldsymbol{E}. \tag{2.14}$$

注: $\boldsymbol{A}$ 与 $\boldsymbol{A}^*$ 乘积可交换, 且积为数量矩阵.

**例2.17** 求 $\boldsymbol{A}=\begin{pmatrix} 0 & 2 & -1 \\ 1 & 1 & 2 \\ -1 & -1 & -1 \end{pmatrix}$ 的伴随矩阵 $\boldsymbol{A}^*$.

**解**
$$\boldsymbol{A}^*=\begin{pmatrix} A_{11} & A_{21} & A_{31} \\ A_{12} & A_{22} & A_{32} \\ A_{13} & A_{23} & A_{33} \end{pmatrix},$$

$$A_{11}=\begin{vmatrix}1&2\\-1&-1\end{vmatrix}=1,\ A_{21}=(-1)^{2+1}\begin{vmatrix}2&-1\\-1&-1\end{vmatrix}=3,$$

$$A_{23}=(-1)^{2+3}\begin{vmatrix}0&2\\-1&-1\end{vmatrix}=-2.$$

类似可得 $A_{31}=5$，$A_{12}=-1$，$A_{13}=0$，$A_{22}=-1$，$A_{32}=-1$，$A_{33}=-2$.

从而

$$\boldsymbol{A}^*=\begin{pmatrix}A_{11}&A_{21}&A_{31}\\A_{12}&A_{22}&A_{32}\\A_{13}&A_{23}&A_{33}\end{pmatrix}=\begin{pmatrix}1&3&5\\-1&-1&-1\\0&-2&-2\end{pmatrix}.$$

**定理 2.5** 方阵 $\boldsymbol{A}$ 可逆的充分必要条件是 $|\boldsymbol{A}|\neq0$.

**证** **必要性** 设方阵 $\boldsymbol{A}$ 可逆，则 $\boldsymbol{A}\boldsymbol{A}^{-1}=\boldsymbol{E}$. 等号两端取行列式并利用定理 2.3，有 $|\boldsymbol{A}||\boldsymbol{A}^{-1}|=|\boldsymbol{A}\boldsymbol{A}^{-1}|=|\boldsymbol{E}|=1$，故 $|\boldsymbol{A}|\neq0$.

**充分性** 设 $|\boldsymbol{A}|\neq0$，由式（2.14）

$$\boldsymbol{A}\left(\frac{\boldsymbol{A}^*}{|\boldsymbol{A}|}\right)=\left(\frac{\boldsymbol{A}^*}{|\boldsymbol{A}|}\right)\boldsymbol{A}=\boldsymbol{E},$$

方阵 $\boldsymbol{A}$ 可逆，$\boldsymbol{A}^*$ 可逆吗？反之如何？

根据逆矩阵定义知，方阵 $\boldsymbol{A}$ 可逆，$\boldsymbol{A}^{-1}=\dfrac{\boldsymbol{A}^*}{|\boldsymbol{A}|}$.

现在，我们可以完成第 1 章定理 1.2 的证明.

**定理 1.2** 设 $\boldsymbol{A}$，$\boldsymbol{B}$ 是 $n$ 阶方阵，若 $\boldsymbol{AB}=\boldsymbol{E}_n$（或 $\boldsymbol{BA}=\boldsymbol{E}_n$），则方阵 $\boldsymbol{A}$，$\boldsymbol{B}$ 是可逆的，且 $\boldsymbol{B}=\boldsymbol{A}^{-1}$，$\boldsymbol{A}=\boldsymbol{B}^{-1}$.

**证** 由 $\boldsymbol{AB}=\boldsymbol{E}_n$，得 $|\boldsymbol{A}||\boldsymbol{B}|=|\boldsymbol{AB}|=|\boldsymbol{E}|=1$，从而 $|\boldsymbol{A}|\neq0$，$|\boldsymbol{B}|\neq0$.

由定理 2.5 可知，方阵 $\boldsymbol{A}$，$\boldsymbol{B}$ 可逆. 将等式 $\boldsymbol{AB}=\boldsymbol{E}_n$ 两端左乘 $\boldsymbol{A}^{-1}$，得 $\boldsymbol{B}=\boldsymbol{A}^{-1}$；将等式 $\boldsymbol{AB}=\boldsymbol{E}_n$ 两端右乘 $\boldsymbol{B}^{-1}$，得 $\boldsymbol{A}=\boldsymbol{B}^{-1}$.

**例 2.18** 判断矩阵

$$\boldsymbol{A}=\begin{pmatrix}1&-2&0\\2&3&4\\-1&-5&-4\end{pmatrix},\ \boldsymbol{B}=\begin{pmatrix}0&2&-1\\1&1&2\\-1&-1&-1\end{pmatrix}$$

是否可逆. 若可逆，求其逆矩阵.

**解** 由于 $|\boldsymbol{A}|=0$，$|\boldsymbol{B}|=-2\neq0$，由定理 2.5 知，$\boldsymbol{A}$ 不可逆，但 $\boldsymbol{B}$ 可逆，且

$$\boldsymbol{B}^{-1}=\frac{\boldsymbol{B}^*}{|\boldsymbol{B}|}=\frac{1}{|\boldsymbol{B}|}\begin{pmatrix}B_{11} & B_{21} & B_{31}\\ B_{12} & B_{22} & B_{32}\\ B_{13} & B_{23} & B_{33}\end{pmatrix}=-\frac{1}{2}\begin{pmatrix}1 & 3 & 5\\ -1 & -1 & -1\\ 0 & -2 & -2\end{pmatrix}.$$

例 2.19 设 $n$ 阶方阵 $\boldsymbol{B}$ 可逆，方阵 $\boldsymbol{A}$ 满足 $\boldsymbol{A}^2-\boldsymbol{A}=\boldsymbol{B}$，证明：$\boldsymbol{A}$ 可逆. 并求其逆矩阵.

**证** 因为方阵 $\boldsymbol{B}$ 可逆，由 $\boldsymbol{A}^2-\boldsymbol{A}=\boldsymbol{B}$，得 $|\boldsymbol{A}||\boldsymbol{A}-\boldsymbol{E}|=|\boldsymbol{B}|\neq 0$，从而 $|\boldsymbol{A}|\neq 0$，即矩阵 $\boldsymbol{A}$ 可逆.

等式 $\boldsymbol{A}(\boldsymbol{A}-\boldsymbol{E})=\boldsymbol{B}$ 两端左乘 $\boldsymbol{A}^{-1}$、右乘 $\boldsymbol{B}^{-1}$，得

$$\boldsymbol{A}^{-1}=(\boldsymbol{A}-\boldsymbol{E})\boldsymbol{B}^{-1}.$$

定理 2.5 不仅给出了矩阵可逆的充分必要条件，而且给出了逆矩阵的另一种求法，但由于这种方法要求矩阵的伴随矩阵，当矩阵阶数较高时，计算量较大，故通常用于低阶矩阵求逆. 高阶矩阵求逆仍借助于初等变换法.

## 习 题 2.3

### A 组

1. 求下列行列式的全部代数余子式：

(1) $\begin{vmatrix}2 & 0 & 0\\ -3 & 1 & 0\\ 1 & 2 & 5\end{vmatrix}$.　(2) $\begin{vmatrix}2 & 2 & 2\\ 1 & 1 & 1\\ 4 & 4 & 3\end{vmatrix}$.

2. 计算下列行列式：

(1) $\begin{vmatrix}2 & -1 & 3 & 1 & 0\\ 1 & 2 & -1 & 4 & 3\\ 0 & -1 & -3 & 2 & 3\\ 4 & 5 & 0 & 3 & 1\\ 1 & -1 & 2 & -2 & 3\end{vmatrix}$.

(2) $\begin{vmatrix}1 & 2 & 3 & 4 & 5\\ 2 & 3 & 4 & 5 & 6\\ 3 & 4 & 5 & 6 & 7\\ 4 & 5 & 6 & 7 & 8\\ 5 & 6 & 7 & 8 & 9\end{vmatrix}$.

(3) $\begin{vmatrix}\cos\alpha & 1 & 0 & 0\\ 1 & 2\cos\alpha & 1 & 0\\ 0 & 1 & 2\cos\alpha & 1\\ 0 & 0 & 1 & 2\cos\alpha\end{vmatrix}$.

(4) $\begin{vmatrix}a+b & ab & 0 & 0 & \cdots & 0 & 0 & 0\\ 1 & a+b & ab & 0 & \cdots & 0 & 0 & 0\\ 0 & 1 & a+b & ab & \cdots & 0 & 0 & 0\\ \vdots & \vdots & \vdots & \vdots & & \vdots & \vdots & \vdots\\ 0 & 0 & 0 & 0 & \cdots & 1 & a+b & ab\\ 0 & 0 & 0 & 0 & \cdots & 0 & 1 & a+b\end{vmatrix}$，$a\neq b$.

3. 求下列矩阵的逆矩阵：

(1) $\begin{pmatrix}2 & 1\\ 4 & 3\end{pmatrix}$.

(2) $\begin{pmatrix}1 & 1 & -1\\ 0 & 2 & 2\\ 1 & -1 & 0\end{pmatrix}$.

4. 设 $a_1$，$a_2$，…，$a_n$ 为一组互异数，且

$$P(x)=\begin{vmatrix}1 & x & x^2 & \cdots & x^{n-1}\\ 1 & a_1 & a_1^2 & \cdots & a_1^{n-1}\\ 1 & a_2 & a_2^2 & \cdots & a_2^{n-1}\\ \vdots & \vdots & \vdots & & \vdots\\ 1 & a_{n-1} & a_{n-1}^2 & \cdots & a_{n-1}^{n-1}\end{vmatrix}.$$

(1) 证明 $P(x)$ 是次数不超过 $n$-1 的多项式；

(2) 求 $P(x)$ 的根；

(3) 计算 $x^{n-1}$的系数.

## B 组

1. 计算或证明如下行列式：

(1) $\begin{vmatrix}1 & 1 & 1 & 1\\ a_1 & a_2 & a_3 & a_4\\ a_1^2 & a_2^2 & a_3^2 & a_4^2\\ a_1^4 & a_2^4 & a_3^4 & a_4^4\end{vmatrix}$

(2) $\begin{vmatrix}x+a_1 & x & x & \cdots & x\\ x & x+a_2 & x & \cdots & x\\ x & x & x+a_3 & \ddots & \vdots\\ \vdots & \vdots & \ddots & \ddots & x\\ x & x & \cdots & x & x+a_n\end{vmatrix}=$

$a_1\cdots a_n\times\left(1+\sum\limits_{i=1}^{n}\dfrac{x}{a_i}\right)$, $a_i\neq 0$，$i=1$，$\cdots$，$n$.

(3) $\begin{vmatrix}a & & & & & b\\ & \ddots & & & \iddots & \\ & & a & b & & \\ & & b & a & & \\ & \iddots & & & \ddots & \\ b & & & & & a\end{vmatrix}_{2n}=(a^2-b^2)^n.$

(4) $\begin{vmatrix}a_1 & -1 & 0 & \cdots & 0\\ a_2 & x & -1 & \ddots & \vdots\\ a_3 & 0 & x & \ddots & 0\\ \vdots & \vdots & \ddots & \ddots & -1\\ a_n & 0 & \cdots & 0 & x\end{vmatrix}=\sum\limits_{i=1}^{n}a_ix^{n-i}.$

2. 设矩阵$\boldsymbol{A}$, $\boldsymbol{B}$ 满足 $\boldsymbol{A}^*\boldsymbol{B}\boldsymbol{A}=2\boldsymbol{B}\boldsymbol{A}-8\boldsymbol{E}$，其中$\boldsymbol{A}=\begin{pmatrix}1 & 2 & -2\\ 0 & -2 & 4\\ 0 & 0 & 1\end{pmatrix}$, $\boldsymbol{A}^*$是 $\boldsymbol{A}$ 的伴随矩阵，求矩阵 $\boldsymbol{B}$.

3. 设 $\boldsymbol{A}$，$\boldsymbol{B}$ 均为 $n$ 阶方阵，$|\boldsymbol{A}|=2$，$|\boldsymbol{B}|=-3$，计算$|2\boldsymbol{A}^*\boldsymbol{B}^{-1}|$.

4. 设 $\boldsymbol{A}$ 为 $n(n\geqslant 2)$阶方阵，证明下列各式成立：

(1) $|\boldsymbol{A}^*|=|\boldsymbol{A}|^{n-1}$.

(2) $(\boldsymbol{A}^*)^*=|\boldsymbol{A}|^{n-2}\boldsymbol{A}$（当 $\boldsymbol{A}$ 可逆时）.

(3) $(k\boldsymbol{A})^*=k^{n-1}\boldsymbol{A}^*$（$\boldsymbol{A}$ 可逆，$k$ 为任意数）.

5. 设 $n$ 阶方阵 $\boldsymbol{A}=\begin{pmatrix}2 & 2 & 2 & \cdots & 2\\ 0 & 1 & 1 & \cdots & 1\\ 0 & 0 & 1 & \cdots & 1\\ \vdots & \vdots & \vdots & & \vdots\\ 0 & 0 & 0 & \cdots & 1\end{pmatrix}$, 计算 $\boldsymbol{A}$ 中所有元素的代数余子式之和 $\sum\limits_{i,j=1}^{n}A_{ij}$.

## C 组

1. 计算下列 $n$ 阶行列式的值：

(1) $\begin{vmatrix}1+x_1y_1 & 1+x_1y_2 & \cdots & 1+x_1y_n\\ 1+x_2y_1 & 1+x_2y_2 & \cdots & 1+x_2y_n\\ \vdots & \vdots & & \vdots\\ 1+x_ny_1 & 1+x_ny_2 & \cdots & 1+x_ny_n\end{vmatrix}.$

(2) $\begin{vmatrix}1 & x_1 & \cdots & x_1^{k-1} & x_1^{k+1} & \cdots & x_1^n\\ 1 & x_2 & \cdots & x_2^{k-1} & x_2^{k+1} & \cdots & x_2^n\\ \vdots & \vdots & & \vdots & \vdots & & \vdots\\ 1 & x_n & \cdots & x_n^{k-1} & x_n^{k+1} & \cdots & x_n^n\end{vmatrix}.$

(3) $\begin{vmatrix}a_1 & & & & & b_{2n}\\ & \ddots & & & \iddots & \\ & & a_n & b_{n+1} & & \\ & & b_n & a_{n+1} & & \\ & \iddots & & & \ddots & \\ b_1 & & & & & a_{2n}\end{vmatrix}.$

2. 证明：$\begin{vmatrix} a_{11}+x & a_{12}+x & \cdots & a_{1n}+x \\ a_{21}+x & a_{22}+x & \cdots & a_{2n}+x \\ \vdots & \vdots & & \vdots \\ a_{n1}+x & a_{n2}+x & \cdots & a_{nn}+x \end{vmatrix} = \begin{vmatrix} a_{11} & a_{12} & \cdots & a_{1n} \\ a_{21} & a_{22} & \cdots & a_{2n} \\ \vdots & \vdots & & \vdots \\ a_{n1} & a_{n2} & \cdots & a_{nn} \end{vmatrix} + x\sum_{i=1}^{n}\sum_{j=1}^{n}A_{ij}$，其中，$A_{ij}$是$a_{ij}$的代数余子式，$1\leqslant i, j\leqslant n$.



## 2.4 克莱姆（Cramer）法则

本节介绍行列式的一个重要应用——Cramer 法则求解 $n$ 个变量 $n$ 个方程的方程组.

设有 $n$ 元线性方程组

$$\begin{cases} a_{11}x_1 + a_{12}x_2 + \cdots + a_{1n}x_n = b_1 \\ a_{21}x_1 + a_{22}x_2 + \cdots + a_{2n}x_n = b_2 \\ \qquad\qquad\vdots \\ a_{n1}x_1 + a_{n2}x_2 + \cdots + a_{nn}x_n = b_n \end{cases} \tag{2.15}$$

简记为 $\boldsymbol{Ax}=\boldsymbol{b}$. 这里，$\boldsymbol{A}=(a_{ij})_{n\times n}$，$\boldsymbol{x}=(x_1, \cdots, x_n)^{\mathrm{T}}$，$\boldsymbol{b}=(b_1, \cdots, b_n)^{\mathrm{T}}$.

通常把系数矩阵的行列式记作 $D$，即

$$D=|\boldsymbol{A}|=\begin{vmatrix} a_{11} & a_{12} & \cdots & a_{1n} \\ a_{21} & a_{22} & \cdots & a_{2n} \\ \vdots & \vdots & & \vdots \\ a_{n1} & a_{n2} & \cdots & a_{nn} \end{vmatrix};$$

并且记

$$D_j=\begin{vmatrix} \cdots & a_{1,j-1} & b_1 & a_{1,j+1} & \cdots \\ \cdots & a_{2,j-1} & b_2 & a_{2,j+1} & \cdots \\ & \vdots & \vdots & \vdots & \\ & \vdots & \vdots & \vdots & \\ \cdots & a_{n,j-1} & b_n & a_{n,j+1} & \cdots \end{vmatrix}, \ 1\leqslant j\leqslant n.$$

对于方程组（2.15），我们有如下定理：

**定理 2.6** （Cramer 法则） 若线性方程组（2.15）的系数行列式 $D\neq 0$，则方程组有唯一解：$x_j=\dfrac{D_j}{D}$，$1\leqslant j\leqslant n$.

**证** 若 $D=|\boldsymbol{A}|\neq 0$，由定理 2.5 可知，矩阵 $\boldsymbol{A}$ 可逆，从而方程组（2.15）有唯一解

$$\boldsymbol{x}=\boldsymbol{A}^{-1}\boldsymbol{b}=\left(\frac{\boldsymbol{A}^*}{D}\right)\boldsymbol{b}=\frac{1}{D}\boldsymbol{A}^*\boldsymbol{b}.$$

因为

$$\boldsymbol{A}^*=\begin{pmatrix} A_{11} & A_{21} & A_{31} & \cdots & A_{n1} \\ A_{12} & A_{22} & A_{32} & \cdots & A_{n2} \\ A_{13} & A_{23} & A_{33} & \cdots & A_{n3} \\ \vdots & \vdots & \vdots & & \vdots \\ A_{1n} & A_{2n} & A_{3n} & \cdots & A_{nn} \end{pmatrix},$$

所以

$$x_j=\frac{\sum_{i=1}^{n}A_{ij}b_i}{D}.$$

另一方面，将 $D_j$ 按第 $j$ 列展开，得 $D_j=\sum_{i=1}^{n}A_{ij}b_i$，

因此

$$x_j=\frac{D_j}{D},\ 1\leqslant j\leqslant n.$$

Cramer 法则在理论上为 $n$ 个变量 $n$ 个方程且系数矩阵行列式不为零的方程组提供了求解公式. 定理 2.6 的逆否定理见定理 2.7.

**定理 2.7** 若线性方程组（2.15）无解或有两个不同的解，则它的系数行列式必为零，即 $D=0$.

思考：若方程组（2.15）的系数行列式为零，其解的情况如何?

**例 2.20** 求解线性方程组

$$\begin{cases} 2x_1+x_2-3x_3+x_4=1 \\ x_1+2x_2-3x_3+x_4=0 \\ x_2-2x_3+x_4=1 \\ -x_1+3x_2-4x_3=0 \end{cases}.$$

**解** 方程组的系数行列式

$$D=\begin{vmatrix} 2 & 1 & -3 & 1 \\ 1 & 2 & -3 & 1 \\ 0 & 1 & -2 & 1 \\ -1 & 3 & -4 & 0 \end{vmatrix}=6\neq 0.$$

由 Cramer 法则，方程组有唯一解. 因为

$$D_1=\begin{vmatrix}1&1&-3&1\\0&2&-3&1\\1&1&-2&1\\0&3&-4&0\end{vmatrix}=-3,\ D_2=\begin{vmatrix}2&1&-3&1\\1&0&-3&1\\0&1&-2&1\\-1&0&-4&0\end{vmatrix}=-9,$$

$$D_3=\begin{vmatrix}2&1&1&1\\1&2&0&1\\0&1&1&1\\-1&3&0&0\end{vmatrix}=-6,\ D_4=\begin{vmatrix}2&1&-3&1\\1&2&-3&0\\0&1&-2&1\\-1&3&-4&0\end{vmatrix}=3,$$

故 $x_1=\frac{D_1}{D}=-\frac{1}{2},\ x_2=\frac{D_2}{D}=-\frac{3}{2},\ x_3=\frac{D_3}{D}=-1,\ x_4=\frac{D_4}{D}=\frac{1}{2}.$

对于线性方程组（2.15），当其右端项 $b_1$，$b_2$，…，$b_n$ 不全为零时，称为**$n$ 元非齐次线性方程组**；当其右端项$b_1$，$b_2$，…，$b_n$ 全为零时，称为**$n$ 元齐次线性方程组**. 齐次线性方程组一定有零解，但是不一定有非零解. 将 Cramer 法则应用于齐次线性方程组，即得到下面的定理.

**定理 2.8** 若 $n$ 元齐次线性方程组

$$\begin{cases}a_{11}x_1+a_{12}x_2+\cdots+a_{1n}x_n=0\\a_{21}x_1+a_{22}x_2+\cdots+a_{2n}x_n=0\\\qquad\vdots\\a_{n1}x_1+a_{n2}x_2+\cdots+a_{nn}x_n=0\end{cases}\tag{2.16}$$

的系数行列式 $D\neq0$，则方程组只有零解 $x_j=0$，$j=1$，2，…，$n$.

定理 2.8 的逆否定理见定理 2.9.

**定理 2.9** 若齐次线性方程组（2.16）有非零解，则它的系数行列式必为零，即 $D=0$.

思考：若方程组（2.16）的系数行列式为零，其解的情况如何？

**例 2.21** 给定齐次线性方程组

$$\begin{cases}(1+a)x_1+x_2+x_3=0\\x_1+(1+a)x_2+x_3=0\\x_1+x_2+(1+a)x_3=0\end{cases},$$

当 $a$ 取何值时，方程组有非零解？

**解** 由定理 2.9 可知，若齐次线性方程组（2.16）有非零解，则它的系数行列式必为零. 而方程组的系数行列式

$$D=\begin{vmatrix}1+a&1&1\\1&1+a&1\\1&1&1+a\end{vmatrix}=(3+a)a^2.$$

当 $a=-3$ 或 $a=0$ 时，系数行列式 $D=0$. 容易验证，当 $a=-3$ 或 $a=0$ 时，方程组确有非零解.

**例 2.22** 求通过平面上两个不同点 $(x_1, y_1)$，$(x_2, y_2)$ 的直线方程.

**解** 设过两点 $(x_1, y_1)$，$(x_2, y_2)$ 的直线方程为

$$ax+by+c=0.$$

因为点 $(x_1, y_1)$，$(x_2, y_2)$ 在直线上，故有

$$ax_1+by_1+c=0,$$
$$ax_2+by_2+c=0.$$

联立三个方程，将 $x$，$y$，$x_1$，$y_1$，$x_2$，$y_2$ 看成常数，得到 $a$，$b$，$c$ 的齐次线性方程组

$$\begin{cases} ax+by+c=0 \\ ax_1+by_1+c=0 \\ ax_2+by_2+c=0 \end{cases}.$$

由于这个方程组有非零解 $(a, b, c)$，由定理 2.9 可得其系数行列式必为零. 即有

$$\begin{vmatrix} x & y & 1 \\ x_1 & y_1 & 1 \\ x_2 & y_2 & 1 \end{vmatrix}=0. \tag{2.17}$$

将行列式按第一行展开，得

$$(y_1-y_2)x+(x_2-x_1)y+x_1y_2-x_2y_1=0.$$

由于给定两点是不同的，故 $y_1-y_2$ 与 $x_2-x_1$ 不全为零，因此式 (2.17) 确是一个一次方程. 因 $(x, y)$ 是所求直线上任意一点，故式 (2.17) 就是所求直线方程.

## 习 题 2.4

### A 组

1. 用 Cramer 法则解下列方程组：

(1) $\begin{cases} x_1-x_2+x_3=1 \\ x_2+3x_3=0 \\ 2x_1+x_2+12x_3=0 \end{cases}.$

(2) $\begin{cases} x_1+2x_2-x_3+4x_4=1 \\ 3x_1+x_2+x_3+11x_4=0 \\ 2x_1-3x_2-x_3+4x_4=1 \\ x_1+x_2+x_3+x_4=0 \end{cases}$.

(3) $\begin{cases} 2x_1+x_2-5x_3+x_4=1 \\ x_1-3x_2-6x_4=2 \\ 2x_2-x_3+2x_4=0 \\ x_1+4x_2-7x_3+6x_4=-1 \end{cases}$.

2. 设有齐次线性方程组 $\begin{cases} ax_1+x_2+x_3=0 \\ x_1+ax_2+x_3=0 \\ x_1+2ax_2+x_3=0 \end{cases}$，当 $a$ 取何值时，方程组有非零解？

## B 组

1. 设 $x_1$，$x_2$，…，$x_n$ 是互不相同的实数，$y_1$，$y_2$，…，$y_n$ 是任意一组给定的实数. 利用 Cramer 法则证明：存在唯一的次数小于 $n$ 的多项式 $P(x)$，使

$$P(x_i)=y_i,\ i=1,\ 2,\ \cdots,\ n.$$

2. 设有线性方程组

$$\begin{cases} x_1+x_2+bx_3=4 \\ -x_1+bx_2+x_3=b^2 \\ x_1-x_2+2x_3=-4 \end{cases},$$

当 $b$ 取何值时，方程组有唯一解？无穷多解？无解？并在有无穷多解时求解.

## C 组

1. 已知不在同一直线上的三点 $P_1(x_1,\ y_1)$，$P_2(x_2,\ y_2)$，$P_3(x_3,\ y_3)$，求过这三点的圆的方程.

2. 利用定理 2.8 求过点 $P_0(x_0,\ y_0,\ z_0)$ 且与两个不平行平面

$$\pi_1:\ a_1x+b_1y+c_1z+d_1=0,$$

$$\pi_2:\ a_2x+b_2y+c_2z+d_2=0$$

都垂直的平面方程.



# *2.5 数学软件 MATLAB 应用——行列式计算与应用

在 MATLAB 中，det 是一个内部函数，用来计算方阵的行列式.

**例 2.23** 计算方阵 $\boldsymbol{A}$ 的行列式 $|\boldsymbol{A}|=\begin{vmatrix} 1 & 2 & 1 \\ 0 & 4 & 2 \\ 3 & -1 & 5 \end{vmatrix}$.

**解** 程序如下：

```
A=[1 2 1; 0 4 2; 3 -1 5]
d=det(A)
d=22
```

**例 2.24** 利用 Cramer 法则解方程组

$$\begin{cases} 2x-3y+2z=-3 \\ x+4y-3z=0 \\ 3x-y-z=1 \end{cases}.$$

解　程序如下：

```
A=[2 -3 2; 1 4 -3; 3 -1 -1];
b=[ -3 0 1]';
 D=det(A);
  for i=0:2
 B(1:3,3*i+1:3*(i+1))=A;        %生成矩阵B=(A A A)
 end
 B                              %显示B
  for i=0:2
 B(1:3,4*i+1)=b;                %以b依次替换矩阵A的
                                   第1、第2、第3列
 end
 B                              %显示B
 for i=0:2
 d(i+1)=det(B(1:3,3*i+1:3*(i+1)));
                                %计算行列式D1, D2, D3
 end
 d
 for i=1:3
 x(i)=d(i)/D                    %求解
 end
 x
 x=
   -1.3750   -2.0000   -3.1250
```

## 小　　结

本章介绍行列式的定义、性质与展开定理，最后介绍了行列式的应用：克莱姆(Cramer)法则. 本章的重点是掌握行列式的计算.

1. 行列式的定义

由 $n^2$ 个元素排成 $n$ 行 $n$ 列且两边用“|”线围起的式子就构成一个 $n$ 阶行列式. 行列式是有值的，$n$ 阶矩阵 $\boldsymbol{A}$ 的行列式定义有两种

形式：

（1）$|\boldsymbol{A}|=\sum\limits_{(j_1j_2\cdots j_n)}(-1)^{\tau(j_1j_2\cdots j_n)}a_{1j_1}a_{2j_2}\cdots a_{nj_n}$，

（2）$|\boldsymbol{A}|=\sum\limits_{(i_1i_2\cdots i_n)}(-1)^{\tau(i_1i_2\cdots i_n)}a_{i_11}a_{i_22}\cdots a_{i_nn}$.

二、三阶行列式，它们的值可用对角线法则求得；$n\geqslant4$ 时，前述法则不再适用.

2. 行列式的性质

（1）转置行列式：设 $\boldsymbol{A}=(a_{ij})_{n\times n}$ 为 $n$ 阶方阵，则 $|\boldsymbol{A}|=|\boldsymbol{A}^{\mathrm{T}}|$.

（2）交换行列式的任意两行（列），行列式变号.

（3）行列式中某一行（列）的公因子可以提到行列式符号之外.

（4）
$$\begin{vmatrix} a_{11} & a_{12} & \cdots & a_{1n} \\ \vdots & \vdots & & \vdots \\ a_{i1}+b_{i1} & a_{i2}+b_{i2} & \cdots & a_{in}+b_{in} \\ \vdots & \vdots & & \vdots \\ a_{n1} & a_{n2} & \cdots & a_{nn} \end{vmatrix}=\begin{vmatrix} a_{11} & a_{12} & \cdots & a_{1n} \\ \vdots & \vdots & & \vdots \\ a_{i1} & a_{i2} & \cdots & a_{in} \\ \vdots & \vdots & & \vdots \\ a_{n1} & a_{n2} & \cdots & a_{nn} \end{vmatrix}+\begin{vmatrix} a_{11} & a_{12} & \cdots & a_{1n} \\ \vdots & \vdots & & \vdots \\ b_{i1} & b_{i2} & \cdots & b_{in} \\ \vdots & \vdots & & \vdots \\ a_{n1} & a_{n2} & \cdots & a_{nn} \end{vmatrix}.$$

（5）行列式的某一行（列）元素，加上另一行（列）对应元素的 $k$ 倍，行列式值不变.

（6）行列式中有两行（列）相同，则其值为零.

（7）行列式中有一个零行（列），则其值为零.

（8）行列式中有两行（列）成比例，则其值为零.

（9）设 $\boldsymbol{A}$，$\boldsymbol{B}$ 均为 $n$ 阶方阵，则 $|\boldsymbol{AB}|=|\boldsymbol{A}||\boldsymbol{B}|$.

（10）设 $\boldsymbol{A}_i(i=1,2,\cdots,s)$ 为 $n$ 阶方阵，则有 $|\boldsymbol{A}_1\boldsymbol{A}_2\cdots\boldsymbol{A}_s|=|\boldsymbol{A}_1||\boldsymbol{A}_2|\cdots|\boldsymbol{A}_s|$.

3. 行列式按一行（列）展开

（1）**余子式与代数余子式**：在 $n$ 阶行列式 $|\boldsymbol{A}|$ 中，划掉元素 $a_{ij}$ 所在的第 $i$ 行与第 $j$ 列，剩下的元素按原来的相对位置排列，形成的 $n-1$ 阶行列式称为元素 $a_{ij}$ 的**余子式**. $A_{ij}=(-1)^{i+j}M_{ij}$ 称为元素 $a_{ij}$ 的代数余子式.

（2）展开定理：设 $n$ 阶矩阵 $\boldsymbol{A}=(a_{ij})_{n\times n}$，则 $A$ 的行列式等于它的任一行（列）的各元素与其代数余子式的乘积之和，即

$$|\boldsymbol{A}|=a_{i1}A_{i1}+a_{i2}A_{i2}+\cdots+a_{in}A_{in},$$

或

$$|\boldsymbol{A}|=a_{1j}A_{1j}+a_{2j}A_{2j}+\cdots+a_{nj}A_{nj},i,j=1,2,\cdots,n.$$

（3）设 $n$ 阶矩阵 $\boldsymbol{A}=(a_{ij})_{n\times n}$，则行列式 $|\boldsymbol{A}|$ 某一行（列）的元素与另一行（列）对应元素的代数余子式乘积之和等于零. 即

$$a_{i1}A_{j1}+a_{i2}A_{j2}+\cdots+a_{in}A_{jn}=\begin{cases}|\boldsymbol{A}| & i=j\\ 0 & i\neq j\end{cases},$$

$$a_{1i}A_{1j}+a_{2i}A_{2j}+\cdots+a_{ni}A_{nj}=\begin{cases}|\boldsymbol{A}| & i=j\\ 0 & i\neq j\end{cases}.$$

4. 本章重要行列式

（1）
$$\begin{vmatrix} x & a & \cdots & a \\ a & x & \cdots & a \\ \vdots & \vdots & & \vdots \\ a & a & \cdots & x \end{vmatrix}=[x+(n-1)a](x-a)^{n-1}.$$

（2）Vandemonde 行列式：

$$\begin{vmatrix} 1 & 1 & 1 & \cdots & 1 \\ x_1 & x_2 & x_3 & \cdots & x_n \\ x_1^2 & x_2^2 & x_3^2 & \cdots & x_n^2 \\ \vdots & \vdots & \vdots & & \vdots \\ x_1^{n-1} & x_2^{n-1} & x_3^{n-1} & \cdots & x_n^{n-1} \end{vmatrix} = \prod_{n\geqslant i>j\geqslant 1}(x_i - x_j).$$

（3）箭形行列式

$$\begin{vmatrix} a_1 & 1 & 1 & \cdots & 1 \\ 1 & a_2 & 0 & \cdots & 0 \\ 1 & 0 & a_3 & \ddots & \vdots \\ \vdots & \vdots & \ddots & \ddots & 0 \\ 1 & 0 & \cdots & 0 & a_n \end{vmatrix} = a_2\cdots a_n\left(a_1 - \sum_{i=2}^{n}\frac{1}{a_i}\right),\quad a_i \neq 0, i = 2,\cdots,n.$$

$$(4)\ \begin{vmatrix} a_1 & b & b & \cdots & b \\ b & a_2 & b & \cdots & b \\ b & b & a_3 & \ddots & \vdots \\ \vdots & \vdots & \ddots & \ddots & b \\ b & b & \cdots & b & a_n \end{vmatrix}_n = (a_1 - b)(a_2 - b)\cdots(a_n - b)\left(1 + \sum_{i=1}^{n}\frac{b}{a_i - b}\right),$$

$b \neq a_i$，$i = 1$，$\cdots$，$n$.

掌握上述行列式的解法.

5. 伴随矩阵与矩阵求逆

（1）伴随矩阵定义：$\boldsymbol{A}^* = (a_{ij}^*)_{n\times n}$，这里 $a_{ij}^* = A_{ji}$.

（2）伴随矩阵性质：$\boldsymbol{AA}^* = \boldsymbol{A}^*\boldsymbol{A} = |\boldsymbol{A}|\boldsymbol{E}$.

（3）伴随矩阵与可逆关系：方阵 $\boldsymbol{A}$ 可逆的充分必要条件是 $|\boldsymbol{A}| \neq 0$. 当 $\boldsymbol{A}$ 可逆时，

$$\boldsymbol{A}^{-1} = \frac{\boldsymbol{A}^*}{|\boldsymbol{A}|}，亦有\ \boldsymbol{A}^* = |\boldsymbol{A}|\boldsymbol{A}^{-1}.$$

利用公式 $\boldsymbol{A}^{-1} = \dfrac{\boldsymbol{A}^*}{|\boldsymbol{A}|}$ 求矩阵逆的方法称为伴随矩阵求逆法. 该方法通常适用于理论分析或低阶矩阵求逆.

6. 行列式的应用

（1）（Cramer 法则）若 $n$ 个变量 $n$ 个方程的方程组 $\boldsymbol{Ax} = \boldsymbol{b}$ 的系数行列式 $D \neq 0$，则方程组有唯一解：$x_j = \dfrac{D_j}{D}$，$1 \leqslant j \leqslant n$. 这里，

$$D = |\boldsymbol{A}| = \begin{vmatrix} a_{11} & a_{12} & \cdots & a_{1n} \\ a_{21} & a_{22} & \cdots & a_{2n} \\ \vdots & \vdots & & \vdots \\ a_{n1} & a_{n2} & \cdots & a_{nn} \end{vmatrix},$$

$$D_j = \begin{vmatrix} \cdots & a_{1,j-1} & b_1 & a_{1,j+1} & \cdots \\ \cdots & a_{2,j-1} & b_2 & a_{2,j+1} & \cdots \\ \cdots & \vdots & \vdots & \vdots & \cdots \\ \cdots & a_{n,j-1} & b_n & a_{n,j+1} & \cdots \end{vmatrix},\quad 1 \leqslant j \leqslant n.$$

（2）若线性方程组（2.15）无解或有两个不同的解，则它的系数行列式必为零.

（3）若 $n$ 元齐次线性方程组 $\boldsymbol{Ax} = \boldsymbol{0}$，$\boldsymbol{A} = (a_{ij})_{n\times n}$ 的系数行列式 $D = |\boldsymbol{A}| \neq 0$，则方程组只有零解 $x_j = 0$，$j = 1$，$2$，$\cdots$，$n$.

（4）若 $n$ 个变量 $n$ 个方程的齐次线性方程组有非零解，则它的系数行列式必为零.

# 第3章 向量空间

在引入坐标系之后，几何空间中的向量可以用三个有序实数唯一表示，向量的线性运算也归结为坐标的运算．实际上，数学与物理中的大量研究对象都要用三个以上的实数来描述，通常的三维空间已经不够用了．本章将几何空间中的向量概念扩展到由$n$个数构成的数组，得到$n$维向量的概念．对$n$维向量定义线性运算，得到$n$维向量空间．主要讨论向量组的线性相关性、向量组的极大线性无关组与秩、矩阵的秩等内容．

## 知识网络框图

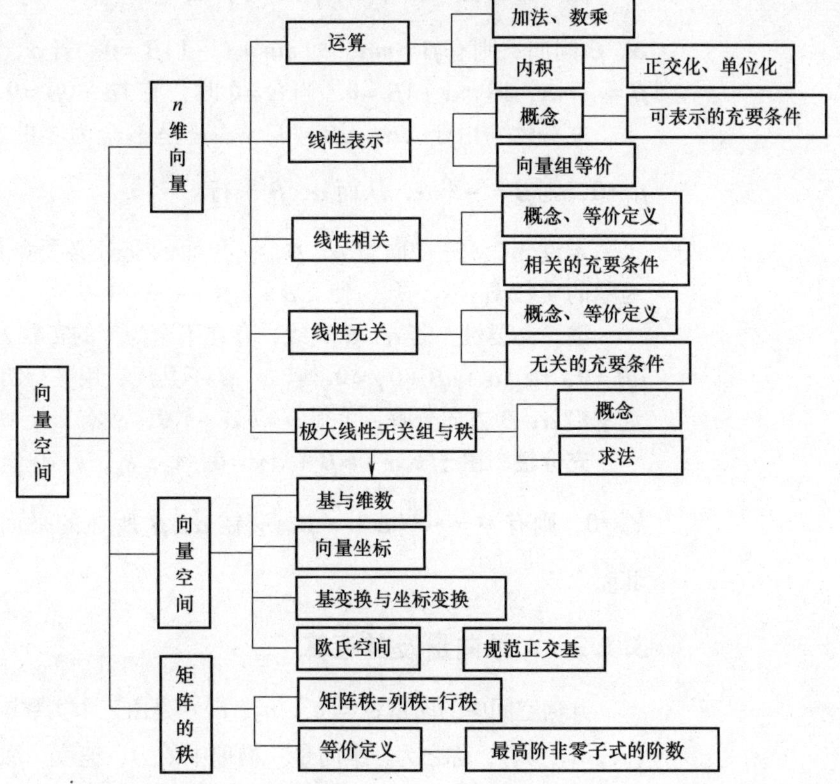

## 3.1 向量空间的概念

### 3.1.1 几何空间

在几何空间中，称既有大小又有方向的量为向量. 建立空间直角坐标系后，向量的坐标表示为$\boldsymbol{\alpha}=(a_1,a_2,a_3)$，$\boldsymbol{\beta}=(b_1,b_2,b_3)$. 零向量常记为$\mathbf{0}$，其坐标表示为$\mathbf{0}=(0,0,0)$. 向量的加法与数乘运算的坐标表示为

$$\boldsymbol{\alpha}+\boldsymbol{\beta}=(a_1+b_1,\ a_2+b_2,\ a_3+b_3),$$
$$\lambda\boldsymbol{\alpha}=(\lambda a_1,\ \lambda a_2,\ \lambda a_3),\ (\lambda\text{ 为常数}).$$

**定理 3.1** 两个向量$\boldsymbol{\alpha}$，$\boldsymbol{\beta}$平行的充分必要条件是存在不全为零的实数$\lambda$，$\mu$，使得$\lambda\boldsymbol{\alpha}+\mu\boldsymbol{\beta}=\mathbf{0}$.

证 必要性 由于$\boldsymbol{\alpha}$，$\boldsymbol{\beta}$平行，当$\boldsymbol{\alpha}\neq\mathbf{0}$时，令$m=\dfrac{|\boldsymbol{\beta}|}{|\boldsymbol{\alpha}|}$，若$\boldsymbol{\alpha}$，$\boldsymbol{\beta}$同向，则有$\boldsymbol{\beta}=m\boldsymbol{\alpha}$，即$m\boldsymbol{\alpha}+(-1)\boldsymbol{\beta}=\mathbf{0}$. 若$\boldsymbol{\alpha}$，$\boldsymbol{\beta}$反向，则有$\boldsymbol{\beta}=-m\boldsymbol{\alpha}$，即$m\boldsymbol{\alpha}+1\boldsymbol{\beta}=\mathbf{0}$. 当$\boldsymbol{\alpha}=\mathbf{0}$时，有$1\boldsymbol{\alpha}+0\boldsymbol{\beta}=\mathbf{0}$.

充分性 由于$\lambda\boldsymbol{\alpha}+\mu\boldsymbol{\beta}=\mathbf{0}$，$\lambda$，$\mu$是不全为零的实数，不妨设$\mu\neq0$，则$\boldsymbol{\beta}=-\dfrac{\lambda}{\mu}\boldsymbol{\alpha}$，从而$\boldsymbol{\alpha}$，$\boldsymbol{\beta}$平行.

**定理 3.2** 三个向量$\boldsymbol{\alpha}$，$\boldsymbol{\beta}$，$\boldsymbol{\gamma}$共面的充分必要条件是存在不全为零的实数$k_1$，$k_2$，$k_3$，使$k_1\boldsymbol{\alpha}+k_2\boldsymbol{\beta}+k_3\boldsymbol{\gamma}=\mathbf{0}$.

证 **必要性** 若$\boldsymbol{\alpha}$，$\boldsymbol{\beta}$共线，存在不全为零的实数$\lambda$，$\mu$，使$\lambda\boldsymbol{\alpha}+\mu\boldsymbol{\beta}=\mathbf{0}$，则$\lambda\boldsymbol{\alpha}+\mu\boldsymbol{\beta}+0\boldsymbol{\gamma}=\mathbf{0}$. 若$\boldsymbol{\alpha}$，$\boldsymbol{\beta}$不共线，用平行四边形法则将向量$\boldsymbol{\gamma}$沿$\boldsymbol{\alpha}$，$\boldsymbol{\beta}$方向分解，可得$\boldsymbol{\gamma}=k_1\boldsymbol{\alpha}+k_2\boldsymbol{\beta}$，故有$k_1\boldsymbol{\alpha}+k_2\boldsymbol{\beta}-1\boldsymbol{\gamma}=\mathbf{0}$.

**充分性** 由于$k_1\boldsymbol{\alpha}+k_2\boldsymbol{\beta}+k_3\boldsymbol{\gamma}=\mathbf{0}$，$k_1$，$k_2$，$k_3$不全为零，不妨设$k_3\neq0$，则有$\boldsymbol{\gamma}=-\dfrac{k_1}{k_3}\boldsymbol{\alpha}-\dfrac{k_2}{k_3}\boldsymbol{\beta}$，$\boldsymbol{\gamma}$在$\boldsymbol{\alpha}$，$\boldsymbol{\beta}$所在的平面上，$\boldsymbol{\alpha}$，$\boldsymbol{\beta}$，$\boldsymbol{\gamma}$共面.

### 3.1.2 *n* 维向量及其运算

几何空间中的向量$\boldsymbol{\alpha}=(a_1,\ a_2,\ a_3)$是由三个实数构成的有序数组$(a_1,\ a_2,\ a_3)$，称之为三维向量. 物理中的力、速度、加速度等都可以

用三维向量来表示. 实际上，数学与物理中的很多研究对象都要用三个以上的实数来描述，所以我们要研究 $n$ 个数组成的有序数组.



**定义 3.1** $n$ 个数组成的有序数组

$$(a_1, a_2, \cdots, a_n)$$

称为 $n$ **维向量**，$a_i$ 称为该向量的第 $i$ 个分量. 若 $a_i$ 均为实数，则称为**实向量**；若 $a_i$ 中有复数，则称为**复向量**.

如无特别说明，我们讨论的向量均为实向量.

以后，我们用小写希腊字母 $\boldsymbol{\alpha}$，$\boldsymbol{\beta}$，$\boldsymbol{\gamma}$，…等表示向量，称

$$\boldsymbol{\alpha}=\begin{pmatrix} a_1 \\ a_2 \\ \vdots \\ a_n \end{pmatrix}$$

为列向量.

称

$$\boldsymbol{\alpha}^{\mathrm{T}}=(a_1, a_2, \cdots, a_n)$$

为行向量. 一些 $n$ 维向量的集合称为**向量组**. 三维以上的向量不再有直观几何意义.

**例 3.1** (1) 线性方程组

$$\begin{cases} a_{11}x_1+a_{12}x_2+\cdots+a_{1n}x_n=0 \\ a_{21}x_1+a_{22}x_2+\cdots+a_{2n}x_n=0 \\ \qquad\vdots \\ a_{m1}x_1+a_{m2}x_2+\cdots+a_{mn}x_n=0 \end{cases}$$

中，每一个方程的系数（$a_{i1}$，$a_{i2}$，…，$a_{in}$）就是一个 $n$ 维行向量，这个方程组可以看成是由 $m$ 个 $n$ 维行向量构成的向量组.

(2) 设 $\boldsymbol{A}$ 为 $m\times n$ 矩阵，

$$\boldsymbol{A}=\begin{pmatrix} a_{11} & a_{12} & \cdots & a_{1n} \\ a_{21} & a_{22} & \cdots & a_{2n} \\ \vdots & \vdots & & \vdots \\ a_{m1} & a_{m2} & \cdots & a_{mn} \end{pmatrix},$$

$\boldsymbol{A}$ 的每一行 $\boldsymbol{\beta}_i^{\mathrm{T}}=(a_{i1}, a_{i2}, \cdots, a_{in})(i=1, 2, \cdots, m)$ 是一个 $n$ 维行向量，$m$ 个 $n$ 维行向量 $\boldsymbol{\beta}_1^{\mathrm{T}}$，$\boldsymbol{\beta}_2^{\mathrm{T}}$，…，$\boldsymbol{\beta}_m^{\mathrm{T}}$ 称为矩阵 $\boldsymbol{A}$ 的行向量组. $\boldsymbol{A}$ 的

每一列

$$\boldsymbol{\alpha}_j=\begin{pmatrix}a_{1j}\\a_{2j}\\\vdots\\a_{mj}\end{pmatrix}\ (j=1,\ 2,\ \cdots,\ n)$$

是一个 $m$ 维列向量，$n$ 个 $m$ 维列向量 $\boldsymbol{\alpha}_1$，$\boldsymbol{\alpha}_2$，…，$\boldsymbol{\alpha}_n$ 称为矩阵 $\boldsymbol{A}$ 的列向量组.

**定义 3.2** 如果两个 $n$ 维向量

$$\boldsymbol{\alpha}=\begin{pmatrix}a_1\\a_2\\\vdots\\a_n\end{pmatrix},\ \boldsymbol{\beta}=\begin{pmatrix}b_1\\b_2\\\vdots\\b_n\end{pmatrix}$$

的对应分量相等，即

$$a_i=b_i\ (i=1,\ 2,\ \cdots,\ n),$$

则称这两个向量相等，记作 $\boldsymbol{\alpha}=\boldsymbol{\beta}$.

**定义 3.3** 设 $n$ 维向量

$$\boldsymbol{\alpha}=\begin{pmatrix}a_1\\a_2\\\vdots\\a_n\end{pmatrix},\ \boldsymbol{\beta}=\begin{pmatrix}b_1\\b_2\\\vdots\\b_n\end{pmatrix},$$

定义 $\boldsymbol{\alpha}$ 与 $\boldsymbol{\beta}$ 的加法为

$$\boldsymbol{\alpha}+\boldsymbol{\beta}=\begin{pmatrix}a_1+b_1\\a_2+b_2\\\vdots\\a_n+b_n\end{pmatrix}.$$

由定义可得

**交换律** $\boldsymbol{\alpha}+\boldsymbol{\beta}=\boldsymbol{\beta}+\boldsymbol{\alpha}$. (3.1)

**结合律** $\boldsymbol{\alpha}+(\boldsymbol{\beta}+\boldsymbol{\gamma})=(\boldsymbol{\alpha}+\boldsymbol{\beta})+\boldsymbol{\gamma}$. (3.2)

**定义 3.4** 分量全为零的向量 $\begin{pmatrix}0\\0\\\vdots\\0\end{pmatrix}$ 称为**零向量**，记为 $\mathbf{0}$. 向量

$\begin{pmatrix} -a_1 \\ -a_2 \\ \vdots \\ -a_n \end{pmatrix}$称为向量$\boldsymbol{\alpha}=\begin{pmatrix} a_1 \\ a_2 \\ \vdots \\ a_n \end{pmatrix}$的**负向量**，记为$-\boldsymbol{\alpha}$；向量的减法定义为

$\boldsymbol{\alpha}-\boldsymbol{\beta}=\boldsymbol{\alpha}+(-\boldsymbol{\beta})$.

由定义，对任意的$n$维向量$\boldsymbol{\alpha}$，有

$$\boldsymbol{\alpha}+\mathbf{0}=\boldsymbol{\alpha}, \tag{3.3}$$

$$\boldsymbol{\alpha}+(-\boldsymbol{\alpha})=\mathbf{0}. \tag{3.4}$$

**定义 3.5** 设$k$为实数，$\boldsymbol{\alpha}$为向量，定义**数与向量的乘法**$k\boldsymbol{\alpha}$为

$$k\boldsymbol{\alpha}=\begin{pmatrix} ka_1 \\ ka_2 \\ \vdots \\ ka_n \end{pmatrix}，其中\ \boldsymbol{\alpha}=\begin{pmatrix} a_1 \\ a_2 \\ \vdots \\ a_n \end{pmatrix}.$$

根据定义，对任意的$n$维向量$\boldsymbol{\alpha}$，$\boldsymbol{\beta}$及任意的实数$k$，$l$均有

$$k(\boldsymbol{\alpha}+\boldsymbol{\beta})=k\boldsymbol{\alpha}+k\boldsymbol{\beta}, \tag{3.5}$$

$$(k+l)\boldsymbol{\alpha}=k\boldsymbol{\alpha}+l\boldsymbol{\alpha}, \tag{3.6}$$

$$k(l\boldsymbol{\alpha})=(kl)\boldsymbol{\alpha}, \tag{3.7}$$

$$1\boldsymbol{\alpha}=\boldsymbol{\alpha}. \tag{3.8}$$

式（3.1）~式（3.4）是向量加法的运算性质，式（3.5）~式（3.8）是数与向量乘法运算（简称为数乘运算）的性质. 由定义不难得出

$$(-1)\boldsymbol{\alpha}=-\boldsymbol{\alpha},$$

$$0\boldsymbol{\alpha}=\mathbf{0},$$

$$k\mathbf{0}=\mathbf{0}.$$

进一步，若$k\neq0$，$\boldsymbol{\alpha}\neq\mathbf{0}$，则$k\boldsymbol{\alpha}\neq\mathbf{0}$.

$n$维向量就是$n$个数的有序数组，写成行向量或列向量均可以. 从向量的观点看行向量与列向量是等同的，而我们通常将行向量看成行矩阵、将列向量看成列矩阵，这样，行向量与列向量就被认为是不同的. 列向量常用$\boldsymbol{\alpha}$，$\boldsymbol{\beta}$，$\boldsymbol{\gamma}$，…等表示，行向量常用$\boldsymbol{\alpha}^{\mathrm{T}}$，$\boldsymbol{\beta}^{\mathrm{T}}$，$\boldsymbol{\gamma}^{\mathrm{T}}$，…表示. 向量的加法和数乘运算称为向量的线性运算.

向量的加法和数与向量的乘法运算就是矩阵的加法和数与矩阵的乘法运算.

**例 3.2** 设$\boldsymbol{\alpha}$，$\boldsymbol{\beta}$，$\boldsymbol{\gamma}$均为三维向量，且$2\boldsymbol{\alpha}-\boldsymbol{\beta}+3\boldsymbol{\gamma}=\mathbf{0}$，其中

$$\boldsymbol{\alpha}=\begin{pmatrix}2\\2\\1\end{pmatrix},\ \boldsymbol{\beta}=\begin{pmatrix}-1\\2\\-2\end{pmatrix},$$

求向量 $\boldsymbol{\gamma}$.

解　由于 $2\boldsymbol{\alpha}-\boldsymbol{\beta}+3\boldsymbol{\gamma}=\mathbf{0}$，则

$$\boldsymbol{\gamma}=\frac{1}{3}(\boldsymbol{\beta}-2\boldsymbol{\alpha})=\frac{1}{3}\begin{pmatrix}-1\\2\\-2\end{pmatrix}-\frac{2}{3}\begin{pmatrix}2\\2\\1\end{pmatrix}=\frac{1}{3}\begin{pmatrix}-5\\-2\\-4\end{pmatrix}.$$

### 3.1.3　向量空间及其子空间

**定义 3.6**　实数域上的全体 $n$ 维向量组成的集合，连同定义在其上的加法和数与向量的乘法运算，称为**实数域上的 $n$ 维向量空间**，记为 $\mathbf{R}^n$.

$\mathbf{R}^n$ 中向量的加法和数乘运算是“封闭”的，即对任意的 $\boldsymbol{\alpha}$，$\boldsymbol{\beta}\in\mathbf{R}^n$，$\lambda\in\mathbf{R}$ 满足

$$\boldsymbol{\alpha}+\boldsymbol{\beta}\in\mathbf{R}^n,\ \lambda\boldsymbol{\alpha}\in\mathbf{R}^n,$$

且加法和数乘运算具有运算性质式（3.1）~式（3.8）.

当 $n=3$ 时，三维向量空间 $\mathbf{R}^3$ 就是几何空间.

**定义 3.7**　设 $V$ 是 $\mathbf{R}^n$ 的非空子集合，若对任意的 $\boldsymbol{\alpha}$，$\boldsymbol{\beta}\in V$，及任意的实数 $k$，均有

$$\boldsymbol{\alpha}+\boldsymbol{\beta}\in V,\ k\boldsymbol{\alpha}\in V,$$

则称 $V$ 是 $\mathbf{R}^n$ 的**子空间**，也称 $\mathbf{V}$ 为**实数域上的向量空间**. 其中 $\mathbf{V}$ 中向量的加法和数乘运算具有运算性质式（3.1）~式（3.8）.

由定义 3.7 可以看出 $\mathbf{R}^n$ 的子空间就是具有“良好”性质的向量组，这个性质是对加法和数乘运算封闭.

利用子空间的定义与几何直观，试确定几何空间 $\mathbf{R}^3$ 中的所有子空间.

**例 3.3**　(1) 若 $V_1=\mathbf{R}^n$，则 $V_1$ 是 $\mathbf{R}^n$ 的子空间.

(2) 若 $V_2$ 仅由零向量构成，即 $V_2=\{\mathbf{0}=(0,\ 0,\ \cdots,\ 0)^{\mathrm{T}}\}$，则 $V_2$ 是 $\mathbf{R}^n$ 的子空间，称为零子空间.

$V_1=\mathbf{R}^n$ 与 $V_2=\{\mathbf{0}=(0,\ 0,\ \cdots,\ 0)^{\mathrm{T}}\}$ 称为 $\mathbf{R}^n$ 的平凡子空间.

**例 3.4**　若 $V_3=\{(0,x_2,\cdots,x_n)^{\mathrm{T}}\mid x_i\in\mathbf{R}\}$，则 $V_3$ 是实数域上的向量空间.

若 $V_4=\{(1,x_2,\cdots,x_n)^{\mathrm{T}}\mid x_i\in\mathbf{R}\}$，则 $V_4$ 不是实数域上的向量空间.

**例 3.5** 设

$$\boldsymbol{\alpha}_1=\begin{pmatrix}2\\2\\1\end{pmatrix},\ \boldsymbol{\alpha}_2=\begin{pmatrix}-1\\2\\-2\end{pmatrix},$$

容易验证集合 $V=\{k_1\boldsymbol{\alpha}_1+k_2\boldsymbol{\alpha}_2\mid k_1,\ k_2\in\mathbf{R}\}$ 对于向量的加法和数乘运算封闭，所以 $V$ 是 $\mathbf{R}^3$ 的子空间，称之为由向量 $\boldsymbol{\alpha}_1$，$\boldsymbol{\alpha}_2$ 生成的子空间.

一般地，设 $\boldsymbol{\alpha}_1$，$\boldsymbol{\alpha}_2$，…，$\boldsymbol{\alpha}_r$ 是 $n$ 维向量，则集合

$$V=\{k_1\boldsymbol{\alpha}_1+k_2\boldsymbol{\alpha}_2+\cdots+k_r\boldsymbol{\alpha}_r\mid k_1,\ k_2,\ \cdots,\ k_r\in\mathbf{R}\}$$

对加法和数乘运算封闭，所以是 $\mathbf{R}^n$ 的子空间，称为由 $\boldsymbol{\alpha}_1$，$\boldsymbol{\alpha}_2$，…，$\boldsymbol{\alpha}_r$ 生成的子空间，记为 $V=\mathrm{span}\ \{\boldsymbol{\alpha}_1,\ \boldsymbol{\alpha}_2,\ \cdots,\ \boldsymbol{\alpha}_r\}$.

若 $V$，$W$ 均为 $\mathbf{R}^n$ 的子空间，且 $W\subseteq V$，也称 $W$ 是 $V$ 的子空间.

### *3.1.4 线性空间

将前述实数域上向量空间的概念进一步概括、抽象，给出抽象的线性空间概念. 线性空间是线性代数和许多数学分支的基本概念之一，它的理论和方法已经渗透到自然科学、工程技术的各个领域. 本小节先给出数域与线性空间的概念.

**定义 3.8** 设 $P$ 是由一些复数组成的集合，且 $P$ 包含数 0 和 1，若集合 $P$ 对数的加、减、乘、除运算封闭，即对任意的 $a$，$b\in P$，均有

$$a+b\in P,\ a-b\in P,\ ab\in P,\ \frac{a}{b}\in P\ (b\neq 0),$$

则称 $P$ 为数域.

**例 3.6** （1）全体实数组成的集合是数域，称为实数域，记为 $\mathbf{R}$.

（2）全体有理数组成的集合是数域，称为有理数域，记为 $\mathbf{Q}$.

（3）设 $P=\{a+b\sqrt{2}\mid a,\ b\in\mathbf{Q}\}$，则 $P$ 是数域.

（4）全体整数组成的集合 $\mathbf{Z}$，对于除法运算不封闭，不是数域.

**定义 3.9** 设 $P$ 为一个数域，$V$ 是一个非空集合. $V$ 中元素有一个加法运算，即对任意的 $\boldsymbol{\alpha}$，$\boldsymbol{\beta}\in V$，在 $V$ 中存在唯一的元素 $\boldsymbol{\gamma}$ 与之对应，称为 $\boldsymbol{\alpha}$ 与 $\boldsymbol{\beta}$ 的和，记为 $\boldsymbol{\gamma}=\boldsymbol{\alpha}+\boldsymbol{\beta}$. $P$ 中的数与 $V$ 中的元素之

间有数乘运算，即对任意的$\boldsymbol{\alpha}\in V$，$k\in P$，在$V$中存在唯一的元素$\boldsymbol{\eta}$与之对应，称为数$k$与$\boldsymbol{\alpha}$的积，记为$\boldsymbol{\eta}=k\boldsymbol{\alpha}$.

加法和数乘运算满足如下8条性质：

对任意的$\boldsymbol{\alpha}$，$\boldsymbol{\beta}$，$\boldsymbol{\gamma}\in V$，任意的$k$，$l\in P$，有

（1）$\boldsymbol{\alpha}+\boldsymbol{\beta}=\boldsymbol{\beta}+\boldsymbol{\alpha}$.

（2）$(\boldsymbol{\alpha}+\boldsymbol{\beta})+\boldsymbol{\gamma}=\boldsymbol{\alpha}+(\boldsymbol{\beta}+\boldsymbol{\gamma})$.

（3）$V$中有元素$\mathbf{0}$，使得对$V$中任意的$\boldsymbol{\alpha}$，均有$\mathbf{0}+\boldsymbol{\alpha}=\boldsymbol{\alpha}$. 称这里的$\mathbf{0}$为零元素.

（4）对任意的$\boldsymbol{\alpha}\in V$，存在$\boldsymbol{\beta}\in V$，使$\boldsymbol{\alpha}+\boldsymbol{\beta}=\mathbf{0}$. 称这里的$\boldsymbol{\beta}$为$\boldsymbol{\alpha}$的负元素，记为$-\boldsymbol{\alpha}$.

（5）$k(\boldsymbol{\alpha}+\boldsymbol{\beta})=k\boldsymbol{\alpha}+k\boldsymbol{\beta}$.

（6）$(k+l)\boldsymbol{\alpha}=k\boldsymbol{\alpha}+l\boldsymbol{\alpha}$.

（7）$(kl)\boldsymbol{\alpha}=k(l\boldsymbol{\alpha})$.

（8）$1\boldsymbol{\alpha}=\boldsymbol{\alpha}$.

则称$V$是数域$P$上的**线性空间**，$V$中的元素通常称为向量.

**例 3.7** 设$V$是实数域上全体$m$行$n$列矩阵组成的集合，$\mathbf{R}$为实数域，则在矩阵的加法及$\mathbf{R}$中数与矩阵的乘法运算下，$V$是$\mathbf{R}$上的线性空间.

解　首先，$V$中的矩阵有加法运算，且加法运算满足交换律、结合律. $V$中有零矩阵$\boldsymbol{O}$，使得对任意的$\boldsymbol{A}\in V$，有$\boldsymbol{A}+\boldsymbol{O}=\boldsymbol{A}$. 对任意的$\boldsymbol{A}\in V$，在$V$中存在$-\boldsymbol{A}$，使得$\boldsymbol{A}+(-\boldsymbol{A})=\boldsymbol{O}$，即性质（1）~（4）得到满足. 由$\mathbf{R}$中数与矩阵的乘法的定义容易验证性质(5)~（8）也满足. 从而$V$是$\mathbf{R}$上的线性空间.

**例 3.8** 设$V$为$[0, 1]$区间上全体实连续函数组成的集合，$\mathbf{R}$为实数域. 则$V$是$\mathbf{R}$上的线性空间.

这里定义的线性空间是前面向量空间概念的推广. $V$中元素不仅仅是$\mathbf{R}^n$中的$n$维向量，还可以是矩阵、函数等，只要$V$中的元素有加法运算，且加法运算满足（1）~（4）条运算性质，同时有数乘运算，且数乘运算满足（6）~（8）条性质，则$V$是数域$P$上的线性空间.

**例 3.9** 设$P$为数域，$V$为数域$P$上的$n$维向量组成的集合，即

$$V=\{(x_1, x_2, \cdots, x_n)^{\mathrm{T}} \mid x_i\in P, i=1, 2, \cdots, n\},$$

则 $V$ 是 $P$ 上的线性空间.

**证** 设 $\boldsymbol{\alpha}$，$\boldsymbol{\beta}\in V$，$k\in P$，且 $\boldsymbol{\alpha}=(x_1, x_2, \cdots, x_n)^{\mathrm{T}}$，$\boldsymbol{\beta}=(y_1, y_2, \cdots, y_n)^{\mathrm{T}}$，定义加法与数乘运算为

$\boldsymbol{\alpha}+\boldsymbol{\beta}=(x_1+y_1, x_2+y_2, \cdots, x_n+y_n)^{\mathrm{T}}$，$k\boldsymbol{\alpha}=(kx_1, kx_2, \cdots, kx_n)^{\mathrm{T}}$.

容易验证上述运算满足线性空间定义中的 8 条运算性质，从而 $V$ 是数域 $P$ 上的线性空间，记为 $P^n$. 当 $P=\mathbf{R}$ 时，就是我们讨论的 $n$ 维向量空间 $\mathbf{R}^n$.

由线性空间的定义可得一些简单的性质，这里只列出，不予证明.

（1）零元素是唯一的.

（2）每一个元素的负元素是唯一的.

（3）$0\boldsymbol{\alpha}=\mathbf{0}$，$k\mathbf{0}=\mathbf{0}$，$(-1)\boldsymbol{\alpha}=-\boldsymbol{\alpha}$.

（4）若 $k\boldsymbol{\alpha}=\mathbf{0}$，则 $k=0$ 或 $\boldsymbol{\alpha}=\mathbf{0}$.

**定义 3.10** 若线性空间 $V$ 的子集合 $W$ 对于 $V$ 的加法与数乘运算封闭，则 $W$ 在原来的运算下也是线性空间，称为 $V$ 的**子空间**.

**例 3.10** 设 $V$ 是全体实系数多项式组成的集合，$\mathbf{R}$ 为实数域，则在多项式的加法及 $\mathbf{R}$ 中数与多项式的乘法下，$V$ 是 $\mathbf{R}$ 上的线性空间. 设 $W$ 是全体次数小于或等于 $n$ 的实系数多项式集合，$W$ 对于多项式的加法及 $\mathbf{R}$ 中数与多项式的乘法运算封闭，$W$ 也为 $\mathbf{R}$ 上的线性空间，$W$ 为 $V$ 的**子空间**.

## 习题 3.1

### A 组

1. 已知向量 $\boldsymbol{\alpha}_1=(1, -1, 2)^{\mathrm{T}}$，$\boldsymbol{\alpha}_2=(3, 1, -5)^{\mathrm{T}}$，$\boldsymbol{\alpha}_3=(4, -7, 0)^{\mathrm{T}}$，计算

（1）$\boldsymbol{\alpha}_1+2\boldsymbol{\alpha}_2-\boldsymbol{\alpha}_3$.

（2）$(\boldsymbol{\alpha}_1+\boldsymbol{\alpha}_2)+2(\boldsymbol{\alpha}_2+\boldsymbol{\alpha}_3)-3(\boldsymbol{\alpha}_3+\boldsymbol{\alpha}_1)$.

（3）$(\boldsymbol{\alpha}_1-\boldsymbol{\alpha}_2)+(\boldsymbol{\alpha}_2-\boldsymbol{\alpha}_3)+(\boldsymbol{\alpha}_3-\boldsymbol{\alpha}_1)$.

2. 已知向量 $\boldsymbol{\alpha}=(3, 5, 7)^{\mathrm{T}}$，$\boldsymbol{\beta}=(2, 4, 6)^{\mathrm{T}}$，且 $2\boldsymbol{\alpha}-5\boldsymbol{\beta}+3\boldsymbol{\gamma}=\mathbf{0}$，求向量 $\boldsymbol{\gamma}$.

3. 已知向量 $\boldsymbol{\alpha}=(4, 2, 3, 4)^{\mathrm{T}}$，$\boldsymbol{\beta}=(2, 2, 3, 4)^{\mathrm{T}}$，且 $\boldsymbol{\alpha}-3\boldsymbol{\beta}+2\boldsymbol{\gamma}=\mathbf{0}$，求向量 $\boldsymbol{\gamma}$.

4. 设 $\boldsymbol{\varepsilon}_1=\begin{pmatrix}1\\0\\0\\0\end{pmatrix}$，$\boldsymbol{\varepsilon}_2=\begin{pmatrix}0\\1\\0\\0\end{pmatrix}$，$\boldsymbol{\varepsilon}_3=\begin{pmatrix}0\\0\\1\\0\end{pmatrix}$，$\boldsymbol{\varepsilon}_4=\begin{pmatrix}0\\0\\0\\1\end{pmatrix}$，试确定

（1）由 $\boldsymbol{\varepsilon}_1$，$\boldsymbol{\varepsilon}_2$ 生成的子空间.

(2) 由 $\boldsymbol{\varepsilon}_1$, $\boldsymbol{\varepsilon}_2$, $\boldsymbol{\varepsilon}_3$, $\boldsymbol{\varepsilon}_4$ 生成的子空间.

5. 求由向量 $\boldsymbol{\alpha}=(1,1,0,)^{\mathrm{T}}$, $\boldsymbol{\beta}=(0,0,1)^{\mathrm{T}}$ 生成的子空间，并给出几何意义.

6. (1) 设 $V_1$ 是全体实系数四次多项式的集合，在多项式的加法及数与多项式的乘法运算下，$V_1$ 是否为实数域上的线性空间？为什么？

(2) 设 $V_2$ 是实数域上全体 $n$ 阶对称矩阵组成的集合，在矩阵的加法及数与矩阵的乘法运算下，$V_2$ 是否为实数域上的线性空间？为什么？

**B 组**

1. 设 $V_1$, $V_2$ 均为实数域上的向量空间，证明：$V_1\cap V_2$ 也是实数域上的向量空间.

2. 设 $V_1$, $V_2$ 均为实数域上的向量空间，证明：$V_1+V_2=\{\boldsymbol{\alpha}_1+\boldsymbol{\alpha}_2 \mid \boldsymbol{\alpha}_1\in V_1, \boldsymbol{\alpha}_2\in V_2\}$ 也是实数域上的向量空间.

*3. 设 $\mathbf{R}^+$ 是正实数的集合，$\mathbf{R}$ 为实数域，对任意的 $a$, $b\in\mathbf{R}^+$, $k\in\mathbf{R}$, 定义

$$a\oplus b=ab,\quad k\odot a=a^k.$$

$\mathbf{R}^+$ 关于运算 $\oplus$、$\odot$ 是否构成实数域 $\mathbf{R}$ 上的线性空间？为什么？

*4. 证明：在线性空间中，下列性质成立.

(1) 零元素是唯一的.

(2) 每一个元素的负元素是唯一的.

(3) $0\boldsymbol{\alpha}=\mathbf{0}$, $k\mathbf{0}=\mathbf{0}$, $(-1)\boldsymbol{\alpha}=-\boldsymbol{\alpha}$.

(4) 若 $k\boldsymbol{\alpha}=\mathbf{0}$, 则 $k=0$ 或 $\boldsymbol{\alpha}=\mathbf{0}$.

## 3.2 向量的线性关系

### 3.2.1 向量的线性表示

向量的加法和数乘运算通常称之为向量的线性运算，下面研究向量在线性运算下的关系.

利用矩阵分块运算，$\boldsymbol{\beta}=k_1\boldsymbol{\alpha}_1+k_2\boldsymbol{\alpha}_2+\cdots+k_s\boldsymbol{\alpha}_s$ 可以写成

$$\boldsymbol{\beta}=(\boldsymbol{\alpha}_1,\boldsymbol{\alpha}_2,\cdots,\boldsymbol{\alpha}_s)\begin{pmatrix}k_1\\k_2\\\vdots\\k_s\end{pmatrix}.$$

**定义 3.11** 设 $\boldsymbol{\alpha}_1$, $\boldsymbol{\alpha}_2$, $\cdots$, $\boldsymbol{\alpha}_s$, $\boldsymbol{\beta}$ 均为 $n$ 维向量，若存在一组数 $k_1$, $k_2$, $\cdots$, $k_s$, 使得

$$\boldsymbol{\beta}=k_1\boldsymbol{\alpha}_1+k_2\boldsymbol{\alpha}_2+\cdots+k_s\boldsymbol{\alpha}_s,$$

则称向量 $\boldsymbol{\beta}$ 是向量组 $\boldsymbol{\alpha}_1$, $\boldsymbol{\alpha}_2$, $\cdots$, $\boldsymbol{\alpha}_s$ 的一个**线性组合**. 这时，也称向量 $\boldsymbol{\beta}$ 可由向量组 $\boldsymbol{\alpha}_1$, $\boldsymbol{\alpha}_2$, $\cdots$, $\boldsymbol{\alpha}_s$ **线性表示**.

**例 3.11** 设 $\boldsymbol{\alpha}_1=\begin{pmatrix}1\\2\\3\end{pmatrix}$, $\boldsymbol{\alpha}_2=\begin{pmatrix}2\\0\\1\end{pmatrix}$, $\boldsymbol{\beta}=\begin{pmatrix}5\\2\\5\end{pmatrix}$, 则有 $\boldsymbol{\beta}=\boldsymbol{\alpha}_1+2\boldsymbol{\alpha}_2$.

**例 3.12** 设 $\boldsymbol{\varepsilon}_1=\begin{pmatrix}1\\0\\\vdots\\0\end{pmatrix}$, $\boldsymbol{\varepsilon}_2=\begin{pmatrix}0\\1\\\vdots\\0\end{pmatrix}$, $\cdots$, $\boldsymbol{\varepsilon}_n=\begin{pmatrix}0\\0\\\vdots\\1\end{pmatrix}$, 则对任意的 $n$ 维向

量 $\boldsymbol{\alpha}=\begin{pmatrix}a_1\\a_2\\\vdots\\a_n\end{pmatrix}$ 均有

$$\boldsymbol{\alpha}=a_1\boldsymbol{\varepsilon}_1+a_2\boldsymbol{\varepsilon}_2+\cdots+a_n\boldsymbol{\varepsilon}_n.$$

任意一个 $n$ 维向量 $\boldsymbol{\alpha}$ 均可由向量组 $\boldsymbol{\varepsilon}_1$，$\boldsymbol{\varepsilon}_2$，…，$\boldsymbol{\varepsilon}_n$ 线性表示，$\boldsymbol{\varepsilon}_1$，$\boldsymbol{\varepsilon}_2$，…，$\boldsymbol{\varepsilon}_n$ 通常称为 $n$ 维**单位坐标向量组**.

由定义可知，零向量可由任意一个向量组线性表示.

设线性方程组

$$\begin{cases}a_{11}x_1+a_{12}x_2+\cdots+a_{1n}x_n=b_1\\a_{21}x_1+a_{22}x_2+\cdots+a_{2n}x_n=b_2\\\quad\vdots\\a_{m1}x_1+a_{m2}x_2+\cdots+a_{mn}x_n=b_m\end{cases},\tag{3.9}$$

借助向量运算，方程组可以表示为

$$x_1\begin{pmatrix}a_{11}\\a_{21}\\\vdots\\a_{m1}\end{pmatrix}+x_2\begin{pmatrix}a_{12}\\a_{22}\\\vdots\\a_{m2}\end{pmatrix}+\cdots+x_n\begin{pmatrix}a_{1n}\\a_{2n}\\\vdots\\a_{mn}\end{pmatrix}=\begin{pmatrix}b_1\\b_2\\\vdots\\b_m\end{pmatrix}.$$

若记

$$\boldsymbol{\alpha}_1=\begin{pmatrix}a_{11}\\a_{21}\\\vdots\\a_{m1}\end{pmatrix},\ \boldsymbol{\alpha}_2=\begin{pmatrix}a_{12}\\a_{22}\\\vdots\\a_{m2}\end{pmatrix},\ \cdots,\ \boldsymbol{\alpha}_n=\begin{pmatrix}a_{1n}\\a_{2n}\\\vdots\\a_{mn}\end{pmatrix},\ \boldsymbol{\beta}=\begin{pmatrix}b_1\\b_2\\\vdots\\b_m\end{pmatrix},$$

则线性方程组（3.9）的向量形式为

$$x_1\boldsymbol{\alpha}_1+x_2\boldsymbol{\alpha}_2+\cdots+x_n\boldsymbol{\alpha}_n=\boldsymbol{\beta}.$$

**定理 3.3** 向量 $\boldsymbol{\beta}$ 可由向量组 $\boldsymbol{\alpha}_1$，$\boldsymbol{\alpha}_2$，…，$\boldsymbol{\alpha}_n$ 线性表示的充分必要条件是线性方程组

$$x_1\boldsymbol{\alpha}_1+x_2\boldsymbol{\alpha}_2+\cdots+x_n\boldsymbol{\alpha}_n=\boldsymbol{\beta}$$

有解.

证 **充分性** 若方程组有解，设 $k_1$，$k_2$，…，$k_n$ 为一组解，则有

$$k_1\boldsymbol{\alpha}_1+k_2\boldsymbol{\alpha}_2+\cdots+k_n\boldsymbol{\alpha}_n=\boldsymbol{\beta},$$

即向量 $\boldsymbol{\beta}$ 可由向量组 $\boldsymbol{\alpha}_1$，$\boldsymbol{\alpha}_2$，…，$\boldsymbol{\alpha}_n$ 线性表示.

**必要性** 若向量 $\boldsymbol{\beta}$ 可由向量组 $\boldsymbol{\alpha}_1$，$\boldsymbol{\alpha}_2$，…，$\boldsymbol{\alpha}_n$ 线性表示，则存在一组数 $k_1$，$k_2$，…，$k_n$，使得

$$\boldsymbol{\beta}=k_1\boldsymbol{\alpha}_1+k_2\boldsymbol{\alpha}_2+\cdots+k_n\boldsymbol{\alpha}_n,$$

所以，$k_1$，$k_2$，…，$k_n$ 是方程组

$$x_1\boldsymbol{\alpha}_1+x_2\boldsymbol{\alpha}_2+\cdots+x_n\boldsymbol{\alpha}_n=\boldsymbol{\beta}$$

的一组解.

**例 3.13** 设 $\boldsymbol{\alpha}_1=(1,2,-3)^{\mathrm{T}}$，$\boldsymbol{\alpha}_2=(-3,4,7)^{\mathrm{T}}$，$\boldsymbol{\alpha}_3=(7,-3,2)^{\mathrm{T}}$，$\boldsymbol{\beta}=(2,-1,3)^{\mathrm{T}}$，问 $\boldsymbol{\beta}$ 能否由 $\boldsymbol{\alpha}_1$，$\boldsymbol{\alpha}_2$，$\boldsymbol{\alpha}_3$ 线性表示. 若能，写出表示式.

**解** 考虑线性方程组

$$x_1\boldsymbol{\alpha}_1+x_2\boldsymbol{\alpha}_2+x_3\boldsymbol{\alpha}_3=\boldsymbol{\beta},$$

即

$$\begin{cases} x_1-3x_2+7x_3=2\\ 2x_1+4x_2-3x_3=-1.\\ -3x_1+7x_2+2x_3=3\end{cases}$$

由于系数行列式非零，方程组有唯一解，其解为

$$x_1=-\frac{27}{98},\ x_2=\frac{19}{98},\ x_3=\frac{20}{49},$$

所以，$\boldsymbol{\beta}$ 可由 $\boldsymbol{\alpha}_1$，$\boldsymbol{\alpha}_2$，$\boldsymbol{\alpha}_3$ 线性表示，且

$$\boldsymbol{\beta}=-\frac{27}{98}\boldsymbol{\alpha}_1+\frac{19}{98}\boldsymbol{\alpha}_2+\frac{20}{49}\boldsymbol{\alpha}_3.$$

**定义 3.12** 若向量组 $\boldsymbol{\alpha}_1$，$\boldsymbol{\alpha}_2$，…，$\boldsymbol{\alpha}_s$ 中的每一个向量 $\boldsymbol{\alpha}_i$（$i=1,2,\cdots,s$）均可由向量组 $\boldsymbol{\beta}_1$，$\boldsymbol{\beta}_2$，…，$\boldsymbol{\beta}_t$ 线性表示，则称向量组 $\boldsymbol{\alpha}_1$，$\boldsymbol{\alpha}_2$，…，$\boldsymbol{\alpha}_s$ 可由向量组 $\boldsymbol{\beta}_1$，$\boldsymbol{\beta}_2$，…，$\boldsymbol{\beta}_t$ 线性表示. 若两个向量组可以互相线性表示，则称这两个**向量组等价**.

显然，任意一个向量组可由自身线性表示. 在例 3.13 中，向量组 $\boldsymbol{\alpha}_1$，$\boldsymbol{\alpha}_2$，$\boldsymbol{\alpha}_3$ 与向量组 $\boldsymbol{\alpha}_1$，$\boldsymbol{\alpha}_2$，$\boldsymbol{\alpha}_3$，$\boldsymbol{\beta}$ 等价.

**定理 3.4** 若向量组 $\boldsymbol{\alpha}_1$，$\boldsymbol{\alpha}_2$，…，$\boldsymbol{\alpha}_s$ 可由向量组 $\boldsymbol{\beta}_1$，$\boldsymbol{\beta}_2$，…，$\boldsymbol{\beta}_t$ 线性表示，而向量组 $\boldsymbol{\beta}_1$，$\boldsymbol{\beta}_2$，…，$\boldsymbol{\beta}_t$ 可由向量组 $\boldsymbol{\gamma}_1$，$\boldsymbol{\gamma}_2$，…，$\boldsymbol{\gamma}_p$ 线性表示，则向量组 $\boldsymbol{\alpha}_1$，$\boldsymbol{\alpha}_2$，…，$\boldsymbol{\alpha}_s$ 可由向量组 $\boldsymbol{\gamma}_1$，$\boldsymbol{\gamma}_2$，…，$\boldsymbol{\gamma}_p$ 线性表示.

**证** 由假设存在实数 $k_{ij}$ 及 $l_{jm}$（$i=1,2,\cdots,s$，$j=1,2,\cdots,$

$t$, $m=1$, 2, …, $p$)，使得

$$\boldsymbol{\alpha}_i = \sum_{j=1}^{t} k_{ij}\boldsymbol{\beta}_j \quad (i = 1,2,\cdots,s),$$

$$\boldsymbol{\beta}_j = \sum_{m=1}^{p} l_{jm}\boldsymbol{\gamma}_m \quad (j = 1,2,\cdots,t),$$

从而

$$\boldsymbol{\alpha}_i = \sum_{j=1}^{t} k_{ij}\boldsymbol{\beta}_j = \sum_{j=1}^{t} k_{ij}\Big(\sum_{m=1}^{p} l_{jm}\boldsymbol{\gamma}_m\Big) = \sum_{j=1}^{t}\sum_{m=1}^{p} k_{ij}l_{jm}\boldsymbol{\gamma}_m$$
$$= \sum_{m=1}^{p}\Big(\sum_{j=1}^{t} k_{ij}l_{jm}\Big)\boldsymbol{\gamma}_m \ (i = 1, 2, \cdots, s).$$

所以向量组 $\boldsymbol{\alpha}_1$, $\boldsymbol{\alpha}_2$, …, $\boldsymbol{\alpha}_s$ 可由向量组 $\boldsymbol{\gamma}_1$, $\boldsymbol{\gamma}_2$, …, $\boldsymbol{\gamma}_p$ 线性表示.

向量组的等价有如下的性质:

(1) **反身性**: 每一个向量组与自身等价.

(2) **对称性**: 若向量组 $\boldsymbol{\alpha}_1$, $\boldsymbol{\alpha}_2$, …, $\boldsymbol{\alpha}_s$ 与向量组 $\boldsymbol{\beta}_1$, $\boldsymbol{\beta}_2$, …, $\boldsymbol{\beta}_t$ 等价，则向量组 $\boldsymbol{\beta}_1$, $\boldsymbol{\beta}_2$, …, $\boldsymbol{\beta}_t$ 与向量组 $\boldsymbol{\alpha}_1$, $\boldsymbol{\alpha}_2$, …, $\boldsymbol{\alpha}_s$ 等价.

(3) **传递性**: 若向量组 $\boldsymbol{\alpha}_1$, $\boldsymbol{\alpha}_2$, …, $\boldsymbol{\alpha}_s$ 与向量组 $\boldsymbol{\beta}_1$, $\boldsymbol{\beta}_2$, …, $\boldsymbol{\beta}_t$ 等价，向量组 $\boldsymbol{\beta}_1$, $\boldsymbol{\beta}_2$, …, $\boldsymbol{\beta}_t$ 与向量组 $\boldsymbol{\gamma}_1$, $\boldsymbol{\gamma}_2$, …, $\boldsymbol{\gamma}_p$ 等价，则向量组 $\boldsymbol{\alpha}_1$, $\boldsymbol{\alpha}_2$, …, $\boldsymbol{\alpha}_s$ 与向量组 $\boldsymbol{\gamma}_1$, $\boldsymbol{\gamma}_2$, …, $\boldsymbol{\gamma}_p$ 等价.

根据向量组等价的定义，方程组（3.9）有解的充分必要条件是向量组 $\boldsymbol{\alpha}_1$, $\boldsymbol{\alpha}_2$, …, $\boldsymbol{\alpha}_n$ 与向量组 $\boldsymbol{\alpha}_1$, $\boldsymbol{\alpha}_2$, …, $\boldsymbol{\alpha}_n$, $\boldsymbol{\beta}$ 等价.

设矩阵 $\boldsymbol{A}$, $\boldsymbol{B}$ 的列向量组分别为 $\boldsymbol{\alpha}_1$, $\boldsymbol{\alpha}_2$, …, $\boldsymbol{\alpha}_s$ 与 $\boldsymbol{\beta}_1$, $\boldsymbol{\beta}_2$, …, $\boldsymbol{\beta}_t$，且向量组 $\boldsymbol{\beta}_1$, $\boldsymbol{\beta}_2$, …, $\boldsymbol{\beta}_t$ 可由向量组 $\boldsymbol{\alpha}_1$, $\boldsymbol{\alpha}_2$, …, $\boldsymbol{\alpha}_s$ 线性表示，且

$$\boldsymbol{\beta}_j = k_{1j}\boldsymbol{\alpha}_1 + k_{2j}\boldsymbol{\alpha}_2 + \cdots + k_{sj}\boldsymbol{\alpha}_s \ (j=1, 2, \cdots, t),$$

则有

$$(\boldsymbol{\beta}_1, \boldsymbol{\beta}_2, \cdots, \boldsymbol{\beta}_t) = (\boldsymbol{\alpha}_1, \boldsymbol{\alpha}_2, \cdots, \boldsymbol{\alpha}_s)\begin{pmatrix} k_{11} & k_{12} & \cdots & k_{1t} \\ k_{21} & k_{22} & \cdots & k_{2t} \\ \vdots & \vdots & & \vdots \\ k_{s1} & k_{s2} & \cdots & k_{st} \end{pmatrix},$$

即 $\boldsymbol{B}=\boldsymbol{AK}$. 其中，$\boldsymbol{K}=(k_{ij})$ 是由线性表示系数构成的矩阵.

若 $\boldsymbol{A}$, $\boldsymbol{B}$, $\boldsymbol{P}$ 为矩阵，且有 $\boldsymbol{B}=\boldsymbol{AP}$，则矩阵 $\boldsymbol{B}$ 的列向量组可由矩阵 $\boldsymbol{A}$ 的列向量组线性表示，$\boldsymbol{P}$ 是由线性表示系数构成的矩阵. 进一

若矩阵 $\boldsymbol{A}$，$\boldsymbol{B}$，$\boldsymbol{C}$ 满足 $\boldsymbol{AB}=\boldsymbol{C}$，则矩阵 $\boldsymbol{C}$ 的列向量组可由矩阵 $\boldsymbol{A}$ 的列向量组线性表示，矩阵 $\boldsymbol{C}$ 的行向量组可由矩阵 $\boldsymbol{B}$ 的行向量组线性表示.

步设 $\boldsymbol{P}$ 可逆，则有 $\boldsymbol{A}=\boldsymbol{BP}^{-1}$，这时矩阵 $\boldsymbol{A}$ 的列向量组可由矩阵 $\boldsymbol{B}$ 的列向量组线性表示，所以矩阵 $\boldsymbol{A}$ 的列向量组与矩阵 $\boldsymbol{B}$ 的列向量组等价. 从而有

**定理 3.5** 若矩阵 $\boldsymbol{A}$ 经过初等列变换变为矩阵 $\boldsymbol{B}$，则矩阵 $\boldsymbol{A}$ 的列向量组与矩阵 $\boldsymbol{B}$ 的列向量组等价.

**推论** 若矩阵 $\boldsymbol{A}$ 经过初等行变换变为矩阵 $\boldsymbol{B}$，则矩阵 $\boldsymbol{A}$ 的行向量组与矩阵 $\boldsymbol{B}$ 的行向量组等价.

### 3.2.2 向量的线性相关性

**定义 3.13** 对于向量组 $\boldsymbol{\alpha}_1$，$\boldsymbol{\alpha}_2$，…，$\boldsymbol{\alpha}_s$（$s\geqslant 1$），若存在不全为零的一组数 $k_1$，$k_2$，…，$k_s$，使得

$$k_1\boldsymbol{\alpha}_1+k_2\boldsymbol{\alpha}_2+\cdots+k_s\boldsymbol{\alpha}_s=\boldsymbol{0},$$

则称向量组 $\boldsymbol{\alpha}_1$，$\boldsymbol{\alpha}_2$，…，$\boldsymbol{\alpha}_s$ 线性相关.

**例 3.14** 设向量组

$$\boldsymbol{\alpha}_1=\begin{pmatrix}1\\2\\3\end{pmatrix},\ \boldsymbol{\alpha}_2=\begin{pmatrix}2\\0\\1\end{pmatrix},\ \boldsymbol{\alpha}_3=\begin{pmatrix}5\\2\\5\end{pmatrix},$$

由于存在不全为零的一组数 1，2，$-1$，使得 $\boldsymbol{\alpha}_1+2\boldsymbol{\alpha}_2-\boldsymbol{\alpha}_3=\boldsymbol{0}$. 根据定义 3.13，向量组 $\boldsymbol{\alpha}_1$，$\boldsymbol{\alpha}_2$，$\boldsymbol{\alpha}_3$ 线性相关.

**例 3.15** 证明下列命题：

（1）若向量组中含有零向量，则向量组线性相关.

（2）若向量组中有两个向量相同，则向量组线性相关.

**证** （1）设向量组 $\boldsymbol{\alpha}_1$，$\boldsymbol{\alpha}_2$，…，$\boldsymbol{\alpha}_s$ 含有零向量，不妨设 $\boldsymbol{\alpha}_1=\boldsymbol{0}$，由于存在不全为零的一组数 1，0，…，0，使得 $1\boldsymbol{\alpha}_1+0\boldsymbol{\alpha}_2+\cdots+0\boldsymbol{\alpha}_s=\boldsymbol{0}$，根据定义 3.13，向量组 $\boldsymbol{\alpha}_1$，$\boldsymbol{\alpha}_2$，…，$\boldsymbol{\alpha}_s$ 线性相关.

（2）设向量组 $\boldsymbol{\alpha}_1$，$\boldsymbol{\alpha}_2$，…，$\boldsymbol{\alpha}_s$ 中有两个向量相同，不妨设 $\boldsymbol{\alpha}_1=\boldsymbol{\alpha}_2$，由于存在不全为零的一组数 1，$-1$，0，…，0，使得 $1\boldsymbol{\alpha}_1+(-1)\boldsymbol{\alpha}_2+0\boldsymbol{\alpha}_3+\cdots+0\boldsymbol{\alpha}_s=\boldsymbol{0}$，根据定义 3.13，向量组 $\boldsymbol{\alpha}_1$，$\boldsymbol{\alpha}_2$，…，$\boldsymbol{\alpha}_s$ 线性相关.

向量组线性相关的概念是几何空间中两个向量共线（平行）、三个向量共面概念的推广.

**定理 3.6** 向量组 $\boldsymbol{\alpha}_1$，$\boldsymbol{\alpha}_2$，…，$\boldsymbol{\alpha}_s$（$s\geqslant 2$）线性相关的充分必要条件是其中至少存在一个向量可由其余的 $s-1$ 个向量线性表示.

**证** **必要性** 若向量组 $\boldsymbol{\alpha}_1$，$\boldsymbol{\alpha}_2$，…，$\boldsymbol{\alpha}_s$ 线性相关，则存在不全

为零的一组数 $k_1$，$k_2$，…，$k_s$ 使得

$$k_1\boldsymbol{\alpha}_1+k_2\boldsymbol{\alpha}_2+\cdots+k_s\boldsymbol{\alpha}_s=\mathbf{0}.$$

由于 $k_1$，$k_2$，…，$k_s$ 中至少有一个不为零，不妨设 $k_i\neq0$，则有

$$\boldsymbol{\alpha}_i=-\frac{k_1}{k_i}\boldsymbol{\alpha}_1-\cdots-\frac{k_{i-1}}{k_i}\boldsymbol{\alpha}_{i-1}-\frac{k_{i+1}}{k_i}\boldsymbol{\alpha}_{i+1}-\cdots-\frac{k_s}{k_i}\boldsymbol{\alpha}_s.$$

即存在向量 $\boldsymbol{\alpha}_i$ 可由其余的向量线性表示.

**充分性** 若向量组 $\boldsymbol{\alpha}_1$，$\boldsymbol{\alpha}_2$，…，$\boldsymbol{\alpha}_s$ 中有一个向量可由其余的 $s-1$ 个向量线性表示，设 $\boldsymbol{\alpha}_i$ 可由其余的向量线性表示，

$$\boldsymbol{\alpha}_i=k_1\boldsymbol{\alpha}_1+\cdots+k_{i-1}\boldsymbol{\alpha}_{i-1}+k_{i+1}\boldsymbol{\alpha}_{i+1}+\cdots+k_s\boldsymbol{\alpha}_s,$$

从而

$$k_1\boldsymbol{\alpha}_1+\cdots+k_{i-1}\boldsymbol{\alpha}_{i-1}+(-1)\boldsymbol{\alpha}_i+k_{i+1}\boldsymbol{\alpha}_{i+1}+\cdots+k_s\boldsymbol{\alpha}_s=\mathbf{0}.$$

由于数 $k_1$，…，$k_{i-1}$，$-1$，$k_{i+1}$，…，$k_s$ 不全为零，根据定义，向量组 $\boldsymbol{\alpha}_1$，$\boldsymbol{\alpha}_2$，…，$\boldsymbol{\alpha}_s$ 线性相关.

**定义 3.14** 若向量组 $\boldsymbol{\alpha}_1$，$\boldsymbol{\alpha}_2$，…，$\boldsymbol{\alpha}_s$ 不是线性相关的，则称向量组 $\boldsymbol{\alpha}_1$，$\boldsymbol{\alpha}_2$，…，$\boldsymbol{\alpha}_s$ **线性无关**.

所谓向量组 $\boldsymbol{\alpha}_1$，$\boldsymbol{\alpha}_2$，…，$\boldsymbol{\alpha}_s$ 不是线性相关的，即不存在不全为零的一组数 $k_1$，$k_2$，…，$k_s$，使得

$$k_1\boldsymbol{\alpha}_1+k_2\boldsymbol{\alpha}_2+\cdots+k_s\boldsymbol{\alpha}_s=\mathbf{0}.$$

即只有当 $k_1=k_2=\cdots=k_s=0$ 时，才有

$$k_1\boldsymbol{\alpha}_1+k_2\boldsymbol{\alpha}_2+\cdots+k_s\boldsymbol{\alpha}_s=\mathbf{0}.$$

也即若

$$k_1\boldsymbol{\alpha}_1+k_2\boldsymbol{\alpha}_2+\cdots+k_s\boldsymbol{\alpha}_s=\mathbf{0},$$

必有 $k_1=k_2=\cdots=k_s=0$. 从而我们有向量组线性无关的等价定义.

**定义 3.15** 对于向量组 $\boldsymbol{\alpha}_1$，$\boldsymbol{\alpha}_2$，…，$\boldsymbol{\alpha}_s$，若

$$k_1\boldsymbol{\alpha}_1+k_2\boldsymbol{\alpha}_2+\cdots+k_s\boldsymbol{\alpha}_s=\mathbf{0},$$

则有 $k_1=k_2=\cdots=k_s=0$，称向量组 $\boldsymbol{\alpha}_1$，$\boldsymbol{\alpha}_2$，…，$\boldsymbol{\alpha}_s$ **线性无关**.

一个向量 $\boldsymbol{\alpha}$ 构成的向量组，当 $\boldsymbol{\alpha}=\mathbf{0}$ 时，是线性相关的；当 $\boldsymbol{\alpha}\neq\mathbf{0}$ 时，是线性无关的.

**例 3.16** 证明：$n$ 维单位坐标向量组 $\boldsymbol{\varepsilon}_1$，$\boldsymbol{\varepsilon}_2$，…，$\boldsymbol{\varepsilon}_n$ 线性无关.

**证** 若

$$k_1\boldsymbol{\varepsilon}_1+k_2\boldsymbol{\varepsilon}_2+\cdots+k_n\boldsymbol{\varepsilon}_n=\mathbf{0},$$

于是

$$\begin{pmatrix} k_1 \\ k_2 \\ \vdots \\ k_n \end{pmatrix} = k_1 \begin{pmatrix} 1 \\ 0 \\ \vdots \\ 0 \end{pmatrix} + k_2 \begin{pmatrix} 0 \\ 1 \\ \vdots \\ 0 \end{pmatrix} + \cdots + k_n \begin{pmatrix} 0 \\ 0 \\ \vdots \\ 1 \end{pmatrix} = \begin{pmatrix} 0 \\ 0 \\ \vdots \\ 0 \end{pmatrix},$$

所以 $k_1 = k_2 = \cdots = k_s = 0$，故向量组 $\boldsymbol{\varepsilon}_1$，$\boldsymbol{\varepsilon}_2$，…，$\boldsymbol{\varepsilon}_n$ 线性无关.

**例 3.17** 判断向量组

$$\boldsymbol{\alpha}_1 = \begin{pmatrix} 1 \\ 2 \\ 3 \end{pmatrix},\ \boldsymbol{\alpha}_2 = \begin{pmatrix} 2 \\ 0 \\ 1 \end{pmatrix},\ \boldsymbol{\alpha}_3 = \begin{pmatrix} 5 \\ 2 \\ 1 \end{pmatrix}$$

的线性相关性.

解　设 $k_1\boldsymbol{\alpha}_1 + k_2\boldsymbol{\alpha}_2 + k_3\boldsymbol{\alpha}_3 = \mathbf{0}$，即

$$k_1 \begin{pmatrix} 1 \\ 2 \\ 3 \end{pmatrix} + k_2 \begin{pmatrix} 2 \\ 0 \\ 1 \end{pmatrix} + k_3 \begin{pmatrix} 5 \\ 2 \\ 1 \end{pmatrix} = \begin{pmatrix} 0 \\ 0 \\ 0 \end{pmatrix},$$

也即

$$\begin{cases} k_1 + 2k_2 + 5k_3 = 0 \\ 2k_1 \qquad + 2k_3 = 0 \\ 3k_1 + k_2 + k_3 = 0 \end{cases}.$$

由于该方程组的系数行列式不等于零，方程组有唯一解，于是 $k_1 = 0$，$k_2 = 0$，$k_3 = 0$，所以向量组 $\boldsymbol{\alpha}_1$，$\boldsymbol{\alpha}_2$，$\boldsymbol{\alpha}_3$ 线性无关.

**例 3.18** 判断向量组

$$\boldsymbol{\alpha}_1 = \begin{pmatrix} 1 \\ 1 \\ 1 \\ 1 \end{pmatrix},\ \boldsymbol{\alpha}_2 = \begin{pmatrix} 1 \\ 1 \\ -1 \\ -1 \end{pmatrix},\ \boldsymbol{\alpha}_3 = \begin{pmatrix} 1 \\ 1 \\ 0 \\ 0 \end{pmatrix}$$

的线性相关性.

解　设 $k_1\boldsymbol{\alpha}_1 + k_2\boldsymbol{\alpha}_2 + k_3\boldsymbol{\alpha}_3 = \mathbf{0}$，即

$$k_1 \begin{pmatrix} 1 \\ 1 \\ 1 \\ 1 \end{pmatrix} + k_2 \begin{pmatrix} 1 \\ 1 \\ -1 \\ -1 \end{pmatrix} + k_3 \begin{pmatrix} 1 \\ 1 \\ 0 \\ 0 \end{pmatrix} = \begin{pmatrix} 0 \\ 0 \\ 0 \\ 0 \end{pmatrix},$$

也即

$$\begin{cases} k_1+k_2+k_3=0 \\ k_1+k_2+k_3=0 \\ k_1-k_2 \qquad =0 \\ k_1-k_2 \qquad =0 \end{cases}.$$

由于 $k_1=1$，$k_2=1$，$k_3=-2$ 是方程组的解，于是 $\boldsymbol{\alpha}_1+\boldsymbol{\alpha}_2-2\boldsymbol{\alpha}_3=\mathbf{0}$，所以向量组 $\boldsymbol{\alpha}_1$，$\boldsymbol{\alpha}_2$，$\boldsymbol{\alpha}_3$ 线性相关．

一般地，对于向量组

$$\boldsymbol{\alpha}_1=\begin{pmatrix} a_{11} \\ a_{21} \\ \vdots \\ a_{n1} \end{pmatrix},\ \boldsymbol{\alpha}_2=\begin{pmatrix} a_{12} \\ a_{22} \\ \vdots \\ a_{n2} \end{pmatrix},\ \cdots,\ \boldsymbol{\alpha}_s=\begin{pmatrix} a_{1s} \\ a_{2s} \\ \vdots \\ a_{ns} \end{pmatrix},$$

作齐次线性方程组

$$x_1\begin{pmatrix} a_{11} \\ a_{21} \\ \vdots \\ a_{n1} \end{pmatrix}+x_2\begin{pmatrix} a_{12} \\ a_{22} \\ \vdots \\ a_{n2} \end{pmatrix}+\cdots+x_s\begin{pmatrix} a_{1s} \\ a_{2s} \\ \vdots \\ a_{ns} \end{pmatrix}=\begin{pmatrix} 0 \\ 0 \\ \vdots \\ 0 \end{pmatrix},$$

即

$$x_1\boldsymbol{\alpha}_1+x_2\boldsymbol{\alpha}_2+\cdots+x_s\boldsymbol{\alpha}_s=\mathbf{0}.$$

我们有

**定理 3.7** 向量组 $\boldsymbol{\alpha}_1$，$\boldsymbol{\alpha}_2$，$\cdots$，$\boldsymbol{\alpha}_s$ 线性相关的充分必要条件是齐次线性方程组

$$x_1\boldsymbol{\alpha}_1+x_2\boldsymbol{\alpha}_2+\cdots+x_s\boldsymbol{\alpha}_s=\mathbf{0}$$

有非零解.

**证** **充分性** 若方程组

$$x_1\boldsymbol{\alpha}_1+x_2\boldsymbol{\alpha}_2+\cdots+x_s\boldsymbol{\alpha}_s=\mathbf{0}$$

有非零解，设 $k_1$，$k_2$，$\cdots$，$k_s$ 为其一组非零解，则有

$$k_1\boldsymbol{\alpha}_1+k_2\boldsymbol{\alpha}_2+\cdots+k_s\boldsymbol{\alpha}_s=\mathbf{0},$$

其中 $k_1$，$k_2$，$\cdots$，$k_s$ 不全为零，从而向量组 $\boldsymbol{\alpha}_1$，$\boldsymbol{\alpha}_2$，$\cdots$，$\boldsymbol{\alpha}_s$ 线性相关．

**必要性** 若向量组 $\boldsymbol{\alpha}_1$，$\boldsymbol{\alpha}_2$，$\cdots$，$\boldsymbol{\alpha}_s$ 线性相关，则存在不全为零的一组数 $k_1$，$k_2$，$\cdots$，$k_s$，使得

$$k_1\boldsymbol{\alpha}_1+k_2\boldsymbol{\alpha}_2+\cdots+k_s\boldsymbol{\alpha}_s=\mathbf{0},$$

表明 $k_1$，$k_2$，…，$k_s$ 是方程组

$$x_1\boldsymbol{\alpha}_1+x_2\boldsymbol{\alpha}_2+\cdots+x_s\boldsymbol{\alpha}_s=\mathbf{0}$$

的一组非零解.

**推论** 向量组 $\boldsymbol{\alpha}_1$，$\boldsymbol{\alpha}_2$，…，$\boldsymbol{\alpha}_s$ 线性无关的充分必要条件是方程组

$$x_1\boldsymbol{\alpha}_1+x_2\boldsymbol{\alpha}_2+\cdots+x_s\boldsymbol{\alpha}_s=\mathbf{0}$$

只有零解.

**例 3.19** 若 $a_1$，$a_2$，…，$a_n$ 是互不相等的一组数，设

$\boldsymbol{\alpha}_1=(1,\ a_1,\ a_1^2,\ \cdots,\ a_1^{n-1})^{\mathrm{T}}$，$\boldsymbol{\alpha}_2=(1,\ a_2,\ a_2^2,\ \cdots,\ a_2^{n-1})^{\mathrm{T}}$，…，$\boldsymbol{\alpha}_n=(1,\ a_n,\ a_n^2,\ \cdots,\ a_n^{n-1})^{\mathrm{T}}$，证明：向量组 $\boldsymbol{\alpha}_1$，$\boldsymbol{\alpha}_2$，…，$\boldsymbol{\alpha}_n$ 线性无关.

**证** 考虑线性方程组

$$x_1\boldsymbol{\alpha}_1+x_2\boldsymbol{\alpha}_2+\cdots+x_n\boldsymbol{\alpha}_n=\mathbf{0},$$

即

$$\begin{cases} x_1+x_2+\cdots+x_n=0 \\ a_1x_1+a_2x_2+\cdots+a_nx_n=0 \\ a_1^2x_1+a_2^2x_2+\cdots+a_n^2x_n=0 \\ \qquad\vdots \\ a_1^{n-1}x_1+a_2^{n-1}x_2+\cdots+a_n^{n-1}x_n=0 \end{cases}.$$

由于系数行列式 $D$ 为 $n$ 阶范德蒙行列式，且 $a_1$，$a_2$，…，$a_n$ 互不相等，所以 $D\neq 0$，于是方程组只有零解，从而向量组 $\boldsymbol{\alpha}_1$，$\boldsymbol{\alpha}_2$，…，$\boldsymbol{\alpha}_n$ 线性无关.

**例 3.20** 设向量组 $\boldsymbol{\alpha}_1$，$\boldsymbol{\alpha}_2$，$\boldsymbol{\alpha}_3$ 线性无关，且 $\boldsymbol{\beta}_1=3\boldsymbol{\alpha}_1+2\boldsymbol{\alpha}_2$，$\boldsymbol{\beta}_2=\boldsymbol{\alpha}_2-\boldsymbol{\alpha}_3$，$\boldsymbol{\beta}_3=4\boldsymbol{\alpha}_3-5\boldsymbol{\alpha}_1$，证明：向量组 $\boldsymbol{\beta}_1$，$\boldsymbol{\beta}_2$，$\boldsymbol{\beta}_3$ 线性无关.

**证** 设 $k_1\boldsymbol{\beta}_1+k_2\boldsymbol{\beta}_2+k_3\boldsymbol{\beta}_3=\mathbf{0}$，于是

$$k_1(3\boldsymbol{\alpha}_1+2\boldsymbol{\alpha}_2)+k_2(\boldsymbol{\alpha}_2-\boldsymbol{\alpha}_3)+k_3(4\boldsymbol{\alpha}_3-5\boldsymbol{\alpha}_1)=\mathbf{0},$$

即

$$(3k_1-5k_3)\boldsymbol{\alpha}_1+(2k_1+k_2)\boldsymbol{\alpha}_2+(-k_2+4k_3)\boldsymbol{\alpha}_3=\mathbf{0}.$$

由于 $\boldsymbol{\alpha}_1$，$\boldsymbol{\alpha}_2$，$\boldsymbol{\alpha}_3$ 线性无关，故

$$\begin{cases} 3k_1-5k_3=0 \\ 2k_1+k_2=0 \\ -k_2+4k_3=0 \end{cases}.$$

又$\begin{vmatrix}3&0&-5\\2&1&0\\0&-1&4\end{vmatrix}=22\neq0$，从而$k_1=0$，$k_2=0$，$k_3=0$，所以向量组$\boldsymbol{\beta}_1$，$\boldsymbol{\beta}_2$，$\boldsymbol{\beta}_3$线性无关.

**定理3.8** 若向量组$\boldsymbol{\alpha}_1$，$\boldsymbol{\alpha}_2$，…，$\boldsymbol{\alpha}_s$线性相关，则向量组$\boldsymbol{\alpha}_1$，$\boldsymbol{\alpha}_2$，…，$\boldsymbol{\alpha}_s$，$\boldsymbol{\alpha}_{s+1}$，…，$\boldsymbol{\alpha}_t$也线性相关.

**证** 由于向量组$\boldsymbol{\alpha}_1$，$\boldsymbol{\alpha}_2$，…，$\boldsymbol{\alpha}_s$线性相关，则存在不全为零的一组数$k_1$，$k_2$，…，$k_s$，使得

$$k_1\boldsymbol{\alpha}_1+k_2\boldsymbol{\alpha}_2+\cdots+k_s\boldsymbol{\alpha}_s=\boldsymbol{0}.$$

从而

$$k_1\boldsymbol{\alpha}_1+k_2\boldsymbol{\alpha}_2+\cdots+k_s\boldsymbol{\alpha}_s+0\boldsymbol{\alpha}_{s+1}+\cdots+0\boldsymbol{\alpha}_t=\boldsymbol{0}.$$

而$k_1$，$k_2$，…，$k_s$，0，…，0不全为零，所以向量组$\boldsymbol{\alpha}_1$，$\boldsymbol{\alpha}_2$，…，$\boldsymbol{\alpha}_s$，$\boldsymbol{\alpha}_{s+1}$，…，$\boldsymbol{\alpha}_t$也线性相关.

**推论** 若向量组$\boldsymbol{\alpha}_1$，$\boldsymbol{\alpha}_2$，…，$\boldsymbol{\alpha}_s$，$\boldsymbol{\alpha}_{s+1}$，…，$\boldsymbol{\alpha}_t$线性无关，则向量组$\boldsymbol{\alpha}_1$，$\boldsymbol{\alpha}_2$，…，$\boldsymbol{\alpha}_s$线性无关.

实际上，对于线性无关向量组，它的任意一个部分组都是线性无关的.

**定理3.9** 设有$n$维向量组

$$\mathrm{I}:\boldsymbol{\alpha}_1=\begin{pmatrix}a_{11}\\a_{21}\\\vdots\\a_{n1}\end{pmatrix},\ \boldsymbol{\alpha}_2=\begin{pmatrix}a_{12}\\a_{22}\\\vdots\\a_{n2}\end{pmatrix},\ \cdots,\ \boldsymbol{\alpha}_s=\begin{pmatrix}a_{1s}\\a_{2s}\\\vdots\\a_{ns}\end{pmatrix},$$

在向量组Ⅰ的每一个向量上添加若干分量，得到$m$维向量组

$$\mathrm{II}:\boldsymbol{\beta}_1=\begin{pmatrix}a_{11}\\a_{21}\\\vdots\\a_{n1}\\\vdots\\a_{m1}\end{pmatrix},\ \boldsymbol{\beta}_2=\begin{pmatrix}a_{12}\\a_{22}\\\vdots\\a_{n2}\\\vdots\\a_{m1}\end{pmatrix},\ \cdots,\ \boldsymbol{\beta}_s=\begin{pmatrix}a_{1s}\\a_{2s}\\\vdots\\a_{ns}\\\vdots\\a_{ms}\end{pmatrix},$$

若向量组Ⅰ线性无关，则向量组Ⅱ也线性无关.

**证** 向量组Ⅰ线性无关的充分必要条件是方程组

$$x_1\boldsymbol{\alpha}_1+x_2\boldsymbol{\alpha}_2+\cdots+x_s\boldsymbol{\alpha}_s=\boldsymbol{0},$$

即方程组

$$\begin{cases} a_{11}x_1+a_{12}x_2+\cdots+a_{1s}x_s=0 \\ a_{21}x_1+a_{22}x_2+\cdots+a_{2s}x_s=0 \\ \qquad\vdots \\ a_{n1}x_1+a_{n2}x_2+\cdots+a_{ns}x_s=0 \end{cases} \tag{3.10}$$

只有零解. 向量组Ⅱ线性无关的充分必要条件是方程组

$$x_1\boldsymbol{\beta}_1+x_2\boldsymbol{\beta}_2+\cdots+x_s\boldsymbol{\beta}_s=\mathbf{0},$$

即方程组

$$\begin{cases} a_{11}x_1+a_{12}x_2+\cdots+a_{1s}x_s=0 \\ a_{21}x_1+a_{22}x_2+\cdots+a_{2s}x_s=0 \\ \qquad\vdots \\ a_{n1}x_1+a_{n2}x_2+\cdots+a_{ns}x_s=0 \\ \qquad\vdots \\ a_{m1}x_1+a_{m2}x_2+\cdots+a_{ms}x_s=0 \end{cases} \tag{3.11}$$

只有零解. 由假设条件，向量组Ⅰ线性无关，故方程组（3.10）只有零解. 而方程组（3.11）的解均为方程组（3.10）的解，所以方程组（3.11）只有零解，从而向量组Ⅱ线性无关.

由定理3.9证明可以看出，只要在所有向量相对应的位置上添加分量，定理结论成立.

**推论** 若$m$维向量组Ⅱ线性相关，则$n(n<m)$维向量组Ⅰ线性相关.

**定理3.10** 若向量组$\boldsymbol{\alpha}_1$，$\boldsymbol{\alpha}_2$，…，$\boldsymbol{\alpha}_s$线性无关，向量组$\boldsymbol{\alpha}_1$，$\boldsymbol{\alpha}_2$，…，$\boldsymbol{\alpha}_s$，$\boldsymbol{\beta}$线性相关，则向量$\boldsymbol{\beta}$可由向量组$\boldsymbol{\alpha}_1$，$\boldsymbol{\alpha}_2$，…，$\boldsymbol{\alpha}_s$线性表示，且表示法唯一.

**证** 由于向量组$\boldsymbol{\alpha}_1$，$\boldsymbol{\alpha}_2$，…，$\boldsymbol{\alpha}_s$，$\boldsymbol{\beta}$线性相关，则存在不全为零的一组数$k_1$，$k_2$，…，$k_s$，$k$，使得

$$k_1\boldsymbol{\alpha}_1+k_2\boldsymbol{\alpha}_2+\cdots+k_s\boldsymbol{\alpha}_s+k\boldsymbol{\beta}=\mathbf{0}.$$

若$k=0$，则$k_1$，$k_2$，…，$k_s$不全为零，且有

$$k_1\boldsymbol{\alpha}_1+k_2\boldsymbol{\alpha}_2+\cdots+k_s\boldsymbol{\alpha}_s=\mathbf{0}.$$

这与假设条件向量组$\boldsymbol{\alpha}_1$，$\boldsymbol{\alpha}_2$，…，$\boldsymbol{\alpha}_s$线性无关相矛盾，从而$k\neq0$，所以

$$\boldsymbol{\beta}=-\frac{k_1}{k}\boldsymbol{\alpha}_1-\frac{k_2}{k}\boldsymbol{\alpha}_2-\cdots-\frac{k_s}{k}\boldsymbol{\alpha}_s.$$

即$\boldsymbol{\beta}$可由向量组$\boldsymbol{\alpha}_1$，$\boldsymbol{\alpha}_2$，…，$\boldsymbol{\alpha}_s$线性表示.

再证表示法唯一. 设

$$\boldsymbol{\beta}=l_1\boldsymbol{\alpha}_1+l_2\boldsymbol{\alpha}_2+\cdots+l_s\boldsymbol{\alpha}_s,$$

$$\boldsymbol{\beta}=m_1\boldsymbol{\alpha}_1+m_2\boldsymbol{\alpha}_2+\cdots+m_s\boldsymbol{\alpha}_s,$$

两式相减得

$$\mathbf{0}=(l_1-m_1)\boldsymbol{\alpha}_1+(l_2-m_2)\boldsymbol{\alpha}_2+\cdots+(l_s-m_s)\boldsymbol{\alpha}_s.$$

由于$\boldsymbol{\alpha}_1$，$\boldsymbol{\alpha}_2$，…，$\boldsymbol{\alpha}_s$线性无关，所以$l_1-m_1=0$，$l_2-m_2=0$，…，$l_s-m_s=0$，即

$$l_1=m_1,\ l_2=m_2,\ \cdots,\ l_s=m_s,$$

所以，表示法唯一.

**推论** 若向量$\boldsymbol{\beta}$可由线性无关向量组$\boldsymbol{\alpha}_1$，$\boldsymbol{\alpha}_2$，…，$\boldsymbol{\alpha}_s$线性表示，则表示法唯一.

由于$n$维单位坐标向量组$\boldsymbol{\varepsilon}_1$，$\boldsymbol{\varepsilon}_2$，…，$\boldsymbol{\varepsilon}_n$线性无关，故任意$n$维向量$\boldsymbol{\alpha}$可由$\boldsymbol{\varepsilon}_1$，$\boldsymbol{\varepsilon}_2$，…，$\boldsymbol{\varepsilon}_n$唯一线性表示.

**例 3.21** 若向量组$\boldsymbol{\alpha}_1$，$\boldsymbol{\alpha}_2$，…，$\boldsymbol{\alpha}_m$线性无关，向量$\boldsymbol{\alpha}_{m+1}$不能由向量组$\boldsymbol{\alpha}_1$，$\boldsymbol{\alpha}_2$，…，$\boldsymbol{\alpha}_m$线性表示，则向量组$\boldsymbol{\alpha}_1$，$\boldsymbol{\alpha}_2$，…，$\boldsymbol{\alpha}_m$，$\boldsymbol{\alpha}_{m+1}$线性无关.

**证** 反证法 若向量组$\boldsymbol{\alpha}_1$，$\boldsymbol{\alpha}_2$，…，$\boldsymbol{\alpha}_m$，$\boldsymbol{\alpha}_{m+1}$线性相关，由于向量组$\boldsymbol{\alpha}_1$，$\boldsymbol{\alpha}_2$，…，$\boldsymbol{\alpha}_m$线性无关，由定理3.10知$\boldsymbol{\alpha}_{m+1}$可由向量组$\boldsymbol{\alpha}_1$，$\boldsymbol{\alpha}_2$，…，$\boldsymbol{\alpha}_m$线性表示，这已知条件相矛盾，故向量组$\boldsymbol{\alpha}_1$，$\boldsymbol{\alpha}_2$，…，$\boldsymbol{\alpha}_m$，$\boldsymbol{\alpha}_{m+1}$线性无关.

**定理 3.11** 设向量组$\boldsymbol{\alpha}_1$，$\boldsymbol{\alpha}_2$，…，$\boldsymbol{\alpha}_r$可由向量组$\boldsymbol{\beta}_1$，$\boldsymbol{\beta}_2$，…，$\boldsymbol{\beta}_s$线性表示，且$r>s$，则向量组$\boldsymbol{\alpha}_1$，$\boldsymbol{\alpha}_2$，…，$\boldsymbol{\alpha}_r$线性相关.

**证** 由假设条件知存在矩阵$\boldsymbol{A}=(a_{ij})_{s\times r}$，使得

$$(\boldsymbol{\alpha}_1,\boldsymbol{\alpha}_2,\cdots,\boldsymbol{\alpha}_r)=(\boldsymbol{\beta}_1,\boldsymbol{\beta}_2,\cdots,\boldsymbol{\beta}_s)\begin{pmatrix}a_{11}&a_{12}&\cdots&a_{1r}\\a_{21}&a_{22}&\cdots&a_{2r}\\\vdots&\vdots&&\vdots\\a_{s1}&a_{s2}&\cdots&a_{sr}\end{pmatrix}.$$

考虑线性方程组$\boldsymbol{Ax}=0$，即

$$\begin{cases}a_{11}x_1+a_{12}x_2+\cdots+a_{1r}x_r=0\\a_{21}x_1+a_{22}x_2+\cdots+a_{2r}x_r=0\\\quad\vdots\\a_{s1}x_1+a_{s2}x_2+\cdots+a_{sr}x_r=0\end{cases},\tag{3.12}$$

由于这个方程组有 $r$ 个未知量，$s$ 个方程，且 $r>s$，所以有自由未知量，于是方程组有非零解．设 $k_1$，$k_2$，…，$k_r$ 为方程组（3.12）的一组非零解，则有

$$k_1\boldsymbol{\alpha}_1+k_2\boldsymbol{\alpha}_2+\cdots+k_r\boldsymbol{\alpha}_r=(\boldsymbol{\alpha}_1,\boldsymbol{\alpha}_2,\cdots,\boldsymbol{\alpha}_r)\begin{pmatrix}k_1\\k_2\\\vdots\\k_r\end{pmatrix}$$

$$=\left[(\boldsymbol{\beta}_1,\boldsymbol{\beta}_2,\cdots,\boldsymbol{\beta}_s)\begin{pmatrix}a_{11}&a_{12}&\cdots&a_{1r}\\a_{21}&a_{22}&\cdots&a_{2r}\\\vdots&\vdots&&\vdots\\a_{s1}&a_{s2}&\cdots&a_{sr}\end{pmatrix}\right]\begin{pmatrix}k_1\\k_2\\\vdots\\k_r\end{pmatrix}$$

$$=(\boldsymbol{\beta}_1,\boldsymbol{\beta}_2,\cdots,\boldsymbol{\beta}_s)\left[\begin{pmatrix}a_{11}&a_{12}&\cdots&a_{1r}\\a_{21}&a_{22}&\cdots&a_{2r}\\\vdots&\vdots&&\vdots\\a_{s1}&a_{s2}&\cdots&a_{sr}\end{pmatrix}\begin{pmatrix}k_1\\k_2\\\vdots\\k_r\end{pmatrix}\right]$$

$$=(\boldsymbol{\beta}_1,\boldsymbol{\beta}_2,\cdots,\boldsymbol{\beta}_s)\begin{pmatrix}0\\0\\\vdots\\0\end{pmatrix}=\mathbf{0}$$

从而向量组 $\boldsymbol{\alpha}_1$，$\boldsymbol{\alpha}_2$，…，$\boldsymbol{\alpha}_r$线性相关．

**推论 1** 设向量组 $\boldsymbol{\alpha}_1$，$\boldsymbol{\alpha}_2$，…，$\boldsymbol{\alpha}_r$ 可由向量组 $\boldsymbol{\beta}_1$，$\boldsymbol{\beta}_2$，…，$\boldsymbol{\beta}_s$ 线性表示，且向量组 $\boldsymbol{\alpha}_1$，$\boldsymbol{\alpha}_2$，…，$\boldsymbol{\alpha}_r$ 线性无关，则 $r\leqslant s$.

**推论 2** 两个等价线性无关向量组所含向量的个数相同.

**推论 3** 任意 $n+1$ 个 $n$ 维向量均线性相关.

**证** 设 $\boldsymbol{\alpha}_1$，$\boldsymbol{\alpha}_2$，…，$\boldsymbol{\alpha}_n$，$\boldsymbol{\alpha}_{n+1}$是任意 $n+1$ 个 $n$ 维向量，由于这个向量组可由 $n$ 维单位坐标向量组 $\boldsymbol{\varepsilon}_1$，$\boldsymbol{\varepsilon}_2$，…，$\boldsymbol{\varepsilon}_n$ 线性表示，又 $n+1>n$，根据定理 3.11 知向量组 $\boldsymbol{\alpha}_1$，$\boldsymbol{\alpha}_2$，…，$\boldsymbol{\alpha}_n$，$\boldsymbol{\alpha}_{n+1}$ 线性相关.

**例 3.22** 判断下列向量组的线性相关性：

(1) $\boldsymbol{\alpha}_1=\begin{pmatrix}1\\0\\0\\1\end{pmatrix}$, $\boldsymbol{\alpha}_2=\begin{pmatrix}0\\1\\0\\2\end{pmatrix}$, $\boldsymbol{\alpha}_3=\begin{pmatrix}0\\0\\1\\3\end{pmatrix}$.

(2) $\boldsymbol{\alpha}_1=\begin{pmatrix}1\\2\\3\end{pmatrix}$, $\boldsymbol{\alpha}_2=\begin{pmatrix}4\\5\\6\end{pmatrix}$, $\boldsymbol{\alpha}_3=\begin{pmatrix}7\\8\\9\end{pmatrix}$, $\boldsymbol{\alpha}_4=\begin{pmatrix}11\\12\\13\end{pmatrix}$.

解 (1) 由于向量组

$$\boldsymbol{\beta}_1=\begin{pmatrix}1\\0\\0\end{pmatrix},\ \boldsymbol{\beta}_2=\begin{pmatrix}0\\1\\0\end{pmatrix},\ \boldsymbol{\beta}_3=\begin{pmatrix}0\\0\\1\end{pmatrix}$$

线性无关，根据定理 3.9，知向量组 $\boldsymbol{\alpha}_1$，$\boldsymbol{\alpha}_2$，$\boldsymbol{\alpha}_3$ 线性无关.

(2) 由于向量的个数大于向量的维数，所以向量组线性相关.

例 3.23 设向量组 $\boldsymbol{\alpha}_1$，$\boldsymbol{\alpha}_2$，$\boldsymbol{\alpha}_3$线性相关，向量组 $\boldsymbol{\alpha}_2$，$\boldsymbol{\alpha}_3$，$\boldsymbol{\alpha}_4$线性无关. 问

(1) $\boldsymbol{\alpha}_1$能否由向量组 $\boldsymbol{\alpha}_2$，$\boldsymbol{\alpha}_3$线性表示？

(2) $\boldsymbol{\alpha}_4$能否由向量组 $\boldsymbol{\alpha}_1$，$\boldsymbol{\alpha}_2$，$\boldsymbol{\alpha}_3$线性表示？

解 (1) 因为向量组 $\boldsymbol{\alpha}_2$，$\boldsymbol{\alpha}_3$，$\boldsymbol{\alpha}_4$线性无关，由定理 3.8 的推论知向量组 $\boldsymbol{\alpha}_2$，$\boldsymbol{\alpha}_3$线性无关，又向量组 $\boldsymbol{\alpha}_1$，$\boldsymbol{\alpha}_2$，$\boldsymbol{\alpha}_3$线性相关，根据定理 3.10 得 $\boldsymbol{\alpha}_1$可由向量组 $\boldsymbol{\alpha}_2$，$\boldsymbol{\alpha}_3$线性表示.

(2) 若 $\boldsymbol{\alpha}_4$能由向量组 $\boldsymbol{\alpha}_1$，$\boldsymbol{\alpha}_2$，$\boldsymbol{\alpha}_3$线性表示，由 (1) 知 $\boldsymbol{\alpha}_1$可由向量组 $\boldsymbol{\alpha}_2$，$\boldsymbol{\alpha}_3$线性表示，所以 $\boldsymbol{\alpha}_4$能由向量组 $\boldsymbol{\alpha}_2$，$\boldsymbol{\alpha}_3$线性表示，这与向量组 $\boldsymbol{\alpha}_2$，$\boldsymbol{\alpha}_3$，$\boldsymbol{\alpha}_4$线性无关相矛盾，所以 $\boldsymbol{\alpha}_4$不能由向量组 $\boldsymbol{\alpha}_1$，$\boldsymbol{\alpha}_2$，$\boldsymbol{\alpha}_3$线性表示.

## 习 题 3.2

### A 组

1. 向量 $\boldsymbol{\beta}$ 能否由向量组 $\boldsymbol{\alpha}_1$，$\boldsymbol{\alpha}_2$，$\boldsymbol{\alpha}_3$，$\boldsymbol{\alpha}_4$ 线性表示？若能写出一个表示式.

(1) $\boldsymbol{\beta}=(1,2,3)^{\mathrm{T}}$，$\boldsymbol{\alpha}_1=(1,3,2)^{\mathrm{T}}$，$\boldsymbol{\alpha}_2=(-2,-1,1)^{\mathrm{T}}$，$\boldsymbol{\alpha}_3=(3,5,2)^{\mathrm{T}}$，$\boldsymbol{\alpha}_4=(-1,-3,-2)^{\mathrm{T}}$.

(2) $\boldsymbol{\beta}=(2,3,2)^{\mathrm{T}}$，$\boldsymbol{\alpha}_1=(1,1,1)^{\mathrm{T}}$，$\boldsymbol{\alpha}_2=(2,2,2)^{\mathrm{T}}$，$\boldsymbol{\alpha}_3=(1,2,2)^{\mathrm{T}}$，$\boldsymbol{\alpha}_4=(1,2,3)^{\mathrm{T}}$.

2. 下列向量组是否线性相关？为什么？

(1) $\boldsymbol{\alpha}_1^{\mathrm{T}}=(1, -1, 3)$，$\boldsymbol{\alpha}_2^{\mathrm{T}}=(4, 2, -1)$，$\boldsymbol{\alpha}_3^{\mathrm{T}}=(0, 0, 0)$.

(2) $\boldsymbol{\alpha}_1^{\mathrm{T}}=(1, 2, 3)$，$\boldsymbol{\alpha}_2^{\mathrm{T}}=(4, 5, 6)$，$\boldsymbol{\alpha}_3^{\mathrm{T}}=(3, 3, 3)$.

(3) $\boldsymbol{\alpha}_1^{\mathrm{T}}=(1, 2, 3)$，$\boldsymbol{\alpha}_2^{\mathrm{T}}=(4, 5, 6)$，$\boldsymbol{\alpha}_3^{\mathrm{T}}=(5, 7, 8)$.

3. 判断下列命题是否正确. 正确的给出证明，错误的给出反例.

(1) 若 $k_1=k_2=\cdots=k_s=0$ 时，有 $k_1\boldsymbol{\alpha}_1+k_2\boldsymbol{\alpha}_2+\cdots+k_s\boldsymbol{\alpha}_s=\mathbf{0}$，则向量组 $\boldsymbol{\alpha}_1$，$\boldsymbol{\alpha}_2$，$\cdots$，$\boldsymbol{\alpha}_s$ 线性无关.

(2) 若存在一组不全为零的数 $k_1$，$k_2$，$\cdots$，$k_s$，使得 $k_1\boldsymbol{\alpha}_1+k_2\boldsymbol{\alpha}_2+\cdots+k_s\boldsymbol{\alpha}_s\neq\mathbf{0}$，则向量组 $\boldsymbol{\alpha}_1$，$\boldsymbol{\alpha}_2$，$\cdots$，$\boldsymbol{\alpha}_s$ 线性无关.

(3) 若向量组 $\boldsymbol{\alpha}_1$，$\boldsymbol{\alpha}_2$，$\cdots$，$\boldsymbol{\alpha}_s$ 中每一个向量均不能由其余的向量线性表示，则向量组 $\boldsymbol{\alpha}_1$，$\boldsymbol{\alpha}_2$，$\cdots$，$\boldsymbol{\alpha}_s$ 线性无关.

(4) 若向量组 $\boldsymbol{\alpha}_1$，$\boldsymbol{\alpha}_2$，$\cdots$，$\boldsymbol{\alpha}_s$ 线性相关，则其中每一个向量均可由其余的向量线性表示.

(5) 若向量组 $\boldsymbol{\alpha}_1$，$\boldsymbol{\alpha}_2$，$\cdots$，$\boldsymbol{\alpha}_s$ 线性相关，则对任何一组不全为零的数 $k_1$，$k_2$，$\cdots$，$k_s$，都有 $k_1\boldsymbol{\alpha}_1+k_2\boldsymbol{\alpha}_2+\cdots+k_s\boldsymbol{\alpha}_s=\mathbf{0}$.

(6) 若向量组 $\boldsymbol{\alpha}_1$，$\boldsymbol{\alpha}_2$，$\cdots$，$\boldsymbol{\alpha}_s$ 线性相关，向量组 $\boldsymbol{\beta}_1$，$\boldsymbol{\beta}_2$，$\cdots$，$\boldsymbol{\beta}_t$ 线性相关，则向量组 $\boldsymbol{\alpha}_1$，$\boldsymbol{\alpha}_2$，$\cdots$，$\boldsymbol{\alpha}_s$，$\boldsymbol{\beta}_1$，$\boldsymbol{\beta}_2$，$\cdots$，$\boldsymbol{\beta}_t$ 线性相关.

(7) 若向量组 $\boldsymbol{\alpha}_1$，$\boldsymbol{\alpha}_2$，$\cdots$，$\boldsymbol{\alpha}_s$ 线性无关，向量组 $\boldsymbol{\beta}_1$，$\boldsymbol{\beta}_2$，$\cdots$，$\boldsymbol{\beta}_t$ 线性无关，则向量组 $\boldsymbol{\alpha}_1$，$\boldsymbol{\alpha}_2$，$\cdots$，$\boldsymbol{\alpha}_s$，$\boldsymbol{\beta}_1$，$\boldsymbol{\beta}_2$，$\cdots$，$\boldsymbol{\beta}_t$ 线性无关.

4. 令 $\boldsymbol{A}=\begin{pmatrix}1 & 2 & -2\\ 2 & 1 & 2\\ 3 & 0 & 4\end{pmatrix}$，$\boldsymbol{\alpha}=\begin{pmatrix}a\\ 1\\ 1\end{pmatrix}$. 若 $\boldsymbol{A\alpha}$ 与 $\boldsymbol{\alpha}$ 线性相关，求 $a$ 的值.

5. 设向量组 $\boldsymbol{\alpha}_1$，$\boldsymbol{\alpha}_2$，$\boldsymbol{\alpha}_3$ 线性无关，证明：向量组 $\boldsymbol{\alpha}_1+\boldsymbol{\alpha}_2$，$\boldsymbol{\alpha}_2+\boldsymbol{\alpha}_3$，$\boldsymbol{\alpha}_3+\boldsymbol{\alpha}_1$ 线性无关；向量组 $\boldsymbol{\alpha}_1-\boldsymbol{\alpha}_2$，$\boldsymbol{\alpha}_2-\boldsymbol{\alpha}_3$，$\boldsymbol{\alpha}_3-\boldsymbol{\alpha}_1$ 线性相关.

## B 组

1. 下列向量组是否线性相关？为什么？

(1) $\boldsymbol{\alpha}_1^{\mathrm{T}}=(a_1, a_2, a_3)$，$\boldsymbol{\alpha}_2^{\mathrm{T}}=(b_1, b_2, b_3)$，$\boldsymbol{\alpha}_3^{\mathrm{T}}=(c_1, c_2, c_3)$，$\boldsymbol{\alpha}_4^{\mathrm{T}}=(d_1, d_2, d_3)$.

(2) $\boldsymbol{\alpha}_1^{\mathrm{T}}=(1, a_1, 0, a_2, 0, a_3)$，$\boldsymbol{\alpha}_2^{\mathrm{T}}=(0, b_1, 2, b_2, 3, b_3)$，$\boldsymbol{\alpha}_3^{\mathrm{T}}=(0, c_1, 0, c_2, 4, c_3)$.

2. 证明：向量组 $\boldsymbol{\alpha}_1$，$\boldsymbol{\alpha}_2$，$\cdots$，$\boldsymbol{\alpha}_m$（$\boldsymbol{\alpha}_1\neq\mathbf{0}$）线性相关的充分必要条件是，存在 $\boldsymbol{\alpha}_i$（$1<i\leqslant m$）可被其前面的向量 $\boldsymbol{\alpha}_1$，$\boldsymbol{\alpha}_2$，$\cdots$，$\boldsymbol{\alpha}_{i-1}$线性表示.

3. 设向量 $\boldsymbol{\beta}$ 可由向量组 $\boldsymbol{\alpha}_1$，$\boldsymbol{\alpha}_2$，$\cdots$，$\boldsymbol{\alpha}_{r-1}$，$\boldsymbol{\alpha}_r$ 线性表示，但不能由向量组 $\boldsymbol{\alpha}_1$，$\boldsymbol{\alpha}_2$，$\cdots$，$\boldsymbol{\alpha}_{r-1}$ 线性表示，证明：

(1) $\boldsymbol{\alpha}_r$ 不能由向量组 $\boldsymbol{\alpha}_1$，$\boldsymbol{\alpha}_2$，$\cdots$，$\boldsymbol{\alpha}_{r-1}$ 线性表示，

(2) $\boldsymbol{\alpha}_r$ 能由向量组 $\boldsymbol{\alpha}_1$，$\boldsymbol{\alpha}_2$，$\cdots$，$\boldsymbol{\alpha}_{r-1}$，$\boldsymbol{\beta}$ 线性表示.

## C 组

1. 设 $\boldsymbol{A}$ 为 $n$ 阶矩阵，$\boldsymbol{\alpha}$ 为 $n$ 维列向量，且 $\boldsymbol{A}^{m-1}\boldsymbol{\alpha}\neq\mathbf{0}$，$\boldsymbol{A}^m\boldsymbol{\alpha}=\mathbf{0}$，$m\geqslant 2$，证明：向量组 $\boldsymbol{\alpha}$，$\boldsymbol{A\alpha}$，$\cdots$，$\boldsymbol{A}^{m-1}\boldsymbol{\alpha}$ 线性无关.

2. 设 $\boldsymbol{A}$ 为 $n$ 阶矩阵，$\boldsymbol{\alpha}_i$（$i=1, 2, 3$）为 $n$ 维列向量，满足 $\boldsymbol{A\alpha}_1=\boldsymbol{\alpha}_1\neq\mathbf{0}$，$\boldsymbol{A\alpha}_2=\boldsymbol{\alpha}_1+\boldsymbol{\alpha}_2$，$\boldsymbol{A\alpha}_3=\boldsymbol{\alpha}_2+\boldsymbol{\alpha}_3$，则向量组 $\boldsymbol{\alpha}_1$，$\boldsymbol{\alpha}_2$，$\boldsymbol{\alpha}_3$ 线性无关.

3. 已知向量组 $\boldsymbol{\alpha}_1$，$\boldsymbol{\alpha}_2$，$\cdots$，$\boldsymbol{\alpha}_s$($s\geqslant 2$) 线性无关，设 $\boldsymbol{\beta}_1=\boldsymbol{\alpha}_1+\boldsymbol{\alpha}_2$，$\boldsymbol{\beta}_2=\boldsymbol{\alpha}_2+\boldsymbol{\alpha}_3$，$\cdots$，$\boldsymbol{\beta}_s=\boldsymbol{\alpha}_s+\boldsymbol{\alpha}_1$，讨论向量组 $\boldsymbol{\beta}_1$，$\boldsymbol{\beta}_2$，$\cdots$，$\boldsymbol{\beta}_s$ 的线性相关性.

## 3.3 向量组的秩

### 3.3.1 向量组的极大线性无关组与秩

**定义 3.16** 若向量组 $A$ 的一个部分组 $\boldsymbol{\alpha}_1$，$\boldsymbol{\alpha}_2$，…，$\boldsymbol{\alpha}_r$ 满足

(1) 向量组 $\boldsymbol{\alpha}_1$，$\boldsymbol{\alpha}_2$，…，$\boldsymbol{\alpha}_r$ 线性无关，

(2) 向量组 $A$ 中的任意向量均可由 $\boldsymbol{\alpha}_1$，$\boldsymbol{\alpha}_2$，…，$\boldsymbol{\alpha}_r$ 线性表示，

则称 $\boldsymbol{\alpha}_1$，$\boldsymbol{\alpha}_2$，…，$\boldsymbol{\alpha}_r$ 为向量组 $A$ 的一个**极大线性无关组**.

由极大线性无关组的定义可得：

(1) 向量组与其极大线性无关组等价.

(2) 若 $\boldsymbol{\alpha}_1$，$\boldsymbol{\alpha}_2$，…，$\boldsymbol{\alpha}_r$ 是向量组 $A$ 的极大线性无关组，则向量组 $A$ 的任意线性无关部分组所含向量的个数至多为 $r$ 个. 因为 $A$ 中任意 $r+1$ 个向量均可由 $\boldsymbol{\alpha}_1$，$\boldsymbol{\alpha}_2$，…，$\boldsymbol{\alpha}_r$ 线性表示，根据定理 3.11，知这 $r+1$ 个向量线性相关.

**例 3.24** 设向量组 $A$ 为

$$\boldsymbol{\alpha}_1=\begin{pmatrix}1\\1\\1\\1\end{pmatrix},\ \boldsymbol{\alpha}_2=\begin{pmatrix}1\\1\\-1\\-1\end{pmatrix},\ \boldsymbol{\alpha}_3=\begin{pmatrix}1\\1\\0\\0\end{pmatrix},$$

由于 $\boldsymbol{\alpha}_1$，$\boldsymbol{\alpha}_2$ 线性无关，且 $\boldsymbol{\alpha}_3=\frac{1}{2}\boldsymbol{\alpha}_1+\frac{1}{2}\boldsymbol{\alpha}_2$，所以 $\boldsymbol{\alpha}_1$，$\boldsymbol{\alpha}_2$ 是向量组 $A$ 的一个极大线性无关组. 事实上，$\boldsymbol{\alpha}_1$，$\boldsymbol{\alpha}_3$ 与 $\boldsymbol{\alpha}_2$，$\boldsymbol{\alpha}_3$ 均为向量组 $A$ 的极大线性无关组.

在全体 $n$ 维向量构成的向量组 $\mathbf{R}^n$ 中，向量组 $\boldsymbol{\varepsilon}_1$，$\boldsymbol{\varepsilon}_2$，…，$\boldsymbol{\varepsilon}_n$ 线性无关，且 $\mathbf{R}^n$ 中任何一个向量均可由 $\boldsymbol{\varepsilon}_1$，$\boldsymbol{\varepsilon}_2$，…，$\boldsymbol{\varepsilon}_n$ 线性表示，所以 $\boldsymbol{\varepsilon}_1$，$\boldsymbol{\varepsilon}_2$，…，$\boldsymbol{\varepsilon}_n$ 是 $\mathbf{R}^n$ 的一个极大线性无关组. 事实上，若 $n$ 维向量组 $\boldsymbol{\alpha}_1$，$\boldsymbol{\alpha}_2$，…，$\boldsymbol{\alpha}_n$ 线性无关，对任意 $n$ 维向量 $\boldsymbol{\alpha}$，由于向量组 $\boldsymbol{\alpha}_1$，$\boldsymbol{\alpha}_2$，…，$\boldsymbol{\alpha}_n$，$\boldsymbol{\alpha}$ 线性相关（$n+1$ 个 $n$ 维向量），故 $\boldsymbol{\alpha}$ 可由 $\boldsymbol{\alpha}_1$，$\boldsymbol{\alpha}_2$，…，$\boldsymbol{\alpha}_n$ 线性表示，所以 $\boldsymbol{\alpha}_1$，$\boldsymbol{\alpha}_2$，…，$\boldsymbol{\alpha}_n$ 也是 $\mathbf{R}^n$ 的一个极大线性无关组.

向量组的极大线性无关组不唯一，但我们有如下定理：

**定理 3.12** 向量组的极大线性无关组所含向量的个数相同.

**证** 由于向量组与其任何一个极大线性无关组等价，而向量组的等价具有传递性，所以向量组的任意两个极大线性无关组等价. 根据定理 3.11 的推论 2，知这两个极大线性无关组所含向量个数相同.

**定义 3.17** 向量组的极大线性无关组所含的向量的个数称为**向量组的秩**.

例 3.24 中向量组的秩为 2；全体 $n$ 维向量构成的向量组 $\mathbf{R}^n$ 的秩为 $n$.

若向量组 $\boldsymbol{\alpha}_1$，$\boldsymbol{\alpha}_2$，…，$\boldsymbol{\alpha}_s$ 线性无关，则该向量组的极大线性无关组就是其本身，向量组的秩为 $s$，等于向量的个数. 反之，若向量组 $\boldsymbol{\alpha}_1$，$\boldsymbol{\alpha}_2$，…，$\boldsymbol{\alpha}_s$ 的秩等于向量的个数 $s$，则该向量组的极大线性无关组由 $s$ 个向量构成，故为其本身，从而向量组 $\boldsymbol{\alpha}_1$，$\boldsymbol{\alpha}_2$，…，$\boldsymbol{\alpha}_s$ 线性无关. 因此我们有：

**定理 3.13** 向量组线性无关的充分必要条件是其秩等于向量组所含向量的个数.

**推论** 向量组线性相关的充分必要条件是其秩小于向量组所含向量的个数.

**例 3.25** 若向量组 $A$ 的秩为 $r$，$\boldsymbol{\alpha}_1$，$\boldsymbol{\alpha}_2$，…，$\boldsymbol{\alpha}_r$ 是向量组 $A$ 中 $r$ 个线性无关的向量，则 $\boldsymbol{\alpha}_1$，$\boldsymbol{\alpha}_2$，…，$\boldsymbol{\alpha}_r$ 是向量组 $A$ 的极大线性无关组.

**证** 由于向量组 $A$ 的秩为 $r$，可设向量组 $A$ 的一个极大线性无关组为 $\boldsymbol{\beta}_1$，$\boldsymbol{\beta}_2$，…，$\boldsymbol{\beta}_r$，于是对于向量组 $A$ 中的任意向量 $\boldsymbol{\alpha}$，向量组 $\boldsymbol{\alpha}_1$，$\boldsymbol{\alpha}_2$，…，$\boldsymbol{\alpha}_r$，$\alpha$ 可由极大线性无关组 $\boldsymbol{\beta}_1$，$\boldsymbol{\beta}_2$，…，$\boldsymbol{\beta}_r$ 线性表示 . 根据定理 3.11 知，向量组 $\boldsymbol{\alpha}_1$，$\boldsymbol{\alpha}_2$，…，$\boldsymbol{\alpha}_r$，$\boldsymbol{\alpha}$ 线性相关，又向量组 $\boldsymbol{\alpha}_1$，$\boldsymbol{\alpha}_2$，…，$\boldsymbol{\alpha}_r$ 线性无关，由定理 3.10 知，$\boldsymbol{\alpha}$ 可由向量组 $\boldsymbol{\alpha}_1$，$\boldsymbol{\alpha}_2$，…，$\boldsymbol{\alpha}_r$ 线性表示，从而向量组 $\boldsymbol{\alpha}_1$，$\boldsymbol{\alpha}_2$，…，$\boldsymbol{\alpha}_r$ 是向量组 $A$ 的极大线性无关组.

**定理 3.14** 若向量组 $A$ 可由向量组 $B$ 线性表示，向量组 $A$ 的秩为 $r$，向量组 $B$ 的秩为 $s$，则 $r \leqslant s$.

**证** 由于向量组 $A$ 的秩为 $r$，可设向量组 $A$ 的极大线性无关组为 $\boldsymbol{\alpha}_1$，$\boldsymbol{\alpha}_2$，…，$\boldsymbol{\alpha}_r$. 又向量组 $B$ 的秩为 $s$，设其极大线性无关组为 $\boldsymbol{\beta}_1$，

$\boldsymbol{\beta}_2$, …, $\boldsymbol{\beta}_s$. 由于向量组 $A$ 可由向量组 $B$ 线性表示，则向量组 $\boldsymbol{\alpha}_1$, $\boldsymbol{\alpha}_2$, …, $\boldsymbol{\alpha}_r$ 可由向量组 $B$ 线性表示，而向量组 $B$ 可由其极大线性无关组 $\boldsymbol{\beta}_1$, $\boldsymbol{\beta}_2$, …, $\boldsymbol{\beta}_s$ 线性表示，所以向量组 $\boldsymbol{\alpha}_1$, $\boldsymbol{\alpha}_2$, …, $\boldsymbol{\alpha}_r$ 可由向量组 $\boldsymbol{\beta}_1$, $\boldsymbol{\beta}_2$, …, $\boldsymbol{\beta}_s$ 线性表示. 又向量组 $\boldsymbol{\alpha}_1$, $\boldsymbol{\alpha}_2$, …, $\boldsymbol{\alpha}_r$ 线性无关，根据定理 3.11 的推论 1 得 $r \leqslant s$.



**推论** 等价的向量组有相同的秩.

若两个向量组有相同的秩，它们不一定等价，例如设

向量组

$$\text{Ⅰ}: \boldsymbol{\alpha}_1 = \begin{pmatrix} 1 \\ 0 \\ 0 \end{pmatrix}, \ \boldsymbol{\alpha}_2 = \begin{pmatrix} 0 \\ 1 \\ 0 \end{pmatrix},$$

向量组

$$\text{Ⅱ}: \boldsymbol{\beta}_1 = \begin{pmatrix} 0 \\ 1 \\ 0 \end{pmatrix}, \ \boldsymbol{\beta}_2 = \begin{pmatrix} 0 \\ 0 \\ 1 \end{pmatrix},$$

向量组Ⅰ与Ⅱ的秩均为 2，但这两个向量组不等价.

**例 3.26** 若向量组 $A$ 与向量组 $B$ 有相同的秩，且向量组 $B$ 可由向量组 $A$ 线性表示，则向量组 $A$ 与向量组 $B$ 等价.

**证** 只要证明向量组 $A$ 可由向量组 $B$ 线性表示即可. 设 $\boldsymbol{\alpha}_1$, $\boldsymbol{\alpha}_2$, …, $\boldsymbol{\alpha}_r$ 是向量组 $A$ 的极大线性无关组，设向量组 $C = \{\boldsymbol{\alpha} \mid \boldsymbol{\alpha} \in A \text{ 或 } \boldsymbol{\alpha} \in B\}$. 由于向量组 $B$ 可由向量组 $A$ 线性表示，所以向量组 $C$ 中的向量均可由 $\boldsymbol{\alpha}_1$, $\boldsymbol{\alpha}_2$, …, $\boldsymbol{\alpha}_r$ 线性表示，从而向量组 $\boldsymbol{\alpha}_1$, $\boldsymbol{\alpha}_2$, …, $\boldsymbol{\alpha}_r$ 是向量组 $C$ 的极大线性无关组，因此向量组 $C$ 的秩为 $r$. 设 $\boldsymbol{\beta}_1$, $\boldsymbol{\beta}_2$, …, $\boldsymbol{\beta}_r$ 是向量组 $B$ 的极大线性无关组，则 $\boldsymbol{\beta}_1$, $\boldsymbol{\beta}_2$, …, $\boldsymbol{\beta}_r$ 是向量组 $C$ 中 $r$ 个线性无关向量，由例 3.25 知 $\boldsymbol{\beta}_1$, $\boldsymbol{\beta}_2$, …, $\boldsymbol{\beta}_r$ 是向量组 $C$ 的极大线性无关组，从而向量组 $A$ 可由 $\boldsymbol{\beta}_1$, $\boldsymbol{\beta}_2$, …, $\boldsymbol{\beta}_r$ 线性表示，故向量组 $A$ 可由向量组 $B$ 线性表示.

### 3.3.2 向量空间的基　维数　坐标

**定义 3.18** 设 $V$ 为实数域上的向量空间，若 $V$ 中存在向量组 $\boldsymbol{\alpha}_1$, $\boldsymbol{\alpha}_2$, …, $\boldsymbol{\alpha}_m$ 满足

(1) 向量组 $\boldsymbol{\alpha}_1$, $\boldsymbol{\alpha}_2$, …, $\boldsymbol{\alpha}_m$ 线性无关，

这里有两个维数的概念，一个是向量空间的维数，定义为向量空间的基中所含向量的个数；还有一个是向量的维数，定义为该向量的分量的个数.

(2) $V$ 中任意向量均可由向量组 $\boldsymbol{\alpha}_1$，$\boldsymbol{\alpha}_2$，…，$\boldsymbol{\alpha}_m$ 线性表示，则称向量组 $\boldsymbol{\alpha}_1$，$\boldsymbol{\alpha}_2$，…，$\boldsymbol{\alpha}_m$ 为向量空间 $V$ 的基，基中所含向量的个数 $m$ 称为向量空间 $V$ 的维数，记为 $\dim V=m$. 这时，也称 $V$ 为 $m$ 维向量空间. 对于 $V$ 中任意向量 $\boldsymbol{\alpha}$，存在一组数 $k_1$，$k_2$，…，$k_m$，使得

$$\boldsymbol{\alpha}=k_1\boldsymbol{\alpha}_1+k_2\boldsymbol{\alpha}_2+\cdots+k_m\boldsymbol{\alpha}_m,$$

称 $k_1$，$k_2$，…，$k_m$ 为向量 $\boldsymbol{\alpha}$ 在基 $\boldsymbol{\alpha}_1$，$\boldsymbol{\alpha}_2$，…，$\boldsymbol{\alpha}_m$ 下的坐标.

向量空间（$\mathbf{R}^n$ 的子空间）是特殊的向量组. 所谓向量空间的基，就是将向量空间看成向量组时的极大线性无关组，所以向量空间的基不唯一，但基中所含的向量的个数是唯一确定的. 向量空间的维数就是将其看成向量组时的秩，所以向量空间的维数是唯一确定的. 向量的坐标就是该向量由基表示时的线性表示系数. 在确定的基下，向量的坐标是唯一确定的.

全体 $n$ 维向量组成的向量空间 $\mathbf{R}^n$ 中，$\boldsymbol{\varepsilon}_1$，$\boldsymbol{\varepsilon}_2$，…，$\boldsymbol{\varepsilon}_n$ 是 $\mathbf{R}^n$ 的一个基，由于基中有 $n$ 个向量，这个空间的维数为 $n$，所以称之为 $n$ 维向量空间. 事实上，任意 $n$ 个线性无关的 $n$ 维向量均为 $\mathbf{R}^n$ 的基.

向量空间 $V=\{(0,\ x_2,\ \cdots,\ x_n)^{\mathrm{T}}\,|\,x_i\in\mathbf{R}\}$ 中，向量组

$$\boldsymbol{\alpha}_1=\begin{pmatrix}0\\1\\0\\\vdots\\0\end{pmatrix},\ \boldsymbol{\alpha}_2=\begin{pmatrix}0\\0\\1\\\vdots\\0\end{pmatrix},\ \cdots,\ \boldsymbol{\alpha}_{n-1}=\begin{pmatrix}0\\0\\0\\\vdots\\1\end{pmatrix}$$

是其一个基，从而这个空间的维数为 $n-1$.

**例 3.27** 设 $V$ 是由一组 $n$ 维向量 $\boldsymbol{\alpha}_1$，$\boldsymbol{\alpha}_2$，…，$\boldsymbol{\alpha}_s$ 生成的子空间，即

$$V=\mathrm{span}\{\boldsymbol{\alpha}_1,\boldsymbol{\alpha}_2,\cdots,\boldsymbol{\alpha}_s\}=\{k_1\boldsymbol{\alpha}_1+k_2\boldsymbol{\alpha}_2+\cdots+k_s\boldsymbol{\alpha}_s\,|\,k_1,k_2,\cdots,k_s\in\mathbf{R}\}.$$

求 $V$ 的维数.

解　设向量组 $\boldsymbol{\alpha}_1$，$\boldsymbol{\alpha}_2$，…，$\boldsymbol{\alpha}_s$ 的秩为 $r$，且其极大线性无关组为 $\boldsymbol{\alpha}_{i_1}$，$\boldsymbol{\alpha}_{i_2}$，…，$\boldsymbol{\alpha}_{i_r}$，则首先 $\boldsymbol{\alpha}_{i_1}$，$\boldsymbol{\alpha}_{i_2}$，…，$\boldsymbol{\alpha}_{i_r}$ 是线性无关的，其次 $V$ 中任意向量 $\boldsymbol{\alpha}$ 可由 $\boldsymbol{\alpha}_1$，$\boldsymbol{\alpha}_2$，…，$\boldsymbol{\alpha}_s$ 线性表示. 又向量组 $\boldsymbol{\alpha}_1$，$\boldsymbol{\alpha}_2$，…，$\boldsymbol{\alpha}_s$ 与向量组 $\boldsymbol{\alpha}_{i_1}$，$\boldsymbol{\alpha}_{i_2}$，…，$\boldsymbol{\alpha}_{i_r}$ 等价，故 $\boldsymbol{\alpha}$ 可由向量组 $\boldsymbol{\alpha}_{i_1}$，$\boldsymbol{\alpha}_{i_2}$，…，$\boldsymbol{\alpha}_{i_r}$ 线性表示，从而 $\boldsymbol{\alpha}_{i_1}$，$\boldsymbol{\alpha}_{i_2}$，…，$\boldsymbol{\alpha}_{i_r}$ 是 $V$ 的一个基，所以 $V$ 的维数为 $r$.

仅仅含有零向量的向量空间没有基，规定其维数为零.

若向量空间 $V$ 的维数为 $m$，则 $V$ 中有 $m$ 个向量线性无关，任意 $m+1$ 个向量恒线性相关.

若 $W$ 为 $V$ 的子空间，则有 $\dim W \leqslant \dim V$.

### 3.3.3 基变换与坐标变换

设 $\boldsymbol{\alpha}_1$，$\boldsymbol{\alpha}_2$，…，$\boldsymbol{\alpha}_m$ 与 $\boldsymbol{\beta}_1$，$\boldsymbol{\beta}_2$，…，$\boldsymbol{\beta}_m$ 均为向量空间 $V$ 的基，则由基的定义，这两个向量组等价. 根据分块矩阵乘法，有 $m$ 阶矩阵 $\boldsymbol{P}=(p_{ij})$，使得

$$(\boldsymbol{\beta}_1,\boldsymbol{\beta}_2,\cdots,\boldsymbol{\beta}_m)=(\boldsymbol{\alpha}_1,\boldsymbol{\alpha}_2,\cdots,\boldsymbol{\alpha}_m)\begin{pmatrix} p_{11} & p_{12} & \cdots & p_{1m} \\ p_{21} & p_{22} & \cdots & p_{2m} \\ \vdots & \vdots & & \vdots \\ p_{m1} & p_{m2} & \cdots & p_{mm} \end{pmatrix}. \tag{3.13}$$

式（3.13）称为基变换公式，这里的 $\boldsymbol{P}$ 称为从基 $\boldsymbol{\alpha}_1$，$\boldsymbol{\alpha}_2$，…，$\boldsymbol{\alpha}_m$ 到基 $\boldsymbol{\beta}_1$，$\boldsymbol{\beta}_2$，…，$\boldsymbol{\beta}_m$ 的过渡矩阵. 过渡矩阵的第一列就是 $\boldsymbol{\beta}_1$ 在基 $\boldsymbol{\alpha}_1$，$\boldsymbol{\alpha}_2$，…，$\boldsymbol{\alpha}_m$ 下的坐标，第 $i$ 列是 $\boldsymbol{\beta}_i$ 在基 $\boldsymbol{\alpha}_1$，$\boldsymbol{\alpha}_2$，…，$\boldsymbol{\alpha}_m$ 下的坐标. 当然，也存在 $m$ 阶矩阵 $\boldsymbol{Q}=(q_{il})$，使得

$$(\boldsymbol{\alpha}_1,\boldsymbol{\alpha}_2,\cdots,\boldsymbol{\alpha}_m)=(\boldsymbol{\beta}_1,\boldsymbol{\beta}_2,\cdots,\boldsymbol{\beta}_m)\begin{pmatrix} q_{11} & q_{12} & \cdots & q_{1m} \\ q_{21} & q_{22} & \cdots & q_{2m} \\ \vdots & \vdots & & \vdots \\ q_{m1} & q_{m2} & \cdots & q_{mm} \end{pmatrix}.$$

同样，这里的 $\boldsymbol{Q}$ 称为从基 $\boldsymbol{\beta}_1$，$\boldsymbol{\beta}_2$，…，$\boldsymbol{\beta}_m$ 到基 $\boldsymbol{\alpha}_1$，$\boldsymbol{\alpha}_2$，…，$\boldsymbol{\alpha}_m$ 的过渡矩阵.

> 向量组中的任意向量均可由其极大线性无关组线性表示，但极大线性无关组中的向量的线性组合不一定在向量组中；向量空间中的任意向量均可由基线性表示，且基中向量的线性组合恒在向量空间中.

由于

$$\begin{aligned}(\boldsymbol{\beta}_1,\boldsymbol{\beta}_2,\cdots,\boldsymbol{\beta}_m)&=(\boldsymbol{\alpha}_1,\boldsymbol{\alpha}_2,\cdots,\boldsymbol{\alpha}_m)\begin{pmatrix} p_{11} & p_{12} & \cdots & p_{1m} \\ p_{21} & p_{22} & \cdots & p_{2m} \\ \vdots & \vdots & & \vdots \\ p_{m1} & p_{m2} & \cdots & p_{mm} \end{pmatrix} \\ &=\left[(\boldsymbol{\beta}_1,\boldsymbol{\beta}_2,\cdots,\boldsymbol{\beta}_m)\begin{pmatrix} q_{11} & q_{12} & \cdots & q_{1m} \\ q_{21} & q_{22} & \cdots & q_{2m} \\ \vdots & \vdots & & \vdots \\ q_{m1} & q_{m2} & \cdots & q_{mm} \end{pmatrix}\right]\begin{pmatrix} p_{11} & p_{12} & \cdots & p_{1m} \\ p_{21} & p_{22} & \cdots & p_{2m} \\ \vdots & \vdots & & \vdots \\ p_{m1} & p_{m2} & \cdots & p_{mm} \end{pmatrix}\end{aligned}$$

$$=(\boldsymbol{\beta}_1,\boldsymbol{\beta}_2,\cdots,\boldsymbol{\beta}_m)\left[\begin{pmatrix}q_{11}&q_{12}&\cdots&q_{1m}\\q_{21}&q_{22}&\cdots&q_{2m}\\\vdots&\vdots&&\vdots\\q_{m1}&q_{m2}&\cdots&q_{mm}\end{pmatrix}\begin{pmatrix}p_{11}&p_{12}&\cdots&p_{1m}\\p_{21}&p_{22}&\cdots&p_{2m}\\\vdots&\vdots&&\vdots\\p_{m1}&p_{m2}&\cdots&p_{mm}\end{pmatrix}\right],$$

而在确定的基下，向量的坐标是唯一的，从而

$$\boldsymbol{QP}=\begin{pmatrix}q_{11}&q_{12}&\cdots&q_{1m}\\q_{21}&q_{22}&\cdots&q_{2m}\\\vdots&\vdots&&\vdots\\q_{m1}&q_{m2}&\cdots&q_{mm}\end{pmatrix}\begin{pmatrix}p_{11}&p_{12}&\cdots&p_{1m}\\p_{21}&p_{22}&\cdots&p_{2m}\\\vdots&\vdots&&\vdots\\p_{m1}&p_{m2}&\cdots&p_{mm}\end{pmatrix}=\boldsymbol{E},$$

即过渡矩阵 $\boldsymbol{P}$，$\boldsymbol{Q}$ 均为可逆矩阵，且互为逆矩阵.

下面研究同一个向量在不同基下的坐标之间的关系.

若向量 $\boldsymbol{\alpha}$ 在基 $\boldsymbol{\alpha}_1$，$\boldsymbol{\alpha}_2$，…，$\boldsymbol{\alpha}_m$ 下的坐标为 $x_1$，$x_2$…，$x_m$，即

$$\boldsymbol{\alpha}=x_1\boldsymbol{\alpha}_1+x_2\boldsymbol{\alpha}_2+\cdots+x_m\boldsymbol{\alpha}_m=(\boldsymbol{\alpha}_1,\ \boldsymbol{\alpha}_2,\ \cdots,\ \boldsymbol{\alpha}_m)\begin{pmatrix}x_1\\x_2\\\vdots\\x_m\end{pmatrix},$$

向量 $\boldsymbol{\alpha}$ 在基 $\boldsymbol{\beta}_1$，$\boldsymbol{\beta}_2$，…，$\boldsymbol{\beta}_m$ 下的坐标为 $y_1$，$y_2$，…，$y_m$，即

$$\boldsymbol{\alpha}=y_1\boldsymbol{\beta}_1+y_2\boldsymbol{\beta}_2+\cdots+y_m\boldsymbol{\beta}_m=(\boldsymbol{\beta}_1,\ \boldsymbol{\beta}_2,\ \cdots,\ \boldsymbol{\beta}_m)\begin{pmatrix}y_1\\y_2\\\vdots\\y_m\end{pmatrix},$$

则

$$\boldsymbol{\alpha}=(\boldsymbol{\beta}_1,\boldsymbol{\beta}_2,\cdots,\boldsymbol{\beta}_m)\begin{pmatrix}y_1\\y_2\\\vdots\\y_m\end{pmatrix}$$

$$=\left[(\boldsymbol{\alpha}_1,\ \boldsymbol{\alpha}_2,\ \cdots,\ \boldsymbol{\alpha}_m)\begin{pmatrix}p_{11}&p_{12}&\cdots&p_{1m}\\p_{21}&p_{22}&\cdots&p_{2m}\\\vdots&\vdots&&\vdots\\p_{m1}&p_{m2}&\cdots&p_{mm}\end{pmatrix}\right]\begin{pmatrix}y_1\\y_2\\\vdots\\y_m\end{pmatrix}$$

$$=(\boldsymbol{\alpha}_1,\boldsymbol{\alpha}_2,\cdots,\boldsymbol{\alpha}_m)\left[\begin{pmatrix}p_{11}&p_{12}&\cdots&p_{1m}\\p_{21}&p_{22}&\cdots&p_{2m}\\\vdots&\vdots&&\vdots\\p_{m1}&p_{m2}&\cdots&p_{mm}\end{pmatrix}\begin{pmatrix}y_1\\y_2\\\vdots\\y_m\end{pmatrix}\right]$$

$$=(\boldsymbol{\alpha}_1,\boldsymbol{\alpha}_2,\cdots,\boldsymbol{\alpha}_m)\begin{pmatrix}x_1\\x_2\\\vdots\\x_m\end{pmatrix}.$$

由于在确定的基下，向量的坐标是唯一的，所以

$$\begin{pmatrix}x_1\\x_2\\\vdots\\x_m\end{pmatrix}=\begin{pmatrix}p_{11}&p_{12}&\cdots&p_{1m}\\p_{21}&p_{22}&\cdots&p_{2m}\\\vdots&\vdots&&\vdots\\p_{m1}&p_{m2}&\cdots&p_{mm}\end{pmatrix}\begin{pmatrix}y_1\\y_2\\\vdots\\y_m\end{pmatrix},\tag{3.14}$$

这就是两个基下的坐标变换公式. 当然，也有坐标变换公式

$$\begin{pmatrix}y_1\\y_2\\\vdots\\y_m\end{pmatrix}=\begin{pmatrix}p_{11}&p_{12}&\cdots&p_{1m}\\p_{21}&p_{22}&\cdots&p_{2m}\\\vdots&\vdots&&\vdots\\p_{m1}&p_{m2}&\cdots&p_{mm}\end{pmatrix}^{-1}\begin{pmatrix}x_1\\x_2\\\vdots\\x_m\end{pmatrix}.$$

**例 3.28** 已知 $\boldsymbol{\alpha}_1$，$\boldsymbol{\alpha}_2$ 与 $\boldsymbol{\beta}_1$，$\boldsymbol{\beta}_2$ 均为 $\mathbf{R}^2$ 的基，其中

$$\boldsymbol{\alpha}_1=\begin{pmatrix}1\\1\end{pmatrix},\ \boldsymbol{\alpha}_2=\begin{pmatrix}-2\\3\end{pmatrix};\ \boldsymbol{\beta}_1=\begin{pmatrix}1\\-1\end{pmatrix},\ \boldsymbol{\beta}_2=\begin{pmatrix}1\\3\end{pmatrix}.$$

（1）求从基 $\boldsymbol{\alpha}_1$，$\boldsymbol{\alpha}_2$ 到基 $\boldsymbol{\beta}_1$，$\boldsymbol{\beta}_2$ 的过渡矩阵.

（2）求向量 $\boldsymbol{\alpha}=\begin{pmatrix}3\\8\end{pmatrix}$ 在基 $\boldsymbol{\alpha}_1$，$\boldsymbol{\alpha}_2$ 及基 $\boldsymbol{\beta}_1$，$\boldsymbol{\beta}_2$ 下的坐标.

解 （1）设从基 $\boldsymbol{\alpha}_1$，$\boldsymbol{\alpha}_2$ 到基 $\boldsymbol{\beta}_1$，$\boldsymbol{\beta}_2$ 的过渡矩阵为 $\boldsymbol{P}$，则有

$$(\boldsymbol{\beta}_1,\boldsymbol{\beta}_2)=(\boldsymbol{\alpha}_1,\boldsymbol{\alpha}_2)\boldsymbol{P},$$

即

$$\begin{pmatrix}1&1\\-1&3\end{pmatrix}=\begin{pmatrix}1&-2\\1&3\end{pmatrix}\boldsymbol{P},$$

从而

$$\boldsymbol{P}=\begin{pmatrix}1&-2\\1&3\end{pmatrix}^{-1}\begin{pmatrix}1&1\\-1&3\end{pmatrix}=\frac{1}{5}\begin{pmatrix}3&2\\-1&1\end{pmatrix}\begin{pmatrix}1&1\\-1&3\end{pmatrix}=\frac{1}{5}\begin{pmatrix}1&9\\-2&2\end{pmatrix}.$$

(2) 设 $\boldsymbol{\alpha}$ 在基 $\boldsymbol{\alpha}_1,\boldsymbol{\alpha}_2$ 下的坐标为 $x_1,x_2$,即

$$\boldsymbol{\alpha}=(\boldsymbol{\alpha}_1,\ \boldsymbol{\alpha}_2)\begin{pmatrix}x_1\\x_2\end{pmatrix},$$

$$\begin{pmatrix}3\\8\end{pmatrix}=\begin{pmatrix}1&-2\\1&3\end{pmatrix}\begin{pmatrix}x_1\\x_2\end{pmatrix},$$

从而

$$\begin{pmatrix}x_1\\x_2\end{pmatrix}=\begin{pmatrix}1&-2\\1&3\end{pmatrix}^{-1}\begin{pmatrix}3\\8\end{pmatrix}=\frac{1}{5}\begin{pmatrix}3&2\\-1&1\end{pmatrix}\begin{pmatrix}3\\8\end{pmatrix}=\begin{pmatrix}5\\1\end{pmatrix}.$$

设 $\boldsymbol{\alpha}$ 在基 $\boldsymbol{\beta}_1$, $\boldsymbol{\beta}_2$ 下的坐标为 $y_1$, $y_2$,则由坐标变换公式得

$$\begin{pmatrix}y_1\\y_2\end{pmatrix}=\boldsymbol{P}^{-1}\begin{pmatrix}x_1\\x_2\end{pmatrix}=\frac{1}{4}\begin{pmatrix}2&-9\\2&1\end{pmatrix}\begin{pmatrix}5\\1\end{pmatrix}=\frac{1}{4}\begin{pmatrix}1\\11\end{pmatrix}.$$

### 3.3.4 欧氏空间

在几何空间中,设向量 $\boldsymbol{\alpha}=(a_1,\ a_2,\ a_3)$, $\boldsymbol{\beta}=(b_1,\ b_2,\ b_3)$,则向量 $\boldsymbol{\alpha}$, $\boldsymbol{\beta}$ 内积的坐标表示为

$$(\boldsymbol{\alpha},\ \boldsymbol{\beta})=a_1b_1+a_2b_2+a_3b_3.$$

与几何空间相类似,我们定义 $n$ 维向量的内积如下:

**定义 3.19** 设

$$\boldsymbol{\alpha}=\begin{pmatrix}a_1\\a_2\\\vdots\\a_n\end{pmatrix},\ \boldsymbol{\beta}=\begin{pmatrix}b_1\\b_2\\\vdots\\b_n\end{pmatrix},$$

称实数 $(\boldsymbol{\alpha},\ \boldsymbol{\beta})=a_1b_1+a_2b_2+\cdots+a_nb_n$ 为**向量 $\boldsymbol{\alpha}$ 与 $\boldsymbol{\beta}$ 的内积**.

根据矩阵乘法运算的定义知 $(\boldsymbol{\alpha},\ \boldsymbol{\beta})=\boldsymbol{\alpha}^{\mathrm{T}}\boldsymbol{\beta}=\boldsymbol{\beta}^{\mathrm{T}}\boldsymbol{\alpha}$.

由定义可得,对于任意的 $n$ 维向量 $\boldsymbol{\alpha}$, $\boldsymbol{\beta}$, $\boldsymbol{\gamma}$ 及任意实数 $k$ 均有性质

(1) $(\boldsymbol{\alpha},\ \boldsymbol{\beta})=(\boldsymbol{\beta},\ \boldsymbol{\alpha})$.

(2) $(\boldsymbol{\alpha}+\boldsymbol{\beta},\ \boldsymbol{\gamma})=(\boldsymbol{\alpha},\ \boldsymbol{\gamma})+(\boldsymbol{\beta},\ \boldsymbol{\gamma})$.

(3) $(k\boldsymbol{\alpha},\ \boldsymbol{\beta})=k(\boldsymbol{\alpha},\ \boldsymbol{\beta})$.

(4) $(\boldsymbol{\alpha},\ \boldsymbol{\alpha})\geqslant 0$,当且仅当 $\boldsymbol{\alpha}=\boldsymbol{0}$ 时等号成立.

这里定义的内积是几何空间中向量内积概念的推广. 利用向量的内积定义,进一步定义 $n$ 维实向量 **$\boldsymbol{\alpha}$ 的模(长度)** 为

$|\boldsymbol{\alpha}| = \sqrt{(\boldsymbol{\alpha}, \boldsymbol{\alpha})}$.

若

$$\boldsymbol{\alpha} = \begin{pmatrix} a_1 \\ a_2 \\ \vdots \\ a_n \end{pmatrix},$$

则

$$|\boldsymbol{\alpha}| = \sqrt{(\boldsymbol{\alpha}, \boldsymbol{\alpha})} = \sqrt{a_1^2 + a_2^2 + \cdots + a_n^2}. \tag{3.15}$$

当 $n = 3$ 时，式（3.15）为直角坐标系下，起点为原点，终点为 $(a_1, a_2, a_3)$ 的向量的长度.

若 $|\boldsymbol{\alpha}| = 1$，则称 $\boldsymbol{\alpha}$ 为单位向量. 若 $\boldsymbol{\alpha} \neq \mathbf{0}$，则 $|\boldsymbol{\alpha}| > 0$，且 $\frac{1}{|\boldsymbol{\alpha}|}\boldsymbol{\alpha}$ 一定为单位向量，称为向量 $\boldsymbol{\alpha}$ 的单位化向量.

**定义 3.20** 定义了内积运算的实数域上的向量空间称为**欧氏空间**（Euclid 空间）.

几何空间是欧氏空间. $\mathbf{R}^n$ 的子空间在如上定义的内积下，均成为欧氏空间.

**定理 3.15** 对任意的 $n$ 维向量 $\boldsymbol{\alpha}, \boldsymbol{\beta}$，均有

$$|(\boldsymbol{\alpha}, \boldsymbol{\beta})| \leqslant |\boldsymbol{\alpha}||\boldsymbol{\beta}|, \tag{3.16}$$

称为 Cauchy-Schwarz 不等式.

**证** 当 $\boldsymbol{\beta} = \mathbf{0}$ 时，$(\boldsymbol{\alpha}, \boldsymbol{\beta}) = 0$，$|\boldsymbol{\beta}| = 0$，命题成立.

当 $\boldsymbol{\beta} \neq \mathbf{0}$ 时，对任意的实数 $t$，

$$(\boldsymbol{\alpha} + t\boldsymbol{\beta}, \boldsymbol{\alpha} + t\boldsymbol{\beta}) \geqslant 0,$$

$$(\boldsymbol{\beta}, \boldsymbol{\beta})t^2 + 2(\boldsymbol{\alpha}, \boldsymbol{\beta})t + (\boldsymbol{\alpha}, \boldsymbol{\alpha}) \geqslant 0.$$

由于上式对任意的实数 $t$ 均成立，且 $(\boldsymbol{\beta}, \boldsymbol{\beta}) > 0$，故

$$[2(\boldsymbol{\alpha}, \boldsymbol{\beta})]^2 - 4(\boldsymbol{\beta}, \boldsymbol{\beta})(\boldsymbol{\alpha}, \boldsymbol{\alpha}) \leqslant 0$$

从而

$$|(\boldsymbol{\alpha}, \boldsymbol{\beta})| \leqslant |\boldsymbol{\alpha}||\boldsymbol{\beta}|.$$

有了 Cauchy-Schwarz 不等式，我们可以定义两个 $n$ 维向量的夹角.

**定义 3.21** 设 $\boldsymbol{\alpha}, \boldsymbol{\beta}$ 为 $n$ 维向量，且均不是零向量，则定义 $\boldsymbol{\alpha}$ 与 $\boldsymbol{\beta}$ 的夹角 $<\boldsymbol{\alpha}, \boldsymbol{\beta}>$ 为

$$\cos\langle \boldsymbol{\alpha}, \boldsymbol{\beta}\rangle = \frac{(\boldsymbol{\alpha}, \boldsymbol{\beta})}{|\boldsymbol{\alpha}||\boldsymbol{\beta}|} \tag{3.17}$$

这里，$0 \leqslant <\boldsymbol{\alpha}, \boldsymbol{\beta}> \leqslant \pi$.

当 $n=3$ 时，这里定义的夹角与几何空间中的定义相一致. 当 $n>3$时，没有直观几何意义，只是抽象定义.

设$\boldsymbol{\alpha} \neq \mathbf{0}$，$\boldsymbol{\beta} \neq \mathbf{0}$，若$<\boldsymbol{\alpha}, \boldsymbol{\beta}> = \frac{\pi}{2}$，则 $\cos <\boldsymbol{\alpha}, \boldsymbol{\beta}> = 0$，于是$(\boldsymbol{\alpha}, \boldsymbol{\beta}) = 0$. 反之，若$(\boldsymbol{\alpha}, \boldsymbol{\beta}) = 0$，则 $\cos <\boldsymbol{\alpha}, \boldsymbol{\beta}> = 0$，故$<\boldsymbol{\alpha}, \boldsymbol{\beta}> = \frac{\pi}{2}$.

在几何空间中根据几何直观定义两个向量的夹角，之后定义向量的内积. 在 $n$ ($n>3$) 维向量空间中，先定义向量的内积与长度，之后再定义向量的夹角，这个夹角没有几何直观.

**定义 3.22** 若$(\boldsymbol{\alpha}, \boldsymbol{\beta}) = 0$，**则称向量$\boldsymbol{\alpha}$与$\boldsymbol{\beta}$正交**，记为 $\alpha \perp \beta$.

与几何空间一样，零向量与任意向量正交.

$n$ 维单位坐标向量组 $\boldsymbol{\varepsilon}_1$，$\boldsymbol{\varepsilon}_2$，…，$\boldsymbol{\varepsilon}_n$两两正交.

**例 3.29** 设

$$\boldsymbol{\alpha}_1 = \begin{pmatrix} 2 \\ 2 \\ 1 \end{pmatrix}, \quad \boldsymbol{\alpha}_2 = \begin{pmatrix} -1 \\ 2 \\ -2 \end{pmatrix}, \quad \boldsymbol{\alpha}_3 = \begin{pmatrix} -2 \\ 1 \\ 2 \end{pmatrix},$$

则 $\boldsymbol{\alpha}_1$，$\boldsymbol{\alpha}_2$，$\boldsymbol{\alpha}_3$ 两两正交.

**证** 由于

$$(\boldsymbol{\alpha}_1, \boldsymbol{\alpha}_2) = 0, (\boldsymbol{\alpha}_1, \boldsymbol{\alpha}_3) = 0, (\boldsymbol{\alpha}_2, \boldsymbol{\alpha}_3) = 0,$$

所以$\boldsymbol{\alpha}_1$，$\boldsymbol{\alpha}_2$，$\boldsymbol{\alpha}_3$ 两两正交.

**定义 3.23** $n$ 阶矩阵 $\boldsymbol{A}$ 若满足 $\boldsymbol{A}^{\mathrm{T}}\boldsymbol{A} = \boldsymbol{E}$，则 $\boldsymbol{A}$ 称为**正交矩阵**.

按定义，正交矩阵就是这样的方阵 $\boldsymbol{A}$，其逆矩阵为 $\boldsymbol{A}^{\mathrm{T}}$.

**例 3.30** 方阵 $\boldsymbol{A}$ 为正交矩阵的充分必要条件是其列（行）向量组两两正交，且每一个列（行）向量均为单位向量.

**证** 先考虑列向量组的情况，设方阵 $\boldsymbol{A} = (\boldsymbol{\alpha}_1, \boldsymbol{\alpha}_2, \cdots, \boldsymbol{\alpha}_n)$.

**必要性** 若 $\boldsymbol{A}^{\mathrm{T}}\boldsymbol{A} = \boldsymbol{E}$，即

$$\begin{pmatrix} \boldsymbol{\alpha}_1^{\mathrm{T}} \\ \boldsymbol{\alpha}_2^{\mathrm{T}} \\ \vdots \\ \boldsymbol{\alpha}_n^{\mathrm{T}} \end{pmatrix} (\boldsymbol{\alpha}_1, \boldsymbol{\alpha}_2, \cdots, \boldsymbol{\alpha}_n) = \begin{pmatrix} \boldsymbol{\alpha}_1^{\mathrm{T}}\boldsymbol{\alpha}_1 & \boldsymbol{\alpha}_1^{\mathrm{T}}\boldsymbol{\alpha}_2 & \cdots & \boldsymbol{\alpha}_1^{\mathrm{T}}\boldsymbol{\alpha}_n \\ \boldsymbol{\alpha}_2^{\mathrm{T}}\boldsymbol{\alpha}_1 & \boldsymbol{\alpha}_2^{\mathrm{T}}\boldsymbol{\alpha}_2 & \cdots & \boldsymbol{\alpha}_2^{\mathrm{T}}\boldsymbol{\alpha}_n \\ \vdots & \vdots & & \vdots \\ \boldsymbol{\alpha}_n^{\mathrm{T}}\boldsymbol{\alpha}_1 & \boldsymbol{\alpha}_n^{\mathrm{T}}\boldsymbol{\alpha}_2 & \cdots & \boldsymbol{\alpha}_n^{\mathrm{T}}\boldsymbol{\alpha}_n \end{pmatrix} = \begin{pmatrix} 1 & 0 & \cdots & 0 \\ 0 & 1 & \cdots & 0 \\ \vdots & \vdots & & \vdots \\ 0 & 0 & \cdots & 1 \end{pmatrix} \tag{3.18}$$

则 $\boldsymbol{\alpha}_i^{\mathrm{T}}\boldsymbol{\alpha}_i = 1$ $(i=1, 2, \cdots, n)$，$\boldsymbol{\alpha}_i^{\mathrm{T}}\boldsymbol{\alpha}_j = 0$ $(i, j=1, 2, \cdots, n, i \neq j)$

即其列向量组两两正交，且每一个列向量都是单位向量.

**充分性** 若$\boldsymbol{A}$的列向量组两两正交，且每一个列向量均为单位向量，即

$\boldsymbol{\alpha}_i^{\mathrm{T}}\boldsymbol{\alpha}_j=0$（$i, j=1, 2, \cdots, n, i\neq j$），$\boldsymbol{\alpha}_i^{\mathrm{T}}\boldsymbol{\alpha}_i=1$（$i=1, 2, \cdots, n$），

则有式（3.18）成立，所以$\boldsymbol{A}^{\mathrm{T}}\boldsymbol{A}=\boldsymbol{E}$.

类似地，由$\boldsymbol{A}\boldsymbol{A}^{\mathrm{T}}=\boldsymbol{E}$可以证明行向量组的情况.

**定义 3.24** 若向量组$\boldsymbol{\alpha}_1, \boldsymbol{\alpha}_2, \cdots, \boldsymbol{\alpha}_r$中的向量均非零，且两两正交，称向量组$\boldsymbol{\alpha}_1, \boldsymbol{\alpha}_2, \cdots, \boldsymbol{\alpha}_r$为**正交向量组**.

**定理 3.16** 正交向量组必线性无关.

**证** 设向量组$\boldsymbol{\alpha}_1, \boldsymbol{\alpha}_2, \cdots, \boldsymbol{\alpha}_r$是正交向量组，则有$(\boldsymbol{\alpha}_i, \boldsymbol{\alpha}_j)=\boldsymbol{\alpha}_i^{\mathrm{T}}\boldsymbol{\alpha}_j=0$（$i, j=1, 2, \cdots, r, i\neq j$）. 若$k_1, k_2, \cdots, k_r$使得

$$k_1\boldsymbol{\alpha}_1+k_2\boldsymbol{\alpha}_2+\cdots+k_r\boldsymbol{\alpha}_r=\boldsymbol{0},$$

用$\boldsymbol{\alpha}_i^{\mathrm{T}}$左乘等式两端得

$$k_i(\boldsymbol{\alpha}_i^{\mathrm{T}}\boldsymbol{\alpha}_i)=0\ (i=1, 2, \cdots, r),$$

而$\boldsymbol{\alpha}_i\neq\boldsymbol{0}$，于是$\boldsymbol{\alpha}_i^{\mathrm{T}}\boldsymbol{\alpha}_i\neq 0$，从而$k_i=0$（$i=1, 2, \cdots, r$），故向量组$\boldsymbol{\alpha}_1, \boldsymbol{\alpha}_2, \cdots, \boldsymbol{\alpha}_r$线性无关.

一般地，线性无关向量组不一定正交. 下面讨论给定线性无关向量组，如何找出与之等价的正交向量组，这就是所谓的施密特（Schmidt）正交化过程.

设$\boldsymbol{\alpha}_1, \boldsymbol{\alpha}_2, \boldsymbol{\alpha}_3$是$\mathbf{R}^3$中的一组线性无关向量，设$\boldsymbol{\beta}_1=\boldsymbol{\alpha}_1$，记$\boldsymbol{\delta}_2$为向量$\boldsymbol{\alpha}_2$在$\boldsymbol{\beta}_1$上的投影（见图3-1），则

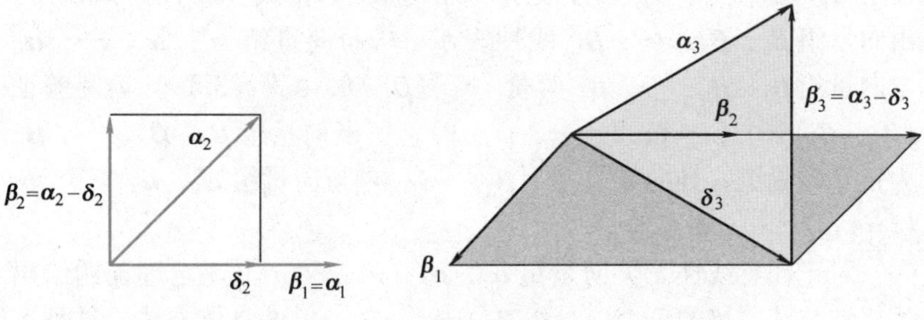


图 3-1

$$\boldsymbol{\delta}_2=|\boldsymbol{\alpha}_2|\cos<\boldsymbol{\alpha}_2, \boldsymbol{\beta}_1>\left(\frac{1}{|\boldsymbol{\beta}_1|}\boldsymbol{\beta}_1\right)=\frac{(\boldsymbol{\alpha}_2, \boldsymbol{\beta}_1)}{(\boldsymbol{\beta}_1, \boldsymbol{\beta}_1)}\boldsymbol{\beta}_1,$$

令$\boldsymbol{\beta}_2=\boldsymbol{\alpha}_2-\boldsymbol{\delta}_2$，则$\boldsymbol{\beta}_2\perp\boldsymbol{\beta}_1$. 由于$\boldsymbol{\alpha}_3$与$\boldsymbol{\alpha}_1, \boldsymbol{\alpha}_2$不共面，则$\boldsymbol{\alpha}_3$与$\boldsymbol{\beta}_1$,

$\boldsymbol{\beta}_2$ 也不共面. 设 $\boldsymbol{\delta}_3$ 为向量 $\boldsymbol{\alpha}_3$ 在 $\boldsymbol{\beta}_1$, $\boldsymbol{\beta}_2$ 平面上的投影，则

$$\boldsymbol{\delta}_3 = k_1\boldsymbol{\beta}_1 + k_2\boldsymbol{\beta}_2 = \frac{(\boldsymbol{\alpha}_3, \boldsymbol{\beta}_1)}{(\boldsymbol{\beta}_1, \boldsymbol{\beta}_1)}\boldsymbol{\beta}_1 + \frac{(\boldsymbol{\alpha}_3, \boldsymbol{\beta}_2)}{(\boldsymbol{\beta}_2, \boldsymbol{\beta}_2)}\boldsymbol{\beta}_2,$$

令 $\boldsymbol{\beta}_3 = \boldsymbol{\alpha}_3 - \boldsymbol{\delta}_3 = \boldsymbol{\alpha}_3 - \frac{(\boldsymbol{\alpha}_3, \boldsymbol{\beta}_1)}{(\boldsymbol{\beta}_1, \boldsymbol{\beta}_1)}\boldsymbol{\beta}_1 - \frac{(\boldsymbol{\alpha}_3, \boldsymbol{\beta}_2)}{(\boldsymbol{\beta}_2, \boldsymbol{\beta}_2)}\boldsymbol{\beta}_2$，则 $\boldsymbol{\beta}_3 \perp \boldsymbol{\beta}_1$，$\boldsymbol{\beta}_3 \perp \boldsymbol{\beta}_2$. 这样得到的向量组 $\boldsymbol{\beta}_1$，$\boldsymbol{\beta}_2$，$\boldsymbol{\beta}_3$ 为正交向量组，且与向量组 $\boldsymbol{\alpha}_1$，$\boldsymbol{\alpha}_2$，$\boldsymbol{\alpha}_3$ 等价.

一般情况有如下定理：

**定理 3.17** 若向量组 $\boldsymbol{\alpha}_1$，$\boldsymbol{\alpha}_2$，…，$\boldsymbol{\alpha}_m$ 线性无关，则存在正交向量组 $\boldsymbol{\beta}_1$，$\boldsymbol{\beta}_2$，…，$\boldsymbol{\beta}_m$，使得向量组 $\boldsymbol{\alpha}_1$，$\boldsymbol{\alpha}_2$，…，$\boldsymbol{\alpha}_i$ 与向量组 $\boldsymbol{\beta}_1$，$\boldsymbol{\beta}_2$，…，$\boldsymbol{\beta}_i$ 等价($i=1, 2, \cdots, m$).

**证** 对于 $m$ 用数学归纳法. 当 $m=1$ 时，命题显然成立. 设 $m-1$ 时命题成立，我们证明 $m$ 时命题成立.

由于向量组 $\boldsymbol{\alpha}_1$，$\boldsymbol{\alpha}_2$，…，$\boldsymbol{\alpha}_m$ 线性无关，则向量组 $\boldsymbol{\alpha}_1$，$\boldsymbol{\alpha}_2$，…，$\boldsymbol{\alpha}_{m-1}$线性无关. 由归纳法假设存在正交向量组 $\boldsymbol{\beta}_1$，$\boldsymbol{\beta}_2$，…，$\boldsymbol{\beta}_{m-1}$，使得向量组 $\boldsymbol{\alpha}_1$，$\boldsymbol{\alpha}_2$，…，$\boldsymbol{\alpha}_i$ 与向量组 $\boldsymbol{\beta}_1$，$\boldsymbol{\beta}_2$，…，$\boldsymbol{\beta}_i$（$i=1, 2, \cdots, m-1$）等价. 令

$$\boldsymbol{\beta}_m = \boldsymbol{\alpha}_m - \frac{(\boldsymbol{\alpha}_m, \boldsymbol{\beta}_1)}{(\boldsymbol{\beta}_1, \boldsymbol{\beta}_1)}\boldsymbol{\beta}_1 - \frac{(\boldsymbol{\alpha}_m, \boldsymbol{\beta}_2)}{(\boldsymbol{\beta}_2, \boldsymbol{\beta}_2)}\boldsymbol{\beta}_2 - \cdots - \frac{(\boldsymbol{\alpha}_m, \boldsymbol{\beta}_{m-1})}{(\boldsymbol{\beta}_{m-1}, \boldsymbol{\beta}_{m-1})}\boldsymbol{\beta}_{m-1}, \tag{3.19}$$

由于 $\boldsymbol{\beta}_1$，$\boldsymbol{\beta}_2$，…，$\boldsymbol{\beta}_{m-1}$ 可由 $\boldsymbol{\alpha}_1$，$\boldsymbol{\alpha}_2$，…，$\boldsymbol{\alpha}_{m-1}$ 线性表示，所以 $\boldsymbol{\beta}_m$ 可由 $\boldsymbol{\alpha}_1$，$\boldsymbol{\alpha}_2$，…，$\boldsymbol{\alpha}_m$ 线性表示. 另一方面，由式（3.19）知 $\boldsymbol{\alpha}_m$ 可由向量组 $\boldsymbol{\beta}_1$，$\boldsymbol{\beta}_2$，…，$\boldsymbol{\beta}_m$ 线性表示，从而向量组 $\boldsymbol{\alpha}_1$，$\boldsymbol{\alpha}_2$，…，$\boldsymbol{\alpha}_m$ 与向量组 $\boldsymbol{\beta}_1$，$\boldsymbol{\beta}_2$，…，$\boldsymbol{\beta}_m$ 等价. 于是 $\boldsymbol{\beta}_i \neq \mathbf{0}$. 由式（3.19）容易验证 $(\boldsymbol{\beta}_m, \boldsymbol{\beta}_i)=0$（$i=1, 2, \cdots, m-1$），所以向量组 $\boldsymbol{\beta}_1$，$\boldsymbol{\beta}_2$，…，$\boldsymbol{\beta}_m$ 为正交向量组，且向量组 $\boldsymbol{\beta}_1$，$\boldsymbol{\beta}_2$，…，$\boldsymbol{\beta}_i$ 与向量组 $\boldsymbol{\alpha}_1$，$\boldsymbol{\alpha}_2$，…，$\boldsymbol{\alpha}_i$（$i=1, 2, \cdots, m$）等价.

对于任意线性无关向量组 $\boldsymbol{\alpha}_1$，$\boldsymbol{\alpha}_2$，…，$\boldsymbol{\alpha}_m$，上述定理证明给出了找到与其等价的正交向量组 $\boldsymbol{\beta}_1$，$\boldsymbol{\beta}_2$，…，$\boldsymbol{\beta}_m$ 的具体方法，这种方法称为施密特（Schmidt）正交化方法.

**例 3.31** 试用施密特（Schmidt）正交化方法将向量组 $\boldsymbol{\alpha}_1=(1, 0, 0)^{\mathrm{T}}$，$\boldsymbol{\alpha}_2=(1, 1, 0)^{\mathrm{T}}$，$\boldsymbol{\alpha}_3=(1, 1, 1)^{\mathrm{T}}$ 化为正交向量组.

**解** 由施密特正交化方法，令

$$\boldsymbol{\beta}_1=\boldsymbol{\alpha}_1=\begin{pmatrix}1\\0\\0\end{pmatrix},$$

$$\boldsymbol{\beta}_2=\boldsymbol{\alpha}_2-\frac{(\boldsymbol{\alpha}_2,\ \boldsymbol{\beta}_1)}{(\boldsymbol{\beta}_1,\ \boldsymbol{\beta}_1)}\boldsymbol{\beta}_1=\begin{pmatrix}1\\1\\0\end{pmatrix}-\begin{pmatrix}1\\0\\0\end{pmatrix}=\begin{pmatrix}0\\1\\0\end{pmatrix},$$

$$\boldsymbol{\beta}_3=\boldsymbol{\alpha}_3-\frac{(\boldsymbol{\alpha}_3,\ \boldsymbol{\beta}_1)}{(\boldsymbol{\beta}_1,\ \boldsymbol{\beta}_1)}\boldsymbol{\beta}_1-\frac{(\boldsymbol{\alpha}_3,\ \boldsymbol{\beta}_2)}{(\boldsymbol{\beta}_2,\ \boldsymbol{\beta}_2)}\boldsymbol{\beta}_2=\begin{pmatrix}1\\1\\1\end{pmatrix}-\begin{pmatrix}1\\0\\0\end{pmatrix}-\begin{pmatrix}0\\1\\0\end{pmatrix}=\begin{pmatrix}0\\0\\1\end{pmatrix}.$$

则$\boldsymbol{\beta}_1$，$\boldsymbol{\beta}_2$，$\boldsymbol{\beta}_3$为所求正交向量组.

在几何空间中，$\boldsymbol{i}=(1,\ 0,\ 0)^{\mathrm{T}}$，$\boldsymbol{j}=(0,\ 1,\ 0)^{\mathrm{T}}$，$\boldsymbol{k}=(0,\ 0,\ 1)^{\mathrm{T}}$是空间直角坐标系的三个单位坐标向量，$\boldsymbol{i}$，$\boldsymbol{j}$，$\boldsymbol{k}$线性无关，任何一个三维向量均可由他们线性表示，所以$\boldsymbol{i}$，$\boldsymbol{j}$，$\boldsymbol{k}$是$\mathbf{R}^3$的一组基. 这组基具有性质：基中的向量两两正交，且每一个向量为单位向量.

**定义3.25** 设$\boldsymbol{\alpha}_1$，$\boldsymbol{\alpha}_2$，…，$\boldsymbol{\alpha}_m$为欧氏空间$V$的一组基，若基中向量两两正交，且每一个向量均为单位向量，称$\boldsymbol{\alpha}_1$，$\boldsymbol{\alpha}_2$，…，$\boldsymbol{\alpha}_m$为$V$的**标准正交基**.

设$\boldsymbol{\alpha}_1$，$\boldsymbol{\alpha}_2$，…，$\boldsymbol{\alpha}_m$为欧氏空间$V$的标准正交基，对任意的$\boldsymbol{\alpha}\in V$，若$\boldsymbol{\alpha}$在这组基下的坐标为$k_1$，$k_2$，…，$k_m$，则有

$$\boldsymbol{\alpha}=k_1\boldsymbol{\alpha}_1+k_2\boldsymbol{\alpha}_2+\cdots+k_m\boldsymbol{\alpha}_m.$$

用$\boldsymbol{\alpha}_i^{\mathrm{T}}$（$i=1,\ 2,\ \cdots,\ m$）左乘等式的两端，得$\boldsymbol{\alpha}_i^{\mathrm{T}}\boldsymbol{\alpha}=k_i$（$i=1,\ 2,\ \cdots,m$），即在标准正交基下，向量$\boldsymbol{\alpha}$的坐标分别是向量$\boldsymbol{\alpha}$与基中向量$\boldsymbol{\alpha}_i$的内积.

**例3.32** 设$\boldsymbol{\alpha}_1=(3,\ 1,\ 1,\ -1)^{\mathrm{T}}$，$\boldsymbol{\alpha}_2=(1,\ 3,\ -1,\ 1,)^{\mathrm{T}}$，$\boldsymbol{\alpha}_3=(1,\ -1,\ 3,\ 1)^{\mathrm{T}}$，$\boldsymbol{\alpha}_4=(5,\ 3,\ 3,\ 1)^{\mathrm{T}}$所生成的向量空间为$V$，求$V$的一组标准正交基.

**解** 由于向量组$\boldsymbol{\alpha}_1$，$\boldsymbol{\alpha}_2$，$\boldsymbol{\alpha}_3$线性无关，而$\boldsymbol{\alpha}_4=\boldsymbol{\alpha}_1+\boldsymbol{\alpha}_2+\boldsymbol{\alpha}_3$，故向量组$\boldsymbol{\alpha}_1$，$\boldsymbol{\alpha}_2$，$\boldsymbol{\alpha}_3$是$V$的一组基，只要将这组向量正交化、再单位化就可得出$V$的一组标准正交基. 令

> 向量组$\boldsymbol{\alpha}_1$，$\boldsymbol{\alpha}_2$，$\boldsymbol{\alpha}_3$，$\boldsymbol{\alpha}_4$生成的向量空间$V$的基是该向量组的一个极大线性无关组，不是向量组本身.

$\boldsymbol{\beta}_1=\boldsymbol{\alpha}_1=(3,\ 1,\ 1,\ -1)^{\mathrm{T}}$，

$\boldsymbol{\beta}_2=\boldsymbol{\alpha}_2-\dfrac{(\boldsymbol{\alpha}_2,\boldsymbol{\beta}_1)}{(\boldsymbol{\beta}_1,\boldsymbol{\beta}_1)}\boldsymbol{\beta}_1=(1,3,\ -1,\ 1)^{\mathrm{T}}-\dfrac{4}{12}(3,\ 1,\ 1,\ -1)^{\mathrm{T}}=\dfrac{1}{3}(0,$

$8, -4, 4)^{\mathrm{T}}$,

$$\boldsymbol{\beta}_3=\boldsymbol{\alpha}_3-\frac{(\boldsymbol{\alpha}_3,\boldsymbol{\beta}_1)}{(\boldsymbol{\beta}_1,\boldsymbol{\beta}_1)}\boldsymbol{\beta}_1-\frac{(\boldsymbol{\alpha}_3,\boldsymbol{\beta}_2)}{(\boldsymbol{\beta}_2,\boldsymbol{\beta}_2)}\boldsymbol{\beta}_2=(1,-1,3,1)^{\mathrm{T}}-\frac{4}{12}(3,1,1,-1)^{\mathrm{T}}-\frac{-1}{6}(0,8,-4,4)^{\mathrm{T}}=(0,0,2,2)^{\mathrm{T}}.$$

于是，$\boldsymbol{\beta}_1$，$\boldsymbol{\beta}_2$，$\boldsymbol{\beta}_3$ 两两正交. 令

$$\boldsymbol{\gamma}_1=\frac{1}{|\boldsymbol{\beta}_1|}\boldsymbol{\beta}_1=\frac{1}{2\sqrt{3}}(3,1,1,-1)^{\mathrm{T}},\boldsymbol{\gamma}_2=\frac{1}{|\boldsymbol{\beta}_2|}\boldsymbol{\beta}_2=\frac{1}{\sqrt{6}}(0,2,-1,1)^{\mathrm{T}},$$

$$\boldsymbol{\gamma}_3=\frac{1}{|\boldsymbol{\beta}_3|}\boldsymbol{\beta}_3=\frac{1}{\sqrt{2}}(0,0,1,1)^{\mathrm{T}}.$$

则 $\boldsymbol{\gamma}_1$，$\boldsymbol{\gamma}_2$，$\boldsymbol{\gamma}_3$ 是向量空间 $V$ 的一组标准正交基.

## 习 题 3.3

### A 组

1. 求下列向量组的秩与一个极大线性无关组.

(1) $\boldsymbol{\alpha}_1=(1,0,0)^{\mathrm{T}}$, $\boldsymbol{\alpha}_2=(0,1,0)^{\mathrm{T}}$, $\boldsymbol{\alpha}_3=(2,-3,0)^{\mathrm{T}}$, $\boldsymbol{\alpha}_4=(0,0,0)^{\mathrm{T}}$.

(2) $\boldsymbol{\alpha}_1=(1,0,0)^{\mathrm{T}}$, $\boldsymbol{\alpha}_2=(0,1,0)^{\mathrm{T}}$, $\boldsymbol{\alpha}_3=(2,-3,4)^{\mathrm{T}}$, $\boldsymbol{\alpha}_4=(0,0,5)^{\mathrm{T}}$.

2. 判断下列命题是否正确. 为什么?

(1) 若向量组 $A$ 中存在 $r$ 个线性无关的向量，则向量组 $A$ 的秩为 $r$.

(2) 若向量组 $A$ 中任意 $r$ 个向量均线性相关，则向量组 $A$ 的秩必小于 $r$.

(3) 若向量组 $A$ 的秩为 $r$，则向量组 $A$ 中任意 $r$ 个向量必线性无关.

(4) 若向量组 $A$ 的秩为 $r$，则向量组 $A$ 中存在 $r-1$ 个线性无关的向量.

3. 若向量组 $A$ 中存在 $r$ 个向量 $\boldsymbol{\alpha}_1$，$\boldsymbol{\alpha}_2$，…，$\boldsymbol{\alpha}_r$ 线性无关，$A$ 中任意 $r+1$ 个向量均线性相关，则 $\boldsymbol{\alpha}_1$，$\boldsymbol{\alpha}_2$，…，$\boldsymbol{\alpha}_r$ 是向量组 $A$ 的极大线性无关组.

4. 设 $\boldsymbol{\alpha}_1=(1,0,1)^{\mathrm{T}}$, $\boldsymbol{\alpha}_2=(1,1,-1)^{\mathrm{T}}$, $\boldsymbol{\alpha}_3=(0,1,0)^{\mathrm{T}}$ 与 $\boldsymbol{\beta}_1=(1,-2,1)^{\mathrm{T}}$, $\boldsymbol{\beta}_2=(1,2,-1)^{\mathrm{T}}$, $\boldsymbol{\beta}_3=(0,1,-2)^{\mathrm{T}}$ 均为 $\mathbf{R}^3$ 的基，求从基 $\boldsymbol{\alpha}_1$，$\boldsymbol{\alpha}_2$，$\boldsymbol{\alpha}_3$ 到基 $\boldsymbol{\beta}_1$，$\boldsymbol{\beta}_2$，$\boldsymbol{\beta}_3$ 的过渡矩阵，并求向量 $\boldsymbol{\alpha}=(1,1,1)^{\mathrm{T}}$ 在这两组基下的坐标.

5. 已知向量 $\boldsymbol{\alpha}=(1,2,1)^{\mathrm{T}}$, $\boldsymbol{\beta}=\left(-2,1,\frac{1}{2}\right)^{\mathrm{T}}$, $\boldsymbol{\gamma}=(2,-2,2)^{\mathrm{T}}$,

(1) 求 $(\boldsymbol{\alpha},\boldsymbol{\beta})$, $(\boldsymbol{\beta},\boldsymbol{\gamma})$, $(\boldsymbol{\alpha},\boldsymbol{\gamma})$.

(2) 将向量 $\boldsymbol{\alpha}$ 单位化.

(3) 求向量 $\boldsymbol{\alpha}$, $\boldsymbol{\beta}$ 的夹角 $<\boldsymbol{\alpha},\boldsymbol{\beta}>$.

6. 下列矩阵中哪一个是正交矩阵?

$$\begin{pmatrix}1 & \frac{1}{\sqrt{2}}\\ 0 & \frac{1}{\sqrt{2}}\end{pmatrix},\begin{pmatrix}2 & 2 & 1\\ 2 & 1 & -2\\ 1 & 2 & 2\end{pmatrix},\begin{pmatrix}2 & -2 & 1\\ 2 & 1 & -2\\ 1 & 2 & 2\end{pmatrix},\frac{1}{3}\begin{pmatrix}2 & -2 & 1\\ 2 & 1 & -2\\ 1 & 2 & 2\end{pmatrix}.$$

7. 用施密特（Schmidt）正交化方法将向量组 $\boldsymbol{\alpha}_1=(1,0,1)^{\mathrm{T}}$, $\boldsymbol{\alpha}_2=(0,1,-1)^{\mathrm{T}}$, $\boldsymbol{\alpha}_3=(2,1,0)^{\mathrm{T}}$ 化为正交向量组.

## B 组

1. 设$\boldsymbol{\alpha}_1=\frac{1}{3}(1,2,2)^{\mathrm{T}}$，$\boldsymbol{\alpha}_2=\frac{1}{\sqrt{5}}(-2,1,0)^{\mathrm{T}}$，求向量$\boldsymbol{\alpha}_3$使得$\boldsymbol{\alpha}_1$，$\boldsymbol{\alpha}_2$，$\boldsymbol{\alpha}_3$为$\mathbf{R}^3$的标准正交基.

2. 设向量组$\boldsymbol{\alpha}_1$，$\boldsymbol{\alpha}_2$，…，$\boldsymbol{\alpha}_s$的秩为$r_1$，向量组$\boldsymbol{\beta}_1$，$\boldsymbol{\beta}_2$，…，$\boldsymbol{\beta}_t$的秩为$r_2$，向量组$\boldsymbol{\alpha}_1$，$\boldsymbol{\alpha}_2$，…，$\boldsymbol{\alpha}_s$，$\boldsymbol{\beta}_1$，$\boldsymbol{\beta}_2$，…，$\boldsymbol{\beta}_t$的秩为$r_3$，证明：

$$\max\{r_1,r_2\}\leqslant r_3\leqslant r_1+r_2.$$

3. 设向量组$\boldsymbol{\alpha}_1$，$\boldsymbol{\alpha}_2$，$\boldsymbol{\alpha}_3$线性无关，向量$\boldsymbol{\beta}\neq\mathbf{0}$满足$(\boldsymbol{\alpha}_i,\boldsymbol{\beta})=0$，$i=1,2,3$，判断向量组$\boldsymbol{\alpha}_1$，$\boldsymbol{\alpha}_2$，$\boldsymbol{\alpha}_3$，$\boldsymbol{\beta}$的线性相关性.

4. 设线性方程组

$$\begin{cases}a_{11}x_1+a_{12}x_2+\cdots+a_{1n}x_n=0\\a_{21}x_1+a_{22}x_2+\cdots+a_{2n}x_n=0\\\qquad\vdots\\a_{m1}x_1+a_{m2}x_2+\cdots+a_{mn}x_n=0\end{cases}$$

系数矩阵的行向量组为$\boldsymbol{\alpha}_1^{\mathrm{T}}$，$\boldsymbol{\alpha}_2^{\mathrm{T}}$，…，$\boldsymbol{\alpha}_m^{\mathrm{T}}$，且$\boldsymbol{\alpha}_1$，$\boldsymbol{\alpha}_2$，…，$\boldsymbol{\alpha}_m$线性无关，若向量$\boldsymbol{\beta}$为方程组的非零解，则向量组$\boldsymbol{\alpha}_1$，$\boldsymbol{\alpha}_2$，…，$\boldsymbol{\alpha}_m$，$\boldsymbol{\beta}$线性无关.

## C 组

1. 设$\boldsymbol{\alpha}_1$，$\boldsymbol{\alpha}_2$，…，$\boldsymbol{\alpha}_n$是一组$n$维向量，证明：$\boldsymbol{\alpha}_1$，$\boldsymbol{\alpha}_2$，…，$\boldsymbol{\alpha}_n$线性无关的充分必要条件是任意$n$维向量均可由它们线性表示.

2. 证明：一个向量组的任何一个线性无关组均可以扩充为一个极大线性无关组.

3. 设向量组$A$：$\boldsymbol{\alpha}_1$，$\boldsymbol{\alpha}_2$，…，$\boldsymbol{\alpha}_m$的秩为$r$，从向量组$A$中任取$s$个向量构成向量组$B$，证明：向量组$B$的秩大于等于$r-(m-s)$.

# *3.4 线性空间的基 维数 坐标

与前面的向量空间相类似，在一般的线性空间中，可以引进线性组合、线性相关、线性无关等概念.

设$V$为数域$P$上的线性空间，$\boldsymbol{\alpha}_1$，$\boldsymbol{\alpha}_2$，…，$\boldsymbol{\alpha}_s$，$\boldsymbol{\beta}$均为$V$中的向量，若存在$P$中的一组数$k_1$，$k_2$，…，$k_s$，使得

$$\boldsymbol{\beta}=k_1\boldsymbol{\alpha}_1+k_2\boldsymbol{\alpha}_2+\cdots+k_s\boldsymbol{\alpha}_s,$$

则称向量$\boldsymbol{\beta}$是向量组$\boldsymbol{\alpha}_1$，$\boldsymbol{\alpha}_2$，…，$\boldsymbol{\alpha}_s$的一个**线性组合**. 这时，也称向量$\boldsymbol{\beta}$可由向量组$\boldsymbol{\alpha}_1$，$\boldsymbol{\alpha}_2$，…，$\boldsymbol{\alpha}_s$**线性表示**.

若存在$P$中不全为零的一组数$k_1$，$k_2$，…，$k_s$，使得

$$k_1\boldsymbol{\alpha}_1+k_2\boldsymbol{\alpha}_2+\cdots+k_s\boldsymbol{\alpha}_s=\mathbf{0},$$

则称向量组$\boldsymbol{\alpha}_1$，$\boldsymbol{\alpha}_2$，…，$\boldsymbol{\alpha}_s$**线性相关**. 否则，称为**线性无关**.

向量空间中有关线性相关与线性无关的性质和结论在线性空间中均成立，以后将直接使用，不再列出. 在3.3节中，我们给出了向量空间的基、维数、坐标的概念，这些概念对于线性空间也适用. 由于基、维数是线性空间的主要特征，这里给出定义：

定义 3.26　设 $V$ 为数域 $P$ 上的线性空间，若 $V$ 中的向量组 $\boldsymbol{\alpha}_1$，$\boldsymbol{\alpha}_2$，…，$\boldsymbol{\alpha}_m$ 满足

(1) 向量组 $\boldsymbol{\alpha}_1$，$\boldsymbol{\alpha}_2$，…，$\boldsymbol{\alpha}_m$ 线性无关，

(2) $V$ 中任意向量 $\boldsymbol{\beta}$ 均可由 $\boldsymbol{\alpha}_1$，$\boldsymbol{\alpha}_2$，…，$\boldsymbol{\alpha}_m$ 线性表示，

则称向量组 $\boldsymbol{\alpha}_1$，$\boldsymbol{\alpha}_2$，…，$\boldsymbol{\alpha}_m$ 为线性空间 $V$ 的基，基中所含向量的个数 $m$ 称为线性空间 $V$ 的维数，记为 $\dim V=m$. 这时，称 $V$ 为 $m$ 维线性空间. 对于 $V$ 中任意向量 $\boldsymbol{\alpha}$，存在 $P$ 中的一组数 $k_1$，$k_2$，…，$k_m$，使得

$$\boldsymbol{\alpha}=k_1\boldsymbol{\alpha}_1+k_2\boldsymbol{\alpha}_2+\cdots+k_m\boldsymbol{\alpha}_m,$$

称 $k_1$，$k_2$，…，$k_m$ 为向量 $\boldsymbol{\alpha}$ 在基 $\boldsymbol{\alpha}_1$，$\boldsymbol{\alpha}_2$，…，$\boldsymbol{\alpha}_m$ 下的坐标.

与向量空间一样，线性空间的基不唯一，但线性空间的任意两个基是等价的，从而基中所含向量的个数是唯一的，即线性空间的维数是确定的.

例 3.33　设 $V$ 是全体 2 行 4 列实矩阵的集合，$V$ 是实数域上的线性空间，试确定 $V$ 的一组基与维数.

解　设

$$\boldsymbol{\alpha}_1=\begin{pmatrix}1&0&0&0\\0&0&0&0\end{pmatrix},\ \boldsymbol{\alpha}_2=\begin{pmatrix}0&1&0&0\\0&0&0&0\end{pmatrix},\ \boldsymbol{\alpha}_3=\begin{pmatrix}0&0&1&0\\0&0&0&0\end{pmatrix},$$

$$\boldsymbol{\alpha}_4=\begin{pmatrix}0&0&0&1\\0&0&0&0\end{pmatrix},\boldsymbol{\alpha}_5=\begin{pmatrix}0&0&0&0\\1&0&0&0\end{pmatrix},\ \boldsymbol{\alpha}_6=\begin{pmatrix}0&0&0&0\\0&1&0&0\end{pmatrix},$$

$$\boldsymbol{\alpha}_7=\begin{pmatrix}0&0&0&0\\0&0&1&0\end{pmatrix},\ \boldsymbol{\alpha}_8=\begin{pmatrix}0&0&0&0\\0&0&0&1\end{pmatrix}.$$

若

$$k_1\boldsymbol{\alpha}_1+k_2\boldsymbol{\alpha}_2+\cdots+k_8\boldsymbol{\alpha}_8=\mathbf{0},$$

即

$$\begin{pmatrix}k_1&k_2&k_3&k_4\\k_5&k_6&k_7&k_8\end{pmatrix}=\begin{pmatrix}0&0&0&0\\0&0&0&0\end{pmatrix},$$

则 $k_1=k_2=\cdots=k_8=0$，从而 $\boldsymbol{\alpha}_1$，$\boldsymbol{\alpha}_2$，…，$\boldsymbol{\alpha}_8$ 线性无关.

对于 $V$ 中任意向量

$$\boldsymbol{\alpha}=\begin{pmatrix}a_{11}&a_{12}&a_{13}&a_{14}\\a_{21}&a_{22}&a_{23}&a_{24}\end{pmatrix},$$

有

$$\boldsymbol{\alpha}=a_{11}\boldsymbol{\alpha}_1+a_{12}\boldsymbol{\alpha}_2+a_{13}\boldsymbol{\alpha}_3+a_{14}\boldsymbol{\alpha}_4+a_{21}\boldsymbol{\alpha}_5+a_{22}\boldsymbol{\alpha}_6+a_{23}\boldsymbol{\alpha}_7+a_{24}\boldsymbol{\alpha}_8.$$

所以，$\boldsymbol{\alpha}_1$，$\boldsymbol{\alpha}_2$，…，$\boldsymbol{\alpha}_8$ 是线性空间 $V$ 的基，其维数为 8.

例 3.34 设 $V$ 是次数小于等于 $n$ 的实系数多项式的集合，$V$ 是实数域上的线性空间，试确定 $V$ 的一组基与维数.

解 设

$$\boldsymbol{\alpha}_0=1,\ \boldsymbol{\alpha}_1=x,\ \boldsymbol{\alpha}_2=x^2,\ \cdots,\ \boldsymbol{\alpha}_n=x^n,$$

若实数 $k_0$，$k_1$，$k_2$，…，$k_n$，使得

$$k_0\boldsymbol{\alpha}_0+k_1\boldsymbol{\alpha}_1+k_2\boldsymbol{\alpha}_2+\cdots+k_n\boldsymbol{\alpha}_n=\mathbf{0},$$

即

$$k_0+k_1x+k_2x^2+\cdots+k_nx^n=0,$$

则有 $k_0=k_1=k_2=\cdots=k_n=0$，故 $\boldsymbol{\alpha}_0$，$\boldsymbol{\alpha}_1$，$\boldsymbol{\alpha}_2$，…，$\boldsymbol{\alpha}_n$ 线性无关.

对于 $V$ 中的任意向量

$$\boldsymbol{\alpha}=a_0+a_1x+a_2x^2+\cdots+a_nx^n,$$

有

$$\boldsymbol{\alpha}=a_0+a_1x+a_2x^2+\cdots+a_nx^n=a_0\boldsymbol{\alpha}_0+a_1\boldsymbol{\alpha}_1+a_2\boldsymbol{\alpha}_2+\cdots+a_n\boldsymbol{\alpha}_n.$$

所以，$\boldsymbol{\alpha}_0$，$\boldsymbol{\alpha}_1$，$\boldsymbol{\alpha}_2$，…，$\boldsymbol{\alpha}_n$ 是线性空间 $V$ 的基，其维数为 $n+1$.

设 $V$ 为数域 $P$ 上的 $n$ 维线性空间，$\boldsymbol{\alpha}_1$，$\boldsymbol{\alpha}_2$，…，$\boldsymbol{\alpha}_n$ 为 $V$ 的一组基. 对任意的 $\boldsymbol{\alpha}\in V$，有 $\boldsymbol{\alpha}=k_1\boldsymbol{\alpha}_1+k_2\boldsymbol{\alpha}_2+\cdots+k_n\boldsymbol{\alpha}_n$，其坐标 $k_1$，$k_2$，…，$k_n$ 是由 $\boldsymbol{\alpha}$ 唯一确定的有序数组. $V$ 中的向量与其坐标 $(k_1, k_2, \cdots, k_n)^{\mathrm{T}}$ 之间是一一对应的，即 $V$ 中的向量与 $\boldsymbol{P}^n$ 中的向量是一一对应的. 对任意的 $\boldsymbol{\alpha}$，$\boldsymbol{\beta}\in V$，$\lambda\in\mathbf{R}$ 若 $\boldsymbol{\alpha}=k_1\boldsymbol{\alpha}_1+k_2\boldsymbol{\alpha}_2+\cdots+k_n\boldsymbol{\alpha}_n$，$\boldsymbol{\beta}=l_1\boldsymbol{\alpha}_1+l_2\boldsymbol{\alpha}_2+\cdots+l_n\boldsymbol{\alpha}_n$，则有

$$\boldsymbol{\alpha}+\boldsymbol{\beta}=(k_1+l_1)\boldsymbol{\alpha}_1+(k_2+l_2)\boldsymbol{\alpha}_2+\cdots+(k_n+l_n)\boldsymbol{\alpha}_n,$$

$$\lambda\boldsymbol{\alpha}=(\lambda k_1)\boldsymbol{\alpha}_1+(\lambda k_2)\boldsymbol{\alpha}_2+\cdots+(\lambda k_n)\boldsymbol{\alpha}_n,$$

所以 $\boldsymbol{\alpha}+\boldsymbol{\beta}$ 的坐标为 $(k_1+l_1, k_2+l_2, \cdots, k_n+l_n)^{\mathrm{T}}$，$\lambda\boldsymbol{\alpha}$ 的坐标为 $(\lambda k_1, \lambda k_2, \cdots, \lambda k_n)^{\mathrm{T}}$，于是向量与坐标之间的对应保持线性运算，即

若

$$\boldsymbol{\alpha}\leftrightarrow(k_1, k_2, \cdots, k_n)^{\mathrm{T}},\ \boldsymbol{\beta}\leftrightarrow(l_1, l_2, \cdots, l_n)^{\mathrm{T}},$$

则

$$\boldsymbol{\alpha}+\boldsymbol{\beta}\leftrightarrow(k_1+l_1, k_2+l_2, \cdots, k_n+l_n)^{\mathrm{T}},$$

$$\lambda\boldsymbol{\alpha}\leftrightarrow(\lambda k_1, \lambda k_2, \cdots, \lambda k_n)^{\mathrm{T}}.$$

**定义 3.27** 设 $V_1$，$V_2$ 均为数域 $P$ 上的线性空间，如果他们的元素之间有一一对应关系，且这种对应保持线性运算，即存在（1-1）映射 $\sigma$：$V_1 \to V_2$，使得对任意的 $\boldsymbol{\alpha}$，$\boldsymbol{\beta} \in V$，$\lambda \in P$，有 $\sigma(\boldsymbol{\alpha}+\boldsymbol{\beta})=\sigma(\boldsymbol{\alpha})+\sigma(\boldsymbol{\beta})$，$\sigma(\lambda\boldsymbol{\alpha})=\lambda\sigma(\boldsymbol{\alpha})$，则称线性空间 $V_1$ 与 $V_2$ 是**同构**的，称 $\boldsymbol{\sigma}$ 为**同构映射**.

显然，数域 $P$ 上的 $n$ 维线性空间 $V$ 均与 $P^n$ 同构，而同构的线性空间具有相同的性质，从而可把一般 $n$ 维线性空间的问题转化成线性空间 $P^n$ 中的问题.

与向量空间 $\mathbf{R}^n$ 相类似，线性空间也有基变换、坐标变换等，且叙述及结论也都类似，不再一一讲述.

前面讨论的线性空间中只存在有限多个线性无关的向量，这样的空间称之为有限维线性空间．若一个线性空间中，存在任意多个线性无关的向量，这样的空间称之为无限维线性空间．例如，全体实系数多项式构成的实数域上的线性空间中就存在任意多个线性无关的向量，是无限维线性空间．线性代数主要讨论有限维线性空间.

## *习　题　3.4

1. 全体复数的集合，在数的加法与乘法运算下是实数域上的线性空间，求该空间的一组基与维数.

2. 设 $V$ 是实数域上全体三阶反对称矩阵组成的集合，证明：$V$ 是实数域上的线性空间．求该空间的一组基及维数.

3. 设 $V$ 是数域 $P$ 上的线性空间，$A$ 是 $V$ 的一个向量组，试定义向量组 $A$ 的极大线性无关组与秩.

4. 设 $V$ 是数域 $P$ 上的线性空间，证明：在确定的基下，向量的坐标是唯一的.

5. 设 $V$ 是数域 $P$ 上的线性空间，$\boldsymbol{\alpha}_1$，$\boldsymbol{\alpha}_2$，…，$\boldsymbol{\alpha}_n$ 与 $\boldsymbol{\beta}_1$，$\boldsymbol{\beta}_2$，…，$\boldsymbol{\beta}_n$ 是 $V$ 的两组基，试定义从一组基到另一组基的过渡矩阵及坐标变换公式.

## 3.5　矩阵的秩

在第 1 章中，我们用矩阵在初等变换下的标准形定义了矩阵的秩，本节将通过向量组的秩进一步研究矩阵的秩，并讨论矩阵的秩与向量组的秩之间的关系.

设 $\boldsymbol{A}$ 为 $m \times n$ 矩阵，矩阵 $\boldsymbol{A}$ 的行向量组由 $m$ 个 $n$ 维行向量组成．矩阵 $\boldsymbol{A}$ 的列向量组由 $n$ 个 $m$ 维列向量组成.

**定义 3.28** 矩阵 $\boldsymbol{A}$ 行向量组的秩称为矩阵 $\boldsymbol{A}$ 的**行秩**，矩阵 $\boldsymbol{A}$ 列

向量组的秩称为矩阵 A 的**列秩**.

**例 3.35** 求矩阵 $\boldsymbol{A}$ 的行秩与列秩，其中

$$\boldsymbol{A}=\begin{pmatrix}1&0&2&3\\0&1&3&4\\1&1&5&7\end{pmatrix}.$$

解 $\boldsymbol{A}$ 的行向量组为

$$\boldsymbol{\alpha}_1^{\mathrm{T}}=(1\ 0\ 2\ 3),\ \boldsymbol{\alpha}_2^{\mathrm{T}}=(0\ 1\ 3\ 4),\ \boldsymbol{\alpha}_3^{\mathrm{T}}=(1\ 1\ 5\ 7),$$

由于 $\boldsymbol{\alpha}_1^{\mathrm{T}}$，$\boldsymbol{\alpha}_2^{\mathrm{T}}$ 线性无关，而 $\boldsymbol{\alpha}_3^{\mathrm{T}}=\boldsymbol{\alpha}_1^{\mathrm{T}}+\boldsymbol{\alpha}_2^{\mathrm{T}}$，所以向量组 $\boldsymbol{\alpha}_1^{\mathrm{T}}$，$\boldsymbol{\alpha}_2^{\mathrm{T}}$，$\boldsymbol{\alpha}_3^{\mathrm{T}}$ 的秩为 2，矩阵 $\boldsymbol{A}$ 的行秩为 2.

矩阵 $\boldsymbol{A}$ 的列向量组为

$$\boldsymbol{\beta}_1=\begin{pmatrix}1\\0\\1\end{pmatrix},\ \boldsymbol{\beta}_2=\begin{pmatrix}0\\1\\1\end{pmatrix},\ \boldsymbol{\beta}_3=\begin{pmatrix}2\\3\\5\end{pmatrix},\ \boldsymbol{\beta}_4=\begin{pmatrix}3\\4\\7\end{pmatrix},$$

由于 $\boldsymbol{\beta}_1$，$\boldsymbol{\beta}_2$ 线性无关，而 $\boldsymbol{\beta}_3=2\boldsymbol{\beta}_1+3\boldsymbol{\beta}_2$，$\boldsymbol{\beta}_4=3\boldsymbol{\beta}_1+4\boldsymbol{\beta}_2$，从而向量组 $\boldsymbol{\beta}_1$，$\boldsymbol{\beta}_2$，$\boldsymbol{\beta}_3$，$\boldsymbol{\beta}_4$ 的秩为 2，矩阵 $\boldsymbol{A}$ 的列秩为 2.

**例 3.36** 求矩阵 $\boldsymbol{A}$ 的行秩，其中

$$\boldsymbol{A}=\begin{pmatrix}1&0&3&0&3&9\\0&1&2&0&2&3\\0&0&0&1&5&5\\0&0&0&0&0&0\end{pmatrix}.$$

解 这是行简化阶梯阵，所以矩阵 $\boldsymbol{A}$ 的秩 $\mathrm{r}(\boldsymbol{A})=3$. 选取非零行中位于 1，2，4 列的元素构成行向量组（1，0，0），（0，1，0），（0，0，1），则该组线性无关. 在每一个向量相应位置上添加三个分量，可得向量组 Ⅰ：（1，0，$\underline{3}$，0，$\underline{3}$，$\underline{9}$），（0，1，$\underline{2}$，0，$\underline{2}$，$\underline{3}$），（0，0，$\underline{0}$，1，$\underline{5}$，$\underline{5}$），根据定理 3.9 知向量组 Ⅰ 线性无关. 而矩阵 $\boldsymbol{A}$ 的最后一行是零向量，所以矩阵 $\boldsymbol{A}$ 的行秩为 3，等于矩阵的秩 $\mathrm{r}(\boldsymbol{A})$.

类似地，有一般的结论

**定理 3.18** 行简化阶梯阵 $\boldsymbol{A}$ 的**行秩**等于**矩阵的秩 $\mathrm{r}(\boldsymbol{A})$**.

证明略.

**定理 3.19** 矩阵 $\boldsymbol{A}$ 的**行秩**等于**矩阵的秩 $\mathrm{r}(\boldsymbol{A})$**.

证 设矩阵 $\boldsymbol{A}$ 经初等行变换变为行简化阶梯阵 $\boldsymbol{B}$，则矩阵 $\boldsymbol{A}$ 的

矩阵的秩 = 矩阵的行秩 = 矩阵的列秩.

秩等于矩阵 $\boldsymbol{B}$ 的秩. 根据定理 3.5 知，矩阵 $\boldsymbol{A}$ 的行秩等于矩阵 $\boldsymbol{B}$ 的行秩. 而行简化阶梯阵 $\boldsymbol{B}$ 的秩等于矩阵 $\boldsymbol{B}$ 的行秩，所以矩阵 $\boldsymbol{A}$ 的行秩等于矩阵 $\boldsymbol{A}$ 的秩.

**推论** 矩阵 $\boldsymbol{A}$ 的列秩等于矩阵 $\boldsymbol{A}$ 的秩（也等于矩阵 $\boldsymbol{A}$ 的行秩）.

**证** 矩阵 $\boldsymbol{A}$ 的列秩 = 矩阵 $\boldsymbol{A}^{\mathrm{T}}$ 的行秩 = 矩阵 $\boldsymbol{A}^{\mathrm{T}}$ 的秩 = 矩阵 $\boldsymbol{A}$ 的秩（定理 1.15）.

这样，我们可以通过矩阵的秩求向量组的秩.

**例 3.37** 求向量组

$$\boldsymbol{\alpha}_1=\begin{pmatrix}5\\2\\7\\5\end{pmatrix},\ \boldsymbol{\alpha}_2=\begin{pmatrix}6\\3\\9\\9\end{pmatrix},\ \boldsymbol{\alpha}_3=\begin{pmatrix}-2\\-1\\-3\\-3\end{pmatrix},\ \boldsymbol{\alpha}_4=\begin{pmatrix}7\\4\\5\\1\end{pmatrix}$$

的秩.

**解** 令矩阵 $\boldsymbol{A}=(\boldsymbol{\alpha}_1,\ \boldsymbol{\alpha}_2,\ \boldsymbol{\alpha}_3,\ \boldsymbol{\alpha}_4)$，对矩阵进行初等行变换，

$$\boldsymbol{A}=\begin{pmatrix}5&6&-2&7\\2&3&-1&4\\7&9&-3&5\\5&9&-3&1\end{pmatrix}\to\begin{pmatrix}1&0&0&-1\\2&3&-1&4\\7&9&-3&5\\5&9&-3&1\end{pmatrix}\to\begin{pmatrix}1&0&0&-1\\0&3&-1&6\\0&9&-3&12\\0&9&-3&6\end{pmatrix}\to\begin{pmatrix}1&0&0&-1\\0&3&-1&6\\0&0&0&-6\\0&0&0&0\end{pmatrix},$$

由于矩阵的秩为 3，所以列向量组的秩即向量组 $\boldsymbol{\alpha}_1,\ \boldsymbol{\alpha}_2,\ \boldsymbol{\alpha}_3,\ \boldsymbol{\alpha}_4$ 的秩为 3.

**定理 3.20** 矩阵 $\boldsymbol{A}$ 经初等行变换化为矩阵 $\boldsymbol{B}$，则矩阵 $\boldsymbol{A}$ 的列向量组与矩阵 $\boldsymbol{B}$ 的列向量组对应的向量有相同的线性关系.

**证** 设矩阵 $\boldsymbol{A}$ 经初等行变换变为矩阵 $\boldsymbol{B}$，则存在可逆矩阵 $\boldsymbol{P}$ 使得 $\boldsymbol{PA}=\boldsymbol{B}$，设

$\boldsymbol{A}=(\boldsymbol{\alpha}_1,\ \cdots,\ \boldsymbol{\alpha}_i,\ \cdots,\ \boldsymbol{\alpha}_j,\ \cdots,\ \boldsymbol{\alpha}_n)$，$\boldsymbol{B}=(\boldsymbol{\beta}_1,\ \cdots,\ \boldsymbol{\beta}_i,\ \cdots,\ \boldsymbol{\beta}_j,\ \cdots,\ \boldsymbol{\beta}_n)$，

则

$$\begin{aligned}\boldsymbol{PA}&=(\boldsymbol{P\alpha}_1,\ \cdots,\ \boldsymbol{P\alpha}_i,\ \cdots,\ \boldsymbol{P\alpha}_j,\ \cdots,\ \boldsymbol{P\alpha}_n)\\&=(\boldsymbol{\beta}_1,\ \cdots,\ \boldsymbol{\beta}_i,\ \cdots,\ \boldsymbol{\beta}_j,\ \cdots,\ \boldsymbol{\beta}_n)=\boldsymbol{B},\end{aligned}$$

即

$$\boldsymbol{P\alpha}_i=\boldsymbol{\beta}_i,\ i=1,\ 2,\ \cdots,\ n.$$

首先证明：若 $\boldsymbol{\beta}_{i_1},\ \boldsymbol{\beta}_{i_2},\ \cdots,\ \boldsymbol{\beta}_{i_r}$ 线性无关，则对应的 $\boldsymbol{\alpha}_{i_1},\ \boldsymbol{\alpha}_{i_2},\ \cdots,\boldsymbol{\alpha}_{i_r}$ 线性无关.

反证法　若 $\boldsymbol{\alpha}_{i_1}$，$\boldsymbol{\alpha}_{i_2}$，…，$\boldsymbol{\alpha}_{i_r}$ 线性相关，则存在不全为零的一组数 $k_1$，$k_2$，…，$k_r$，使得

$$k_1\boldsymbol{\alpha}_{i_1}+k_2\boldsymbol{\alpha}_{i_2}+\cdots+k_r\boldsymbol{\alpha}_{i_r}=\mathbf{0},$$

左乘可逆矩阵 $\boldsymbol{P}$，得

$$\boldsymbol{P}(k_1\boldsymbol{\alpha}_{i_1}+k_2\boldsymbol{\alpha}_{i_2}+\cdots+k_r\boldsymbol{\alpha}_{i_r})=\mathbf{0},$$
$$k_1\boldsymbol{P}\boldsymbol{\alpha}_{i_1}+k_2\boldsymbol{P}\boldsymbol{\alpha}_{i_2}+\cdots+k_r\boldsymbol{P}\boldsymbol{\alpha}_{i_r}=\mathbf{0},$$

即

$$k_1\boldsymbol{\beta}_{i_1}+k_2\boldsymbol{\beta}_{i_2}+\cdots+k_r\boldsymbol{\beta}_{i_r}=\mathbf{0},$$

这表明 $\boldsymbol{\beta}_{i_1}$，$\boldsymbol{\beta}_{i_2}$，…，$\boldsymbol{\beta}_{i_r}$ 线性相关，与假设矛盾. 所以，对应的 $\boldsymbol{\alpha}_{i_1}$，$\boldsymbol{\alpha}_{i_2}$，…，$\boldsymbol{\alpha}_{i_r}$ 线性无关.

其次证明：若 $\boldsymbol{\beta}_j$ 可由 $\boldsymbol{\beta}_{i_1}$，$\boldsymbol{\beta}_{i_2}$，…，$\boldsymbol{\beta}_{i_r}$ 线性表示，则对应的 $\boldsymbol{\alpha}_j$ 可由 $\boldsymbol{\alpha}_{i_1}$，$\boldsymbol{\alpha}_{i_2}$，…，$\boldsymbol{\alpha}_{i_r}$ 线性表示，且表示系数相同.

由于 $\boldsymbol{\beta}_j$ 可由 $\boldsymbol{\beta}_{i_1}$，$\boldsymbol{\beta}_{i_2}$，…，$\boldsymbol{\beta}_{i_r}$ 线性表示，则存在实数 $l_1$，$l_2$，…，$l_r$，使得

$$\boldsymbol{\beta}_j=l_1\boldsymbol{\beta}_{i_1}+l_2\boldsymbol{\beta}_{i_2}+\cdots+l_r\boldsymbol{\beta}_{i_r},$$

即

$$l_1\boldsymbol{P}\boldsymbol{\alpha}_{i_1}+l_2\boldsymbol{P}\boldsymbol{\alpha}_{i_2}+\cdots+l_r\boldsymbol{P}\boldsymbol{\alpha}_{i_r}-\boldsymbol{P}\boldsymbol{\alpha}_j=\mathbf{0},$$

则

$$\boldsymbol{P}(l_1\boldsymbol{\alpha}_{i_1}+l_2\boldsymbol{\alpha}_{i_2}+\cdots+l_r\boldsymbol{\alpha}_{i_r}-\boldsymbol{\alpha}_j)=\mathbf{0},$$

左乘 $\boldsymbol{P}^{-1}$ 得

$$l_1\boldsymbol{\alpha}_{i_1}+l_2\boldsymbol{\alpha}_{i_2}+\cdots+l_r\boldsymbol{\alpha}_{i_r}-\boldsymbol{\alpha}_j=\mathbf{0},$$

所以，$\boldsymbol{\alpha}_j$ 可由 $\boldsymbol{\alpha}_{i_1}$，$\boldsymbol{\alpha}_{i_2}$，…，$\boldsymbol{\alpha}_{i_r}$ 线性表示，且表示系数相同.

这部分证明表明若 $\boldsymbol{\beta}_{i_1}$，$\boldsymbol{\beta}_{i_2}$，…，$\boldsymbol{\beta}_{i_r}$ 线性相关，则对应的 $\boldsymbol{\alpha}_{i_1}$，$\boldsymbol{\alpha}_{i_2}$，…，$\boldsymbol{\alpha}_{i_r}$ 线性相关.

**例 3.38**　设向量组为

$$\boldsymbol{\alpha}_1=\begin{pmatrix}1\\-1\\0\\1\end{pmatrix},\ \boldsymbol{\alpha}_2=\begin{pmatrix}2\\-2\\0\\2\end{pmatrix},\ \boldsymbol{\alpha}_3=\begin{pmatrix}1\\0\\0\\2\end{pmatrix},$$
$$\boldsymbol{\alpha}_4=\begin{pmatrix}7\\-3\\0\\11\end{pmatrix},\ \boldsymbol{\alpha}_5=\begin{pmatrix}-1\\1\\1\\0\end{pmatrix},\ \boldsymbol{\alpha}_6=\begin{pmatrix}-3\\5\\5\\4\end{pmatrix},$$

求向量组的一个极大线性无关组和秩. 并将其余向量用这个极大线性无关组线性表示.

解　设矩阵 $\boldsymbol{A}=(\boldsymbol{\alpha}_1, \boldsymbol{\alpha}_2, \boldsymbol{\alpha}_3, \boldsymbol{\alpha}_4, \boldsymbol{\alpha}_5, \boldsymbol{\alpha}_6)$，对 $\boldsymbol{A}$ 进行初等行变换，

$$\boldsymbol{A}=\begin{pmatrix}1 & 2 & 1 & 7 & -1 & -3\\ -1 & -2 & 0 & -3 & 1 & 5\\ 0 & 0 & 0 & 0 & 1 & 5\\ 1 & 2 & 2 & 11 & 0 & 4\end{pmatrix}\to\begin{pmatrix}1 & 2 & 1 & 7 & -1 & -3\\ 0 & 0 & 1 & 4 & 0 & 2\\ 0 & 0 & 0 & 0 & 1 & 5\\ 0 & 0 & 0 & 0 & 0 & 0\end{pmatrix}\to$$

$$\begin{pmatrix}1 & 2 & 0 & 3 & 0 & 0\\ 0 & 0 & 1 & 4 & 0 & 2\\ 0 & 0 & 0 & 0 & 1 & 5\\ 0 & 0 & 0 & 0 & 0 & 0\end{pmatrix}=\boldsymbol{B}.$$

令 $\boldsymbol{B}=(\boldsymbol{\beta}_1, \boldsymbol{\beta}_2, \boldsymbol{\beta}_3, \boldsymbol{\beta}_4, \boldsymbol{\beta}_5, \boldsymbol{\beta}_6)$，由于 $\boldsymbol{\beta}_1$，$\boldsymbol{\beta}_3$，$\boldsymbol{\beta}_5$ 是向量组 $\boldsymbol{\beta}_1$，$\boldsymbol{\beta}_2$，$\boldsymbol{\beta}_3$，$\boldsymbol{\beta}_4$，$\boldsymbol{\beta}_5$，$\boldsymbol{\beta}_6$ 的极大线性无关组，且有

$$\boldsymbol{\beta}_2=2\boldsymbol{\beta}_1,\ \boldsymbol{\beta}_4=3\boldsymbol{\beta}_1+4\boldsymbol{\beta}_3,\ \boldsymbol{\beta}_6=2\boldsymbol{\beta}_3+5\boldsymbol{\beta}_5.$$

根据定理 3.20 知，向量组 $\boldsymbol{\alpha}_1$，$\boldsymbol{\alpha}_2$，$\boldsymbol{\alpha}_3$，$\boldsymbol{\alpha}_4$，$\boldsymbol{\alpha}_5$，$\boldsymbol{\alpha}_6$ 的秩为 3，$\boldsymbol{\alpha}_1$，$\boldsymbol{\alpha}_3$，$\boldsymbol{\alpha}_5$ 是其一个极大线性无关组，且有

$$\boldsymbol{\alpha}_2=2\boldsymbol{\alpha}_1,\ \boldsymbol{\alpha}_4=3\boldsymbol{\alpha}_1+4\boldsymbol{\alpha}_3,\ \boldsymbol{\alpha}_6=2\boldsymbol{\alpha}_3+5\boldsymbol{\alpha}_5.$$

如果仅求矩阵列向量组的秩，对矩阵可以作初等行变换，也可以作初等列变换. 但如果不仅求秩，还要进一步求极大线性无关组，则只能对矩阵作初等行变换.

**例 3.39**　已知向量组 $\boldsymbol{\alpha}_1=(1, 1, 1, 3)^{\mathrm{T}}$，$\boldsymbol{\alpha}_2=(-1, -3, 5, 1)^{\mathrm{T}}$，$\boldsymbol{\alpha}_3=(3, 2, -1, p+2)^{\mathrm{T}}$，$\boldsymbol{\alpha}_4=(-2, -6, 10, p)^{\mathrm{T}}$.

(1) $p$ 为何值时，$\boldsymbol{\alpha}_1$，$\boldsymbol{\alpha}_2$，$\boldsymbol{\alpha}_3$，$\boldsymbol{\alpha}_4$ 线性无关？此时，将 $\boldsymbol{\alpha}=(4, 1, 6, 10)^{\mathrm{T}}$ 用 $\boldsymbol{\alpha}_1$，$\boldsymbol{\alpha}_2$，$\boldsymbol{\alpha}_3$，$\boldsymbol{\alpha}_4$ 线性表示.

(2) $p$ 为何值时，$\boldsymbol{\alpha}_1$，$\boldsymbol{\alpha}_2$，$\boldsymbol{\alpha}_3$，$\boldsymbol{\alpha}_4$ 线性相关？此时，求出向量组 $\boldsymbol{\alpha}_1$，$\boldsymbol{\alpha}_2$，$\boldsymbol{\alpha}_3$，$\boldsymbol{\alpha}_4$ 的秩和极大线性无关组.

解　对矩阵 $\boldsymbol{A}=(\boldsymbol{\alpha}_1, \boldsymbol{\alpha}_2, \boldsymbol{\alpha}_3, \boldsymbol{\alpha}_4, \boldsymbol{\alpha})$ 进行初等行变换，

$$\boldsymbol{A}=(\boldsymbol{\alpha}_1, \boldsymbol{\alpha}_2, \boldsymbol{\alpha}_3, \boldsymbol{\alpha}_4, \boldsymbol{\alpha})=\begin{pmatrix}1 & -1 & 3 & -2 & 4\\ 1 & -3 & 2 & -6 & 1\\ 1 & 5 & -1 & 10 & 6\\ 3 & 1 & p+2 & p & 10\end{pmatrix}\to$$

$$\begin{pmatrix}1&-1&3&-2&4\\0&-2&-1&-4&-3\\0&6&-4&12&2\\0&4&p-7&p+6&-2\end{pmatrix}\to\begin{pmatrix}1&-1&3&-2&4\\0&-2&-1&-4&-3\\0&0&-7&0&-7\\0&0&p-9&p-2&-8\end{pmatrix}\to$$

$$\begin{pmatrix}1&-1&3&-2&4\\0&-2&-1&-4&-3\\0&0&1&0&1\\0&0&0&p-2&1-p\end{pmatrix}=\boldsymbol{B}=(\boldsymbol{\beta}_1,\boldsymbol{\beta}_2,\boldsymbol{\beta}_3,\boldsymbol{\beta}_4,\boldsymbol{\beta}).$$

于是，矩阵 $\boldsymbol{A}$ 与矩阵 $\boldsymbol{B}$ 对应的列具有相同的线性关系. 由于 $p\neq 2$ 时，向量组 $\boldsymbol{\beta}_1$，$\boldsymbol{\beta}_2$，$\boldsymbol{\beta}_3$，$\boldsymbol{\beta}_4$ 的秩为 4，线性无关；$p=2$ 时，向量组 $\boldsymbol{\beta}_1$，$\boldsymbol{\beta}_2$，$\boldsymbol{\beta}_3$，$\boldsymbol{\beta}_4$ 线性相关，且 $\boldsymbol{\beta}_1$，$\boldsymbol{\beta}_2$，$\boldsymbol{\beta}_3$ 是其极大线性无关组，所以

（1）$p\neq 2$ 时，向量组 $\boldsymbol{\alpha}_1$，$\boldsymbol{\alpha}_2$，$\boldsymbol{\alpha}_3$，$\boldsymbol{\alpha}_4$ 线性无关，继续作初等行变换，

$$\boldsymbol{A}\to\begin{pmatrix}1&-1&3&0&\dfrac{2p-6}{p-2}\\0&-2&-1&0&\dfrac{-7p+10}{p-2}\\0&0&1&0&1\\0&0&0&p-2&1-p\end{pmatrix}\to\begin{pmatrix}1&0&0&0&2\\0&1&0&0&\dfrac{3p-4}{p-2}\\0&0&1&0&1\\0&0&0&1&\dfrac{1-p}{p-2}\end{pmatrix}.$$

由于对应的列有相同的线性关系，从而得

$$\boldsymbol{\alpha}=2\boldsymbol{\alpha}_1+\frac{3p-4}{p-2}\boldsymbol{\alpha}_2+\boldsymbol{\alpha}_3+\frac{1-p}{p-2}\boldsymbol{\alpha}_4.$$

（2）$p=2$ 时，向量组 $\boldsymbol{\alpha}_1$，$\boldsymbol{\alpha}_2$，$\boldsymbol{\alpha}_3$，$\boldsymbol{\alpha}_4$ 线性相关，其秩为 3，极大线性无关组为 $\boldsymbol{\alpha}_1$，$\boldsymbol{\alpha}_2$，$\boldsymbol{\alpha}_3$.

**注意** 矩阵 $\boldsymbol{A}$ 经初等行变换化为矩阵 $\boldsymbol{B}$，则 $\boldsymbol{A}$ 与 $\boldsymbol{B}$ 对应的列具有相同的线性关系，$\boldsymbol{A}$ 的行向量组与 $\boldsymbol{B}$ 的行向量组等价. 仅进行列的初等变换有类似的结论，即 $\boldsymbol{A}$ 与 $\boldsymbol{B}$ 对应的行具有相同的线性关系，$\boldsymbol{A}$ 的列向量组与 $\boldsymbol{B}$ 的列向量组等价. 若行列都进行了初等变换，情况如何？例如，

$$\boldsymbol{A}=\begin{pmatrix}1&0&0\\0&1&0\\0&0&0\end{pmatrix}\xrightarrow{r_2+r_1}\begin{pmatrix}1&0&0\\1&1&0\\0&0&0\end{pmatrix}\xrightarrow{c_3+c_1}\begin{pmatrix}1&0&1\\1&1&1\\0&0&0\end{pmatrix}=\boldsymbol{B}$$

矩阵 $\boldsymbol{A}$ 与 $\boldsymbol{B}$ 对应的列不具有相同的线性关系，$\boldsymbol{A}$ 的行向量组与 $\boldsymbol{B}$ 的行向量组不等价.

**定理 3.21** $n$ 阶矩阵 $\boldsymbol{A}$ 可逆的充分必要条件是其列向量组线性无关.

**证** $n$ 阶矩阵 $\boldsymbol{A}$ 可逆$\Leftrightarrow$矩阵 $\boldsymbol{A}$ 的秩 $\mathrm{r}(\boldsymbol{A})=n$（定理 1.16）$\Leftrightarrow$矩阵 $\boldsymbol{A}$ 的列（行）向量组的秩等于 $n$（定理 3.19 推论）$\Leftrightarrow$矩阵 $\boldsymbol{A}$ 的列（行）向量组线性无关.

**推论** 设 $\boldsymbol{\alpha}_1, \boldsymbol{\alpha}_2, \cdots, \boldsymbol{\alpha}_n$ 均为 $n$ 维列向量，$\boldsymbol{A}=(\boldsymbol{\alpha}_1, \boldsymbol{\alpha}_2, \cdots, \boldsymbol{\alpha}_n)$，则向量组 $\boldsymbol{\alpha}_1, \boldsymbol{\alpha}_2, \cdots, \boldsymbol{\alpha}_n$ 线性无关的充分必要条件是 $|\boldsymbol{A}| \neq 0$.

**证** 向量组 $\boldsymbol{\alpha}_1, \boldsymbol{\alpha}_2, \cdots, \boldsymbol{\alpha}_n$ 线性无关$\Leftrightarrow n$ 阶矩阵 $\boldsymbol{A}=(\boldsymbol{\alpha}_1, \boldsymbol{\alpha}_2, \cdots, \boldsymbol{\alpha}_n)$ 可逆$\Leftrightarrow|\boldsymbol{A}| \neq 0$（定理 2.5）.

**例 3.40** 设 $\boldsymbol{A}$ 为三阶矩阵，$\boldsymbol{\alpha}_1, \boldsymbol{\alpha}_2, \boldsymbol{\alpha}_3$ 为三维列向量，已知 $\boldsymbol{\alpha}_1, \boldsymbol{\alpha}_2, \boldsymbol{\alpha}_3$ 线性无关，且 $\boldsymbol{A}\boldsymbol{\alpha}_1=\boldsymbol{\alpha}_2+\boldsymbol{\alpha}_3$，$\boldsymbol{A}\boldsymbol{\alpha}_2=\boldsymbol{\alpha}_1+\boldsymbol{\alpha}_3$，$\boldsymbol{A}\boldsymbol{\alpha}_3=\boldsymbol{\alpha}_1+\boldsymbol{\alpha}_2$，求 $|\boldsymbol{A}|$.

**解** 由于 $\boldsymbol{A}\boldsymbol{\alpha}_1=\boldsymbol{\alpha}_2+\boldsymbol{\alpha}_3$，$\boldsymbol{A}\boldsymbol{\alpha}_2=\boldsymbol{\alpha}_1+\boldsymbol{\alpha}_3$，$\boldsymbol{A}\boldsymbol{\alpha}_3=\boldsymbol{\alpha}_1+\boldsymbol{\alpha}_2$，所以 $\boldsymbol{A}(\boldsymbol{\alpha}_1, \boldsymbol{\alpha}_2, \boldsymbol{\alpha}_3)=(\boldsymbol{A}\boldsymbol{\alpha}_1, \boldsymbol{A}\boldsymbol{\alpha}_2, \boldsymbol{A}\boldsymbol{\alpha}_3)=(\boldsymbol{\alpha}_2+\boldsymbol{\alpha}_3, \boldsymbol{\alpha}_1+\boldsymbol{\alpha}_3, \boldsymbol{\alpha}_1+\boldsymbol{\alpha}_2)=$
$(\boldsymbol{\alpha}_1, \boldsymbol{\alpha}_2, \boldsymbol{\alpha}_3)\begin{pmatrix}0&1&1\\1&0&1\\1&1&0\end{pmatrix}$. 从而，$|\boldsymbol{A}||\boldsymbol{\alpha}_1, \boldsymbol{\alpha}_2, \boldsymbol{\alpha}_3|=|\boldsymbol{\alpha}_1, \boldsymbol{\alpha}_2, \boldsymbol{\alpha}_3|$
$\begin{vmatrix}0&1&1\\1&0&1\\1&1&0\end{vmatrix}$. 而 $\boldsymbol{\alpha}_1, \boldsymbol{\alpha}_2, \boldsymbol{\alpha}_3$ 线性无关，于是 $|\boldsymbol{\alpha}_1, \boldsymbol{\alpha}_2, \boldsymbol{\alpha}_3| \neq 0$，故

$$|\boldsymbol{A}|=\begin{vmatrix}0&1&1\\1&0&1\\1&1&0\end{vmatrix}=2.$$

**定义 3.29** 设 $\boldsymbol{A}$ 为 $m \times n$ 矩阵，在 $\boldsymbol{A}$ 中任取 $k$ 行、$k$ 列（$k \leqslant m$，$k \leqslant n$），行与列交叉处的元素按原来的相对位置形成的 $k$ 阶行列式称为矩阵 $\boldsymbol{A}$ 的 $k$ 阶子式.

**例 3.41** 设矩阵

$$\boldsymbol{A}=\begin{pmatrix}1&2&1&7&-1&-3\\-1&-2&0&-3&1&5\\0&0&0&0&1&5\\1&2&2&11&0&4\end{pmatrix},$$

若取 1，3 行及 2，5 列可得矩阵的一个二阶子式

$$D_2=\begin{vmatrix}2 & -1\\ 0 & 1\end{vmatrix},$$

若取 1，2，4 行及 1，2，6 列可得矩阵的一个三阶子式

$$\begin{vmatrix}1 & 2 & -3\\ -1 & -2 & 5\\ 1 & 2 & 4\end{vmatrix}.$$

由于 $D_2\neq 0$，所以矩阵 $\begin{pmatrix}2 & -1\\ 0 & 1\end{pmatrix}$ 可逆，其列向量组 $\begin{pmatrix}2\\ 0\end{pmatrix}$，$\begin{pmatrix}-1\\ 1\end{pmatrix}$ 线性无关，根据定理 3.9 知矩阵 $\boldsymbol{A}$ 的 2，5 列

$$\boldsymbol{\alpha}_2=\begin{pmatrix}2\\ -2\\ 0\\ 2\end{pmatrix},\ \boldsymbol{\alpha}_5=\begin{pmatrix}-1\\ 1\\ 1\\ 0\end{pmatrix}$$

线性无关. 同样，由于矩阵 $\begin{pmatrix}2 & -1\\ 0 & 1\end{pmatrix}$ 可逆，其行向量组（2，-1），（0，1）线性无关，由定理 3.9 知，矩阵 $\boldsymbol{A}$ 的 1，3 行 $\boldsymbol{\beta}_1^{\mathrm{T}}=(1,2,1,7,-1,-3)$，$\boldsymbol{\beta}_3^{\mathrm{T}}=(0,0,0,0,1,5)$ 线性无关.

一般地，设 $\boldsymbol{A}$ 为 $m\times n$ 矩阵，则 $\boldsymbol{A}$ 的不同的 $k$ 阶子式的个数为 $\mathrm{C}_m^k\mathrm{C}_n^k$. **若 $\boldsymbol{A}$ 的某个 $k$ 阶子式非零，与例 3.41 相类似，可以证明该子式所在的行、列向量组均线性无关**.

**定理 3.22** 设 $\boldsymbol{A}=(a_{ij})$ 为 $m\times n$ 矩阵，则矩阵 $\boldsymbol{A}$ 的秩 $\mathrm{r}(\boldsymbol{A})=r$ 的充分必要条件是 $\boldsymbol{A}$ 中有一个 $r$ 阶子式非零，所有 $r+1$ 阶子式均为零.

证 **必要性** 由于 $\mathrm{r}(\boldsymbol{A})=r$，矩阵 $\boldsymbol{A}$ 的行秩为 $r$，$\boldsymbol{A}$ 有 $r$ 个行向量线性无关. 不妨设前 $r$ 行线性无关，令

$$\boldsymbol{B}=\begin{pmatrix}a_{11} & a_{12} & \cdots & a_{1n}\\ a_{21} & a_{22} & \cdots & a_{2n}\\ \vdots & \vdots & & \vdots\\ a_{r1} & a_{r2} & \cdots & a_{rn}\end{pmatrix},$$

则矩阵 $\boldsymbol{B}$ 的列秩等于行秩为 $r$，矩阵 $\boldsymbol{B}$ 有 $r$ 个列向量线性无关. 不妨

设矩阵 $\boldsymbol{B}$ 的前 $r$ 列线性无关，令

$$\boldsymbol{C}=\begin{pmatrix} a_{11} & a_{12} & \cdots & a_{1r} \\ a_{21} & a_{22} & \cdots & a_{2r} \\ \vdots & \vdots & & \vdots \\ a_{r1} & a_{r2} & \cdots & a_{rr} \end{pmatrix},$$

则矩阵 $\boldsymbol{C}$ 的列向量组线性无关. 根据定理 3.21 的推论知 $|\boldsymbol{C}|\neq 0$，即矩阵 $\boldsymbol{A}$ 有 $r$ 阶非零子式.

若矩阵 $\boldsymbol{A}$ 有一个 $r+1$ 阶子式非零，则这个 $r+1$ 阶子式所在的列线性无关，这与列向量组的秩为 $r$ 相矛盾，从而矩阵 $\boldsymbol{A}$ 的任意 $r+1$ 阶子式均为零.

**充分性** 设 $\boldsymbol{A}$ 中有一个 $r$ 阶非零子式，不妨设左上角的 $r$ 阶子式非零，则矩阵 $\boldsymbol{A}$ 的前 $r$ 列 $\boldsymbol{\alpha}_1$，…，$\boldsymbol{\alpha}_r$ 线性无关. 对于矩阵 $\boldsymbol{A}$ 的任意列向量 $\boldsymbol{\alpha}_j$（$r<j\leqslant n$），若 $\boldsymbol{\alpha}_j$ 不能由 $\boldsymbol{\alpha}_1\cdots$，$\boldsymbol{\alpha}_r$ 线性表示，则 $\boldsymbol{\alpha}_1$，…，$\boldsymbol{\alpha}_r$，$\boldsymbol{\alpha}_j$ 线性无关，矩阵 $\boldsymbol{G}=(\boldsymbol{\alpha}_1,\cdots,\boldsymbol{\alpha}_r,\boldsymbol{\alpha}_j)$ 的列秩为 $r+1$. 由必要性的证明知，矩阵 $\boldsymbol{G}$ 有 $r+1$ 阶非零子式，于是 $\boldsymbol{A}$ 有一个 $r+1$ 阶非零子式，与假设矛盾. 所以，$\boldsymbol{\alpha}_j$ 能由 $\boldsymbol{\alpha}_1$，…，$\boldsymbol{\alpha}_r$ 线性表示，于是 $\boldsymbol{\alpha}_1$，…，$\boldsymbol{\alpha}_r$ 是矩阵 $\boldsymbol{A}$ 的列向量组的极大线性无关组，列向量组的秩为 $r$，所以矩阵 $\boldsymbol{A}$ 的秩为 $r$.

若矩阵的 $r+1$ 阶子式均为零，则由行列式展开定理知 $\boldsymbol{A}$ 的所有 $r+2$ 阶子式均为零，更高阶子式若存在也均为零，所以**矩阵的秩是矩阵最高阶非零子式的阶数**.

**例 3.42** 已知矩阵 $\boldsymbol{A}_{m\times n}$，$\boldsymbol{B}_{n\times s}$，证明：$\mathrm{r}(\boldsymbol{AB})\leqslant\min\{\mathrm{r}(\boldsymbol{A}),\mathrm{r}(\boldsymbol{B})\}$.

**证** 设 $\boldsymbol{A}=(\boldsymbol{\alpha}_1,\boldsymbol{\alpha}_2,\cdots,\boldsymbol{\alpha}_n)$，$\boldsymbol{AB}=(\boldsymbol{\gamma}_1,\boldsymbol{\gamma}_2,\cdots,\boldsymbol{\gamma}_s)$，$\boldsymbol{B}=(b_{ij})$，则

$$(\boldsymbol{\gamma}_1,\boldsymbol{\gamma}_2,\cdots,\boldsymbol{\gamma}_s)=\boldsymbol{AB}=(\boldsymbol{\alpha}_1,\boldsymbol{\alpha}_2,\cdots,\boldsymbol{\alpha}_n)\boldsymbol{B}=(\boldsymbol{\alpha}_1,\boldsymbol{\alpha}_2,\cdots,\boldsymbol{\alpha}_n)\begin{pmatrix} b_{11} & b_{12} & \cdots & b_{1s} \\ b_{21} & b_{22} & \cdots & b_{2s} \\ \vdots & \vdots & & \vdots \\ b_{n1} & b_{n2} & \cdots & b_{ns} \end{pmatrix}$$

$$=\left(\sum_{i=1}^{n}b_{i1}\boldsymbol{\alpha}_i,\sum_{i=1}^{n}b_{i2}\boldsymbol{\alpha}_i,\cdots,\sum_{i=1}^{n}b_{is}\boldsymbol{\alpha}_i\right),$$

即向量组 $\boldsymbol{\gamma}_1$，$\boldsymbol{\gamma}_2$，…，$\boldsymbol{\gamma}_s$ 可由向量组 $\boldsymbol{\alpha}_1$，$\boldsymbol{\alpha}_2$，…，$\boldsymbol{\alpha}_n$ 线性表示. 根据定理3.14知，向量组 $\boldsymbol{\gamma}_1$，$\boldsymbol{\gamma}_2$，…，$\boldsymbol{\gamma}_s$ 的秩小于或等于向量组 $\boldsymbol{\alpha}_1$，$\boldsymbol{\alpha}_2$，…，$\boldsymbol{\alpha}_n$ 的秩，故 $\mathrm{r}(\boldsymbol{AB})\leqslant\mathrm{r}(\boldsymbol{A})$. 又 $\mathrm{r}(\boldsymbol{AB})=\mathrm{r}[(\boldsymbol{AB})^{\mathrm{T}}]=\mathrm{r}(\boldsymbol{B}^{\mathrm{T}}\boldsymbol{A}^{\mathrm{T}})\leqslant\mathrm{r}(\boldsymbol{B}^{\mathrm{T}})=\mathrm{r}(\boldsymbol{B})$，所以 $\mathrm{r}(\boldsymbol{AB})\leqslant\min\{\mathrm{r}(\boldsymbol{A}),\mathrm{r}(\boldsymbol{B})\}$.

**例3.43** 设 $\boldsymbol{\alpha}=(a_1, a_2, \cdots, a_n)^{\mathrm{T}}$，$\boldsymbol{\beta}=(b_1, b_2, \cdots, b_m)^{\mathrm{T}}$ 均为非零列向量，矩阵 $\boldsymbol{A}=\boldsymbol{\alpha}\boldsymbol{\beta}^{\mathrm{T}}$，求矩阵 $\boldsymbol{A}$ 的秩.

**解** 由于 $\boldsymbol{\alpha}$，$\boldsymbol{\beta}$ 均为非零列向量，所以 $\boldsymbol{A}\neq\boldsymbol{O}$，于是 $\boldsymbol{A}$ 中有一阶非零子式，所以 $\mathrm{r}(\boldsymbol{A})\geqslant1$. 另一方面，$\mathrm{r}(\boldsymbol{A})=\mathrm{r}(\boldsymbol{\alpha}\boldsymbol{\beta}^{\mathrm{T}})\leqslant\mathrm{r}(\boldsymbol{\alpha})=1$，从而 $\mathrm{r}(\boldsymbol{A})=1$.

**例3.44** 设 $\boldsymbol{A}$，$\boldsymbol{B}$ 均为 $m\times n$ 矩阵，证明：$\mathrm{r}(\boldsymbol{A}+\boldsymbol{B})\leqslant\mathrm{r}(\boldsymbol{A})+\mathrm{r}(\boldsymbol{B})$.

**证** 设 $\boldsymbol{A}=(\boldsymbol{\alpha}_1, \boldsymbol{\alpha}_2, \cdots, \boldsymbol{\alpha}_n)$，$\boldsymbol{B}=(\boldsymbol{\beta}_1, \boldsymbol{\beta}_2, \cdots, \boldsymbol{\beta}_n)$，于是

$$\boldsymbol{A}+\boldsymbol{B}=(\boldsymbol{\alpha}_1+\boldsymbol{\beta}_1, \boldsymbol{\alpha}_2+\boldsymbol{\beta}_2, \cdots, \boldsymbol{\alpha}_n+\boldsymbol{\beta}_n).$$

设向量组 $\boldsymbol{\alpha}_1$，$\boldsymbol{\alpha}_2$，…，$\boldsymbol{\alpha}_n$ 的极大线性无关组为 $\boldsymbol{\alpha}_{i_1}$，$\boldsymbol{\alpha}_{i_2}$，…，$\boldsymbol{\alpha}_{i_r}$，向量组 $\boldsymbol{\beta}_1$，$\boldsymbol{\beta}_2$，…，$\boldsymbol{\beta}_n$ 的极大线性无关组为 $\boldsymbol{\beta}_{j_1}$，$\boldsymbol{\beta}_{j_2}$，…，$\boldsymbol{\beta}_{j_t}$. 由于向量组Ⅰ：$\boldsymbol{\alpha}_1+\boldsymbol{\beta}_1$，$\boldsymbol{\alpha}_2+\boldsymbol{\beta}_2$，…，$\boldsymbol{\alpha}_n+\boldsymbol{\beta}_n$ 可由向量组Ⅱ：$\boldsymbol{\alpha}_{i_1}$，$\boldsymbol{\alpha}_{i_2}$，…，$\boldsymbol{\alpha}_{i_r}$，$\boldsymbol{\beta}_{j_1}$，$\boldsymbol{\beta}_{j_2}$，…，$\boldsymbol{\beta}_{j_t}$ 线性表示，所以向量组Ⅰ的秩小于或等于向量组Ⅱ的秩，而向量组Ⅱ的秩小于或等于向量的个数 $r+t$，于是向量组Ⅰ的秩小于或等于 $r+t$，从而 $\mathrm{r}(\boldsymbol{A}+\boldsymbol{B})\leqslant r+t=\mathrm{r}(\boldsymbol{A})+\mathrm{r}(\boldsymbol{B})$.

将矩阵秩的问题转化为矩阵列秩的问题是常用的一种解题方法. 涉及向量组秩的证明，通常利用其极大线性无关组来完成.

## 习 题 3.5

### A 组

1. 求下列矩阵的秩：

(1) $\begin{pmatrix}1 & 2 & -3 & 4\\ 2 & 4 & -6 & 8\end{pmatrix}$. (2) $\begin{pmatrix}2 & -1 & 3 & -2 & 4\\ 4 & -2 & 5 & 1 & 7\\ 2 & -1 & 1 & 8 & 2\end{pmatrix}$.

(3) $\begin{pmatrix}3 & 2 & -1 & -3 & -1\\ 2 & -1 & 3 & 1 & -3\\ 2 & 0 & 5 & 1 & 8\\ 5 & 1 & 2 & -2 & -4\end{pmatrix}$.

2. 求向量组 $\boldsymbol{\alpha}_1$，$\boldsymbol{\alpha}_2$，$\boldsymbol{\alpha}_3$，$\boldsymbol{\alpha}_4$，$\boldsymbol{\alpha}_5$ 的一个极大线性无关组与秩，并将其余向量用所求出的极大线性无关组线性表示.

(1) $\boldsymbol{\alpha}_1=\begin{pmatrix}1\\ -1\\ 2\\ 4\end{pmatrix}$，$\boldsymbol{\alpha}_2=\begin{pmatrix}3\\ 0\\ 7\\ 4\end{pmatrix}$，$\boldsymbol{\alpha}_3=\begin{pmatrix}0\\ 3\\ 1\\ -8\end{pmatrix}$，$\boldsymbol{\alpha}_4=\begin{pmatrix}2\\ 1\\ 5\\ 6\end{pmatrix}$，$\boldsymbol{\alpha}_5=\begin{pmatrix}2\\ -2\\ 4\\ 8\end{pmatrix}$；

(2) $\boldsymbol{\alpha}_1=\begin{pmatrix}1\\1\\2\\3\end{pmatrix}$, $\boldsymbol{\alpha}_2=\begin{pmatrix}2\\3\\7\\7\end{pmatrix}$, $\boldsymbol{\alpha}_3=\begin{pmatrix}3\\4\\9\\10\end{pmatrix}$, $\boldsymbol{\alpha}_4=\begin{pmatrix}1\\2\\3\\2\end{pmatrix}$, $\boldsymbol{\alpha}_5=\begin{pmatrix}3\\2\\7\\12\end{pmatrix}$.

3. 已知向量组 $\boldsymbol{\alpha}_1=\begin{pmatrix}1\\1\\1\\1\end{pmatrix}$, $\boldsymbol{\alpha}_2=\begin{pmatrix}-1\\-3\\1\\7\end{pmatrix}$, $\boldsymbol{\alpha}_3=\begin{pmatrix}-2\\-5\\a\\10\end{pmatrix}$, $\boldsymbol{\alpha}_4=\begin{pmatrix}3\\2\\4\\7\end{pmatrix}$, $\boldsymbol{\alpha}_5=\begin{pmatrix}0\\-1\\1\\b\end{pmatrix}$的秩为2.

(1) 求 $a$, $b$ 的值;

(2) 求向量组的一个极大线性无关组，并将其余向量用该极大线性无关组表示.

4. 设向量组 $\boldsymbol{\alpha}_1=\begin{pmatrix}1\\-1\\2\\0\end{pmatrix}$, $\boldsymbol{\alpha}_2=\begin{pmatrix}3\\2\\-1\\1\end{pmatrix}$, $\boldsymbol{\alpha}_3=\begin{pmatrix}a\\3\\0\\2\end{pmatrix}$, $\boldsymbol{\alpha}_4=\begin{pmatrix}7\\8\\b\\3\end{pmatrix}$的秩为2.

(1) 求 $a$, $b$ 的值;

(2) 求向量组的一个极大线性无关组，并将其余向量用该极大线性无关组表示;

(3) 这个向量组有几个极大线性无关组? 为什么?

5. 下列命题是否正确? 为什么?

(1) 若矩阵 $\boldsymbol{A}$ 的秩为 $r$, 则矩阵 $\boldsymbol{A}$ 的所有 $r-1$ 阶子式均非零.

(2) 若矩阵 $\boldsymbol{A}$ 的秩为 $r$, 则矩阵 $\boldsymbol{A}$ 必有一个 $r-1$ 阶子式非零.

(3) 若矩阵 $\boldsymbol{A}$ 的秩为 $r$, 则矩阵 $\boldsymbol{A}$ 的所有 $r+1$ 阶子式均为零.

(4) 若矩阵 $\boldsymbol{A}$ 的秩为 $r$, 则矩阵 $\boldsymbol{A}$ 的所有 $r$ 阶子式均非零.

(5) 若矩阵 $\boldsymbol{A}$ 有一个 $r$ 阶子式非零, 则矩阵 $\boldsymbol{A}$ 的秩为 $r$.

(6) 若矩阵 $\boldsymbol{A}$ 的所有 $r$ 阶子式均为零, 则矩阵 $\boldsymbol{A}$ 的秩小于 $r$.

6. 设 $\boldsymbol{A}$ 是 $m\times n$ 矩阵, $\boldsymbol{B}$ 是 $n\times m$ 矩阵, 且 $\boldsymbol{AB}=\boldsymbol{E}$, 证明: $\boldsymbol{B}$ 的列向量组线性无关.

7. 设 $\boldsymbol{A}$ 是 $m\times n$ 矩阵, 若方程组 $\boldsymbol{Ax}=\boldsymbol{0}$ 只有零解, 则 $\mathrm{r}(\boldsymbol{A})=n$.

## B 组

1. 设矩阵

$$\boldsymbol{A}=\begin{pmatrix}1&\lambda&-1&2\\2&-1&\lambda&5\\1&10&-6&1\end{pmatrix},$$

对于不同的 $\lambda$ 值, 求矩阵 $\boldsymbol{A}$ 的秩.

2. 设 $\boldsymbol{A}$ 是 $m\times n$ 矩阵, 且 $\mathrm{r}(\boldsymbol{A})=1$, 则存在 $m$ 维列向量 $\boldsymbol{\alpha}$ 与 $n$ 维列向量 $\boldsymbol{\beta}$, 使得

$$\boldsymbol{A}=\boldsymbol{\alpha}\boldsymbol{\beta}^{\mathrm{T}}.$$

3. 划去矩阵 $\boldsymbol{A}$ 的某一行得到矩阵 $\boldsymbol{B}$, 则矩阵 $\boldsymbol{A}$ 的秩等于矩阵 $\boldsymbol{B}$ 的秩的充分必要条件是所划去的行可用其余的行线性表示.

4. 设 $\boldsymbol{A}$ 是 $m\times n$ 矩阵, $\boldsymbol{B}$ 是由矩阵 $\boldsymbol{A}$ 的前 $s$ 行构成的 $s\times n$ 矩阵, 则

$$\mathrm{r}(\boldsymbol{B})\geqslant \mathrm{r}(\boldsymbol{A})+s-m.$$

## C 组

1. 设 $\boldsymbol{A}$, $\boldsymbol{B}$ 均为 $n$ 阶矩阵, 证明: $\mathrm{r}(\boldsymbol{AB})\geqslant \mathrm{r}(\boldsymbol{A})+\mathrm{r}(\boldsymbol{B})-n$.

2. 设向量组 $\boldsymbol{\alpha}_1$, $\boldsymbol{\alpha}_2$, $\cdots$, $\boldsymbol{\alpha}_r$ 线性无关, 若向量组 $\boldsymbol{\beta}_1$, $\boldsymbol{\beta}_2$, $\cdots$, $\boldsymbol{\beta}_r$ 可由向量组 $\boldsymbol{\alpha}_1$, $\boldsymbol{\alpha}_2$, $\cdots$, $\boldsymbol{\alpha}_r$ 线性表示, 且

$$(\boldsymbol{\beta}_1, \boldsymbol{\beta}_2, \cdots, \boldsymbol{\beta}_r) = (\boldsymbol{\alpha}_1, \boldsymbol{\alpha}_2, \cdots, \boldsymbol{\alpha}_r)\boldsymbol{C},$$

其中 $\boldsymbol{C}$ 为 $r$ 阶矩阵，则 $\boldsymbol{\beta}_1$，$\boldsymbol{\beta}_2$，…，$\boldsymbol{\beta}_r$ 线性无关的充分必要条件是行列式 $|\boldsymbol{C}| \neq 0$.

3. 设向量组 $\boldsymbol{\alpha}_1$，$\boldsymbol{\alpha}_2$，…，$\boldsymbol{\alpha}_r$ 线性无关，若向量组 $\boldsymbol{\beta}_1$，$\boldsymbol{\beta}_2$，…，$\boldsymbol{\beta}_s$ 可由向量组 $\boldsymbol{\alpha}_1$，$\boldsymbol{\alpha}_2$，…，$\boldsymbol{\alpha}_r$ 线性表示，且

$$(\boldsymbol{\beta}_1, \boldsymbol{\beta}_2, \cdots, \boldsymbol{\beta}_s) = (\boldsymbol{\alpha}_1, \boldsymbol{\alpha}_2, \cdots, \boldsymbol{\alpha}_r)\boldsymbol{K},$$

其中 $\boldsymbol{K}$ 为 $r \times s$ 矩阵，则 $\boldsymbol{\beta}_1$，$\boldsymbol{\beta}_2$，…，$\boldsymbol{\beta}_s$ 线性无关的充分必要条件是 $\mathrm{r}(\boldsymbol{K}) = s$.

## *3.6 数学软件 MATLAB 应用——计算矩阵与向量组的秩

**例 3.45** 求向量的内积、夹角

$\boldsymbol{a} = (1,4,5,8)$，$\boldsymbol{b} = (4,5,0,5)$.

```
a = [1,4,5,8];
b = [4,5,0,5];
c = a * b'                          % b'为 b 的转置矩阵
c = 64                              % 两向量的内积为 64

d = sqrt(a * b')                    % sqrt()为开平方函数
d = 8
C = acos((a * b')/(sqrt(a * a') *
sqrt(b * b')))                      % acos()为反余弦函数
C = 0.6995                          % 夹角余弦
```

**例 3.46** 求矩阵的秩

$$\boldsymbol{A} = \begin{pmatrix} 1 & 2 & 5 & 8 & 0 \\ 2 & 5 & 8 & 0 & 7 \\ 3 & 3 & 5 & 6 & 8 \\ 6 & 8.5 & 7 & 9 & 10 \end{pmatrix}.$$

```
A = [1 2 5 8 0;2 5 8 0 7;3 3 5 6 8;6 8.5 7 9 10];
r = rank(A)
r = 4
```

**例 3.47** 求向量组的秩.

```
a = [2 3 1];  b = [1 -2 4];
c = [3 8 -2];  d = [4 -1 9];  % a,b,c,d 为四个向量
B = [a;b;c;d]                  % B 为这四个向量所形成的矩阵
```

```
B =
     2    3    1
     1   -2    4
     3    8   -2
     4   -1    9
r = rank(B)                %求该向量组的秩
r = 2
F = rref(B)                %B 的行最简形
F =
     1  0   2
     0  1  -1
     0  0   0
     0  0   0
```

## 小结

1. 线性表示

(1) 对于向量 $\boldsymbol{\beta}$ 和向量组 $\boldsymbol{\alpha}_1,\boldsymbol{\alpha}_2,\cdots,\boldsymbol{\alpha}_s$，若存在一组数 $k_1,k_2,\cdots,k_s$，使得

$$\boldsymbol{\beta}=k_1\boldsymbol{\alpha}_1+k_2\boldsymbol{\alpha}_2+\cdots+k_s\boldsymbol{\alpha}_s,$$

则称 $\boldsymbol{\beta}$ 可由向量组 $\boldsymbol{\alpha}_1$，$\boldsymbol{\alpha}_2$，…，$\boldsymbol{\alpha}_s$线性表示．

向量 $\boldsymbol{\beta}$ 可由向量组 $\boldsymbol{\alpha}_1$，$\boldsymbol{\alpha}_2$，…，$\boldsymbol{\alpha}_s$线性表示⇔线性方程组 $\boldsymbol{x}_1\boldsymbol{\alpha}_1+\boldsymbol{x}_2\boldsymbol{\alpha}_2+\cdots+\boldsymbol{x}_s\boldsymbol{\alpha}_s=\boldsymbol{\beta}$ 有解．

(2) 若向量组 $A$ 中的每一个向量可由向量组 $B$ 线性表示，则称向量组 $A$ 可由向量组 $B$ 线性表示．若两个向量组可以互相线性表示，则称这两个向量组等价．

向量组 $A$ 可由向量组 $B$ 线性表示⇒向量组 $A$ 的秩≤向量组 $B$ 的秩．

向量组 $A$ 与向量组 $B$ 等价⇒向量组 $A$ 的秩 = 向量组 $B$ 的秩．

向量组 $A$ 的秩 = 向量组 $B$ 的秩，且 $A$ 可由 $B$ 线性表示⇒向量组 $A$ 与向量组 $B$ 等价．

2. 线性相关

对于向量组 $\boldsymbol{\alpha}_1$，$\boldsymbol{\alpha}_2$，…，$\boldsymbol{\alpha}_s$，若存在不全为零的一组数 $k_1$，$k_2$，…，$k_s$，使得

$$k_1\boldsymbol{\alpha}_1+k_2\boldsymbol{\alpha}_2+\cdots+k_s\boldsymbol{\alpha}_s=\boldsymbol{0}.$$

则称向量组 $\boldsymbol{\alpha}_1$，$\boldsymbol{\alpha}_2$，…，$\boldsymbol{\alpha}_s$线性相关．

向量组 $\boldsymbol{\alpha}_1$，$\boldsymbol{\alpha}_2$，…，$\boldsymbol{\alpha}_s$线性相关⇔其中之一 $\boldsymbol{\alpha}_i$可由其余向量线性表示（$s>1$）

⇔线性方程组 $x_1\boldsymbol{\alpha}_1+x_2\boldsymbol{\alpha}_2+\cdots+x_s\boldsymbol{\alpha}_s=\boldsymbol{0}$ 有非零解

⇔秩 $\mathrm{r}$（$\boldsymbol{\alpha}_1$，$\boldsymbol{\alpha}_2$，…，$\boldsymbol{\alpha}_s$）$<s$

3. 线性无关

对于向量组 $\boldsymbol{\alpha}_1$，$\boldsymbol{\alpha}_2$，…，$\boldsymbol{\alpha}_s$，若线性组合 $k_1\boldsymbol{\alpha}_1+k_2\boldsymbol{\alpha}_2+\cdots+k_s\boldsymbol{\alpha}_s=\boldsymbol{0}$，必有组合系数 $k_1=k_2=\cdots=k_s=0$，则称向量组 $\boldsymbol{\alpha}_1$，$\boldsymbol{\alpha}_2$，…，$\boldsymbol{\alpha}_s$线性无关．

向量组 $\boldsymbol{\alpha}_1$，$\boldsymbol{\alpha}_2$，…，$\boldsymbol{\alpha}_s$线性

无关⇔ 线性方程组 $x_1\boldsymbol{\alpha}_1+x_2\boldsymbol{\alpha}_2+\cdots+x_s\boldsymbol{\alpha}_s=\mathbf{0}$ 只有零解

⇔秩 $\mathrm{r}(\boldsymbol{\alpha}_1, \boldsymbol{\alpha}_2, \cdots, \boldsymbol{\alpha}_s)=s$

4. 向量组的秩

若向量组 $A$ 的一个部分组 $\boldsymbol{\alpha}_1$，$\boldsymbol{\alpha}_2$，…，$\boldsymbol{\alpha}_r$，满足：（1）向量组 $\boldsymbol{\alpha}_1$，$\boldsymbol{\alpha}_2$，…，$\boldsymbol{\alpha}_r$ 线性无关，（2）向量组 $A$ 中任意向量均可由向量组 $\boldsymbol{\alpha}_1$，$\boldsymbol{\alpha}_2$，…，$\boldsymbol{\alpha}_r$ 线性表示，则称向量组 $\boldsymbol{\alpha}_1$，$\boldsymbol{\alpha}_2$，…，$\boldsymbol{\alpha}_r$ 是向量组 $A$ 的极大线性无关组，极大线性无关组所含向量的个数 $r$ 称为向量组 $A$ 的秩.

只含零向量的向量组没有极大线性无关组，秩为0.

向量组的极大线性无关组不唯一，但向量组的秩唯一.

5. 向量空间

设 $V$ 为一些 $n$ 维向量构成的向量组，若 $V$ 中的向量对于加法与数乘运算封闭，则称 $V$ 为向量空间（$\mathbf{R}^n$ 的子空间）.

向量空间 $V$ 的基与维数就是将其看成向量组时的极大线性无关组与秩.

设 $\boldsymbol{\alpha}_1$，$\boldsymbol{\alpha}_2$，…，$\boldsymbol{\alpha}_m$ 与 $\boldsymbol{\beta}_1$，$\boldsymbol{\beta}_2$，…，$\boldsymbol{\beta}_m$ 均为向量空间 $V$ 的基，从而 $\boldsymbol{\beta}_1$，$\boldsymbol{\beta}_2$，…，$\boldsymbol{\beta}_m$ 可由 $\boldsymbol{\alpha}_1$，$\boldsymbol{\alpha}_2$，…，$\boldsymbol{\alpha}_m$ 线性表示，即

$$(\boldsymbol{\beta}_1,\boldsymbol{\beta}_2,\cdots,\boldsymbol{\beta}_m)=(\boldsymbol{\alpha}_1,\boldsymbol{\alpha}_2,\cdots,\boldsymbol{\alpha}_m)\boldsymbol{P},$$

$\boldsymbol{P}$ 称为从基 $\boldsymbol{\alpha}_1$，$\boldsymbol{\alpha}_2$，…，$\boldsymbol{\alpha}_m$ 到基 $\boldsymbol{\beta}_1$，$\boldsymbol{\beta}_2$，…，$\boldsymbol{\beta}_m$ 的过渡矩阵.

过渡矩阵 $\boldsymbol{P}$ 为可逆矩阵.

6. 向量的内积

向量 $\boldsymbol{\alpha}=(a_1, a_2, \cdots, a_n)^{\mathrm{T}}$ 与 $\boldsymbol{\beta}=(b_1, b_2, \cdots, b_n)^{\mathrm{T}}$ 的内积定义为

$$(\boldsymbol{\alpha},\boldsymbol{\beta})=a_1b_1+a_2b_2+\cdots+a_nb_n=\boldsymbol{\alpha}^{\mathrm{T}}\boldsymbol{\beta}.$$

正交向量组均线性无关，用密施特正交化方法可以将线性无关向量组化为等价的正交向量组.

对于 $n$ 阶矩阵 $\boldsymbol{A}$，若 $\boldsymbol{A}^{\mathrm{T}}\boldsymbol{A}=\boldsymbol{E}$，则称 $\boldsymbol{A}$ 为正交矩阵.

$n$ 阶矩阵 $\boldsymbol{A}$ 为正交矩阵⇔$\boldsymbol{A}$ 的行（列）向量组为正交向量组，且每一个向量为单位向量.

7. 主要定理

（1）向量组 $\boldsymbol{\alpha}_1$，$\boldsymbol{\alpha}_2$，…，$\boldsymbol{\alpha}_t$ 线性相关⇒向量组 $\boldsymbol{\alpha}_1$，$\boldsymbol{\alpha}_2$，…，$\boldsymbol{\alpha}_t$，$\boldsymbol{\alpha}_{t+1}$，…，$\boldsymbol{\alpha}_m$ 线性相关.

向量组 $\boldsymbol{\alpha}_1$，$\boldsymbol{\alpha}_2$，…，$\boldsymbol{\alpha}_t$，$\boldsymbol{\alpha}_{t+1}$，…，$\boldsymbol{\alpha}_m$ 线性无关⇒向量组 $\boldsymbol{\alpha}_1$，$\boldsymbol{\alpha}_2$，…，$\boldsymbol{\alpha}_t$ 线性无关.

（2）向量组 $\boldsymbol{\alpha}_1$，$\boldsymbol{\alpha}_2$，…，$\boldsymbol{\alpha}_t$ 线性无关，向量组 $\boldsymbol{\alpha}_1$，$\boldsymbol{\alpha}_2$，…，$\boldsymbol{\alpha}_t$，$\boldsymbol{\beta}$ 线性相关⇒$\boldsymbol{\beta}$ 可由向量组 $\boldsymbol{\alpha}_1$，$\boldsymbol{\alpha}_2$，…，$\boldsymbol{\alpha}_t$ 线性表示，且表示方法唯一.

向量组 $\boldsymbol{\alpha}_1$，$\boldsymbol{\alpha}_2$，…，$\boldsymbol{\alpha}_t$ 线性无关，$\boldsymbol{\beta}$ 不能由向量组 $\boldsymbol{\alpha}_1$，$\boldsymbol{\alpha}_2$，…，$\boldsymbol{\alpha}_t$ 线性表示⇒向量组 $\boldsymbol{\alpha}_1$，$\boldsymbol{\alpha}_2$，…，$\boldsymbol{\alpha}_t$，$\boldsymbol{\beta}$ 线性无关.

（3）设向量组

$$(\text{Ⅰ}):\ \boldsymbol{\alpha}_1=\begin{pmatrix}a_{11}\\a_{21}\\\vdots\\a_{n1}\end{pmatrix},\ \boldsymbol{\alpha}_2=\begin{pmatrix}a_{12}\\a_{22}\\\vdots\\a_{n2}\end{pmatrix},\ \cdots,\ \boldsymbol{\alpha}_s=\begin{pmatrix}a_{1s}\\a_{2s}\\\vdots\\a_{ns}\end{pmatrix},$$

$$(\text{Ⅱ}):\ \boldsymbol{\beta}_1=\begin{pmatrix}a_{11}\\a_{21}\\\vdots\\a_{n1}\\\vdots\\a_{m1}\end{pmatrix},\ \boldsymbol{\beta}_2=\begin{pmatrix}a_{12}\\a_{22}\\\vdots\\a_{n2}\\\vdots\\a_{m2}\end{pmatrix},\ \cdots,$$

$$\boldsymbol{\beta}_s=\begin{pmatrix}a_{1s}\\a_{2s}\\\vdots\\a_{ns}\\\vdots\\a_{ms}\end{pmatrix},$$

向量组（Ⅰ）线性无关⇒向量组（Ⅱ）线性无关．

向量组（Ⅱ）线性相关⇒向量组（Ⅰ）线性相关．

（4）设 $\boldsymbol{\alpha}_1$，$\boldsymbol{\alpha}_2$，…，$\boldsymbol{\alpha}_r$ 可由 $\boldsymbol{\beta}_1$，$\boldsymbol{\beta}_2$，…，$\boldsymbol{\beta}_s$ 线性表示，且 $r>s\Rightarrow\boldsymbol{\alpha}_1$，$\boldsymbol{\alpha}_2$，…，$\boldsymbol{\alpha}_r$线性相关.

设$\boldsymbol{\alpha}_1$，$\boldsymbol{\alpha}_2$，…，$\boldsymbol{\alpha}_r$可由$\boldsymbol{\beta}_1$，$\boldsymbol{\beta}_2$，…，$\boldsymbol{\beta}_s$线性表示，且$\boldsymbol{\alpha}_1$，$\boldsymbol{\alpha}_2$，…，$\boldsymbol{\alpha}_r$线性无关$\Rightarrow r\leqslant s$.

# 第4章 线性方程组

本章用向量空间的理论讨论线性方程组，主要讲述线性方程组的解法与解的结构. 给出齐次线性方程组有非零解的充分必要条件及通解的求法，非齐次线性方程组有解的充分必要条件及通解的求法.

我们称

$$\begin{cases} a_{11}x_1 + a_{12}x_2 + \cdots + a_{1n}x_n = b_1 \\ a_{21}x_1 + a_{22}x_2 + \cdots + a_{2n}x_n = b_2 \\ \quad\vdots \\ a_{m1}x_1 + a_{m2}x_2 + \cdots + a_{mn}x_n = b_m \end{cases} \tag{4.1}$$

为 $n$ 个未知量 $m$ 个方程的线性方程组. 借助矩阵记号与运算，则有方程组的矩阵形式为

$$\boldsymbol{A}\boldsymbol{x} = \boldsymbol{\beta}, \tag{4.2}$$

其中

$$\boldsymbol{A} = \begin{pmatrix} a_{11} & a_{12} & \cdots & a_{1n} \\ a_{21} & a_{22} & \cdots & a_{2n} \\ \vdots & \vdots & & \vdots \\ a_{m1} & a_{m2} & \cdots & a_{mn} \end{pmatrix}, \boldsymbol{x} = \begin{pmatrix} x_1 \\ x_2 \\ \vdots \\ x_n \end{pmatrix}, \boldsymbol{\beta} = \begin{pmatrix} b_1 \\ b_2 \\ \vdots \\ b_m \end{pmatrix}.$$

设 $\boldsymbol{\eta} = \begin{pmatrix} c_1 \\ c_2 \\ \vdots \\ c_n \end{pmatrix}$，若有 $\boldsymbol{A}\boldsymbol{\eta} = \boldsymbol{\beta}$，则称 $\boldsymbol{\eta}$ 是方程组 $\boldsymbol{A}\boldsymbol{x} = \boldsymbol{\beta}$ 的解.

进一步，借助向量的记号与线性运算，可得方程组的向量形式

$$x_1\boldsymbol{\alpha}_1 + x_2\boldsymbol{\alpha}_2 + \cdots + x_n\boldsymbol{\alpha}_n = \boldsymbol{\beta}, \tag{4.3}$$

其中

$$\boldsymbol{\alpha}_1=\begin{pmatrix}a_{11}\\a_{21}\\\vdots\\a_{m1}\end{pmatrix},\ \boldsymbol{\alpha}_2=\begin{pmatrix}a_{12}\\a_{22}\\\vdots\\a_{m2}\end{pmatrix},\ \cdots,\ \boldsymbol{\alpha}_n=\begin{pmatrix}a_{1n}\\a_{2n}\\\vdots\\a_{mn}\end{pmatrix},\ \boldsymbol{\beta}=\begin{pmatrix}b_1\\b_2\\\vdots\\b_m\end{pmatrix}.$$

若方程组的常数项均为零，即

$$\begin{cases}a_{11}x_1+a_{12}x_2+\cdots+a_{1n}x_n=0\\a_{21}x_1+a_{22}x_2+\cdots+a_{2n}x_n=0\\\qquad\vdots\\a_{m1}x_1+a_{m2}x_2+\cdots+a_{mn}x_n=0\end{cases},\tag{4.4}$$

称为齐次线性方程组，其矩阵形式为

$$\boldsymbol{A}\boldsymbol{x}=\boldsymbol{0},\tag{4.5}$$

向量形式为

$$x_1\boldsymbol{\alpha}_1+x_2\boldsymbol{\alpha}_2+\cdots+x_n\boldsymbol{\alpha}_n=\boldsymbol{0}.\tag{4.6}$$

## 知识网络框图

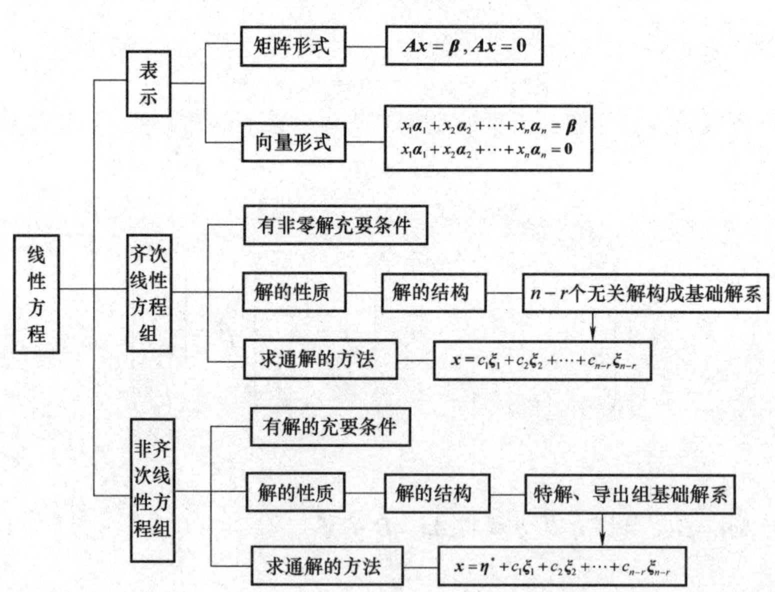

## 4.1 齐次线性方程组

齐次线性方程组 $\boldsymbol{Ax}=\boldsymbol{0}$ 总有零解，在很多情况下还有非零解，我们关心的是何时有非零解，并求出其全部非零解．首先，我们有：

**定理 4.1** 设 $\boldsymbol{A}$ 为 $m\times n$ 矩阵，则齐次线性方程组 $\boldsymbol{Ax}=\boldsymbol{0}$ 有非零解的充分必要条件是系数矩阵 $\boldsymbol{A}$ 的秩 $\mathrm{r}(\boldsymbol{A})<n$.

**证** 设 $\boldsymbol{A}=(\boldsymbol{\alpha}_1,\boldsymbol{\alpha}_2,\cdots,\boldsymbol{\alpha}_n)$，$\boldsymbol{\alpha}_i$ 为 $m$ 维列向量，根据定理 3.7，方程组$\boldsymbol{Ax}=\boldsymbol{0}$有非零解$\Leftrightarrow$向量组 $\boldsymbol{\alpha}_1,\boldsymbol{\alpha}_2,\cdots,\boldsymbol{\alpha}_n$ 线性相关$\Leftrightarrow$向量组 $\boldsymbol{\alpha}_1,\boldsymbol{\alpha}_2,\cdots,\boldsymbol{\alpha}_n$ 的秩小于 $n$，即 $\mathrm{r}(\boldsymbol{A})<n$.

矩阵的秩等于其列向量组的秩

**推论** 设 $\boldsymbol{A}$ 为 $n$ 阶方阵，则齐次线性方程组 $\boldsymbol{Ax}=\boldsymbol{0}$ 有非零解的充分必要条件是 $|\boldsymbol{A}|=0$.

**定理 4.2** 设 $\boldsymbol{\xi}_1$，$\boldsymbol{\xi}_2$ 均为齐次线性方程组 $\boldsymbol{Ax}=\boldsymbol{0}$ 的解，则 $\boldsymbol{\xi}_1+\boldsymbol{\xi}_2$ 也是方程组 $\boldsymbol{Ax}=\boldsymbol{0}$ 的解.

定理 2.9 给出的是 $n$ 个未知量 $n$ 个方程的齐次线性方程组有非零解的必要条件是其系数行列式为零，这里进一步指出这也是充分条件.

**证** 由于 $\boldsymbol{A\xi}_1=\boldsymbol{0}$，$\boldsymbol{A\xi}_2=\boldsymbol{0}$，故 $\boldsymbol{A}(\boldsymbol{\xi}_1+\boldsymbol{\xi}_2)=\boldsymbol{A\xi}_1+\boldsymbol{A\xi}_2=\boldsymbol{0}$，所以 $\boldsymbol{\xi}_1+\boldsymbol{\xi}_2$ 是方程组 $\boldsymbol{Ax}=\boldsymbol{0}$ 的解.

**定理 4.3** 设 $\boldsymbol{\xi}$ 为齐次线性方程组 $\boldsymbol{Ax}=\boldsymbol{0}$ 的解，$k$ 为任意常数，则 $k\boldsymbol{\xi}$ 也是方程组 $\boldsymbol{Ax}=\boldsymbol{0}$ 的解.

**证** 由于 $\boldsymbol{A\xi}=\boldsymbol{0}$，故 $\boldsymbol{A}(k\boldsymbol{\xi})=k(\boldsymbol{A\xi})=\boldsymbol{0}$，所以 $k\boldsymbol{\xi}$ 也是方程组 $\boldsymbol{Ax}=\boldsymbol{0}$ 的解.

**推论** 若 $\boldsymbol{\xi}_1,\boldsymbol{\xi}_2,\cdots,\boldsymbol{\xi}_t$ 均为方程组 $\boldsymbol{Ax}=\boldsymbol{0}$ 的解，则 $k_1\boldsymbol{\xi}_1+k_2\boldsymbol{\xi}_2+\cdots+k_t\boldsymbol{\xi}_t$ 也是方程组 $\boldsymbol{Ax}=\boldsymbol{0}$ 的解.

根据以上定理及向量空间的定义知，方程组 $\boldsymbol{Ax}=\boldsymbol{0}$ 的全体解向量构成向量空间，这个空间通常称之为**解空间**．从而我们只要求出解空间的基，就可以求出方程组的全部解．解空间的基通常称为该方程组的**基础解系**，所以方程组 $\boldsymbol{Ax}=\boldsymbol{0}$ 的一组解 $\boldsymbol{\xi}_1,\boldsymbol{\xi}_2,\cdots,\boldsymbol{\xi}_t$ 是该方程组的**基础解系**，只要满足：

(1) $\boldsymbol{\xi}_1,\boldsymbol{\xi}_2,\cdots,\boldsymbol{\xi}_t$ 线性无关，

(2) $\boldsymbol{Ax}=\boldsymbol{0}$ 的任意解 $\boldsymbol{\xi}$，均可由 $\boldsymbol{\xi}_1,\boldsymbol{\xi}_2,\cdots,\boldsymbol{\xi}_t$ 线性表示.

若方程组 $\boldsymbol{Ax}=\boldsymbol{0}$ 只有零解，则解空间是零维的，不存在基础解系．若方程组 $\boldsymbol{Ax}=\boldsymbol{0}$ 有非零解，则解空间的维数大于或等于 1，基础解系中所含向量的个数是解空间的维数，从而是唯一确定的，基础解系中至少有一个向量．若方程组的基础解系为 $\boldsymbol{\xi}_1,\boldsymbol{\xi}_2,\cdots,\boldsymbol{\xi}_t$，

则方程组的全部解，也称为通解为 $c_1\boldsymbol{\xi}_1+c_2\boldsymbol{\xi}_2+\cdots+c_t\boldsymbol{\xi}_t$，$c_1$，$c_2$，…，$c_t$ 为任意常数.

**例 4.1** 设 $\boldsymbol{A}$，$\boldsymbol{B}$ 均为 $m\times n$ 矩阵，$\boldsymbol{P}$ 为 $m$ 阶可逆矩阵，且 $\boldsymbol{PA}=\boldsymbol{B}$，则齐次线性方程组 $\boldsymbol{Ax}=\boldsymbol{0}$ 与 $\boldsymbol{Bx}=\boldsymbol{0}$ 同解.

证 若 $\boldsymbol{\xi}$ 是 $\boldsymbol{Ax}=\boldsymbol{0}$ 的解，则 $\boldsymbol{A\xi}=\boldsymbol{0}$，从而 $(\boldsymbol{PA})\boldsymbol{\xi}=\boldsymbol{P}(\boldsymbol{A\xi})=\boldsymbol{0}$，即有 $\boldsymbol{B\xi}=\boldsymbol{0}$，所以 $\boldsymbol{\xi}$ 是方程组 $\boldsymbol{Bx}=\boldsymbol{0}$ 的解.

反之若 $\boldsymbol{\xi}$ 是方程组 $\boldsymbol{Bx}=\boldsymbol{0}$ 的解，则 $\boldsymbol{B\xi}=\boldsymbol{0}$，即 $(\boldsymbol{PA})\boldsymbol{\xi}=\boldsymbol{0}$，在等式两端左乘 $\boldsymbol{P}$ 的逆矩阵 $\boldsymbol{P}^{-1}$ 得 $\boldsymbol{A\xi}=\boldsymbol{0}$，所以 $\boldsymbol{\xi}$ 是方程组 $\boldsymbol{Ax}=\boldsymbol{0}$ 的解.

由本题的结果易知，若对矩阵 $\boldsymbol{A}$ 进行初等行变换后得到矩阵 $\boldsymbol{B}$，则 $\boldsymbol{Ax}=\boldsymbol{0}$ 与 $\boldsymbol{Bx}=\boldsymbol{0}$ 同解.

**定理 4.4** 设 $\boldsymbol{A}=(a_{ij})$ 是 $m\times n$ 矩阵，且 $\mathrm{r}(\boldsymbol{A})=r$，则齐次线性方程组 $\boldsymbol{Ax}=\boldsymbol{0}$ 的基础解系由 $n-r$ 个向量构成.

证 由于 $\mathrm{r}(\boldsymbol{A})=r$，所以 $\boldsymbol{A}$ 中有 $r$ 阶子式非零. 不妨设左上角的 $r$ 阶子式非零，则矩阵 $\boldsymbol{A}$ 的前 $r$ 行是行向量组的极大线性无关组，设 $\boldsymbol{A}$ 的行向量组为 $\boldsymbol{\beta}_1^{\mathrm{T}}$，…，$\boldsymbol{\beta}_r^{\mathrm{T}}$，…，$\boldsymbol{\beta}_m^{\mathrm{T}}$，即

$$\boldsymbol{A}=\begin{pmatrix}\boldsymbol{\beta}_1^{\mathrm{T}}\\ \vdots\\ \boldsymbol{\beta}_r^{\mathrm{T}}\\ \vdots\\ \boldsymbol{\beta}_m^{\mathrm{T}}\end{pmatrix},$$

由于 $\boldsymbol{\beta}_j^{\mathrm{T}}$ $(j>r)$ 可由 $\boldsymbol{\beta}_1^{\mathrm{T}}$，…，$\boldsymbol{\beta}_r^{\mathrm{T}}$ 线性表示，所以矩阵 $\boldsymbol{A}$ 经初等行变换可化为

$$\boldsymbol{A}\to\begin{pmatrix}\boldsymbol{\beta}_1^{\mathrm{T}}\\ \vdots\\ \boldsymbol{\beta}_r^{\mathrm{T}}\\ 0\\ \vdots\\ 0\end{pmatrix}=\boldsymbol{B},$$

从而方程组

$$\begin{cases} a_{11}x_1 + a_{12}x_2 + \cdots + a_{1n}x_n = 0 \\ a_{21}x_1 + a_{22}x_2 + \cdots + a_{2n}x_n = 0 \\ \qquad\vdots \\ a_{r1}x_1 + a_{r2}x_2 + \cdots + a_{rn}x_n = 0 \\ \qquad\vdots \\ a_{m1}x_1 + a_{m2}x_2 + \cdots + a_{mn}x_n = 0 \end{cases} \tag{4.7}$$

与方程组

$$\begin{cases} a_{11}x_1 + a_{12}x_2 + \cdots + a_{1n}x_n = 0 \\ a_{21}x_1 + a_{22}x_2 + \cdots + a_{2n}x_n = 0 \\ \qquad\vdots \\ a_{r1}x_1 + a_{r2}x_2 + \cdots + a_{rn}x_n = 0 \end{cases} \tag{4.8}$$

同解. 方程组（4.8）可改写为

$$\begin{cases} a_{11}x_1 + a_{12}x_2 + \cdots + a_{1r}x_r = -a_{1r+1}x_{r+1} - \cdots - a_{1n}x_n \\ a_{21}x_1 + a_{22}x_2 + \cdots + a_{2r}x_r = -a_{2r+1}x_{r+1} - \cdots - a_{2n}x_n \\ \quad\vdots \qquad\qquad\qquad\qquad \vdots \\ a_{r1}x_1 + a_{r2}x_2 + \cdots + a_{rr}x_r = -a_{rr+1}x_{r+1} - \cdots - a_{rn}x_n \end{cases}. \tag{4.9}$$

若 $r = n$，方程组（4.9）的右端为零，由克莱姆法则知方程组（4.9）只有零解. 若 $r < n$，方程组（4.9）有 $n - r$ 个自由未知量，对 $x_{r+1}$，…，$x_n$ 任意赋一组值，根据克莱姆法则，由方程组（4.9）可以唯一确定 $x_1$，…，$x_r$ 的值，从而得到方程组（4.9）的一组解. 现设自由未知量分别取

$$\begin{pmatrix} x_{r+1} \\ x_{r+2} \\ \vdots \\ x_n \end{pmatrix} = \begin{pmatrix} 1 \\ 0 \\ \vdots \\ 0 \end{pmatrix}, \begin{pmatrix} 0 \\ 1 \\ \vdots \\ 0 \end{pmatrix}, \cdots, \begin{pmatrix} 0 \\ 0 \\ \vdots \\ 1 \end{pmatrix},$$

得方程组（4.9）的一组解

$$\boldsymbol{\xi}_1=\begin{pmatrix}c_{1,r+1}\\c_{2,r+1}\\\vdots\\c_{r,r+1}\\1\\0\\\vdots\\0\end{pmatrix},\boldsymbol{\xi}_2=\begin{pmatrix}c_{1,r+2}\\c_{2,r+2}\\\vdots\\c_{r,r+2}\\0\\1\\\vdots\\0\end{pmatrix},\cdots,\boldsymbol{\xi}_{n-r}=\begin{pmatrix}c_{1,n}\\c_{2,n}\\\vdots\\c_{r,n}\\0\\0\\\vdots\\1\end{pmatrix}.$$

根据定理3.9这组解线性无关. 设

$$\boldsymbol{\xi}=\begin{pmatrix}k_1\\k_2\\\vdots\\k_r\\k_{r+1}\\\vdots\\k_n\end{pmatrix}$$

是方程组（4.9）的任一解，令$\boldsymbol{\zeta}=k_{r+1}\boldsymbol{\xi}_1+k_{r+2}\boldsymbol{\xi}_2+\cdots+k_n\boldsymbol{\xi}_{n-r}$，则$\boldsymbol{\zeta}$也是方程组（4.9）的解，由于$\boldsymbol{\xi}$，$\boldsymbol{\zeta}$均满足方程组（4.9），且它们后$n-r$个分量相同，根据克莱姆法则，有

$$\boldsymbol{\xi}=\boldsymbol{\zeta}=k_{r+1}\boldsymbol{\xi}_1+k_{r+2}\boldsymbol{\xi}_2+\cdots+k_n\boldsymbol{\xi}_{n-r}.$$

即方程组（4.9）的任一解$\boldsymbol{\xi}$均可由$\boldsymbol{\xi}_1$，$\boldsymbol{\xi}_2$，…，$\boldsymbol{\xi}_{n-r}$线性表示，所以$\boldsymbol{\xi}_1$，$\boldsymbol{\xi}_2$，…，$\boldsymbol{\xi}_{n-r}$是方程组（4.9）的基础解系，也就是$\boldsymbol{A}\boldsymbol{x}=\boldsymbol{0}$的基础解系. 这时，方程组的通解为

$$c_1\boldsymbol{\xi}_1+c_2\boldsymbol{\xi}_2+\cdots+c_{n-r}\boldsymbol{\xi}_{n-r}(c_1,c_2,\cdots c_{n-r}\text{为任意常数}).$$

**推论** 若$m\times n$矩阵$\boldsymbol{A}$的秩为$r$，则方程组$\boldsymbol{A}\boldsymbol{x}=\boldsymbol{0}$的任意$n-r$个线性无关解均为$\boldsymbol{A}\boldsymbol{x}=\boldsymbol{0}$的基础解系.

定理4.4的证明给出了求齐次线性方程组基础解系的方法.

**例4.2** 求齐次线性方程组

$$\begin{cases}x_1+3x_2-x_3+2x_4-x_5=0\\-x_1-2x_2+x_3+2x_4-3x_5=0\\2x_1+3x_2-x_3-x_4+x_5=0\\-2x_1-7x_2+3x_3-x_4-3x_5=0\end{cases}$$

的基础解系与通解 .

**解** 对系数矩阵 $\boldsymbol{A}$ 进行初等行变换

$$\boldsymbol{A}=\begin{pmatrix}1&3&-1&2&-1\\-1&-2&1&2&-3\\2&3&-1&-1&1\\-2&-7&3&-1&-3\end{pmatrix}\to\begin{pmatrix}1&3&-1&2&-1\\0&1&0&4&-4\\0&-3&1&-5&3\\0&-1&1&3&-5\end{pmatrix}\to$$

$$\begin{pmatrix}1&3&-1&2&-1\\0&1&0&4&-4\\0&0&1&7&-9\\0&0&1&7&-9\end{pmatrix}\to\begin{pmatrix}1&3&-1&2&-1\\0&1&0&4&-4\\0&0&1&7&-9\\0&0&0&0&0\end{pmatrix}\to\begin{pmatrix}1&0&0&-3&2\\0&1&0&4&-4\\0&0&1&7&-9\\0&0&0&0&0\end{pmatrix}$$

求解齐次线性方程组时，为简化计算，对其系数矩阵进行初等行变换，将其化为行最简形式 .

由于系数矩阵的秩 $r=\mathrm{r}(\boldsymbol{A})=3$，未知量的个数 $n=5$，所以基础解系由 $n-r=2$ 构成，取 $x_4$，$x_5$为自由未知量，得同解方程组为

$$\begin{cases}x_1=\ \ 3x_4-2x_5\\x_2=-4x_4+4x_5,\\x_3=-7x_4+9x_5\end{cases}$$

令 $x_4=1$，$x_5=0$，得 $x_1=3$，$x_2=-4$，$x_3=-7$；令 $x_4=0$，$x_5=1$，得 $x_1=-2$，$x_2=4$，$x_3=9$，所以方程组的基础解系为

$$\boldsymbol{\xi}_1=\begin{pmatrix}3\\-4\\-7\\1\\0\end{pmatrix},\ \boldsymbol{\xi}_2=\begin{pmatrix}-2\\4\\9\\0\\1\end{pmatrix},$$

方程组的通解为 $\boldsymbol{x}=c_1\boldsymbol{\xi}_1+c_2\boldsymbol{\xi}_2$（$c_1$，$c_2$是任意常数）.

**例 4.3** 求齐次线性方程组

$$\begin{cases}3x_1+6x_2+2x_3+12x_4-x_5=0\\-2x_1-4x_2-x_3-5x_4+x_5=0\\2x_1+4x_2+2x_3+19x_4+x_5=0\\6x_1+12x_2+6x_3+47x_4+x_5=0\end{cases}.$$

的基础解系与通解.

**解** 对系数矩阵 $\boldsymbol{A}$ 进行初等行变换，有

$$A=\begin{pmatrix}3&6&2&12&-1\\-2&-4&-1&-5&1\\2&4&2&19&1\\6&12&6&47&1\end{pmatrix}\to\begin{pmatrix}1&2&1&7&0\\-2&-4&-1&-5&1\\2&4&2&19&1\\6&12&6&47&1\end{pmatrix}$$

$$\to\begin{pmatrix}1&2&1&7&0\\0&0&1&9&1\\0&0&0&5&1\\0&0&0&5&1\end{pmatrix}\to\begin{pmatrix}1&2&1&7&0\\0&0&1&9&1\\0&0&0&5&1\\0&0&0&0&0\end{pmatrix}$$

$$\to\begin{pmatrix}1&2&1&7&0\\0&0&1&4&0\\0&0&0&5&1\\0&0&0&0&0\end{pmatrix}\to\begin{pmatrix}1&2&0&3&0\\0&0&1&4&0\\0&0&0&5&1\\0&0&0&0&0\end{pmatrix}.$$

由于系数矩阵的秩 $\mathrm{r}(\boldsymbol{A})=3$，未知量的个数 $n=5$，所以基础解系由 $n-r=2$ 个向量构成. 取 $x_2$，$x_4$ 为自由未知量，得同解方程组为

$$\begin{cases}x_1=-2x_2-3x_4\\x_3=-4x_4\\x_5=-5x_4\end{cases}.$$

令 $x_2=1$，$x_4=0$，得 $x_1=-2$，$x_3=0$，$x_5=0$；令 $x_2=0$，$x_4=1$，得 $x_1=-3$，$x_3=-4$，$x_5=-5$. 所以，方程组的基础解系为

$$\boldsymbol{\xi}_1=\begin{pmatrix}-2\\1\\0\\0\\0\end{pmatrix},\ \boldsymbol{\xi}_2=\begin{pmatrix}-3\\0\\-4\\1\\-5\end{pmatrix}.$$

通解为 $c_1\boldsymbol{\xi}_1+c_2\boldsymbol{\xi}_2$（$c_1$，$c_2$ 为任意常数）.

注意　哪些未知量保留在左边？哪些可作为自由未知量移到等式的右端？由定理 4.4 的证明可知，保留在左边的未知量要保证系数构成的 $r$ 阶子式非零. 通常，化成阶梯形矩阵后，取非零行首元所在的列对应的变量为保留未知量，其余的作为自由未知量. 在例 4.3 中，可把 $x_1$，$x_3$，$x_4$ 保留在左边，取 $x_2$，$x_5$ 为自由未知量. 实际上，由于本题阶梯形矩阵的具体情况，为简化计算，我们将 $x_1$，

$x_3$，$x_5$ 保留在等式的左边，取 $x_2$，$x_4$ 为自由未知量.

**例 4.4** 设线性方程组

$$\begin{cases} x_1 + x_2 + x_3 = 0 \\ ax_1 + bx_2 + cx_3 = 0, \\ a^2x_1 + b^2x_2 + c^2x_3 = 0 \end{cases}$$

$a$，$b$，$c$ 满足何种关系时，方程组仅有零解？方程组有非零解？有非零解时求出通解.

解 由于系数行列式

$$|\boldsymbol{A}| = \begin{vmatrix} 1 & 1 & 1 \\ a & b & c \\ a^2 & b^2 & c^2 \end{vmatrix} = (b-a)(c-a)(c-b),$$

（1）当 $a$，$b$，$c$ 互不相等时，即 $a \neq b$，$a \neq c$，$b \neq c$ 时，$|\boldsymbol{A}| \neq 0$，方程组仅有零解.

（2）当 $a=b=c$ 时，$|\boldsymbol{A}|=0$，方程组有非零解. 原方程组等价于

$$x_1 + x_2 + x_3 = 0，即 x_1 = -x_2 - x_3,$$

从而通解为

$$x = c_1\begin{pmatrix} -1 \\ 1 \\ 0 \end{pmatrix} + c_2\begin{pmatrix} -1 \\ 0 \\ 1 \end{pmatrix}（c_1，c_2 为任意常数）.$$

（3）当 $a=b\neq c$ 时，$|\boldsymbol{A}|=0$，方程组有非零解. 原方程组为

$$\begin{cases} x_1 + x_2 + x_3 = 0 \\ ax_1 + ax_2 + cx_3 = 0, \\ a^2x_1 + a^2x_2 + c^2x_3 = 0 \end{cases}$$

此时，对系数矩阵 $\boldsymbol{A}$ 作初等行变换得

$$\boldsymbol{A} = \begin{pmatrix} 1 & 1 & 1 \\ a & a & c \\ a^2 & a^2 & c^2 \end{pmatrix} \to \begin{pmatrix} 1 & 1 & 1 \\ 0 & 0 & c-a \\ 0 & 0 & c^2-ca \end{pmatrix} \to \begin{pmatrix} 1 & 1 & 1 \\ 0 & 0 & 1 \\ 0 & 0 & 0 \end{pmatrix} \to \begin{pmatrix} 1 & 1 & 0 \\ 0 & 0 & 1 \\ 0 & 0 & 0 \end{pmatrix}.$$

得同解方程组为

$$\begin{cases} x_1 + x_2 = 0 \\ x_3 = 0 \end{cases}，即 \begin{cases} x_1 = -x_2 \\ x_3 = 0 \end{cases},$$

所以，通解为 $x=k\begin{pmatrix}-1\\1\\0\end{pmatrix}$（$k$ 为任意常数）.

类似地，当 $a=c\neq b$ 时，方程组有非零解，此时通解为 $x=k\begin{pmatrix}-1\\0\\1\end{pmatrix}$（$k$ 为任意常数）.

当 $b=c\neq a$ 时，方程组有非零解，此时通解为 $x=k\begin{pmatrix}0\\-1\\1\end{pmatrix}$（$k$ 为任意常数）.

**例 4.5** 设线性方程组

$$\begin{cases}x_1+2x_2-2x_3=0\\2x_1-x_2+ax_3=0\\3x_1+x_2-x_3=0\end{cases}$$

的系数矩阵为 $\boldsymbol{A}$，且有三阶非零矩阵 $\boldsymbol{B}$ 使得 $\boldsymbol{AB}=\boldsymbol{O}$，求 $a$ 的值.

由 $\boldsymbol{AB}=\boldsymbol{O}$，得到矩阵 $\boldsymbol{B}$ 的每一列均为方程组 $\boldsymbol{Ax}=\boldsymbol{0}$ 的解是常用结果，证明时可以直接使用.

解 设 $\boldsymbol{B}=(\boldsymbol{\beta}_1,\boldsymbol{\beta}_2,\boldsymbol{\beta}_3)$，$\boldsymbol{\beta}_i$ 为三维列向量，由于 $\boldsymbol{AB}=\boldsymbol{O}$，则

$$\boldsymbol{AB}=\boldsymbol{A}(\boldsymbol{\beta}_1,\boldsymbol{\beta}_2,\boldsymbol{\beta}_3)=(\boldsymbol{A\beta}_1,\boldsymbol{A\beta}_2,\boldsymbol{A\beta}_3)=(\boldsymbol{0},\boldsymbol{0},\boldsymbol{0}),$$

即矩阵 $\boldsymbol{B}$ 的每一列均为方程组的解. 又 $\boldsymbol{B}$ 为非零矩阵，故方程组 $\boldsymbol{Ax}=\boldsymbol{0}$ 有非零解，从而 $|\boldsymbol{A}|=5(a-1)=0$，于是 $a=1$.

**例 4.6** 设 $\boldsymbol{A}=(a_{ij})$ 是 $n$ 阶矩阵，且 $|\boldsymbol{A}|=0$，若 $|\boldsymbol{A}|$ 的某一元素 $a_{ij}$ 的代数余子式 $A_{ij}\neq0$，证明：$\boldsymbol{x}=k(A_{i1},A_{i2},\cdots,A_{in})^{\mathrm{T}}$（$k$ 为任意常数）是方程组 $\boldsymbol{Ax}=\boldsymbol{0}$ 的通解.

这是一个综合题，根据题设条件与定理 3.22 得到系数矩阵的秩，从而得知方程组的基础解系由一个向量构成，于是只需确定方程组的一个非零解. 由于题设条件中给出了代数余子式，可联想到伴随矩阵 $\boldsymbol{A}^*$，进一步由 $\boldsymbol{AA}^*=\boldsymbol{O}$ 得到了所要证明的结论.

证 由于 $|\boldsymbol{A}|=0$，$A_{ij}\neq0$，故 $\mathrm{r}(\boldsymbol{A})=n-1$. 从而方程组 $\boldsymbol{Ax}=\boldsymbol{0}$ 的基础解系由一个向量构成. 又 $\boldsymbol{AA}^*=|\boldsymbol{A}|\boldsymbol{E}=\boldsymbol{O}$，故 $\boldsymbol{A}^*$ 的每一列都是方程组 $\boldsymbol{Ax}=\boldsymbol{0}$ 的解. 而 $A_{ij}\neq0$，于是 $\boldsymbol{A}^*$ 的第 $i$ 列 $(A_{i1},A_{i2},\cdots,A_{in})^{\mathrm{T}}$ 是方程组 $\boldsymbol{Ax}=\boldsymbol{0}$ 的非零解，从而方程组的通解为 $\boldsymbol{x}=k(A_{i1},A_{i2},\cdots,A_{in})^{\mathrm{T}}$（$k$ 为任意常数）.

**例 4.7** 设 $\boldsymbol{A}$ 为 $m\times n$ 矩阵，证明：$\mathrm{r}(\boldsymbol{A}^{\mathrm{T}}\boldsymbol{A})=\mathrm{r}(\boldsymbol{A})$.

证 由于 $\boldsymbol{A}^{\mathrm{T}}\boldsymbol{Ax}=\boldsymbol{0}$ 与 $\boldsymbol{Ax}=\boldsymbol{0}$ 均为 $n$ 个未知量的齐次线性方程组，只需证明这两个方程组同解.

若 $\boldsymbol{\alpha}$ 是 $\boldsymbol{Ax}=\boldsymbol{0}$ 的解，则 $\boldsymbol{A\alpha}=\boldsymbol{0}$，于是 $\boldsymbol{A}^{\mathrm{T}}\boldsymbol{A\alpha}=\boldsymbol{0}$，故 $\boldsymbol{\alpha}$ 是 $\boldsymbol{A}^{\mathrm{T}}\boldsymbol{Ax}=\boldsymbol{0}$ 的解.

另一方面，若 $\boldsymbol{\alpha}$ 是 $\boldsymbol{A}^{\mathrm{T}}\boldsymbol{Ax}=\boldsymbol{0}$ 的解，则，$\boldsymbol{A}^{\mathrm{T}}\boldsymbol{A\alpha}=\boldsymbol{0}$. 左乘 $\boldsymbol{\alpha}^{\mathrm{T}}$ 得 $\boldsymbol{\alpha}^{\mathrm{T}}\boldsymbol{A}^{\mathrm{T}}\boldsymbol{A\alpha}=0$，即$(\boldsymbol{A\alpha})^{\mathrm{T}}\boldsymbol{A\alpha}=0$，从而 $\boldsymbol{A\alpha}=\boldsymbol{0}$，$\boldsymbol{\alpha}$ 是 $\boldsymbol{Ax}=\boldsymbol{0}$ 的解.

在这里要注意由 $\boldsymbol{A}^{\mathrm{T}}\boldsymbol{A\alpha}=\boldsymbol{0}$ 不能得出 $\boldsymbol{A\alpha}=\boldsymbol{0}$，通过左乘 $\alpha^{\mathrm{T}}$得到所要结论的方法值得借鉴.

*例 4.8 设 $n$ 维向量组 $\boldsymbol{\alpha}_1$，$\boldsymbol{\alpha}_2$，…，$\boldsymbol{\alpha}_r$ 线性无关，$r<n$，则存在$n-r$个 $n$ 维向量 $\boldsymbol{\beta}_1$，$\boldsymbol{\beta}_2$，…，$\boldsymbol{\beta}_{n-r}$，使得矩阵 $\boldsymbol{P}=(\boldsymbol{\alpha}_1, \boldsymbol{\alpha}_2, \cdots, \boldsymbol{\alpha}_r, \boldsymbol{\beta}_1, \boldsymbol{\beta}_2, \cdots, \boldsymbol{\beta}_{n-r})$为可逆矩阵.

证 设 $r\times n$ 矩阵 $\boldsymbol{A}=\begin{pmatrix}\boldsymbol{\alpha}_1^{\mathrm{T}}\\ \boldsymbol{\alpha}_2^{\mathrm{T}}\\ \vdots\\ \boldsymbol{\alpha}_r^{\mathrm{T}}\end{pmatrix}$，由于向量组 $\boldsymbol{\alpha}_1$，$\boldsymbol{\alpha}_2$，…，$\boldsymbol{\alpha}_r$ 线性无关，于是$\mathrm{r}(\boldsymbol{A})=r$. 设 $\boldsymbol{\xi}_1$，$\boldsymbol{\xi}_2$，…，$\boldsymbol{\xi}_{n-r}$是方程组 $\boldsymbol{Ax}=\boldsymbol{0}$ 的基础解系，用施密特（Schmidt）正交化方法将向量组 $\boldsymbol{\xi}_1$，$\boldsymbol{\xi}_2$，…，$\boldsymbol{\xi}_{n-r}$正交化，得到与之等价的正交向量组 $\boldsymbol{\beta}_1$，$\boldsymbol{\beta}_2$，…，$\boldsymbol{\beta}_{n-r}$，则 $\boldsymbol{\beta}_1$，$\boldsymbol{\beta}_2$，…，$\boldsymbol{\beta}_{n-r}$也为方程组 $\boldsymbol{Ax}=\boldsymbol{0}$ 的基础解系，于是 $\boldsymbol{\alpha}_i^{\mathrm{T}}\boldsymbol{\beta}_j=0\ (i=1, 2, \cdots, r, j=1, 2, \cdots, n-r)$. 下面证明向量组 $\boldsymbol{\alpha}_1$，$\boldsymbol{\alpha}_2$，…，$\boldsymbol{\alpha}_r$，$\boldsymbol{\beta}_1$，$\boldsymbol{\beta}_2$，…，$\boldsymbol{\beta}_{n-r}$线性无关.

如果存在一组数 $k_1$，$k_2$，…，$k_r$，$l_1$，$l_2$，…，$l_{n-r}$，使得

$$k_1\boldsymbol{\alpha}_1+k_2\boldsymbol{\alpha}_2+\cdots+k_r\boldsymbol{\alpha}_r+l_1\boldsymbol{\beta}_1+l_2\boldsymbol{\beta}_2+\cdots+l_{n-r}\boldsymbol{\beta}_{n-r}=\boldsymbol{0}, \tag{4.10}$$

由于$\boldsymbol{\beta}_j^{\mathrm{T}}\boldsymbol{\alpha}_i=\boldsymbol{\alpha}_i^{\mathrm{T}}\boldsymbol{\beta}_j=0$，用$\boldsymbol{\beta}_j^{\mathrm{T}}(j=1, 2, \cdots, n-r)$左乘式（4.10）两端，得

$$l_j(\boldsymbol{\beta}_j^{\mathrm{T}}\boldsymbol{\beta}_j)=0(j=1, 2, \cdots, n-r),$$

而$(\boldsymbol{\beta}_j^{\mathrm{T}}\boldsymbol{\beta}_j)\neq 0$，于是 $l_j=0(j=1, 2, \cdots, n-r)$. 这样，式（4.10）变为

$$k_1\boldsymbol{\alpha}_1+k_2\boldsymbol{\alpha}_2+\cdots+k_r\boldsymbol{\alpha}_r=\boldsymbol{0}.$$

由于向量组 $\boldsymbol{\alpha}_1$，$\boldsymbol{\alpha}_2$，…，$\boldsymbol{\alpha}_r$，线性无关，所以 $k_i=0(i=1, 2, \cdots, r)$，从而向量组 $\boldsymbol{\alpha}_1$，$\boldsymbol{\alpha}_2$，…，$\boldsymbol{\alpha}_r$，$\boldsymbol{\beta}_1$，$\boldsymbol{\beta}_2$，…，$\boldsymbol{\beta}_{n-r}$线性无关，矩阵 $\boldsymbol{P}=(\boldsymbol{\alpha}_1, \boldsymbol{\alpha}_2, \cdots, \boldsymbol{\alpha}_r, \boldsymbol{\beta}_1, \boldsymbol{\beta}_2, \cdots, \boldsymbol{\beta}_{n-r})$为可逆矩阵.

本题给出了一种构造性的证明方法. 进一步，若 $\boldsymbol{\alpha}_1$，$\boldsymbol{\alpha}_2$，…，$\boldsymbol{\alpha}_r$ 为正交向量组，且每一个向量均为单位向量，只要将本例中的 $\boldsymbol{\beta}_1$，$\boldsymbol{\beta}_2$，…，$\boldsymbol{\beta}_{n-r}$ 单位化，得到向量组 $\boldsymbol{\gamma}_1$，$\boldsymbol{\gamma}_2$，…，$\boldsymbol{\gamma}_{n-r}$，则矩阵

$\boldsymbol{Q}=(\boldsymbol{\alpha}_1,\boldsymbol{\alpha}_2,\cdots,\boldsymbol{\alpha}_r,\boldsymbol{\gamma}_1,\boldsymbol{\gamma}_2,\cdots,\boldsymbol{\gamma}_{n-r})$为正交矩阵.

结合前面学过的向量空间，由本题我们还可以得到这样的结论：$n$维向量空间中任一个子空间的一组基必定可以扩充为整个空间的一组基.

## 习 题 4.1

### A 组

1. 求下列方程组的通解：

(1) $\begin{cases}3x_1+4x_2-7x_3+x_4=0\\2x_1+x_2-6x_3=0\\-x_1+2x_2+5x_3+x_4=0\end{cases}$.

(2) $\begin{cases}2x_1+3x_2+x_3=0\\-5x_1+7x_2+x_4=0\end{cases}$.

(3) $\begin{cases}x_1+2x_2+x_3+x_4=0\\2x_1+2x_2-x_4=0\\5x_1+6x_2+x_3-x_4=0\end{cases}$.

(4) $\begin{cases}x_1-2x_2+x_3+x_4+x_5=0\\x_1-2x_2+2x_3-x_4-x_5=0\\-x_1+2x_2-x_3-2x_4-3x_5=0\\2x_1-4x_2+3x_3+x_4+2x_5=0\end{cases}$.

(5) $x_1+x_2+x_3+x_4=0$.

(6) $x_1+x_2+\cdots+x_n=0$.

2. 已知齐次线性方程组

$$\text{Ⅰ}:\begin{cases}x_1+2x_2+3x_3-x_4=0\\3x_1+2x_2+x_3-x_4=0\end{cases},$$

$$\text{Ⅱ}:\begin{cases}2x_1+3x_2+x_3+x_4=0\\2x_1+2x_2+2x_3-x_4=0\\5x_1+5x_2+2x_3=0\end{cases},$$

求方程组Ⅰ与方程组Ⅱ的全部非零公共解.

3. 设线性方程组

$$\begin{cases}x_1+x_2+ax_3=0\\-x_1+ax_2+x_3=0\\x_1-x_2+2x_3=0\end{cases},$$

当$a$为何值时，方程组有非零解？并求出通解.

4. 设齐次线性方程组

$$\begin{cases}ax_1-3x_2+3x_3=0\\x_1+(a+2)x_2+3x_3=0\\2x_1+x_2-x_3=0\end{cases},$$

当$a$为何值时，方程组有非零解？并求出通解.

5. 若$\boldsymbol{\xi}_1,\boldsymbol{\xi}_2,\boldsymbol{\xi}_3$是方程组$\boldsymbol{Ax}=\boldsymbol{0}$的基础解系，证明：$\boldsymbol{\xi}_1,\boldsymbol{\xi}_1+2\boldsymbol{\xi}_2,\boldsymbol{\xi}_1+2\boldsymbol{\xi}_2+3\boldsymbol{\xi}_3$也是方程组$\boldsymbol{Ax}=\boldsymbol{0}$的基础解系.

6. 设$\boldsymbol{\alpha}_1,\boldsymbol{\alpha}_2,\cdots,\boldsymbol{\alpha}_s$是方程组$\boldsymbol{Ax}=\boldsymbol{0}$的基础解系，$\boldsymbol{\beta}$不是方程组的解，证明：向量组$\boldsymbol{\beta}+\boldsymbol{\alpha}_1,\boldsymbol{\beta}+\boldsymbol{\alpha}_2,\cdots,\boldsymbol{\beta}+\boldsymbol{\alpha}_s$线性无关.

7. 设$\boldsymbol{A}$为$m\times n$矩阵，$\boldsymbol{B}$为$n\times s$矩阵，若$\boldsymbol{AB}=\boldsymbol{O}$，则$\mathrm{r}(\boldsymbol{A})+\mathrm{r}(\boldsymbol{B})\leqslant n$.

8. 设$\boldsymbol{A}$为$n(n\geqslant 2)$阶矩阵，证明：

$$\mathrm{r}(\boldsymbol{A}^*)=\begin{cases}n & \mathrm{r}(\boldsymbol{A})=n\\1 & \mathrm{r}(\boldsymbol{A})=n-1\\0 & \mathrm{r}(\boldsymbol{A})<n-1\end{cases}.$$

9. 设$\boldsymbol{A}$是$n$阶非零方阵，证明：若对任意$n$阶方阵$\boldsymbol{B}$和$\boldsymbol{C}$，由$\boldsymbol{AB}=\boldsymbol{AC}$均可得到$\boldsymbol{B}=\boldsymbol{C}$，则$\boldsymbol{A}$一定可逆.

### B 组

1. 求一个四元齐次线性方程组，使得其基础解系为$\boldsymbol{\alpha}_1=(2,1,-5,0)^{\mathrm{T}}$，$\boldsymbol{\alpha}_2=(1,1,1,1)^{\mathrm{T}}$.

2. 设 $A=(\alpha_1, \alpha_2, \alpha_3, \alpha_4)$，$\alpha_i(i=1, 2, 3, 4)$ 为5维列向量，若 $\alpha_2, \alpha_3, \alpha_4$ 线性无关，且 $\alpha_4=\alpha_1+2\alpha_2-\alpha_3$，求方程组 $Ax=0$ 的通解.

3. 设 $A$ 为 $n$ 阶矩阵，$A$ 的各行元素之和均为零，且 $r(A)=n-1$，求 $Ax=0$ 的通解.

4. 已知齐次线性方程组

$$\begin{cases}(a_1+b)x_1+a_2x_2+a_3x_3+\cdots+a_nx_n=0\\a_1x_1+(a_2+b)x_2+a_3x_3+\cdots+a_nx_n=0\\\quad\vdots\\a_1x_1+a_2x_2+a_3x_3+\cdots+(a_n+b)x_n=0\end{cases},$$

其中 $\sum a_i\neq0$. 讨论 $a_1, \cdots, a_n, b$ 满足何种关系时，

(1) 方程组仅有零解.

(2) 方程组有非零解，并求基础解系.

### C 组

1. 设四元齐次线性方程组Ⅰ：$\begin{cases}x_1+x_2=0\\x_2-x_4=0\end{cases}$，又某齐次线性方程组Ⅱ的通解为 $k_1(0, 1, 1, 0)^T+k_2(-1, 2, 2, 1)^T$.

(1) 求方程组Ⅰ的基础解系.

(2) 线性方程组Ⅰ与线性方程组Ⅱ是否有非零公共解？若有，求出所有的非零公共解. 若没有，说明理由.

2. 设 $A$，$B$ 均是 $n$ 阶矩阵，且 $r(A)+r(B)<n$，证明：$Ax=0$ 与 $Bx=0$ 有非零公共解.

## 4.2 非齐次线性方程组

由于非齐次线性方程组 $Ax=\beta$ 可能无解，我们关心的第一个问题是方程组有解的充分必要条件，第二个问题是在方程组有解时如何求其全部解.

若 $A$ 是 $m\times n$ 矩阵，则 $Ax=\beta$ 是有 $n$ 个未知量、$m$ 个方程的非齐次线性方程组，称齐次线性方程组 $Ax=0$ 为非齐次线性方程组 $Ax=\beta$ 的**导出组**或**相应的齐次线性方程组**. 矩阵 $A$ 称为方程组 $Ax=\beta$ 的**系数矩阵**，矩阵 $(A, \beta)$ 称为方程组 $Ax=\beta$ 的**增广矩阵**.

**定理4.5** 非齐次线性方程组 $Ax=\beta$ 有解的充分必要条件是系数矩阵的秩等于增广矩阵的秩，即 $r(A)=r(A, \beta)$.

**证** 设 $A=(\alpha_1, \alpha_2, \cdots, \alpha_n)$，$Ax=\beta$ 有解 $\Leftrightarrow\beta$ 可由向量组 $\alpha_1, \alpha_2, \cdots, \alpha_n$ 线性表示（定理3.3）$\Leftrightarrow$ 向量组 $\alpha_1, \alpha_2, \cdots, \alpha_n$ 与向量组 $\alpha_1, \alpha_2, \cdots, \alpha_n, \beta$ 等价 $\Leftrightarrow$ 向量组 $\alpha_1, \alpha_2, \cdots, \alpha_n$ 的秩等于向量组 $\alpha_1, \alpha_2, \cdots, \alpha_n, \beta$ 的秩，即 $r(A)=r(A, \beta)$.

> 由于向量组 $\alpha_1, \alpha_2, \cdots, \alpha_n$ 是向量组 $\alpha_1, \alpha_2, \cdots, \alpha_n, \beta$ 的部分组，所以这两个向量组等价的充分必要条件是秩相等.

**定理4.6** 若 $\eta_1$，$\eta_2$ 是方程组 $Ax=\beta$ 的解，则 $\eta_1-\eta_2$ 是导出组 $Ax=0$ 的解.

**证** 由假设有 $A\eta_1=\beta$，$A\eta_2=\beta$，所以 $A(\eta_1-\eta_2)=A\eta_1-A\eta_2=\beta-\beta=0$. 即 $\eta_1-\eta_2$ 是导出组 $Ax=0$ 的解.

**推论** 设 $A$ 为 $m\times n$ 矩阵，且 $r(A, \beta)=r(A)=n$，则非齐次线

性方程组$\boldsymbol{Ax}=\boldsymbol{\beta}$有唯一解.

证　由于$\mathrm{r}(\boldsymbol{A},\boldsymbol{\beta})=\mathrm{r}(\boldsymbol{A})$，从而方程组$\boldsymbol{Ax}=\boldsymbol{\beta}$有解. 若$\boldsymbol{\eta}_1$，$\boldsymbol{\eta}_2$是方程组$\boldsymbol{Ax}=\boldsymbol{\beta}$的任意两个解，则$\boldsymbol{\eta}_1-\boldsymbol{\eta}_2$是导出组$\boldsymbol{Ax}=\boldsymbol{0}$的解. 而$\mathrm{r}(\boldsymbol{A})=n$，故$\boldsymbol{Ax}=\boldsymbol{0}$只有零解，从而有$\boldsymbol{\eta}_1-\boldsymbol{\eta}_2=\boldsymbol{0}$，即$\boldsymbol{\eta}_1=\boldsymbol{\eta}_2$，所以方程组$\boldsymbol{Ax}=\boldsymbol{\beta}$有唯一解.

**定理4.7**　若$\boldsymbol{\eta}$是方程组$\boldsymbol{Ax}=\boldsymbol{\beta}$的解，$\boldsymbol{\xi}$是导出组$\boldsymbol{Ax}=\boldsymbol{0}$的解，则$\boldsymbol{\eta}+\boldsymbol{\xi}$是方程组$\boldsymbol{Ax}=\boldsymbol{\beta}$的解.

证　由假设$\boldsymbol{A\eta}=\boldsymbol{\beta}$，$\boldsymbol{A\xi}=\boldsymbol{0}$，则$\boldsymbol{A}(\boldsymbol{\eta}+\boldsymbol{\xi})=\boldsymbol{A\eta}+\boldsymbol{A\xi}=\boldsymbol{\beta}+\boldsymbol{0}=\boldsymbol{\beta}$，所以$\boldsymbol{\eta}+\boldsymbol{\xi}$是方程组$\boldsymbol{Ax}=\boldsymbol{\beta}$的解.

**定理4.8**　设$\boldsymbol{A}$为$m\times n$矩阵，$\boldsymbol{A}$的秩$\mathrm{r}(\boldsymbol{A})=r$，若$\boldsymbol{\eta}^*$是非齐次线性方程组$\boldsymbol{Ax}=\boldsymbol{\beta}$的特解，$\boldsymbol{\xi}_1$，…，$\boldsymbol{\xi}_{n-r}$是导出组$\boldsymbol{Ax}=\boldsymbol{0}$的基础解系，则方程组$\boldsymbol{Ax}=\boldsymbol{\beta}$的通解为$\boldsymbol{\eta}^*+c_1\boldsymbol{\xi}_1+c_2\boldsymbol{\xi}_2+\cdots+c_{n-r}\boldsymbol{\xi}_{n-r}$（$c_1$，$c_2$，…，$c_{n-r}$为任意常数）.

证　由于$\boldsymbol{\eta}^*$是方程组$\boldsymbol{Ax}=\boldsymbol{\beta}$的解，$c_1\boldsymbol{\xi}_1+c_2\boldsymbol{\xi}_2+\cdots+c_{n-r}\boldsymbol{\xi}_{n-r}$是导出组$\boldsymbol{Ax}=\boldsymbol{0}$的解，根据定理4.7，$\boldsymbol{\eta}^*+(c_1\boldsymbol{\xi}_1+c_2\boldsymbol{\xi}_2+\cdots+c_{n-r}\boldsymbol{\xi}_{n-r})$是方程组$\boldsymbol{Ax}=\boldsymbol{\beta}$的解. 另一方面，对于方程组$\boldsymbol{Ax}=\boldsymbol{\beta}$的任一解$\boldsymbol{\eta}$，由于$\boldsymbol{\eta}-\boldsymbol{\eta}^*$是$\boldsymbol{Ax}=\boldsymbol{0}$的解，可由其基础解系$\boldsymbol{\xi}_1$，…，$\boldsymbol{\xi}_{n-r}$线性表示，故存在数$c_1$，$c_2$，…，$c_{n-r}$，使得$\boldsymbol{\eta}-\boldsymbol{\eta}^*=c_1\boldsymbol{\xi}_1+c_2\boldsymbol{\xi}_2+\cdots+c_{n-r}\boldsymbol{\xi}_{n-r}$，即有$\boldsymbol{\eta}=\boldsymbol{\eta}^*+c_1\boldsymbol{\xi}_1+c_2\boldsymbol{\xi}_2+\cdots+c_{n-r}\boldsymbol{\xi}_{n-r}$. 所以，方程组的通解为

$$\boldsymbol{\eta}^*+c_1\boldsymbol{\xi}_1+c_2\boldsymbol{\xi}_2+\cdots+c_{n-r}\boldsymbol{\xi}_{n-r}\ (c_1,\ c_2,\ \cdots,\ c_{n-r}\text{为任意常数}).$$

若$\boldsymbol{A}$为$m\times n$矩阵，根据定理4.6的推论及定理4.8知，当$\mathrm{r}(\boldsymbol{A})=\mathrm{r}(\boldsymbol{A},\boldsymbol{\beta})=n$时，方程组$\boldsymbol{Ax}=\boldsymbol{\beta}$有唯一解；当$\mathrm{r}(\boldsymbol{A})=\mathrm{r}(\boldsymbol{A},\boldsymbol{\beta})<n$时，方程组$\boldsymbol{Ax}=\boldsymbol{\beta}$有无穷多解.

当$\boldsymbol{A}$为方阵时，若$|\boldsymbol{A}|\neq 0$，方程组$\boldsymbol{Ax}=\boldsymbol{\beta}$有唯一解；若$|\boldsymbol{A}|=0$，方程组$\boldsymbol{Ax}=\boldsymbol{\beta}$可能有无穷多解也可能无解.

**例4.9**　求方程组

$$\begin{cases} x_1-2x_2+2x_3+5x_4=-3 \\ -x_1+2x_2-x_3-x_4=1 \\ 2x_1-4x_2+2x_3+2x_4=-2 \\ 3x_1-6x_2+6x_3+15x_4=-9 \end{cases}$$

的通解.

解　对增广矩阵进行初等行变换，

$$(\boldsymbol{A},\boldsymbol{\beta})=\left(\begin{array}{cccc:c}1&-2&2&5&-3\\-1&2&-1&-1&1\\2&-4&2&2&-2\\3&-6&6&15&-9\end{array}\right)\to\left(\begin{array}{cccc:c}1&-2&2&5&-3\\0&0&1&4&-2\\0&0&-2&-8&4\\0&0&0&0&0\end{array}\right)$$

$$\to\left(\begin{array}{cccc:c}1&-2&2&5&-3\\0&0&1&4&-2\\0&0&0&0&0\\0&0&0&0&0\end{array}\right)\to\left(\begin{array}{cccc:c}1&-2&0&-3&1\\0&0&1&4&-2\\0&0&0&0&0\\0&0&0&0&0\end{array}\right),$$

由于系数矩阵的秩与增广矩阵的秩均为2，所以方程组有解，同解方程组为

$$\begin{cases}x_1-2x_2-3x_4=1\\x_3+4x_4=-2\end{cases},$$

即

$$\begin{cases}x_1=2x_2+3x_4+1\\x_3=-4x_4-2\end{cases}. \tag{4.11}$$

令自由未知量 $x_2=0$，$x_4=0$，可得 $x_1=1$，$x_3=-2$，从而得到方程组的特解

$$\boldsymbol{\eta}^*=\begin{pmatrix}1\\0\\-2\\0\end{pmatrix}.$$

现在求导出组的基础解系. 由式（4.11）可得导出组的同解方程组为

$$\begin{cases}x_1=2x_2+3x_4\\x_3=-4x_4\end{cases}, \tag{4.12}$$

令自由未知量 $x_2=1$，$x_4=0$，可得 $x_1=2$，$x_3=0$；令 $x_2=0$，$x_4=1$，可得 $x_1=3$，$x_3=-4$. 导出组的基础解系为

$$\boldsymbol{\xi}_1=\begin{pmatrix}2\\1\\0\\0\end{pmatrix},\boldsymbol{\xi}_2=\begin{pmatrix}3\\0\\-4\\1\end{pmatrix}.$$

所以原方程组的通解为

$$\boldsymbol{\eta}^{*}+c_1\boldsymbol{\xi}_1+c_2\boldsymbol{\xi}_2\ (c_1,\ c_2\ \text{为任意常数}).$$

**例 4.10** 求解方程组

$$\begin{cases} x_1-2x_2+2x_3+5x_4=-3 \\ -x_1+2x_2-x_3-x_4=1 \\ 2x_1-4x_2+2x_3+2x_4=2 \end{cases}.$$

解　对增广矩阵进行初等行变换，

$$(\boldsymbol{A},\boldsymbol{\beta})=\begin{pmatrix} 1 & -2 & 2 & 5 & \vdots & -3 \\ -1 & 2 & -1 & -1 & \vdots & 1 \\ 2 & -4 & 2 & 2 & \vdots & 2 \end{pmatrix}\to\begin{pmatrix} 1 & -2 & 2 & 5 & \vdots & -3 \\ 0 & 0 & 1 & 4 & \vdots & -2 \\ 0 & 0 & -2 & -8 & \vdots & 8 \end{pmatrix}$$

$$\to\begin{pmatrix} 1 & -2 & 2 & 5 & \vdots & -3 \\ 0 & 0 & 1 & 4 & \vdots & -2 \\ 0 & 0 & 0 & 0 & \vdots & 4 \end{pmatrix}.$$

由于 $\mathrm{r}(\boldsymbol{A})=2$，$\mathrm{r}(\boldsymbol{A},\boldsymbol{\beta})=3$，所以方程组无解.

**例 4.11** 设齐次线性方程组

$$\begin{cases} x_1+x_2-2x_3+3x_4=0 \\ 2x_1+x_2-6x_3+4x_4=-1 \\ 3x_1+2x_2-8x_3+7x_4=-1 \\ x_1-x_2-6x_3-x_4=a \end{cases},$$

当 $a$ 为何值时，方程组无解？当 $a$ 为何值时，方程组有无穷多解？此时求出方程组的通解.

解　对增广矩阵进行初等行变换，

$$(\boldsymbol{A},\ \boldsymbol{\beta})=\begin{pmatrix} 1 & 1 & -2 & 3 & 0 \\ 2 & 1 & -6 & 4 & -1 \\ 3 & 2 & -8 & 7 & -1 \\ 1 & -1 & -6 & -1 & a \end{pmatrix}\to\begin{pmatrix} 1 & 1 & -2 & 3 & 0 \\ 0 & -1 & -2 & -2 & -1 \\ 0 & -1 & -2 & -2 & -1 \\ 0 & -2 & -4 & -4 & a \end{pmatrix}\to$$

$$\begin{pmatrix} 1 & 1 & -2 & 3 & 0 \\ 0 & 1 & 2 & 2 & 1 \\ 0 & 0 & 0 & 0 & a+2 \\ 0 & 0 & 0 & 0 & 0 \end{pmatrix}.$$

当 $a\neq-2$，$\mathrm{r}(\boldsymbol{A})=2$，$\mathrm{r}(\overline{\boldsymbol{A}})=3$，$\mathrm{r}(\boldsymbol{A})\neq\mathrm{r}(\overline{\boldsymbol{A}})$，方程组无解.

当 $a=-2$ 时，$\mathrm{r}(\boldsymbol{A})=\mathrm{r}(\overline{\boldsymbol{A}})=2<4$，方程组有无穷多解，此时

$$(\boldsymbol{A},\ \boldsymbol{\beta}) \to \begin{pmatrix} 1 & 1 & -2 & 3 & 0 \\ 0 & 1 & 2 & 2 & 1 \\ 0 & 0 & 0 & 0 & 0 \\ 0 & 0 & 0 & 0 & 0 \end{pmatrix} \to \begin{pmatrix} 1 & 0 & -4 & 1 & -1 \\ 0 & 1 & 2 & 2 & 1 \\ 0 & 0 & 0 & 0 & 0 \\ 0 & 0 & 0 & 0 & 0 \end{pmatrix},$$

于是同解方程组为

$$\begin{cases} x_1 = 4x_3 - x_4 - 1 \\ x_2 = -2x_3 - 2x_4 + 1 \end{cases},$$

令 $x_3 = x_4 = 0$，得 $x_1 = -1$，$x_2 = 1$，故方程组的一个特解为

$$\boldsymbol{\eta}^* = \begin{pmatrix} -1 \\ 1 \\ 0 \\ 0 \end{pmatrix}.$$

导出组的同解方程组为

$$\begin{cases} x_1 = 4x_3 - x_4 \\ x_2 = -2x_3 - 2x_4 \end{cases},$$

导出组的基础解系为

$$\boldsymbol{\xi}_1 = \begin{pmatrix} 4 \\ -2 \\ 1 \\ 0 \end{pmatrix},\ \boldsymbol{\xi}_2 = \begin{pmatrix} -1 \\ -2 \\ 0 \\ 1 \end{pmatrix},$$

因此方程组的通解为 $\boldsymbol{\eta} = \boldsymbol{\eta}^* + c_1\boldsymbol{\xi}_1 + c_2\boldsymbol{\xi}_2$（$c_1$，$c_2$为任意常数）.

**例 4.12** 设线性方程组

$$\begin{cases} x_1 - 2x_2 + 3x_3 - 5x_4 = -1 \\ 2x_1 - 3x_2 + 3x_3 - 6x_4 = 5 \\ \quad\ -x_2 + bx_3 - 3x_4 = -3 \\ x_1 - x_2 \qquad\quad + ax_4 = 8 \end{cases},$$

$a$，$b$ 取何值时，方程组无解？有唯一解？有无穷多解？有无穷多解时求出通解.

**解** 对增广矩阵进行初等行变换，

$$(\boldsymbol{A},\boldsymbol{\beta})=\begin{pmatrix}1&-2&3&-5&-1\\2&-3&3&-6&5\\0&-1&b&-3&-3\\1&-1&0&a&8\end{pmatrix}\to\begin{pmatrix}1&-2&3&-5&-1\\0&1&-3&4&7\\0&-1&b&-3&-3\\0&1&-3&a+5&9\end{pmatrix}$$

$$\to\begin{pmatrix}1&-2&3&-5&-1\\0&1&-3&4&7\\0&0&b-3&1&4\\0&0&0&a+1&2\end{pmatrix}.$$

（1）当 $a\neq-1$ 且 $b\neq3$ 时，$\mathrm{r}(\boldsymbol{A})=\mathrm{r}(\boldsymbol{A},\boldsymbol{\beta})=4$，$n=4$，方程组有唯一解.

（2）当 $a=-1$，$b$ 任意时，$\mathrm{r}(\boldsymbol{A})=3$，$\mathrm{r}(\boldsymbol{A},\boldsymbol{\beta})=4$，方程组无解.

（3）当 $b=3$ 时，有

$$(\boldsymbol{A},\boldsymbol{\beta})\to\begin{pmatrix}1&-2&3&-5&-1\\0&1&-3&4&7\\0&0&0&1&4\\0&0&0&a+1&2\end{pmatrix}\to\begin{pmatrix}1&-2&3&-5&-1\\0&1&-3&4&7\\0&0&0&1&4\\0&0&0&0&-4a-2\end{pmatrix},$$

于是，

1）当 $b=3$，$a\neq-\dfrac{1}{2}$时，$\mathrm{r}(\boldsymbol{A})=3$，$\mathrm{r}(\boldsymbol{A},\boldsymbol{\beta})=4$，方程组无解.

2）当 $b=3$，$a=-\dfrac{1}{2}$时，$\mathrm{r}(\boldsymbol{A})=\mathrm{r}(\boldsymbol{A},\boldsymbol{\beta})=3<4$，方程组有无穷多解.

这时 $(\boldsymbol{A},\boldsymbol{\beta})\to\begin{pmatrix}1&-2&3&-5&-1\\0&1&-3&4&7\\0&0&0&1&4\\0&0&0&0&0\end{pmatrix}\to\begin{pmatrix}1&-2&3&0&19\\0&1&-3&0&-9\\0&0&0&1&4\\0&0&0&0&0\end{pmatrix}$

$$\to\begin{pmatrix}1&0&-3&0&1\\0&1&-3&0&-9\\0&0&0&1&4\\0&0&0&0&0\end{pmatrix},$$

同解方程组为

$$\begin{cases} x_1 - 3x_3 = 1 \\ x_2 - 3x_3 = -9 \\ x_4 = 4 \end{cases},$$

即

$$\begin{cases} x_1 = 3x_3 + 1 \\ x_2 = 3x_3 - 9 \\ x_3 = x_3 \\ x_4 = 4 \end{cases}.$$

取 $x_3$ 为自由未知量，通解为

$$\begin{pmatrix} x_1 \\ x_2 \\ x_3 \\ x_4 \end{pmatrix} = c\begin{pmatrix} 3 \\ 3 \\ 1 \\ 0 \end{pmatrix} + \begin{pmatrix} 1 \\ -9 \\ 0 \\ 4 \end{pmatrix} \text{（}c\text{ 为任意常数）}.$$

例 4.13 已知 $\boldsymbol{\alpha}_1 = (1, 4, 0, 2)^{\mathrm{T}}$，$\boldsymbol{\alpha}_2 = (2, 7, 1, 3)^{\mathrm{T}}$，$\boldsymbol{\alpha}_3 = (0, 1, -1, a)^{\mathrm{T}}$，$\boldsymbol{\beta} = (3, 10, b, 4)^{\mathrm{T}}$. $a$，$b$ 取何值时，$\boldsymbol{\beta}$ 不能由 $\boldsymbol{\alpha}_1$，$\boldsymbol{\alpha}_2$，$\boldsymbol{\alpha}_3$ 线性表示？$\boldsymbol{\beta}$ 能由 $\boldsymbol{\alpha}_1$，$\boldsymbol{\alpha}_2$，$\boldsymbol{\alpha}_3$ 线性表示？并写出表示式.

向量 $\boldsymbol{\beta}$ 能否由向量组 $\boldsymbol{\alpha}_1$，$\boldsymbol{\alpha}_2$，$\boldsymbol{\alpha}_3$ 线性表示的问题转化为线性方程组 $x_1\boldsymbol{\alpha}_1 + x_2\boldsymbol{\alpha}_2 + x_3\boldsymbol{\alpha}_3 = \boldsymbol{\beta}$ 是否有解的问题.

解　考虑线性方程组 $x_1\boldsymbol{\alpha}_1 + x_2\boldsymbol{\alpha}_2 + x_3\boldsymbol{\alpha}_3 = \boldsymbol{\beta}$，对增广矩阵 $\boldsymbol{B}$ 进行初等行变换，

$$\boldsymbol{B} = (\boldsymbol{\alpha}_1, \boldsymbol{\alpha}_2, \boldsymbol{\alpha}_3, \boldsymbol{\beta}) = \begin{pmatrix} 1 & 2 & 0 & 3 \\ 4 & 7 & 1 & 10 \\ 0 & 1 & -1 & b \\ 2 & 3 & a & 4 \end{pmatrix} \rightarrow \begin{pmatrix} 1 & 2 & 0 & 3 \\ 0 & -1 & 1 & -2 \\ 0 & 0 & a-1 & 0 \\ 0 & 0 & 0 & b-2 \end{pmatrix}.$$

（1）$b \neq 2$ 时，由于 $\mathrm{r}(\boldsymbol{\alpha}_1, \boldsymbol{\alpha}_2, \boldsymbol{\alpha}_3) \neq \mathrm{r}(\boldsymbol{\alpha}_1, \boldsymbol{\alpha}_2, \boldsymbol{\alpha}_3, \boldsymbol{\beta})$，方程组无解，$\boldsymbol{\beta}$ 不能由 $\boldsymbol{\alpha}_1$，$\boldsymbol{\alpha}_2$，$\boldsymbol{\alpha}_3$ 线性表示.

（2）$b = 2$ 时

1）若 $a \neq 1$，$\mathrm{r}(\boldsymbol{\alpha}_1, \boldsymbol{\alpha}_2, \boldsymbol{\alpha}_3) = \mathrm{r}(\boldsymbol{\alpha}_1, \boldsymbol{\alpha}_2, \boldsymbol{\alpha}_3, \boldsymbol{\beta}) = 3$，方程组有唯一解，$\boldsymbol{\beta}$ 能由 $\boldsymbol{\alpha}_1$，$\boldsymbol{\alpha}_2$，$\boldsymbol{\alpha}_3$ 唯一线性表示.

这时

$$\boldsymbol{B} \rightarrow \begin{pmatrix} 1 & 2 & 0 & 3 \\ 0 & -1 & 1 & -2 \\ 0 & 0 & 1 & 0 \\ 0 & 0 & 0 & 0 \end{pmatrix} \rightarrow \begin{pmatrix} 1 & 0 & 0 & -1 \\ 0 & 1 & 0 & 2 \\ 0 & 0 & 1 & 0 \\ 0 & 0 & 0 & 0 \end{pmatrix},$$

于是，方程组的解为 $x_1=-1$，$x_2=2$，$x_3=0$，故 $\boldsymbol{\beta}=-\boldsymbol{\alpha}_1+2\boldsymbol{\alpha}_2$.

2）若 $a=1$，$\mathrm{r}(\boldsymbol{\alpha}_1,\boldsymbol{\alpha}_2,\boldsymbol{\alpha}_3)=\mathrm{r}(\boldsymbol{\alpha}_1,\boldsymbol{\alpha}_2,\boldsymbol{\alpha}_3,\boldsymbol{\beta})=2<3$，方程有无穷多解，$\boldsymbol{\beta}$ 能由 $\boldsymbol{\alpha}_1$，$\boldsymbol{\alpha}_2$，$\boldsymbol{\alpha}_3$ 线性表示，但表示法不唯一.

这时
$$\boldsymbol{B}\rightarrow\begin{pmatrix}1&2&0&3\\0&-1&1&-2\\0&0&0&0\\0&0&0&0\end{pmatrix}$$

于是，方程组的通解为 $x_1=3-2k$，$x_2=k$，$x_3=-2+k$（$k$ 为常数），故

$$\boldsymbol{\beta}=(3-2k)\boldsymbol{\alpha}_1+k\boldsymbol{\alpha}_2+(-2+k)\boldsymbol{\alpha}_3(k\text{ 为常数}).$$

**例 4.14** 已知方程组 $\begin{pmatrix}a&1&1\\1&a&1\\1&1&a\end{pmatrix}\begin{pmatrix}x_1\\x_2\\x_3\end{pmatrix}=\begin{pmatrix}1\\1\\-2\end{pmatrix}$ 有无穷多解，求常数 $a$.

解 由于非齐次线性方程组有无穷多解，系数矩阵 $\boldsymbol{A}$ 为三阶方阵，所以其行列式

$$|\boldsymbol{A}|=\begin{vmatrix}a&1&1\\1&a&1\\1&1&a\end{vmatrix}=(a+2)(a-1)^2=0,$$

于是，$a=-2$，或 $a=1$.

当 $a=-2$ 时，$\mathrm{r}(\boldsymbol{A})=2$，$\mathrm{r}(\boldsymbol{A},\boldsymbol{\beta})=2$，方程组有无穷多解.

当 $a=1$ 时，$\mathrm{r}(\boldsymbol{A})=1$，$\mathrm{r}(\boldsymbol{A},\boldsymbol{\beta})=2$，方程组无解.

因此，$a=-2$.

$n$ 个未知量 $n$ 个方程的非齐次线性方程组 $\boldsymbol{A}\boldsymbol{x}=\boldsymbol{\beta}$ 有无穷多解 $\Rightarrow|\boldsymbol{A}|=0$，但是 $|\boldsymbol{A}|=0$ 不能得出 $\boldsymbol{A}\boldsymbol{x}=\boldsymbol{\beta}$ 有无穷多解.

**例 4.15** 已知 $\boldsymbol{\eta}_1=(-9,1,2,11)^{\mathrm{T}}$，$\boldsymbol{\eta}_2=(1,-5,13,0)^{\mathrm{T}}$，$\boldsymbol{\eta}_3=(-7,-9,24,11)^{\mathrm{T}}$ 是方程组

$$\begin{cases}a_1x_1+a_2x_2+a_3x_3+a_4x_4=d_1\\3x_1+b_2x_2+2x_3+b_4x_4=d_2\\9x_1+4x_2+x_3+cx_4=d_3\end{cases}$$

的解，求方程组的通解.

解 这是 4 个未知量的非齐次线性方程组，由于系数矩阵 $\boldsymbol{A}$ 有二阶子式 $\begin{vmatrix}3&2\\9&1\end{vmatrix}\neq0$，于是 $\mathrm{r}(\boldsymbol{A})\geqslant2$. 由于 $\boldsymbol{\eta}_1$，$\boldsymbol{\eta}_2$，$\boldsymbol{\eta}_3$ 均为非齐次

线性方程组的解，所以 $\boldsymbol{\xi}_1=\boldsymbol{\eta}_1-\boldsymbol{\eta}_2=(-10,6,-11,11)^{\mathrm{T}}$，$\boldsymbol{\xi}_2=\boldsymbol{\eta}_1-\boldsymbol{\eta}_3=(-2,10,-22,0)^{\mathrm{T}}$ 是导出组 $\boldsymbol{Ax}=\boldsymbol{0}$ 的解，且 $\boldsymbol{\xi}_1$，$\boldsymbol{\xi}_2$ 线性无关，故 $n-\mathrm{r}(\boldsymbol{A})=4-\mathrm{r}(\boldsymbol{A})\geqslant 2$ 即 $\mathrm{r}(\boldsymbol{A})\leqslant 2$，从而 $\mathrm{r}(\boldsymbol{A})=2$. 于是，$\boldsymbol{\xi}_1$，$\boldsymbol{\xi}_2$ 为导出组的基础解系，从而原方程组的通解为 $\boldsymbol{x}=\boldsymbol{\eta}_1+k_1(\boldsymbol{\eta}_1-\boldsymbol{\eta}_2)+k_2(\boldsymbol{\eta}_1-\boldsymbol{\eta}_3)$，$k_1$，$k_2$ 为任意常数.



**例 4.16** 设 $\boldsymbol{\alpha}_1$，$\boldsymbol{\alpha}_2$，$\boldsymbol{\alpha}_3$，$\boldsymbol{\alpha}_4$，$\boldsymbol{\beta}$ 均为 4 维列向量，矩阵 $\boldsymbol{A}=(\boldsymbol{\alpha}_1,\boldsymbol{\alpha}_2,\boldsymbol{\alpha}_3,\boldsymbol{\alpha}_4)$，若 $\boldsymbol{\alpha}_2$，$\boldsymbol{\alpha}_3$，$\boldsymbol{\alpha}_4$ 线性无关，$\boldsymbol{\alpha}_1=2\boldsymbol{\alpha}_2-\boldsymbol{\alpha}_3$，$\boldsymbol{\beta}=\boldsymbol{\alpha}_1+\boldsymbol{\alpha}_2+\boldsymbol{\alpha}_3+\boldsymbol{\alpha}_4$，求线性方程组 $\boldsymbol{Ax}=\boldsymbol{\beta}$ 的通解.

解　由于 $\boldsymbol{\alpha}_2$，$\boldsymbol{\alpha}_3$，$\boldsymbol{\alpha}_4$ 线性无关，$\boldsymbol{\alpha}_1=2\boldsymbol{\alpha}_2-\boldsymbol{\alpha}_3$，所以矩阵 $\boldsymbol{A}$ 的秩 $\mathrm{r}(\boldsymbol{A})=3$，于是导出组的基础解系由 $n-\mathrm{r}(\boldsymbol{A})=4-3=1$ 个向量构成.

由于 $\boldsymbol{\alpha}_1=2\boldsymbol{\alpha}_2-\boldsymbol{\alpha}_3$，即 $\boldsymbol{\alpha}_1-2\boldsymbol{\alpha}_2+\boldsymbol{\alpha}_3=\boldsymbol{0}$，于是

$$\boldsymbol{A}\begin{pmatrix}1\\-2\\1\\0\end{pmatrix}=(\boldsymbol{\alpha}_1,\boldsymbol{\alpha}_2,\boldsymbol{\alpha}_3,\boldsymbol{\alpha}_4)\begin{pmatrix}1\\-2\\1\\0\end{pmatrix}=\boldsymbol{\alpha}_1-2\boldsymbol{\alpha}_2+\boldsymbol{\alpha}_3=\boldsymbol{0},$$

故 $\boldsymbol{\xi}=(1,-2,1,0)^{\mathrm{T}}$ 是导出组 $\boldsymbol{Ax}=\boldsymbol{0}$ 的基础解系.

由于 $\boldsymbol{\beta}=\boldsymbol{\alpha}_1+\boldsymbol{\alpha}_2+\boldsymbol{\alpha}_3+\boldsymbol{\alpha}_4$，于是

$$\boldsymbol{A}\begin{pmatrix}1\\1\\1\\1\end{pmatrix}=(\boldsymbol{\alpha}_1,\boldsymbol{\alpha}_2,\boldsymbol{\alpha}_3,\boldsymbol{\alpha}_4)\begin{pmatrix}1\\1\\1\\1\end{pmatrix}=\boldsymbol{\alpha}_1+\boldsymbol{\alpha}_2+\boldsymbol{\alpha}_3+\boldsymbol{\alpha}_4=\boldsymbol{\beta},$$

故 $\boldsymbol{\eta}=(1,1,1,1)^{\mathrm{T}}$ 是方程组 $\boldsymbol{Ax}=\boldsymbol{\beta}$ 的特解.

从而，$\boldsymbol{Ax}=\boldsymbol{\beta}$ 的通解为 $\boldsymbol{x}=\boldsymbol{\eta}+c\boldsymbol{\xi}$（$c$ 为任意常数）.

本例题的方法经常用到，例如若已知矩阵 $\boldsymbol{A}$ 各行元素之和为 $a$，则有 $\boldsymbol{A}\begin{pmatrix}1\\1\\\vdots\\1\end{pmatrix}=\begin{pmatrix}a\\a\\\vdots\\a\end{pmatrix}$.

## 习　题　4.2

### A　组

1. 求解下列方程组：

(1) $\begin{cases}2x_1+x_2+3x_3+3x_4=1\\x_1+x_2+x_3+2x_4=0\\x_1-2x_2+4x_3+x_4=4\end{cases}$.

(2) $\begin{cases}x_1+x_2-x_3=-1\\2x_1-5x_2+3x_3=2\\7x_1-7x_2+2x_3=1\end{cases}$.

(3) $\begin{cases}x_1+3x_3=2\\-x_1+3x_2=1\\2x_1+x_2+7x_3=5\end{cases}$.

(4) $\begin{cases} x_1+3x_3+x_4=2 \\ x_1-3x_2+x_4=-1 \\ 2x_1+x_2+7x_3+2x_4=5 \\ 4x_1+2x_2+14x_3=6 \end{cases}$

2. 设线性方程组

$$\begin{cases} x_1+3x_2+2x_3+x_4=1 \\ x_2+ax_3-ax_4=-1 \\ x_1+2x_2+3x_4=3 \end{cases},$$

当 $a$ 为何值时，方程组有解？并在有解时，求出通解.

3. 设线性方程组

$$\begin{cases} x_1+x_2+ax_3=4 \\ -x_1+ax_2+x_3=a^2 \\ x_1-x_2+2x_3=-4 \end{cases},$$

当 $a$ 为何值时，方程组无解？有唯一解？有无穷多解？并在有无穷多解时求通解.

4. 设线性方程组

$$\begin{cases} 3x_1+2x_2+x_3+x_4-3x_5=a \\ 5x_1+4x_2+3x_3+3x_4-x_5=b \\ x_1+x_2+x_3+x_4+x_5=1 \\ x_2+2x_3+2x_4+6x_5=3 \end{cases},$$

当 $a$，$b$ 为何值时，方程组有解？并求出通解.

5. 设向量 $\boldsymbol{\alpha}_1=(a,2,10)^{\mathrm{T}}$，$\boldsymbol{\alpha}_2=(-2,1,5)^{\mathrm{T}}$，$\boldsymbol{\alpha}_3=(1,1,4)^{\mathrm{T}}$，$\boldsymbol{\beta}=(1,b,c)^{\mathrm{T}}$，讨论 $a$，$b$，$c$ 满足什么条件时，

(1) $\boldsymbol{\beta}$ 可由 $\boldsymbol{\alpha}_1$，$\boldsymbol{\alpha}_2$，$\boldsymbol{\alpha}_3$ 线性表示，且表示法唯一.

(2) $\boldsymbol{\beta}$ 不能由 $\boldsymbol{\alpha}_1$，$\boldsymbol{\alpha}_2$，$\boldsymbol{\alpha}_3$ 线性表示.

(3) $\boldsymbol{\beta}$ 可由 $\boldsymbol{\alpha}_1$，$\boldsymbol{\alpha}_2$，$\boldsymbol{\alpha}_3$ 线性表示，但表示法不唯一，并求出一般表达式.

6. 设 $\boldsymbol{A}$ 是 $3\times4$ 矩阵，$\boldsymbol{\eta}_1$，$\boldsymbol{\eta}_2$ 是 $\boldsymbol{Ax}=\boldsymbol{\beta}$ 的特解，$\boldsymbol{\xi}_1$，$\boldsymbol{\xi}_2$ 是导出组 $\boldsymbol{Ax}=\boldsymbol{0}$ 的基础解系，则下列不为 $\boldsymbol{Ax}=\boldsymbol{\beta}$ 通解的是（　　）.

(A) $k_1\boldsymbol{\xi}_1+k_2\boldsymbol{\xi}_2+\boldsymbol{\eta}_1$

(B) $k_1\boldsymbol{\xi}_1+k_2(\boldsymbol{\xi}_1+\boldsymbol{\xi}_2)+\dfrac{1}{2}(\boldsymbol{\eta}_1+\boldsymbol{\eta}_2)$

(C) $k_1\boldsymbol{\xi}_1+k_2\boldsymbol{\xi}_2+\boldsymbol{\eta}_1+\boldsymbol{\eta}_2$

(D) $k_1(\boldsymbol{\xi}_1-\boldsymbol{\xi}_2)+k_2(\boldsymbol{\xi}_1+\boldsymbol{\xi}_2)+(3\boldsymbol{\eta}_1-2\boldsymbol{\eta}_2)$

7. 若方程组 $\begin{pmatrix}1&2&1\\2&3&a+2\\1&a&-2\end{pmatrix}\begin{pmatrix}x_1\\x_2\\x_3\end{pmatrix}=\begin{pmatrix}1\\3\\0\end{pmatrix}$ 无解，求常数 $a$.

8. 设 $\boldsymbol{\eta}_1$，$\boldsymbol{\eta}_2$，…，$\boldsymbol{\eta}_s$ 是非齐次线性方程组 $\boldsymbol{Ax}=\boldsymbol{\beta}$ 的解，$\lambda_1$，$\lambda_2$，…，$\lambda_s$ 是一组数，满足 $\lambda_1+\lambda_2+\cdots+\lambda_s=1$，证明：$\lambda_1\boldsymbol{\eta}_1+\lambda_2\boldsymbol{\eta}_2+\cdots+\lambda_s\boldsymbol{\eta}_s$ 是非齐次线性方程组 $\boldsymbol{Ax}=\boldsymbol{\beta}$ 的解.

9. 设 $\boldsymbol{\eta}$ 是非齐次线性方程组 $\boldsymbol{Ax}=\boldsymbol{\beta}$ 的解，$\boldsymbol{\xi}_1$，$\boldsymbol{\xi}_2$，…，$\boldsymbol{\xi}_{n-r}$ 是导出组的基础解系，证明：

(1) $\boldsymbol{\xi}_1$，$\boldsymbol{\xi}_2$，…，$\boldsymbol{\xi}_{n-r}$，$\boldsymbol{\eta}$ 线性无关.

(2) $\boldsymbol{\xi}_1+\boldsymbol{\eta}$，$\boldsymbol{\xi}_2+\boldsymbol{\eta}$，…，$\boldsymbol{\xi}_{n-r}+\boldsymbol{\eta}$，$\boldsymbol{\eta}$ 线性无关.

## B　组

1. 设线性方程组

$$\begin{cases} x_1+x_2-2x_3+3x_4=0 \\ 2x_1+x_2-6x_3+4x_4=-1 \\ 3x_1+2x_2+ax_3+7x_4=-1 \\ x_1-x_2-6x_3-x_4=b \end{cases},$$

当 $a$，$b$ 取何值时，方程组有解？在有解时求通解.

2. 已知矩阵 $\boldsymbol{X}$，满足矩阵方程 $\begin{pmatrix}1&1&3\\2&1&4\\1&0&1\end{pmatrix}\boldsymbol{X}=\begin{pmatrix}1&2\\s&1\\0&t\end{pmatrix}$.

(1) $\boldsymbol{X}$ 的行数和列数各是多少？

(2) 试确定 $s$，$t$，使得线性方程组 $\begin{pmatrix}1&1&3\\2&1&4\\1&0&1\end{pmatrix}\begin{pmatrix}x_1\\x_2\\x_3\end{pmatrix}=\begin{pmatrix}1\\s\\0\end{pmatrix}$ 与 $\begin{pmatrix}1&1&3\\2&1&4\\1&0&1\end{pmatrix}\begin{pmatrix}x_1\\x_2\\x_3\end{pmatrix}=\begin{pmatrix}2\\1\\t\end{pmatrix}$ 分别有解. 并求出各自的通解.

(3) 给出上述矩阵方程的一个解.

3. 已知非齐次线性方程组

$$
\text{I}: \begin{cases} x_1 + x_2 \quad - 2x_4 = -6 \\ 4x_1 - x_2 - x_3 - x_4 = 1 \\ 3x_1 - x_2 - x_3 \quad = 3 \end{cases},
$$

$$
\text{II}: \begin{cases} x_1 + mx_2 - x_3 - x_4 = -5 \\ nx_2 - x_3 - 2x_4 = -11 \\ x_3 - 2x_4 = -t + 1 \end{cases}.
$$

（1）求方程组Ⅰ的通解.

（2）方程组Ⅱ中的参数 $m$，$n$，$t$ 为何值时，方程组Ⅰ与方程组Ⅱ同解?

4. 令 $\boldsymbol{\alpha} = \begin{pmatrix} 1 \\ 2 \\ 1 \end{pmatrix}$，$\boldsymbol{\beta} = \begin{pmatrix} 1 \\ \frac{1}{2} \\ 0 \end{pmatrix}$，$\boldsymbol{\gamma} = \begin{pmatrix} 0 \\ 0 \\ 8 \end{pmatrix}$，$\boldsymbol{A} = \boldsymbol{\alpha\beta}^{\mathrm{T}}$，$\boldsymbol{B} = \boldsymbol{\beta}^{\mathrm{T}}\boldsymbol{\alpha}$，求解方程组 $2\boldsymbol{B}^2\boldsymbol{A}^2\boldsymbol{X} = \boldsymbol{A}^4\boldsymbol{X} + \boldsymbol{B}^4\boldsymbol{X} + \boldsymbol{\gamma}$.

5. 向量组Ⅰ：$\boldsymbol{\alpha}_1 = (1, 0, 2)^{\mathrm{T}}$，$\boldsymbol{\alpha}_2 = (1, 1, 3)^{\mathrm{T}}$，$\boldsymbol{\alpha}_3 = (1, -1, a+2)^{\mathrm{T}}$，

向量组Ⅱ：$\boldsymbol{\beta}_1 = (1, 2, a+3)^{\mathrm{T}}$，$\boldsymbol{\beta}_2 = (2, 1, a+6)^{\mathrm{T}}$，$\boldsymbol{\beta}_3 = (2, 1, a+4)^{\mathrm{T}}$.

当 $a$ 为何值时，向量组Ⅰ与向量组Ⅱ等价？向量组Ⅰ与向量组Ⅱ不等价？为什么？

6. 设非齐次线性方程组 $\boldsymbol{Ax} = \boldsymbol{\beta}$ 的系数矩阵 $\boldsymbol{A}$ 的秩为 $r$，并设 $\boldsymbol{\eta}_1, \boldsymbol{\eta}_2, \cdots, \boldsymbol{\eta}_{n-r}, \boldsymbol{\eta}_{n-r+1}$ 是 $\boldsymbol{Ax} = \boldsymbol{\beta}$ 的线性无关解，则 $\boldsymbol{Ax} = \boldsymbol{\beta}$ 的通解为 $\lambda_1\boldsymbol{\eta}_1 + \lambda_2\boldsymbol{\eta}_2 + \cdots + \lambda_{n-r+1}\boldsymbol{\eta}_{n-r+1}$，其中 $\lambda_i (i = 1, 2, \cdots, n-r+1)$ 为满足 $\lambda_1 + \lambda_2 + \cdots + \lambda_{n-r+1} = 1$ 的任意一组数.

## *4.3 数学软件 MATLAB 应用——求解线性方程组

1. 利用逆矩阵法求解方程组

对于线性方程组 $\boldsymbol{AX} = \boldsymbol{B}$，如果系数矩阵 $\boldsymbol{A}$ 是可逆矩阵，则解 $\boldsymbol{X} = \mathrm{inv}(\boldsymbol{A}) * \boldsymbol{B}$ 或 $\boldsymbol{X} = \boldsymbol{A} \backslash \boldsymbol{B}$.

**例 4.17** 求解方程组 $\begin{cases} 4x + 5y = 0 \\ 5x + 4y = 9 \end{cases}$.

```
A = [4 5;5 4];
B = [0;9];
X = inv(A) * B
X =
    5
   -4
```

2. 利用初等变换法判断方程组是否有解，并求解方程组

**例 4.18** 求方程组 $\begin{cases} x_1 - 2x_2 + 2x_3 + 5x_4 = -3 \\ -x_1 + 2x_2 - x_3 - x_4 = 1 \\ 2x_1 - 4x_2 + 2x_3 + 2x_4 = -2 \\ 3x_1 - 6x_2 + 6x_3 + 15x_4 = -9 \end{cases}$ 系数矩阵的秩，

并判断方程组是否有解. 如果有解，求其解.

```
A=[1 -2 2 5;-1 2 -1 -1;2 -4 2 2;3 -6 6 15];
                                   %方程组所对应的系数矩阵
b=[-3;1;-2;-9];                    %等号右边所对应的常数矩阵
A1=rref(A)                         %求阶梯形矩阵的行最简形式
A1 =
     1   -2   0   -3
     0    0   1    4               %系数矩阵的秩为2
     0    0   0    0
     0    0   0    0
B=rref([A,b])
B =
     1   -2   0   -3    1
     0    0   1    4   -2          %增广矩阵阶梯形的行最简形式
     0    0   0    0    0
     0    0   0    0    0
```

结果分析　由于系数矩阵与增广矩阵的秩都为2，所以原方程组有解. 同解方程组为

$$\begin{cases}x_1-2x_2-3x_4=1\\x_3+4x_4=-2\end{cases}，即\begin{cases}x_1=2x_2+3x_4+1\\x_3=-4x_4-2\end{cases}.$$

取 $x_2=0$，$x_4=0$，得 $x_1=1$，$x_3=-2$，则特解为 $\boldsymbol{\eta}^*=(1 0 -2 0)^{\mathrm{T}}$

上述过程可用 MATLAB 表述为:

```
x([2, 4])=[0,0];
x([1, 3])=B(1:2, 5)-A1(1:2, [2, 4])*x([2, 4])';
x'                    %x'=η*.
```

所对应的齐次方程组的同解方程组为$\begin{cases}x_1=2x_2+3x_4\\x_3=-4x_4\end{cases}$.

取 $x_2=0$，$x_4=1$，得 $x_1=3$，$x_3=-4$；取 $x_2=1$，$x_4=0$，得 $x_1=2$，$x_3=0$，

因此基础解系为 $\boldsymbol{\xi}_1=(3 0 -4 1)^{\mathrm{T}}$，$\boldsymbol{\xi}_2=(2 1 0 0)^{\mathrm{T}}$.

上述过程可用 MATLAB 表述为：

```
xx([2, 4], 1:2) = [0 1; 1 0];
xx([1, 3], 1:2) = - A1(1:2, [2, 4]) * xx([2, 4], 1:2);
xx                    % xx = (ξ1, ξ2).
```

该方程组的通解为 $\boldsymbol{\eta}=\boldsymbol{\eta}^*+k_1\boldsymbol{\xi}_1+k_2\boldsymbol{\xi}_2$.

## 小　　结

1. 齐次线性方程组有非零解的判定

设 $\boldsymbol{A}$ 为 $m\times n$ 矩阵，齐次线性方程组 $\boldsymbol{Ax}=\boldsymbol{0}$ 有非零解$\Leftrightarrow \mathrm{r}(\boldsymbol{A})<n$.

当 $m<n$ 时，有 $\mathrm{r}(\boldsymbol{A})\leqslant m<n$，$\boldsymbol{Ax}=\boldsymbol{0}$ 必有非零解.

当 $m=n$ 时，$\boldsymbol{Ax}=\boldsymbol{0}$ 有非零解$\Leftrightarrow|\boldsymbol{A}|=0$.

2. 齐次线性方程组解的结构

齐次线性方程组 $\boldsymbol{Ax}=\boldsymbol{0}$ 的全部解构成一个向量空间，称为解空间．解空间的基为方程组的基础解系，由方程组的 $n-r$ 个线性无关解构成.

若 $\boldsymbol{\xi}_1$，$\boldsymbol{\xi}_2$，…，$\boldsymbol{\xi}_{n-r}$是 $\boldsymbol{Ax}=\boldsymbol{0}$ 的基础解系，方程组的通解为

$$x=c_1\boldsymbol{\xi}_1+c_2\boldsymbol{\xi}_2+\cdots+c_{n-r}\boldsymbol{\xi}_{n-r}.$$

3. 非齐次线性方程组非齐次线性方程组有解的判定

设 $\boldsymbol{A}$ 为 $m\times n$ 矩阵，非齐次线性方程组 $\boldsymbol{Ax}=\boldsymbol{\beta}$ 有解$\Leftrightarrow \mathrm{r}(\boldsymbol{A})=\mathrm{r}(\boldsymbol{A},\boldsymbol{\beta})=r$.

当 $r=n$ 时，方程组有唯一解，当 $r<n$ 时，方程组有无穷多解.

4. 非齐次线性方程组解的结构

若 $\boldsymbol{\eta}_1$，$\boldsymbol{\eta}_2$是非齐次线性方程组 $\boldsymbol{Ax}=\boldsymbol{\beta}$ 的解，则 $\boldsymbol{\eta}_1-\boldsymbol{\eta}_2$是导出组 $\boldsymbol{Ax}=\boldsymbol{0}$ 的解；若 $\boldsymbol{\eta}$ 是 $\boldsymbol{Ax}=\boldsymbol{\beta}$ 的解，$\boldsymbol{\xi}$ 是 $\boldsymbol{Ax}=\boldsymbol{0}$ 的解，则 $\boldsymbol{\eta}+\boldsymbol{\xi}$ 则是 $\boldsymbol{Ax}=\boldsymbol{\beta}$ 的解.

若 $\boldsymbol{\eta}^*$ 是 $\boldsymbol{Ax}=\boldsymbol{\beta}$ 的解，$\boldsymbol{\xi}_1$，$\boldsymbol{\xi}_2$，…，$\boldsymbol{\xi}_{n-r}$是 $\boldsymbol{Ax}=\boldsymbol{0}$ 的基础解系，则 $\boldsymbol{Ax}=\boldsymbol{\beta}$ 通解为

$$\boldsymbol{x}=\boldsymbol{\eta}^*+c_1\boldsymbol{\xi}_1+c_2\boldsymbol{\xi}_2+\cdots+c_{n-r}\boldsymbol{\xi}_{n-r}.$$

5. 方程组通解的求法

（1）对于齐次线性方程组 $\boldsymbol{Ax}=\boldsymbol{0}$，首先对系数矩阵 $\boldsymbol{A}$ 作初等行变换化为阶梯型矩阵，其次确定 $\mathrm{r}(\boldsymbol{A})$ 与自由未知量，最后求得基础解系与通解.

（2）对于非齐次线性方程组 $\boldsymbol{Ax}=\boldsymbol{\beta}$，首先对增广矩阵（$\boldsymbol{A}$，$\boldsymbol{\beta}$）作初等行变换化为阶梯型矩阵，当 $\mathrm{r}(\boldsymbol{A})=\mathrm{r}(\boldsymbol{A},\boldsymbol{\beta})$，求导出组 $\boldsymbol{Ax}=\boldsymbol{0}$的基础解系与方程组 $\boldsymbol{Ax}=\boldsymbol{\beta}$ 的特解，最后求得方程组的通解.

# 第 5 章 矩阵的对角化

矩阵的特征值与特征向量在矩阵的理论和计算领域都占有非常重要的地位，它们在数学学科及其他科学领域有着十分广泛的应用．本章首先引入矩阵的特征值与特征向量的概念，并探讨了它们的简单性质．这一章的重点内容是矩阵的对角化概念及其存在条件和计算方法．最后给出一些应用．特别要注意的是本章的问题都是在复数域上讨论的．

## 知识网络框图

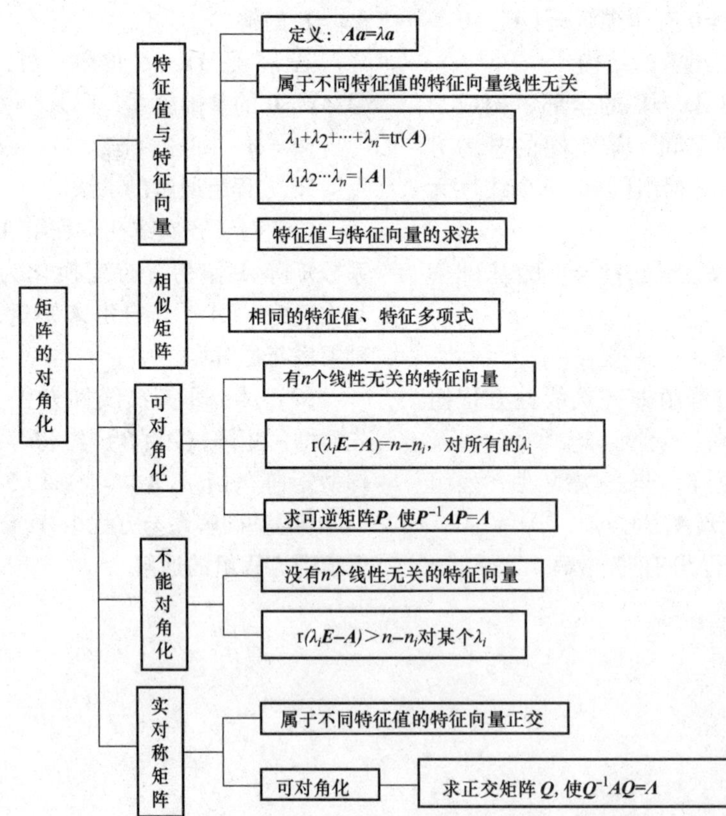

# 5.1 特征值与特征向量

## 5.1.1 特征值与特征向量的概念及计算

**定义5.1** 设 $\boldsymbol{A}$ 是 $n$ 阶方阵，如果存在复数 $\lambda$ 和 $n$ 维非零列向量 $\boldsymbol{x}\neq\boldsymbol{0}$，使得等式

$$\boldsymbol{Ax}=\lambda\boldsymbol{x} \tag{5.1}$$

成立，则称 $\lambda$ 为矩阵 $\boldsymbol{A}$ 的一个特征值. 非零向量 $\boldsymbol{x}$ 称为矩阵 $\boldsymbol{A}$ 的属于特征值 $\lambda$ 的特征向量，简称为特征向量.

**例5.1** 若 $\boldsymbol{A}=\begin{pmatrix}1&3\\4&2\end{pmatrix}$，取 $\lambda=5$，$\boldsymbol{x}=\begin{pmatrix}3\\4\end{pmatrix}$，则

$$\boldsymbol{Ax}=\begin{pmatrix}1&3\\4&2\end{pmatrix}\begin{pmatrix}3\\4\end{pmatrix}=\begin{pmatrix}15\\20\end{pmatrix}=5\begin{pmatrix}3\\4\end{pmatrix}=5\boldsymbol{x}.$$

因此，$\lambda=5$ 是矩阵的 $\boldsymbol{A}$ 的特征值，$\boldsymbol{x}=\begin{pmatrix}3\\4\end{pmatrix}$是矩阵 $\boldsymbol{A}$ 的属于特征值 $\lambda=5$ 的特征向量.

又，如果取 $\lambda=-2$，$\boldsymbol{x}=\begin{pmatrix}1\\-1\end{pmatrix}$，则有

$$\boldsymbol{Ax}=\begin{pmatrix}1&3\\4&2\end{pmatrix}\begin{pmatrix}1\\-1\end{pmatrix}=\begin{pmatrix}-2\\2\end{pmatrix}=-2\begin{pmatrix}1\\-1\end{pmatrix}=-2\boldsymbol{x}.$$

因此，$\lambda=-2$ 也是矩阵 $\boldsymbol{A}$ 的特征值，$\boldsymbol{x}=\begin{pmatrix}1\\-1\end{pmatrix}$是矩阵 $\boldsymbol{A}$ 的属于特征值 $\lambda=-2$ 的特征向量.

**例5.2** 若线性无关的非零向量 $\boldsymbol{x}_1$，$\boldsymbol{x}_2$ 都是矩阵 $\boldsymbol{A}$ 的属于特征值 $\lambda$ 的特征向量，证明：对任意不全为零的数 $k_1$，$k_2$，向量 $k_1\boldsymbol{x}_1+k_2\boldsymbol{x}_2$ 都是矩阵 $\boldsymbol{A}$ 的属于特征值 $\lambda$ 的特征向量.

**证** 依题意，由于非零向量 $\boldsymbol{x}_1$，$\boldsymbol{x}_2$ 都是矩阵 $\boldsymbol{A}$ 的属于特征值 $\lambda$ 的特征向量，所以 $\boldsymbol{Ax}_1=\lambda\boldsymbol{x}_1$，$\boldsymbol{Ax}_2=\lambda\boldsymbol{x}_2$.

对任一组不全为零的数 $k_1$，$k_2$，由于向量 $\boldsymbol{x}_1$，$\boldsymbol{x}_2$ 线性无关，所以线性组合 $k_1\boldsymbol{x}_1+k_2\boldsymbol{x}_2\neq\boldsymbol{0}$，并且

$$\boldsymbol{A}(k_1\boldsymbol{x}_1+k_2\boldsymbol{x}_2)=k_1\boldsymbol{Ax}_1+k_2\boldsymbol{Ax}_2=k_1(\lambda\boldsymbol{x}_1)+k_2(\lambda\boldsymbol{x}_2)$$

$$= \lambda(k_1\boldsymbol{x}_1 + k_2\boldsymbol{x}_2).$$

由定义 5.1 知，$k_1\boldsymbol{x}_1 + k_2\boldsymbol{x}_2$ 是属于 $\lambda$ 的特征向量.

下面，我们讨论如何求出矩阵的特征值及特征向量. 从定义 5.1 可以知道，对于 $n$ 阶方阵 $\boldsymbol{A}$，要求出它的特征值和特征向量，也就是要找到一个复数 $\lambda$ 和一个非零向量 $\boldsymbol{x}$，使得式 (5.1) 成立，即

$$\boldsymbol{Ax} = \lambda\boldsymbol{x}.$$

注意到等式 $\boldsymbol{x} = \boldsymbol{Ex}$，其中 $\boldsymbol{E}$ 是 $n$ 阶单位阵，就有

$$\boldsymbol{Ax} = \lambda\boldsymbol{Ex},$$

即

$$(\lambda\boldsymbol{E} - \boldsymbol{A})\boldsymbol{x} = \boldsymbol{0}. \tag{5.2}$$

这说明，要解决所提出的问题，就是要找到复数 $\lambda$，使得齐次线性方程组 (5.2) 有非零解. 方程组 (5.2) 有非零解的充分必要条件是它的系数行列式

$$|\lambda\boldsymbol{E} - \boldsymbol{A}| = 0.$$

若记 $\boldsymbol{A} = (a_{ij})_{n\times n}$，那么，

$$|\lambda\boldsymbol{E} - \boldsymbol{A}| = \begin{vmatrix} \lambda - a_{11} & -a_{12} & \cdots & -a_{1n} \\ -a_{21} & \lambda - a_{22} & \cdots & -a_{2n} \\ \vdots & \vdots & \ddots & \vdots \\ -a_{n1} & -a_{n2} & \cdots & \lambda - a_{nn} \end{vmatrix}. \tag{5.3}$$

由代数学基本定理，$n$ 次多项式在复数域内恰好有 $n$ 个复根，因此，任意一个 $n$ 阶矩阵在复数域内恰好有 $n$ 个复特征值（可以有重复）.

由行列式的定义可以知道，式 (5.3) 是一个关于变量 $\lambda$ 的 $n$ 次多项式，通常我们把这一多项式称为矩阵 $\boldsymbol{A}$ 的特征多项式，记作 $f_{\boldsymbol{A}}(\lambda)$ 或 $f(\lambda)$，即

$$f_{\boldsymbol{A}}(\lambda) = |\lambda\boldsymbol{E} - \boldsymbol{A}|.$$

而 $\boldsymbol{A}$ 的特征值恰是 $\boldsymbol{A}$ 的特征多项式 $f_{\boldsymbol{A}}(\lambda)$ 的根.

如果 $\lambda_0$ 是矩阵 $\boldsymbol{A}$ 的特征值，则由前面的分析知道，属于特征值 $\lambda_0$ 的特征向量应是齐次线性方程组 $(\lambda_0\boldsymbol{E} - \boldsymbol{A})\boldsymbol{x} = \boldsymbol{0}$ 的非零解. 这样我们就可以找到 $\boldsymbol{A}$ 的全部特征值及相应的特征向量.

由上述讨论可以得到计算矩阵 $\boldsymbol{A}$ 的特征值和特征向量的方法及步骤为：

(1) 计算矩阵 $\boldsymbol{A}$ 的特征多项式 $f_{\boldsymbol{A}}(\lambda) = |\lambda\boldsymbol{E} - \boldsymbol{A}|$.

(2) 计算出 $f_{\boldsymbol{A}}(\lambda) = 0$ 的全部根，它们就是矩阵 $\boldsymbol{A}$ 的全部特征值.

(3) 对每一个特征值 $\lambda_0$，求出齐次线性方程组 $(\lambda_0\boldsymbol{E}-\boldsymbol{A})\boldsymbol{x}=\boldsymbol{0}$ 的基础解系

$$\boldsymbol{\alpha}_1,\ \boldsymbol{\alpha}_2,\ \cdots,\ \boldsymbol{\alpha}_t,$$

则矩阵 $\boldsymbol{A}$ 的属于特征值 $\lambda_0$ 的全部特征向量为

$$k_1\boldsymbol{\alpha}_1+k_2\boldsymbol{\alpha}_2+\cdots+k_t\boldsymbol{\alpha}_t,$$

其中 $k_1$，$k_2$，…，$k_t$ 是任意一组不全为零的数.

**例 5.3** 求出二阶方阵 $\boldsymbol{A}=\begin{pmatrix}-3 & 1\\ 1 & -3\end{pmatrix}$ 的全部特征值和相应的特征向量.

解　方阵 $\boldsymbol{A}$ 的特征多项式为

$$f_{\boldsymbol{A}}(\lambda)=|\lambda\boldsymbol{E}-\boldsymbol{A}|=\begin{vmatrix}\lambda+3 & -1\\ -1 & \lambda+3\end{vmatrix}=(\lambda+3)^2-(-1)^2=(\lambda+2)(\lambda+4),$$

所以，方阵 $\boldsymbol{A}$ 有两个特征值 $\lambda_1=-2$，$\lambda_2=-4$.

对于特征值 $\lambda_1=-2$，解齐次线性方程组 $(\lambda_1\boldsymbol{E}-\boldsymbol{A})\boldsymbol{x}=\boldsymbol{0}$，即 $\begin{pmatrix}1 & -1\\ -1 & 1\end{pmatrix}\begin{pmatrix}x_1\\ x_2\end{pmatrix}=\boldsymbol{0}$，求得基础解系 $\boldsymbol{\alpha}_1=\begin{pmatrix}1\\ 1\end{pmatrix}$，所以矩阵 $\boldsymbol{A}$ 的属于特征值 $\lambda_1=-2$ 的全部特征向量是 $k\boldsymbol{\alpha}_1=\begin{pmatrix}k\\ k\end{pmatrix}$，$k\neq0$.

对于特征值 $\lambda_2=-4$，解齐次线性方程组 $(\lambda_2\boldsymbol{E}-\boldsymbol{A})\boldsymbol{x}=\boldsymbol{0}$，即 $\begin{pmatrix}-1 & -1\\ -1 & -1\end{pmatrix}\begin{pmatrix}x_1\\ x_2\end{pmatrix}=\boldsymbol{0}$，求得基础解系 $\boldsymbol{\alpha}_2=\begin{pmatrix}1\\ -1\end{pmatrix}$，所以矩阵 $\boldsymbol{A}$ 的属于特征值 $\lambda_2=-4$ 的全部特征向量是 $k\boldsymbol{\alpha}_2=\begin{pmatrix}k\\ -k\end{pmatrix}$，$k\neq0$.

**例 5.4** 求出三阶方阵 $\boldsymbol{A}=\begin{pmatrix}1 & -1 & 1\\ 1 & 3 & -1\\ 1 & 1 & 1\end{pmatrix}$ 的全部特征值和相应的特征向量.

解　三阶方阵 $\boldsymbol{A}$ 的特征多项式为

$$f_{\boldsymbol{A}}(\lambda)=|\lambda\boldsymbol{E}-\boldsymbol{A}|$$

$$=\begin{vmatrix}\lambda-1 & 1 & -1\\ -1 & \lambda-3 & 1\\ -1 & -1 & \lambda-1\end{vmatrix}$$

$$
\begin{aligned}
&=(\lambda-3)(\lambda-1)^2-1-1-(\lambda-3)+(\lambda-1)+(\lambda-1)\\
&=(\lambda-3)(\lambda-1)^2+(\lambda-1)\\
&=(\lambda-1)[(\lambda-1)(\lambda-3)+1]\\
&=(\lambda-1)(\lambda-2)^2,
\end{aligned}
$$

所以，$\boldsymbol{A}$ 有三个特征值 $\lambda_1=1$，$\lambda_2=\lambda_3=2$.

对于特征值 $\lambda_1=1$，解齐次线性方程组 $(\lambda_1\boldsymbol{E}-\boldsymbol{A})\boldsymbol{x}=\boldsymbol{0}$，即 $\begin{pmatrix}0&1&-1\\-1&-2&1\\-1&-1&0\end{pmatrix}\boldsymbol{x}=\boldsymbol{0}$. 对系数矩阵作行初等变换，

$$
\begin{pmatrix}0&1&-1\\-1&-2&1\\-1&-1&0\end{pmatrix}\to\begin{pmatrix}-1&-1&0\\-1&-2&1\\0&1&-1\end{pmatrix}\to\begin{pmatrix}-1&-1&0\\0&-1&1\\0&1&-1\end{pmatrix}\to\begin{pmatrix}1&0&1\\0&1&-1\\0&0&0\end{pmatrix},
$$

求得基础解系 $\boldsymbol{\alpha}_1=\begin{pmatrix}-1\\1\\1\end{pmatrix}$，所以矩阵 $\boldsymbol{A}$ 的属于特征值 $\lambda_1=1$ 的全部特征向量为 $k\boldsymbol{\alpha}_1$，$k\neq0$.

对于特征值 $\lambda_{2,3}=2$，解齐次线性方程组 $(\lambda_2\boldsymbol{E}-\boldsymbol{A})\boldsymbol{x}=\boldsymbol{0}$，即 $\begin{pmatrix}1&1&-1\\-1&-1&1\\-1&-1&1\end{pmatrix}\boldsymbol{x}=\boldsymbol{0}$. 对系数矩阵作初等行变换，$\begin{pmatrix}1&1&-1\\-1&-1&1\\-1&-1&1\end{pmatrix}\to\begin{pmatrix}1&1&-1\\0&0&0\\0&0&0\end{pmatrix}$，求得基础解系 $\boldsymbol{\alpha}_2=\begin{pmatrix}1\\0\\1\end{pmatrix}$，$\boldsymbol{\alpha}_3=\begin{pmatrix}0\\1\\1\end{pmatrix}$，所以矩阵 $\boldsymbol{A}$ 的属于特征值 $\lambda_{2,3}=2$ 的全部特征向量为 $k_2\boldsymbol{\alpha}_2+k_3\boldsymbol{\alpha}_3$，$k_2$，$k_3$ 不同时为零.

**例 5.5** 求出三阶方阵 $\boldsymbol{A}=\begin{pmatrix}1&-1&0\\-1&2&-1\\0&-1&1\end{pmatrix}$ 的全部特征值和相应的特征向量.

**解** 三阶方阵 $\boldsymbol{A}$ 的特征多项式 $f_A(\lambda)$ 为

$$
f_A(\lambda)=|\lambda\boldsymbol{E}-\boldsymbol{A}|
$$

$$=\begin{vmatrix}\lambda-1 & 1 & 0\\ 1 & \lambda-2 & 1\\ 0 & 1 & \lambda-1\end{vmatrix}$$

$$=(\lambda-1)^2(\lambda-2)-(\lambda-1)-(\lambda-1)$$

$$=(\lambda-1)[(\lambda-1)(\lambda-2)-2]$$

$$=\lambda(\lambda-1)(\lambda-3),$$

所以，矩阵 $\boldsymbol{A}$ 有三个不同的特征值 $\lambda_1=0$，$\lambda_2=1$，$\lambda_3=3$.

对于特征值 $\lambda_1=0$，解齐次线性方程组 $(\lambda_1\boldsymbol{E}-\boldsymbol{A})\boldsymbol{x}=\boldsymbol{0}$，即 $\begin{pmatrix}-1 & 1 & 0\\ 1 & -2 & 1\\ 0 & 1 & -1\end{pmatrix}\boldsymbol{x}=0$. 对系数矩阵作初等行变换

$$\begin{pmatrix}-1 & 1 & 0\\ 1 & -2 & 1\\ 0 & 1 & -1\end{pmatrix}\to\begin{pmatrix}-1 & 1 & 0\\ 0 & -1 & 1\\ 0 & 1 & -1\end{pmatrix}\to\begin{pmatrix}1 & -1 & 0\\ 0 & 1 & -1\\ 0 & 0 & 0\end{pmatrix}\to\begin{pmatrix}1 & 0 & -1\\ 0 & 1 & -1\\ 0 & 0 & 0\end{pmatrix},$$

求得基础解系 $\boldsymbol{\alpha}_1=\begin{pmatrix}1\\ 1\\ 1\end{pmatrix}$. 所以，矩阵 $\boldsymbol{A}$ 的属于特征值 $\lambda_1=0$ 的全部特征向量为 $k\boldsymbol{\alpha}_1$，$k\neq 0$.

对于特征值 $\lambda_2=1$，解齐次线性方程组 $(\lambda_2\boldsymbol{E}-\boldsymbol{A})\boldsymbol{x}=\boldsymbol{0}$，即 $\begin{pmatrix}0 & 1 & 0\\ 1 & -1 & 1\\ 0 & 1 & 0\end{pmatrix}\boldsymbol{x}=\boldsymbol{0}$. 对系数矩阵作初等行变换，$\begin{pmatrix}0 & 1 & 0\\ 1 & -1 & 1\\ 0 & 1 & 0\end{pmatrix}\to$ $\begin{pmatrix}1 & -1 & 1\\ 0 & 1 & 0\\ 0 & 1 & 0\end{pmatrix}\to\begin{pmatrix}1 & 0 & 1\\ 0 & 1 & 0\\ 0 & 0 & 0\end{pmatrix}$，可以求得基础解系 $\boldsymbol{\alpha}_2=\begin{pmatrix}1\\ 0\\ -1\end{pmatrix}$. 所以，矩阵 $\boldsymbol{A}$ 的属于特征值 $\lambda_2=1$ 的全部特征向量为 $k\boldsymbol{\alpha}_2$，$k\neq 0$.

对于特征值 $\lambda_3=3$，解齐次线性方程组 $(\lambda_3\boldsymbol{E}-\boldsymbol{A})\boldsymbol{x}=\boldsymbol{0}$，即 $\begin{pmatrix}2 & 1 & 0\\ 1 & 1 & 1\\ 0 & 1 & 2\end{pmatrix}\boldsymbol{x}=\boldsymbol{0}$. 对系数矩阵作初等行变换，

$$\begin{pmatrix}2 & 1 & 0\\ 1 & 1 & 1\\ 0 & 1 & 2\end{pmatrix}\to\begin{pmatrix}1 & 1 & 1\\ 2 & 1 & 0\\ 0 & 1 & 2\end{pmatrix}\to\begin{pmatrix}1 & 1 & 1\\ 0 & -1 & -2\\ 0 & 1 & 2\end{pmatrix}\to\begin{pmatrix}1 & 1 & 1\\ 0 & 1 & 2\\ 0 & 0 & 0\end{pmatrix}\to\begin{pmatrix}1 & 0 & -1\\ 0 & 1 & 2\\ 0 & 0 & 0\end{pmatrix},$$

求得基础解系 $\boldsymbol{\alpha}_3=\begin{pmatrix}1\\-2\\1\end{pmatrix}$. 所以矩阵 $\boldsymbol{A}$ 的属于特征值 $\lambda_3=3$ 的全部特征向量为 $k\boldsymbol{\alpha}_3$，$k\neq 0$.

实矩阵的特征值可以是复数，而特征向量可以是复向量.

**例 5.6** 若 $\boldsymbol{A}=\begin{pmatrix}0&1\\-1&0\end{pmatrix}$，求出矩阵 $\boldsymbol{A}$ 的全部特征值与相应的一个特征向量.

**解** 矩阵 $\boldsymbol{A}$ 的特征多项式为

$$|\lambda\boldsymbol{E}-\boldsymbol{A}|=\begin{vmatrix}\lambda&-1\\1&\lambda\end{vmatrix}=\lambda^2+1,$$

因此，矩阵 $\boldsymbol{A}$ 的两个特征值为 $\lambda_1=\mathrm{i}$，$\lambda_2=-\mathrm{i}$，其中 $\mathrm{i}^2=-1$.

进一步的计算可以得到，属于特征值 $\lambda_1=\mathrm{i}$ 的一个特征向量为 $\boldsymbol{x}=\begin{pmatrix}\mathrm{i}\\1\end{pmatrix}$，属于特征值 $\lambda_1=-\mathrm{i}$ 的一个特征向量为 $\boldsymbol{x}=\begin{pmatrix}-\mathrm{i}\\1\end{pmatrix}$.

**例 5.7** 若 $\lambda$ 是方阵 $\boldsymbol{A}$ 的特征值，则 $\lambda^2$ 是方阵 $\boldsymbol{A}^2$ 的一个特征值.

**证** 若 $\lambda$ 是方阵 $\boldsymbol{A}$ 的特征值，则存在非零向量 $\boldsymbol{x}$，使得 $\boldsymbol{A}\boldsymbol{x}=\lambda\boldsymbol{x}$. 于是

$$\boldsymbol{A}^2\boldsymbol{x}=\boldsymbol{A}(\boldsymbol{A}\boldsymbol{x})=\boldsymbol{A}(\lambda\boldsymbol{x})=\lambda(\boldsymbol{A}\boldsymbol{x})=\lambda^2\boldsymbol{x}.$$

这说明，$\lambda^2$ 是 $\boldsymbol{A}^2$ 的特征值.

对于 $n$ 阶矩阵 $\boldsymbol{A}$，我们约定 $\boldsymbol{A}^0=\boldsymbol{E}$.

利用数学归纳法还可以证明，若 $\lambda$ 是方阵 $\boldsymbol{A}$ 的特征值，则 $\lambda^k$ 是方阵 $\boldsymbol{A}^k$ 的一个特征值，这里 $k$ 是任意自然数. 更进一步的结论是，若 $\varphi(x)$ 是一个 $m$ 次多项式，那么，$\varphi(\lambda)$ 就是方阵 $\varphi(\boldsymbol{A})$ 的一个特征值. 这个结果的证明留作习题.

### 5.1.2 特征值与特征向量的性质

**定理 5.1** 方阵 $\boldsymbol{A}$ 的属于不同特征值的特征向量是线性无关的.

**证** 若 $\lambda_1$，$\lambda_2$ 是方阵 $\boldsymbol{A}$ 的不同特征值，即 $\lambda_1\neq\lambda_2$，而 $\boldsymbol{x}_1$，$\boldsymbol{x}_2$ 分别是属于 $\lambda_1$，$\lambda_2$ 的特征向量，则由定义 5.1 有等式 $\boldsymbol{A}\boldsymbol{x}_1=\lambda_1\boldsymbol{x}_1$ 与 $\boldsymbol{A}\boldsymbol{x}_2=\lambda_2\boldsymbol{x}_2$ 成立.

对于向量 $\boldsymbol{x}_1$，$\boldsymbol{x}_2$ 的某一线性组合

$$k_1\boldsymbol{x}_1+k_2\boldsymbol{x}_2=\boldsymbol{0}, \qquad ①$$

用矩阵 $\boldsymbol{A}$ 左乘等式①的两边得

$$\boldsymbol{A}(k_1\boldsymbol{x}_1+k_2\boldsymbol{x}_2)=k_1\lambda_1\boldsymbol{x}_1+k_2\lambda_2\boldsymbol{x}_2=\boldsymbol{0}. \tag{②}$$

由式①和式②消去向量 $\boldsymbol{x}_2$，得到 $k_1(\lambda_2-\lambda_1)\boldsymbol{x}_1=\boldsymbol{0}$. 由于 $\lambda_1\neq\lambda_2$ 并且 $\boldsymbol{x}_1\neq\boldsymbol{0}$，那么必然有 $k_1=0$. 将 $k_1=0$ 代入式①，得到 $k_2=0$. 由线性无关的定义，可知 $\boldsymbol{x}_1$，$\boldsymbol{x}_2$ 是线性无关的.

**定理 5.2** 设 $\lambda_1$，$\lambda_2$，…，$\lambda_m$ 是方阵 $\boldsymbol{A}$ 的 $m$ 个特征值，向量 $\boldsymbol{x}_1$，$\boldsymbol{x}_2$，…，$\boldsymbol{x}_m$ 是依次与之对应的特征向量. 如果 $\lambda_1$，$\lambda_2$，…，$\lambda_m$ 是两两互不相同的，那么向量组 $\boldsymbol{x}_1$，$\boldsymbol{x}_2$，…，$\boldsymbol{x}_m$ 一定是线性无关的.

定理 5.2 的证明与定理 5.1 的证明相仿，故正文从略，而把证明留作习题.

矩阵 $\boldsymbol{A}$ 的特征值与 $\boldsymbol{A}$ 的元素有密切联系，我们有

**定理 5.3** 若 $n$ 阶方阵 $\boldsymbol{A}=(\boldsymbol{a}_{ij})_{n\times n}$ 的全部特征值是 $\lambda_1$，$\lambda_2$，…，$\lambda_n$，那么

$$\lambda_1+\lambda_2+\cdots+\lambda_n=a_{11}+a_{22}+\cdots+a_{nn}=\mathrm{tr}(\boldsymbol{A}),$$

$$\lambda_1\lambda_2\cdots\lambda_n=|\boldsymbol{A}|,$$

记号 $\mathrm{tr}(\boldsymbol{A})$ 表示矩阵 $\boldsymbol{A}$ 的迹，其定义为 $\boldsymbol{A}$ 的全部主对角线元素的和.

**证** 首先，计算方阵 $\boldsymbol{A}$ 的特征多项式为

$$\begin{aligned} f_A(\lambda)=|\lambda\boldsymbol{E}-\boldsymbol{A}|&=\begin{vmatrix}\lambda-a_{11} & -a_{12} & \cdots & -a_{1n}\\ -a_{21} & \lambda-a_{22} & \cdots & -a_{2n}\\ \vdots & \vdots & \ddots & \vdots\\ -a_{n1} & -a_{n2} & \cdots & \lambda-a_{nn}\end{vmatrix}\\ &=(\lambda-a_{11})(\lambda-a_{22})\cdots(\lambda-a_{nn})+\cdots\\ &=(\lambda-\lambda_1)(\lambda-\lambda_2)\cdots(\lambda-\lambda_n). \end{aligned} \tag{5.4}$$

利用行列式的定义可以看到，在表达式 $(\lambda-a_{11})(\lambda-a_{22})\cdots(\lambda-a_{nn})+\cdots$ 中，含有 $\lambda^{n-1}$ 项的部分只有 $(\lambda-a_{11})(\lambda-a_{22})\cdots(\lambda-a_{nn})$ 一项. 比较式（5.4）等式两边多项式中 $\lambda^{n-1}$ 项的系数，可以知道

$$\mathrm{tr}(\boldsymbol{A})=a_{11}+a_{22}+\cdots+a_{nn}=\lambda_1+\lambda_2+\cdots+\lambda_n$$

迹是方阵的一个重要的量.

在式（5.4）中，令 $\lambda=0$，则有 $|-\boldsymbol{A}|=(-1)^n\lambda_1\lambda_2\cdots\lambda_n$. 由行列式的性质有 $|-\boldsymbol{A}|=(-1)^n|\boldsymbol{A}|$，即得 $\lambda_1\lambda_2\cdots\lambda_n=|\boldsymbol{A}|$.

**定义 5.2** 对于 $n$ 阶方阵 $\boldsymbol{A}$，如果 $\lambda_0$ 是 $\boldsymbol{A}$ 的特征值，那么 $\lambda_0$ 作为特征多项式 $f_A(\lambda)$ 的根的重数，叫做特征值 $\lambda_0$ 的代数重数. 齐次线性方程组 $(\lambda_0\boldsymbol{E}-\boldsymbol{A})\boldsymbol{x}=\boldsymbol{0}$ 的基础解系所含向量的个数 $n-\mathrm{r}(\lambda_0\boldsymbol{E}-\boldsymbol{A})$，

代数重数与几何重数是特征值的重要不变量.

称为特征值 $\lambda_0$ 的几何重数.

例 5.8 (1) 在例 5.1 中，矩阵 $\begin{pmatrix}1 & 3\\4 & 2\end{pmatrix}$ 的特征值 5 和 $-2$ 的代数重数都是 1，而它们的几何重数也都是 1.

(2) 在例 5.4 中，矩阵 $\begin{pmatrix}1 & -1 & 1\\1 & 3 & -1\\1 & 1 & 1\end{pmatrix}$ 的特征值 1 的代数重数与几何重数都是 1，特征值 2 的代数重数与几何重数都是 2.

(3) 考虑三阶方阵 $\boldsymbol{A}=\begin{pmatrix}2 & 1 & 0\\0 & 2 & 1\\0 & 0 & 2\end{pmatrix}$，显然，其特征多项式为 $f_{\boldsymbol{A}}(\lambda)=(\lambda-2)^3$，$\boldsymbol{A}$ 有一个三重特征值 $\lambda=2$. 对于这个特征值 $\lambda=2$，解齐次线性方程组 $(\lambda\boldsymbol{E}-\boldsymbol{A})\boldsymbol{x}=\boldsymbol{0}$，得到基础解系 $\begin{pmatrix}1\\0\\0\end{pmatrix}$. 这就是说，$\boldsymbol{A}$ 的特征值 2 的代数重数是 3，几何重数是 1.

显然，对于一个 $n$ 阶矩阵来说，其所有特征值的代数重数之和一定是 $n$，但是几何重数之和却可以小于 $n$. 关于代数重数与几何重数的关系有如下定理：

**定理 5.4** 任一特征值的代数重数不小于它的几何重数.

*证 设 $n$ 阶方阵 $\boldsymbol{A}$ 的特征值 $\lambda_0$ 的几何重数是 $m\leqslant n$，那么，$\lambda_0$ 有 $m$ 个线性无关的特征向量，不妨记为 $\boldsymbol{x}_1, \boldsymbol{x}_2, \cdots, \boldsymbol{x}_m$.

从向量组 $\boldsymbol{x}_1, \boldsymbol{x}_2, \cdots, \boldsymbol{x}_m$ 出发，选择 $n-m$ 个向量 $\boldsymbol{x}_{m+1}, \boldsymbol{x}_{m+2}, \cdots, \boldsymbol{x}_n$，构造 $n$ 阶可逆方阵 $\boldsymbol{P}=(\boldsymbol{x}_1, \boldsymbol{x}_2, \cdots, \boldsymbol{x}_m, \boldsymbol{x}_{m+1}, \cdots, \boldsymbol{x}_n)$，则有

$$\begin{aligned}\boldsymbol{AP}&=\boldsymbol{A}(\boldsymbol{x}_1, \boldsymbol{x}_2, \cdots, \boldsymbol{x}_m, \boldsymbol{x}_{m+1}, \cdots, \boldsymbol{x}_n)\\&=(\boldsymbol{Ax}_1,\boldsymbol{Ax}_2,\cdots,\boldsymbol{Ax}_m,\boldsymbol{Ax}_{m+1},\cdots,\boldsymbol{Ax}_n)\\&=(\lambda_0\boldsymbol{x}_1,\lambda_0\boldsymbol{x}_2,\cdots,\lambda_0\boldsymbol{x}_m,\boldsymbol{Ax}_{m+1},\cdots,\boldsymbol{Ax}_n)\\&=(\boldsymbol{x}_1,\boldsymbol{x}_2,\cdots,\boldsymbol{x}_m,\boldsymbol{x}_{m+1},\cdots,\boldsymbol{x}_n)\begin{pmatrix}\lambda_0\boldsymbol{E}_m & \boldsymbol{B}\\\boldsymbol{O} & \boldsymbol{C}\end{pmatrix}\\&=\boldsymbol{P}\begin{pmatrix}\lambda_0\boldsymbol{E}_m & \boldsymbol{B}\\\boldsymbol{O} & \boldsymbol{C}\end{pmatrix},\end{aligned}$$

其中 $\boldsymbol{B}$ 是 $m\times(n-m)$ 矩阵，$\boldsymbol{C}$ 是 $n-m$ 阶方阵. 由于 $\boldsymbol{P}$ 是可逆矩阵，所以满足上式的 $\boldsymbol{B}$，$\boldsymbol{C}$ 总是存在的.

这样，就有 $\boldsymbol{A}=\boldsymbol{P}\begin{pmatrix}\lambda_0\boldsymbol{E}_m & \boldsymbol{B}\\ \boldsymbol{O} & \boldsymbol{C}\end{pmatrix}\boldsymbol{P}^{-1}$，于是

$$\begin{aligned}
f_A(\lambda) &= |\lambda\boldsymbol{E}-\boldsymbol{A}|\\
&= \left|\begin{pmatrix}\lambda\boldsymbol{E}_m & \boldsymbol{O}\\ \boldsymbol{O} & \lambda\boldsymbol{E}_{n-m}\end{pmatrix}-\boldsymbol{P}\begin{pmatrix}\lambda_0\boldsymbol{E}_m & \boldsymbol{B}\\ \boldsymbol{O} & \boldsymbol{C}\end{pmatrix}\boldsymbol{P}^{-1}\right|\\
&= |\boldsymbol{P}|\left|\begin{pmatrix}\lambda\boldsymbol{E}_m & \boldsymbol{O}\\ \boldsymbol{O} & \lambda\boldsymbol{E}_{n-m}\end{pmatrix}-\begin{pmatrix}\lambda_0\boldsymbol{E}_m & \boldsymbol{B}\\ \boldsymbol{O} & \boldsymbol{C}\end{pmatrix}\right||\boldsymbol{P}^{-1}|\\
&= \begin{vmatrix}(\lambda-\lambda_0)\boldsymbol{E}_m & -\boldsymbol{B}\\ \boldsymbol{O} & \lambda\boldsymbol{E}_{n-m}-\boldsymbol{C}\end{vmatrix}\\
&= (\lambda-\lambda_0)^m|\lambda\boldsymbol{E}_{n-m}-\boldsymbol{C}|.
\end{aligned}$$

由于 $\lambda_0$ 仍有可能是多项式 $|\lambda\boldsymbol{E}_{n-m}-\boldsymbol{C}|$ 的根，所以 $\lambda_0$ 的代数重数大于或等于 $m$.

**例 5.9** （特征子空间） 如果 $\lambda$ 是方阵的特征值，则齐次线性方程组 $(\lambda\boldsymbol{E}-\boldsymbol{A})\boldsymbol{x}=\boldsymbol{0}$ 的解空间称为 $\boldsymbol{A}$ 的特征子空间，记作 $\boldsymbol{V}_\lambda$，即

$$\boldsymbol{V}_\lambda=\{\boldsymbol{x}\mid(\lambda\boldsymbol{E}-\boldsymbol{A})\boldsymbol{x}=\boldsymbol{0}\}=\{\boldsymbol{x}\mid\boldsymbol{A}\boldsymbol{x}=\lambda\boldsymbol{x}\}.$$

特征子空间 $\boldsymbol{V}_\lambda$ 的维数就是特征值 $\lambda$ 的几何重数.

在例 5.8 中，矩阵 $\begin{pmatrix}1 & -1 & 1\\ 1 & 3 & -1\\ 1 & 1 & 1\end{pmatrix}$ 的特征值 1 的特征子空间为 $\{k\boldsymbol{\xi}_1\mid\boldsymbol{\xi}_1=(-1,1,1)^{\mathrm{T}}\}$，特征值 2 的特征子空间为

$$\{k_1\boldsymbol{\xi}_2+k_2\boldsymbol{\xi}_3\mid\boldsymbol{\xi}_2=(1,0,1)^{\mathrm{T}},\ \boldsymbol{\xi}_3=(0,1,1)^{\mathrm{T}}\}.$$

在例 5.8 中，矩阵 $\begin{pmatrix}2 & 1 & 0\\ 0 & 2 & 1\\ 0 & 0 & 2\end{pmatrix}$ 的特征值 $\lambda=2$ 的特征子空间为

$$\{k\boldsymbol{\xi}\mid\boldsymbol{\xi}=(1,0,0)^{\mathrm{T}}\}.$$

## 习题 5.1

### A 组

1. 求下列方阵的特征值及特征向量：

(1) $\begin{pmatrix} 0 & 1 \\ 1 & 0 \end{pmatrix}$.　(2) $\begin{pmatrix} 11 & 25 \\ -4 & -9 \end{pmatrix}$.

(3) $\begin{pmatrix} -2 & 1 \\ 5 & 2 \end{pmatrix}$.　(4) $\begin{pmatrix} -1 & 2 \\ 8 & -1 \end{pmatrix}$.

2. 求下列方阵的特征值及特征向量：

(1) $\begin{pmatrix} 3 & 6 & 6 \\ 0 & 2 & 0 \\ -3 & -12 & -6 \end{pmatrix}$.

(2) $\begin{pmatrix} 3 & -2 & 0 \\ -1 & 3 & -1 \\ -5 & 7 & -1 \end{pmatrix}$.

(3) $\begin{pmatrix} 1 & 1 & 1 \\ 1 & 1 & 1 \\ 1 & 1 & 1 \end{pmatrix}$.　(4) $\begin{pmatrix} 4 & -2 & -1 \\ 5 & -2 & -1 \\ -2 & 1 & 1 \end{pmatrix}$.

(5) $\begin{pmatrix} 2 & -8 & -4 \\ -2 & 2 & 2 \\ 7 & -14 & -9 \end{pmatrix}$.

(6) $\begin{pmatrix} 23 & 10 & 16 \\ -8 & -2 & -6 \\ -27 & -11 & -19 \end{pmatrix}$.

3. 求下列方阵的特征值及特征向量：

(1) $\begin{pmatrix} 1 & 1 & 0 & 0 \\ 0 & 1 & 1 & 0 \\ 0 & 0 & 1 & 0 \\ 0 & 0 & 0 & 1 \end{pmatrix}$.

(2) $\begin{pmatrix} 1 & 1 & 1 & 1 \\ 1 & 1 & -1 & -1 \\ 1 & -1 & 1 & -1 \\ 1 & -1 & -1 & 1 \end{pmatrix}$.

4. $\boldsymbol{A}$ 是可逆方阵，$\lambda$ 是 $\boldsymbol{A}$ 的特征值，则 $\dfrac{1}{\lambda}$ 是 $\boldsymbol{A}^{-1}$ 的特征值.

5. 证明下列结论：

(1) 幂零矩阵（存在一个正整数 $k$，使得 $\boldsymbol{A}^k=\boldsymbol{O}$ 的矩阵）的特征值只能是零.

(2) 幂等矩阵（满足条件 $\boldsymbol{A}^2=\boldsymbol{A}$ 的矩阵）的特征值只能是 0 或 1.

(3) 对合矩阵（满足条件 $\boldsymbol{A}^2=\boldsymbol{E}$ 的矩阵）的特征值只能是 1 或 $-1$.

6. 设 $\lambda$ 是方阵 $\boldsymbol{A}$ 的特征值，$k$ 为常数，证明：$k+\lambda$ 是 $k\boldsymbol{E}+\boldsymbol{A}$ 的特征值.

7. 设三阶方阵 $\boldsymbol{A}=\begin{pmatrix} 1 & 1 & 1 \\ 1 & 1 & 1 \\ 1 & 1 & 1 \end{pmatrix}$，求 $\boldsymbol{A}$ 的特征值、特征向量及特征子空间.

8. 设 $\boldsymbol{A}=\begin{pmatrix} k & 1 & 0 \\ 1 & 2 & 1 \\ 0 & 1 & k \end{pmatrix}$ 有一个特征向量为 $\begin{pmatrix} 1 \\ -2 \\ 1 \end{pmatrix}$，求 $k$ 及 $\boldsymbol{A}$ 的三个特征值.

9. 设向量 $\boldsymbol{\alpha}=\begin{pmatrix} 1 \\ k \\ 1 \end{pmatrix}$ 是矩阵 $\boldsymbol{A}=\begin{pmatrix} 2 & 1 & 1 \\ 1 & 2 & 1 \\ 1 & 1 & 2 \end{pmatrix}$ 的逆矩阵的特征向量，求 $k$.

10. 设多项式 $f(t)=t^3-2t^2-t+2$，对一个 $n$ 阶方阵 $\boldsymbol{A}$，利用 $f(t)$ 定义一个新的矩阵 $\boldsymbol{f}(\boldsymbol{A})=\boldsymbol{A}^3-2\boldsymbol{A}^2-\boldsymbol{A}+2\boldsymbol{E}$.

(1) 证明：如果 $\lambda$ 是 $\boldsymbol{A}$ 的特征值，那么 $f(\lambda)$ 是 $f(\boldsymbol{A})$ 的特征值.

(2) 对题 1 中给出的各矩阵 $\boldsymbol{A}$，计算 $f(\boldsymbol{A})$ 的特征值.

11. 设 $m$ 次多项式 $\varphi(x)=a_m x^m+a_{m-1}x^{m-1}+\cdots+a_0$，$\lambda$ 是 $n$ 阶方阵 $\boldsymbol{A}$ 的一个特征值，则 $\varphi(\lambda)$ 是 $n$

阶方阵 $\varphi(\boldsymbol{A})$ 的一个特征值.

### B 组

1. 证明：二阶对称矩阵一定有两个实特征值.

2. 若 $\boldsymbol{A}$ 是 $n$ 阶方阵，证明：$\boldsymbol{A}$ 和 $\boldsymbol{A}^{\mathrm{T}}$ 具有相同的特征值集合.

3. 设 $\boldsymbol{\alpha}$，$\boldsymbol{\beta}$ 是三维列向量，求矩阵 $\boldsymbol{\alpha\beta}^{\mathrm{T}}$ 的特征多项式及特征值.

4. 设 $\boldsymbol{\alpha}$，$\boldsymbol{\beta}$ 是 $n$ 维列向量，求矩阵 $\boldsymbol{\alpha\beta}^{\mathrm{T}}$ 的特征多项式及特征值.

5. 设 $\boldsymbol{A}=\begin{pmatrix}4&-1&-1\\-12&1&5\\4&-2&0\end{pmatrix}$.

（1）求 $\boldsymbol{A}$ 的特征多项式.

（2）求 $\boldsymbol{A}$ 的特征值和特征向量.

（3）求 $\boldsymbol{A}^5$ 及 $\boldsymbol{A}+2\boldsymbol{E}$ 的全部特征值.

6. 证明定理 5.2.

7. 设 $\lambda_1$，$\lambda_2$，…，$\lambda_m$ 是矩阵 $\boldsymbol{A}$ 的 $m$ 个不同的特征值，而向量 $\boldsymbol{x}_{i1}$，$\boldsymbol{x}_{i2}$，…，$\boldsymbol{x}_{ik_i}$ 是一组属于特征值 $\lambda_i$ 的线性无关的特征向量，证明：向量组 $\boldsymbol{x}_{11}$，…，$\boldsymbol{x}_{1k_1}$，$\boldsymbol{x}_{21}$，…$\boldsymbol{x}_{2k_2}$，…，$\boldsymbol{x}_{m1}$，…，$\boldsymbol{x}_{mk_m}$ 一定是线性无关的.

8. 若 $\boldsymbol{A}$ 是二阶方阵，其特征多项式是 $f(t)$，证明：$f(\boldsymbol{A})=\boldsymbol{O}$.

9. 设 $\boldsymbol{A}$，$\boldsymbol{B}$ 分别是 $m$，$n$ 阶方阵，它们的特征多项式分别是 $f_{\boldsymbol{A}}(\lambda)$，$f_{\boldsymbol{B}}(\lambda)$，$\boldsymbol{D}$ 是一个 $m\times n$ 阶矩阵，矩阵 $\boldsymbol{C}=\begin{pmatrix}\boldsymbol{A}&\boldsymbol{D}\\\boldsymbol{O}&\boldsymbol{B}\end{pmatrix}$. 证明：$f_{\boldsymbol{C}}(\lambda)=f_{\boldsymbol{A}}(\lambda)f_{\boldsymbol{B}}(\lambda)$.

10. 计算下列矩阵的特征值及特征向量：

（1）$\begin{pmatrix}1&2&-1&2\\2&4&2&-1\\0&0&1&2\\0&0&-1&-2\end{pmatrix}$.

（2）$\begin{pmatrix}3&-1&0&0\\5&-3&0&0\\0&0&1&-1\\0&0&1&3\end{pmatrix}$.

11. 设 $n>1$ 阶方阵 $\boldsymbol{A}=(a_{ij})_n$ 的定义如下：

$$a_{ii}=1,\ 1\leqslant i\leqslant n;$$

$$a_{ij}=-1,\ i\neq j,\ 1\leqslant i,\ j\leqslant n,$$

（1）证明：$\boldsymbol{A}$ 的特征值是 2 和 $2-n$，且它们的几何重数分别为 $n-1$ 和 1.

（2）求出这两个特征值的一组特征向量.

## 5.2 相似矩阵及矩阵的对角化

### 5.2.1 相似矩阵

**定义 5.3** 若 $\boldsymbol{A}$，$\boldsymbol{B}$ 都是 $n$ 阶方阵，如果存在 $n$ 阶可逆矩阵 $\boldsymbol{P}$，使得 $\boldsymbol{P}^{-1}\boldsymbol{AP}=\boldsymbol{B}$，则称矩阵 $\boldsymbol{A}$ 与 $\boldsymbol{B}$ 相似，记作 $\boldsymbol{A}\sim\boldsymbol{B}$.

例如，$\boldsymbol{A}=\begin{pmatrix}-2&3\\5&-7\end{pmatrix}$，$\boldsymbol{B}=\begin{pmatrix}2&7\\-3&-11\end{pmatrix}$，取 $\boldsymbol{P}=\begin{pmatrix}3&2\\2&1\end{pmatrix}$，则 $\boldsymbol{P}^{-1}=\begin{pmatrix}-1&2\\2&-3\end{pmatrix}$，简单计算可知 $\boldsymbol{P}^{-1}\boldsymbol{AP}=\boldsymbol{B}$，按定义，矩阵 $\boldsymbol{A}$ 与 $\boldsymbol{B}$ 相似. 另外，还容易看出与单位矩阵相似的矩阵只有它自身.

**定理 5.5** 矩阵的相似关系是一种等价关系，即相似关系具有如下三条性质：

（1）反身性：矩阵 $\boldsymbol{A}$ 与自身相似.

（2）对称性：如果矩阵 $\boldsymbol{A}$ 与 $\boldsymbol{B}$ 相似，则矩阵 $\boldsymbol{B}$ 与 $\boldsymbol{A}$ 相似.

（3）传递性：如果矩阵 $\boldsymbol{A}$ 与 $\boldsymbol{B}$ 相似，$\boldsymbol{B}$ 与 $\boldsymbol{C}$ 相似，则矩阵 $\boldsymbol{A}$ 与 $\boldsymbol{C}$ 也相似.

证明只是定义的简单应用，从略.

定理 5.6 表明，相似的矩阵还会有相同的行列式与迹.

**定理 5.6** 相似的矩阵有相同的特征多项式，进而有相同的特征值.

**证** 若矩阵 $\boldsymbol{A}$ 与 $\boldsymbol{B}$ 相似，那么一定存在可逆矩阵 $\boldsymbol{P}$，使得 $\boldsymbol{P}^{-1}\boldsymbol{AP}=\boldsymbol{B}$. 于是 $f_{\boldsymbol{B}}(\lambda)=|\lambda\boldsymbol{E}-\boldsymbol{B}|=|\boldsymbol{P}^{-1}(\lambda\boldsymbol{E})\boldsymbol{P}-\boldsymbol{P}^{-1}\boldsymbol{AP}|=|\boldsymbol{P}^{-1}(\lambda\boldsymbol{E}-\boldsymbol{A})\boldsymbol{P}|=|\lambda\boldsymbol{E}-\boldsymbol{A}|=f_{\boldsymbol{A}}(\lambda)$.

**例 5.10** 由于单位矩阵只能与自身相似，因此矩阵 $\boldsymbol{A}=\begin{pmatrix}1&0\\0&1\end{pmatrix}$ 和 $\boldsymbol{B}=\begin{pmatrix}1&1\\0&1\end{pmatrix}$ 不相似，但它们的特征多项式是相同的，都是 $(\lambda-1)^2$.

**例 5.11** 若方阵 $\boldsymbol{A}$ 与 $\boldsymbol{B}$ 相似，$\boldsymbol{P}$ 是可逆矩阵，且 $\boldsymbol{P}^{-1}\boldsymbol{AP}=\boldsymbol{B}$. 如果 $\boldsymbol{x}_0$ 是 $\boldsymbol{B}$ 的属于特征值 $\lambda_0$ 的特征向量，则 $\boldsymbol{Px}_0$ 是 $\boldsymbol{A}$ 的属于特征值 $\lambda_0$ 的特征向量.

**证** 由题意有，$\boldsymbol{Bx}_0=\lambda_0\boldsymbol{x}_0$ 及 $\boldsymbol{P}^{-1}\boldsymbol{AP}=\boldsymbol{B}$，可得 $\boldsymbol{AP}=\boldsymbol{PB}$. 右乘 $\boldsymbol{x}_0$，得到 $\boldsymbol{A}(\boldsymbol{Px}_0)=\boldsymbol{PBx}_0=\lambda_0\boldsymbol{Px}_0$.

### 5.2.2 矩阵的对角化

如果方阵 $\boldsymbol{A}$ 与一个对角形矩阵相似，则称 $\boldsymbol{A}$ 是可以对角化的. 否则，称 $\boldsymbol{A}$ 不可对角化. 由于对角形的矩阵在计算上比较简单，因此，矩阵的对角化有重要应用.

如果 $n$ 阶矩阵 $\boldsymbol{A}$ 是可以对角化的，根据定义一定存在 $n$ 阶可逆矩阵 $\boldsymbol{P}$，使得

$$\boldsymbol{P}^{-1}\boldsymbol{AP}=\begin{pmatrix}a_1&&&\\&a_2&&\\&&\ddots&\\&&&a_n\end{pmatrix}.$$

在等式两端左乘矩阵 $\boldsymbol{P}$，且把 $\boldsymbol{P}$ 按列分块为 $(\boldsymbol{x}_1,\boldsymbol{x}_2,\cdots,\boldsymbol{x}_n)$，得

$$\boldsymbol{A}(\boldsymbol{x}_1, \boldsymbol{x}_2, \cdots, \boldsymbol{x}_n) = (\boldsymbol{x}_1, \boldsymbol{x}_2, \cdots, \boldsymbol{x}_n)\begin{pmatrix} a_1 & & & \\ & a_2 & & \\ & & \ddots & \\ & & & a_n \end{pmatrix},$$

即

$$(\boldsymbol{A}\boldsymbol{x}_1, \boldsymbol{A}\boldsymbol{x}_2, \cdots, \boldsymbol{A}\boldsymbol{x}_n) = (a_1\boldsymbol{x}_1, a_2\boldsymbol{x}_2, \cdots, a_n\boldsymbol{x}_n).$$

这样就有 $\boldsymbol{A}\boldsymbol{x}_i = a_i\boldsymbol{x}_i$，$1 \leqslant i \leqslant n$. 由定义 5.1 可以知道，$a_i$ 是 $\boldsymbol{A}$ 的特征值，$\boldsymbol{x}_i$ 恰是 $a_i$ 的一个特征向量，$1 \leqslant i \leqslant n$. 因此，矩阵 $\boldsymbol{A}$ 有 $n$ 个线性无关的特征向量，而与 $\boldsymbol{A}$ 相似的对角阵恰是由 $\boldsymbol{A}$ 的全部特征值为对角线元素的矩阵.

反之，如果 $n$ 阶矩阵 $\boldsymbol{A}$ 有 $n$ 个线性无关的特征向量 $\boldsymbol{x}_1, \boldsymbol{x}_2, \cdots, \boldsymbol{x}_n$，它们相应的特征值依次为 $\lambda_1, \lambda_2, \cdots, \lambda_n$，则有 $\boldsymbol{A}\boldsymbol{x}_i = \lambda_i\boldsymbol{x}_i$，$1 \leqslant i \leqslant n$，于是

$$(\boldsymbol{A}\boldsymbol{x}_1, \boldsymbol{A}\boldsymbol{x}_2, \cdots, \boldsymbol{A}\boldsymbol{x}_n) = (\lambda_1\boldsymbol{x}_1, \lambda_2\boldsymbol{x}_2, \cdots, \lambda_n\boldsymbol{x}_n),$$

所以

$$\boldsymbol{A}(\boldsymbol{x}_1, \boldsymbol{x}_2, \cdots, \boldsymbol{x}_n) = (\boldsymbol{x}_1, \boldsymbol{x}_2, \cdots, \boldsymbol{x}_n)\begin{pmatrix} \lambda_1 & & & \\ & \lambda_2 & & \\ & & \ddots & \\ & & & \lambda_n \end{pmatrix}.$$

记 $\boldsymbol{P} = (\boldsymbol{x}_1, \boldsymbol{x}_2, \cdots, \boldsymbol{x}_n)$，则 $\boldsymbol{P}$ 可逆，且有

$$\boldsymbol{A}\boldsymbol{P} = \boldsymbol{P}\begin{pmatrix} \lambda_1 & & & \\ & \lambda_2 & & \\ & & \ddots & \\ & & & \lambda_n \end{pmatrix},$$

即

$$\boldsymbol{P}^{-1}\boldsymbol{A}\boldsymbol{P} = \begin{pmatrix} \lambda_1 & & & \\ & \lambda_2 & & \\ & & \ddots & \\ & & & \lambda_n \end{pmatrix}.$$

称对角形矩阵$\begin{pmatrix}\lambda_1 & & & \\ & \lambda_2 & & \\ & & \ddots & \\ & & & \lambda_n\end{pmatrix}$为矩阵 $\boldsymbol{A}$ 的相似标准形.

这样，我们就得到如下的定理：

**定理 5.7** $n$ 阶方阵 $\boldsymbol{A}$ 可以对角化的充分必要条件是 $\boldsymbol{A}$ 有 $n$ 个线性无关的特征向量.

**推论** 如果 $n$ 阶方阵 $\boldsymbol{A}$ 有 $n$ 个互不相同的特征值，则 $\boldsymbol{A}$ 一定可以对角化.

需要注意的是，并不是每个矩阵都可以对角化的，比如方阵$\begin{pmatrix}1 & 1\\ 0 & 1\end{pmatrix}$等. 下面我们不加证明地给出几个判断矩阵能否对角化的充分必要条件.

特征值的几何重数一定大于等于 1.

**定理 5.8** 设 $\lambda_1$，$\lambda_2$，…，$\lambda_s$ 是 $n$ 阶方阵 $\boldsymbol{A}$ 的全部不同的特征值，它们的代数重数依次为 $n_1$，$n_2$，…，$n_s$，这里 $n_1+n_2+\cdots+n_s=n$. 那么，下面几个条件等价：

（1）矩阵 $\boldsymbol{A}$ 可以对角化.

（2）对每一个 $i$，$1\leqslant i\leqslant s$，都有 $\mathrm{r}(\lambda_i\boldsymbol{E}-\boldsymbol{A})=n-n_i$.

（3）对每一个 $i$，$1\leqslant i\leqslant s$，$\lambda_i$ 都恰好有 $n_i$ 个线性无关的特征向量.

（4）对每一个 $i$，$1\leqslant i\leqslant s$，$\lambda_i$ 的代数重数都等于它的几何重数.

（5）矩阵 $\boldsymbol{A}$ 有 $n$ 个线性无关的特征向量.

**推论** 设 $\lambda_1$，$\lambda_2$，…，$\lambda_s$ 是 $n$ 阶方阵 $\boldsymbol{A}$ 的全部不同的特征值，它们的代数重数依次为 $n_1$，$n_2$…，$n_s$，这里 $n_1+n_2+\cdots+n_s=n$. 那么下面几个条件等价：

（1）矩阵 $\boldsymbol{A}$ 不能对角化.

（2）对某个 $1\leqslant i\leqslant s$，有 $\mathrm{r}(\lambda_i\boldsymbol{E}-\boldsymbol{A})>n-n_i$.

（3）矩阵 $\boldsymbol{A}$ 没有 $n$ 个线性无关的特征向量.

**例 5.12** 在例 5.3 中，$\boldsymbol{A}=\begin{pmatrix}-3 & 1\\ 1 & -3\end{pmatrix}$，特征值为 $-2$，$-4$，对应的特征向量是$\begin{pmatrix}1\\1\end{pmatrix}$，$\begin{pmatrix}1\\-1\end{pmatrix}$. 取 $\boldsymbol{P}=\begin{pmatrix}1 & 1\\ 1 & -1\end{pmatrix}$，则有 $\boldsymbol{P}^{-1}\boldsymbol{A}\boldsymbol{P}=$

$$\begin{pmatrix} -2 & \\ & -4 \end{pmatrix}.$$

**例 5.13** 在例 5.4 中，取 $\boldsymbol{P}=\begin{pmatrix} -1 & 1 & 0 \\ 1 & 0 & 1 \\ 1 & 1 & 1 \end{pmatrix}$，则 $\boldsymbol{P}^{-1}\boldsymbol{A}\boldsymbol{P}=$

$$\begin{pmatrix} 1 & & \\ & 2 & \\ & & 2 \end{pmatrix}.$$

**例 5.14** 若二阶实方阵 $\boldsymbol{A}$ 的行列式 $|\boldsymbol{A}|<0$，则 $\boldsymbol{A}$ 可以对角化.

证 设方阵 $\boldsymbol{A}$ 的特征值是 $\lambda_1$，$\lambda_2$，由定理 5.3 有，$\lambda_1\lambda_2=|\boldsymbol{A}|<0$，因此，$\boldsymbol{A}$ 有两个实特征值，并且一正一负. 由定理 5.7 的推论知 $\boldsymbol{A}$ 一定可以对角化.

**例 5.15** 证明：$n>1$ 阶方阵 $\boldsymbol{A}=\begin{pmatrix} a & 1 & & & \\ & a & \ddots & & \\ & & \ddots & \ddots & \\ & & & a & 1 \\ & & & & a \end{pmatrix}$ 一定不能对角化.

证 首先，容易得到方阵 $\boldsymbol{A}$ 的特征多项式为 $f_{\boldsymbol{A}}(\lambda)=(\lambda-a)^n$，所以，$\boldsymbol{A}$ 只有一个 $n$ 重特征值 $a$. 另一方面，由于

$$a\boldsymbol{E}-\boldsymbol{A}=\begin{pmatrix} 0 & -1 & & & \\ & 0 & \ddots & & \\ & & \ddots & \ddots & \\ & & & 0 & -1 \\ & & & & 0 \end{pmatrix},$$

显然有 $\mathrm{r}(a\boldsymbol{E}-\boldsymbol{A})=n-1\neq 0$. 根据定理 5.8 的推论的等价条件（2），可以得到 $\boldsymbol{A}$ 不能对角化.

在本例中可以清楚地看到，$\boldsymbol{A}$ 的 $n$ 重特征值 $a$ 只有一个线性无关的特征向量.

**例 5.16** 设 $\boldsymbol{A}=\begin{pmatrix} 5 & -6 & -6 \\ -1 & 4 & 2 \\ 3 & -6 & -4 \end{pmatrix}$，计算 $\boldsymbol{A}^n$.

解　直接计算 $\boldsymbol{A}^n$ 很不方便，可以先把 $\boldsymbol{A}$ 对角化后再计算.

$\boldsymbol{A}$ 的特征多项式为

$$\begin{aligned}
f_{\boldsymbol{A}}(\lambda) &= |\lambda\boldsymbol{E}-\boldsymbol{A}| \\
&= \begin{vmatrix} \lambda-5 & 6 & 6 \\ 1 & \lambda-4 & -2 \\ -3 & 6 & \lambda+4 \end{vmatrix} \\
&= \begin{vmatrix} \lambda-5 & 6 & 0 \\ 1 & \lambda-4 & -\lambda+2 \\ -3 & 6 & \lambda-2 \end{vmatrix} \\
&= \begin{vmatrix} \lambda-5 & 6 & 0 \\ -2 & \lambda+2 & 0 \\ -3 & 6 & \lambda-2 \end{vmatrix} \\
&= (\lambda-2)[(\lambda-5)(\lambda+2)+12] \\
&= (\lambda-1)(\lambda-2)^2.
\end{aligned}$$

$\boldsymbol{A}$ 的三个特征值为 $\lambda_1=\lambda_2=2$，$\lambda_3=1$. 进一步计算得到，$\boldsymbol{A}$ 的属于特征值 2 的特征向量为 $\begin{pmatrix}2\\0\\1\end{pmatrix}$，$\begin{pmatrix}2\\1\\0\end{pmatrix}$，属于特征值 1 的特征向量为 $\begin{pmatrix}-3\\1\\-3\end{pmatrix}$.

令 $\boldsymbol{P}=\begin{pmatrix}2&2&-3\\0&1&1\\1&0&-3\end{pmatrix}$，于是有 $\boldsymbol{P}^{-1}\boldsymbol{A}\boldsymbol{P}=\begin{pmatrix}2&&\\&2&\\&&1\end{pmatrix}$，即 $\boldsymbol{A}=\boldsymbol{P}\begin{pmatrix}2&&\\&2&\\&&1\end{pmatrix}\boldsymbol{P}^{-1}$，这样

$$\begin{aligned}
\boldsymbol{A}^n &= \left(\boldsymbol{P}\begin{pmatrix}2&&\\&2&\\&&1\end{pmatrix}\boldsymbol{P}^{-1}\right)^n = \boldsymbol{P}\begin{pmatrix}2&&\\&2&\\&&1\end{pmatrix}^n\boldsymbol{P}^{-1} \\
&= \begin{pmatrix}2&2&-3\\0&1&1\\1&0&-3\end{pmatrix}\begin{pmatrix}2^n&&\\&2^n&\\&&1\end{pmatrix}\begin{pmatrix}3&-6&-5\\-1&3&2\\1&-2&-2\end{pmatrix}
\end{aligned}$$

$$= \begin{pmatrix} 2^{n+2}-3 & -3\times 2^{n+1}+6 & -3\times 2^{n+1}+6 \\ -2^n+1 & 3\times 2^n-2 & 2^{n+1}-2 \\ 3\times 2^n-3 & -3\times 2^{n+1}+6 & -5\times 2^n+6 \end{pmatrix}.$$

**例 5.17** 设 $\boldsymbol{A}=\begin{pmatrix} 3 & 2 & -1 \\ -2 & -2 & 2 \\ 3 & 6 & -1 \end{pmatrix}$，计算 $\boldsymbol{A}^n$.

**解** 直接计算 $\boldsymbol{A}^n$ 不方便的，先把 $\boldsymbol{A}$ 对角化后再行计算 . $\boldsymbol{A}$ 的特征多项式为

$$f_A(\lambda)=|\lambda\boldsymbol{E}-\boldsymbol{A}|=\begin{vmatrix} \lambda-3 & -2 & 1 \\ 2 & \lambda+2 & -2 \\ -3 & -6 & \lambda+1 \end{vmatrix}$$

$$=\begin{vmatrix} \lambda-3 & -2 & 1 \\ 2\lambda-4 & \lambda-2 & 0 \\ -3 & -6 & \lambda+1 \end{vmatrix}$$

$$=(\lambda-2)\begin{vmatrix} \lambda-3 & -2 & 1 \\ 2 & 1 & 0 \\ -3 & -6 & \lambda+1 \end{vmatrix}$$

$$=(\lambda-2)\begin{vmatrix} \lambda+1 & -2 & 1 \\ 0 & 1 & 0 \\ 9 & -6 & \lambda+1 \end{vmatrix}$$

$$=(\lambda-2)[(\lambda+1)^2-9]$$

$$=(\lambda-2)^2(\lambda+4).$$

$\boldsymbol{A}$ 的三个特征值为 $\lambda_1=\lambda_2=2$，$\lambda_3=-4$. 进一步计算得到，$\boldsymbol{A}$ 的属于特征值 2 的特征向量为 $\begin{pmatrix} -2 \\ 1 \\ 0 \end{pmatrix}$，$\begin{pmatrix} 1 \\ 0 \\ 1 \end{pmatrix}$，属于特征值 1 的特征向量为 $\begin{pmatrix} 1 \\ -2 \\ 3 \end{pmatrix}$.

令 $\boldsymbol{P}=\begin{pmatrix} -2 & 1 & 1 \\ 1 & 0 & -2 \\ 0 & 1 & 3 \end{pmatrix}$，于是有 $\boldsymbol{P}^{-1}\boldsymbol{A}\boldsymbol{P}=\begin{pmatrix} 2 & & \\ & 2 & \\ & & -4 \end{pmatrix}$，即 $\boldsymbol{A}=$

$$\boldsymbol{P}\begin{pmatrix}2 & & \\ & 2 & \\ & & -4\end{pmatrix}\boldsymbol{P}^{-1}$$，这样

$$\boldsymbol{A}^n=\left(\boldsymbol{P}\begin{pmatrix}2 & & \\ & 2 & \\ & & -4\end{pmatrix}\boldsymbol{P}^{-1}\right)^n=\boldsymbol{P}\begin{pmatrix}2 & & \\ & 2 & \\ & & -4\end{pmatrix}^n\boldsymbol{P}^{-1}$$

$$=\frac{1}{6}\begin{pmatrix}-2 & 1 & 1\\ 1 & 0 & -2\\ 0 & 1 & 3\end{pmatrix}\begin{pmatrix}2^n & 0 & 0\\ 0 & 2^n & 0\\ 0 & 0 & (-1)^n2^{2n}\end{pmatrix}\begin{pmatrix}-2 & 2 & 2\\ 3 & 6 & 3\\ -1 & -2 & 1\end{pmatrix}$$

$$=$$

$$\frac{1}{3}\begin{pmatrix}7\cdot 2^{n-1}+(-1)^{n-1}2^{2n-1} & 2^n+(-1)^{n-1}2^{2n} & -2^{n-1}+(-1)^n2^{2n-1}\\ -2^n+(-1)^{n-1}2^{2n} & 2^n+(-1)^n2^{2n+1} & 2^n+(-1)^{n-1}2^{2n}\\ 3\cdot 2^{n-1}+3(-1)^{n-1}2^{2n-1} & 3\cdot 2^n+3(-1)^{n-1}2^{2n} & 3\cdot 2^{n-1}+3(-1)^n2^{2n-1}\end{pmatrix}$$

**例 5.18** 若数列 $F_n(n\geqslant 0)$ 满足条件 $F_0=F_1=1$，$F_{n+2}=F_{n+1}+F_n$，则称之为 Fibonacci 数列．求 $F_n$.

**解** 设一组二维向量$\begin{pmatrix}F_n\\ F_{n+1}\end{pmatrix}$，$n\geqslant 0$，则题目中的条件用矩阵的形式表达为

$$\begin{pmatrix}F_{n+1}\\ F_{n+2}\end{pmatrix}=\begin{pmatrix}F_{n+1}\\ F_{n+1}+F_n\end{pmatrix}=\begin{pmatrix}0 & 1\\ 1 & 1\end{pmatrix}\begin{pmatrix}F_n\\ F_{n+1}\end{pmatrix}.$$

于是，容易得到

$$\begin{pmatrix}F_n\\ F_{n+1}\end{pmatrix}=\begin{pmatrix}0 & 1\\ 1 & 1\end{pmatrix}\begin{pmatrix}F_{n-1}\\ F_n\end{pmatrix}=\begin{pmatrix}0 & 1\\ 1 & 1\end{pmatrix}^2\begin{pmatrix}F_{n-2}\\ F_{n-1}\end{pmatrix}=\cdots=\begin{pmatrix}0 & 1\\ 1 & 1\end{pmatrix}^n\begin{pmatrix}F_0\\ F_1\end{pmatrix} \quad ①$$

记矩阵 $\boldsymbol{A}=\begin{pmatrix}0 & 1\\ 1 & 1\end{pmatrix}$，则 $\boldsymbol{A}$ 的特征多项式为 $f_{\boldsymbol{A}}(\lambda)=\lambda^2-\lambda-1$，$\boldsymbol{A}$ 的特征值是

$$\lambda_1=\frac{1+\sqrt{5}}{2},\ \lambda_2=\frac{1-\sqrt{5}}{2},$$

对应的特征向量为$\begin{pmatrix}1\\ \lambda_1\end{pmatrix}$，$\begin{pmatrix}1\\ \lambda_2\end{pmatrix}$．取 $\boldsymbol{P}=\begin{pmatrix}1 & 1\\ \lambda_1 & \lambda_2\end{pmatrix}$，则 $\boldsymbol{P}^{-1}=-\frac{1}{\sqrt{5}}\cdot\begin{pmatrix}\lambda_2 & -1\\ -\lambda_1 & 1\end{pmatrix}$，且 $\boldsymbol{P}^{-1}\boldsymbol{A}\boldsymbol{P}=\begin{pmatrix}\lambda_1 & \\ & \lambda_2\end{pmatrix}$．于是有 $\boldsymbol{A}=\boldsymbol{P}\begin{pmatrix}\lambda_1 & \\ & \lambda_2\end{pmatrix}\boldsymbol{P}^{-1}$，

代入式①得

$$\begin{pmatrix} F_n \\ F_{n+1} \end{pmatrix} = \boldsymbol{A}^n \begin{pmatrix} F_0 \\ F_1 \end{pmatrix}$$

$$= -\frac{1}{\sqrt{5}}\begin{pmatrix} 1 & 1 \\ \lambda_1 & \lambda_2 \end{pmatrix}\begin{pmatrix} \lambda_1 & \\ & \lambda_2 \end{pmatrix}^n \begin{pmatrix} \lambda_2 & -1 \\ -\lambda_1 & 1 \end{pmatrix}\begin{pmatrix} 1 \\ 1 \end{pmatrix}$$

$$= -\frac{1}{\sqrt{5}}\begin{pmatrix} \lambda_1^n & \lambda_2^n \\ \lambda_1^{n+1} & \lambda_2^{n+1} \end{pmatrix}\begin{pmatrix} \lambda_2 & -1 \\ -\lambda_1 & 1 \end{pmatrix}\begin{pmatrix} 1 \\ 1 \end{pmatrix}$$

$$= -\frac{1}{\sqrt{5}}\begin{pmatrix} \lambda_1^n\lambda_2 - \lambda_1\lambda_2^n & \lambda_2^n - \lambda_1^n \\ \lambda_1^{n+1}\lambda_2 - \lambda_1\lambda_2^{n+1} & \lambda_2^{n+1} - \lambda_1^{n+1} \end{pmatrix}\begin{pmatrix} 1 \\ 1 \end{pmatrix}$$

$$= -\frac{1}{\sqrt{5}}\begin{pmatrix} \lambda_2^{n-1} - \lambda_1^{n-1} & \lambda_2^n - \lambda_1^n \\ \lambda_2^n - \lambda_1^n & \lambda_2^{n+1} - \lambda_1^{n+1} \end{pmatrix}\begin{pmatrix} 1 \\ 1 \end{pmatrix}$$

$$= -\frac{1}{\sqrt{5}}\begin{pmatrix} \lambda_2^n - \lambda_1^n + \lambda_2^{n-1} - \lambda_1^{n-1} \\ \lambda_2^{n+1} - \lambda_1^{n+1} + \lambda_2^n - \lambda_1^n \end{pmatrix}$$

这样就得到

$$\begin{aligned} F_n &= -\frac{1}{\sqrt{5}}(\lambda_2^n - \lambda_1^n + \lambda_2^{n-1} - \lambda_1^{n-1}) \\ &= \frac{1}{\sqrt{5}}(\lambda_1^n + \lambda_1^{n-1} - \lambda_2^n - \lambda_2^{n-1}) \\ &= \frac{1}{\sqrt{5}}(\lambda_1^{n+1} - \lambda_2^{n+1}) \\ &= \frac{1}{\sqrt{5}}\left(\left(\frac{1+\sqrt{5}}{2}\right)^{n+1} - \left(\frac{1-\sqrt{5}}{2}\right)^{n+1}\right). \end{aligned}$$

***例 5.19** 讨论由两个关于自变量 $t$ 的函数 $x_1(t)$，$x_2(t)$ 构成的关于 $t$ 的常微分方程组

$$\begin{cases} \dfrac{\mathrm{d}x_1}{\mathrm{d}t} = a_1x_1 + a_2x_2 \\ \dfrac{\mathrm{d}x_2}{\mathrm{d}t} = b_1x_1 + b_2x_2 \end{cases} \qquad ①$$

（$a_1$，$a_2$，$b_1$，$b_2$ 都是已知常数）的求解问题.

在高等数学中，我们已经研究过齐次线性微分方程 $\dfrac{\mathrm{d}x}{\mathrm{d}t} = ax$ 的求

解问题，并知道这个方程的通解是 $x(t)=c\mathrm{e}^{at}$，其中 $c$ 是任意常数.

我们引入如下记号. 首先，记 $\boldsymbol{X}=\begin{pmatrix}x_1(t)\\x_2(t)\end{pmatrix}$，$\boldsymbol{X}'=\begin{pmatrix}x_1'(t)\\x_2'(t)\end{pmatrix}$，容易验证，对于矩阵 $\boldsymbol{B}$，有等式 $(\boldsymbol{BX})'=\boldsymbol{BX}'$ 成立. 利用这一记号，微分方程组①可以写成矩阵形式 $\boldsymbol{X}'=\boldsymbol{AX}$，其中矩阵 $\boldsymbol{A}=\begin{pmatrix}a_1&a_2\\b_1&b_2\end{pmatrix}$.

如果矩阵 $\boldsymbol{A}$ 可以对角化，即存在可逆矩阵 $\boldsymbol{P}$，使得 $\boldsymbol{P}^{-1}\boldsymbol{AP}=\begin{pmatrix}\lambda_1&\\&\lambda_2\end{pmatrix}$ 成立，$\lambda_1$，$\lambda_2$ 是矩阵 $\boldsymbol{A}$ 的两个特征值. 引入新的向量 $\boldsymbol{Y}=\begin{pmatrix}y_1(t)\\y_2(t)\end{pmatrix}=\boldsymbol{P}^{-1}\begin{pmatrix}x_1(t)\\x_2(t)\end{pmatrix}$，那么微分方程组①就可以写成 $\boldsymbol{X}'=\boldsymbol{P}\begin{pmatrix}\lambda_1&\\&\lambda_2\end{pmatrix}\boldsymbol{P}^{-1}\boldsymbol{X}$ 的形式. 用矩阵 $\boldsymbol{P}^{-1}$ 左乘等式两端，得 $\boldsymbol{P}^{-1}\boldsymbol{X}'=\begin{pmatrix}\lambda_1&\\&\lambda_2\end{pmatrix}\boldsymbol{P}^{-1}\boldsymbol{X}$，利用刚刚引入的记号就是 $\boldsymbol{Y}'=\begin{pmatrix}\lambda_1&\\&\lambda_2\end{pmatrix}\boldsymbol{Y}$，写成方程组的形式就是 $\begin{cases}\dfrac{\mathrm{d}y_1}{\mathrm{d}t}=\lambda_1y_1\\\dfrac{\mathrm{d}y_2}{\mathrm{d}t}=\lambda_2y_2\end{cases}$. 显然，这个微分方程组的解为 $\begin{cases}y_1(t)=c_1\mathrm{e}^{\lambda_1t}\\y_2(t)=c_2\mathrm{e}^{\lambda_2t}\end{cases}$，或 $\boldsymbol{Y}=\begin{pmatrix}c_1\mathrm{e}^{\lambda_1t}\\c_2\mathrm{e}^{\lambda_2t}\end{pmatrix}$. 于是，由 $\boldsymbol{X}=\boldsymbol{PY}$，可以求出 $\boldsymbol{X}$.

***例 5.20** 研究二阶线性微分方程 $x''(t)+ax'(t)+bx(t)=0$ 的解法.

首先，记 $x_1(t)=x(t)$，$x_2(t)=x_1'(t)$，那么有

$$x_1'(t)=x_2(t),\ x_2'(t)=-bx_1(t)-ax_2(t).$$

于是，二阶线性微分方程 $x''(t)+ax'(t)+bx(t)=0$ 就可以转化为等价的微分方程组

$$\begin{cases}x_1'(t)= & x_2(t)\\x_2'(t)=-bx_1(t)-ax_2(t)\end{cases}.$$

利用例 5.17 的方法就可以求解.

在这里，容易看到方程组的系数矩阵是 $\begin{pmatrix}0&1\\-b&-a\end{pmatrix}$，而这个矩

阵的特征多项式恰好是 $\lambda^2+a\lambda+b$，通常我们把这个多项式称为微分方程 $x''(t)+ax'(t)+bx(t)=0$ 的特征多项式.



*例 5.21 解线性微分方程组 $\begin{cases}\dfrac{dx_1}{dt}=3x_1-x_2\\ \dfrac{dx_2}{dt}=5x_1-3x_2\end{cases}$.

解　记 $\boldsymbol{X}=\begin{pmatrix}x_1(t)\\x_2(t)\end{pmatrix}$，$\boldsymbol{A}=\begin{pmatrix}3&-1\\5&-3\end{pmatrix}$，方程组的矩阵形式是 $\boldsymbol{X}'=\boldsymbol{AX}$.

通过计算得到 $\boldsymbol{A}$ 的特征多项式为 $\lambda^2-4$，特征值分别为 2，$-2$，特征值所对应的特征向量分别为 $\begin{pmatrix}1\\1\end{pmatrix}$，$\begin{pmatrix}1\\5\end{pmatrix}$. 记 $\boldsymbol{P}=\begin{pmatrix}1&1\\1&5\end{pmatrix}$，则 $\boldsymbol{P}^{-1}\boldsymbol{AP}=\begin{pmatrix}2&0\\0&-2\end{pmatrix}$.

利用变换 $\boldsymbol{X}=\boldsymbol{PY}$，可以把方程 $\boldsymbol{X}'=\boldsymbol{AX}$ 化为 $\boldsymbol{Y}'=\begin{pmatrix}2&0\\0&-2\end{pmatrix}\boldsymbol{Y}$，即 $\begin{cases}\dfrac{dy_1}{dt}=2y_1\\ \dfrac{dy_2}{dt}=-2y_2\end{cases}$，其解为 $\begin{cases}y_1=c_1e^{2t}\\y_2=c_2e^{-2t}\end{cases}$，矩阵形式为 $\boldsymbol{Y}=\begin{pmatrix}c_1e^{2t}\\c_2e^{-2t}\end{pmatrix}$. 代入 $\boldsymbol{X}=\boldsymbol{PY}$，得

$$\boldsymbol{X}=\begin{pmatrix}1&1\\1&5\end{pmatrix}\begin{pmatrix}c_1e^{2t}\\c_2e^{-2t}\end{pmatrix}=\begin{pmatrix}c_1e^{2t}+c_2e^{-2t}\\c_1e^{2t}+5c_2e^{-2t}\end{pmatrix}.$$

注意，最后的解可以写为 $\boldsymbol{X}=c_1e^{2t}\begin{pmatrix}1\\1\end{pmatrix}+c_2e^{-2t}\begin{pmatrix}1\\5\end{pmatrix}$ 的形式.

例 5.19 ~ 例 5.21 讨论的问题还可以一般化.

## 习　题　5.2

### A　组

1. 下列方阵是否可以对角化？如果可以，给出与其相似的对角阵；如果不行，说明原因.

(1) $\begin{pmatrix}1&-1\\0&1\end{pmatrix}$.　　(2) $\begin{pmatrix}-7&11\\2&-4\end{pmatrix}$.

2. 对下列矩阵 $\boldsymbol{A}$，求可逆方阵 $\boldsymbol{P}$，使得 $\boldsymbol{P}^{-1}\boldsymbol{AP}$ 是对角形矩阵.

(1) $\begin{pmatrix}2&1&-1\\1&2&-1\\1&1&0\end{pmatrix}$.

(2) $\begin{pmatrix}1&2&3\\2&1&3\\3&3&6\end{pmatrix}$.

(3) $\begin{pmatrix}0&-2&-2\\2&-4&-2\\-2&2&0\end{pmatrix}$.

(4) $\begin{pmatrix}8&-2&-1\\-2&5&-2\\-3&-6&6\end{pmatrix}$.

3. 设下列方阵为 $\boldsymbol{A}$，计算 $\boldsymbol{A}^n$.

(1) $\begin{pmatrix}7&-12&6\\10&-19&10\\12&-24&13\end{pmatrix}$.

(2) $\begin{pmatrix}3&0&0\\9&6&5\\-12&-6&-5\end{pmatrix}$.

(3) $\begin{pmatrix}122&-100\\150&-123\end{pmatrix}$.

(4) $\begin{pmatrix}10&4\\-24&-10\end{pmatrix}$.

4. 设 $\boldsymbol{A}$，$\boldsymbol{B}$ 都是 $n$ 阶方阵，且 $\boldsymbol{A}$ 与 $\boldsymbol{B}$ 相似，证明：$\boldsymbol{A}^k$ 与 $\boldsymbol{B}^k$ 也相似，其中 $k$ 是自然数.

5. 若 $\boldsymbol{A}$，$\boldsymbol{B}$ 是 $m$ 阶方阵，$\boldsymbol{C}$，$\boldsymbol{D}$ 是 $n$ 阶方阵，且 $\boldsymbol{A}\sim\boldsymbol{B}$，$\boldsymbol{C}\sim\boldsymbol{D}$，证明：$\begin{pmatrix}\boldsymbol{A}&\boldsymbol{O}\\\boldsymbol{O}&\boldsymbol{C}\end{pmatrix}\sim\begin{pmatrix}\boldsymbol{B}&\boldsymbol{O}\\\boldsymbol{O}&\boldsymbol{D}\end{pmatrix}$.

6. 设方阵 $\boldsymbol{A}$ 可以对角化，证明：

(1) $\boldsymbol{A}^{\mathrm{T}}$与 $\boldsymbol{A}$ 相似；

(2) 存在可逆矩阵 $\boldsymbol{Y}$，使得 $\boldsymbol{AY}-\boldsymbol{YA}^{\mathrm{T}}=\boldsymbol{O}$.

7. 设 $\boldsymbol{A}=\begin{pmatrix}1&0&0&0\\a&1&0&0\\2&b&2&0\\2&3&c&2\end{pmatrix}$. 问 $a$，$b$，$c$ 取何值时，$\boldsymbol{A}$ 可以对角化？

8. 证明：$n$ 阶下三角矩阵 $\begin{pmatrix}1&&&&\\1&2&&&\\1&2&3&&\\\vdots&\vdots&\vdots&\ddots&\\1&2&3&\cdots&n\end{pmatrix}$ 一定可以对角化. 并求出其相似标准形.

## B 组

1. 设 $x_n$ 是数列，且 $x_1=1$，$x_2=4$，$x_n=3x_{n-1}-2x_{n-2}$，$n\geqslant3$. 求 $x_n$.

2. 设 $x_n$ 是数列，且 $x_1=2$，$x_2=-3$，$x_n=7x_{n-1}-12x_{n-2}$，$n\geqslant3$. 求 $x_n$.

3. 设有三个数列 $x_n$，$y_n$，$z_n$，满足条件 $x_1=1$，$y_1=2$，$z_1=-1$ 及

$$\begin{cases}x_{n+1}=5x_n-3y_n+2z_n\\y_{n+1}=6x_n-4y_n+4z_n\\z_{n+1}=4x_n-4y_n+5z_n\end{cases}$$

$n\geqslant1$，求 $x_n$，$y_n$，$z_n$.

4. 证明：$n$ 阶上三角矩阵 $\begin{pmatrix}1&1&1&\cdots&1\\&1&1&\cdots&1\\&&\ddots&\ddots&\vdots\\&&&\ddots&1\\&&&&1\end{pmatrix}$ 一定不能对角化.

5. 设矩阵 $\boldsymbol{A}$ 与 $\boldsymbol{B}$ 相似，且 $\boldsymbol{A}=\begin{pmatrix}1&-1&1\\2&4&-2\\-3&-3&a\end{pmatrix}$，$\boldsymbol{B}=\begin{pmatrix}2&&\\&2&\\&&b\end{pmatrix}$.

(1) 求 $a$，$b$ 的值.

(2) 求可逆矩阵 $\boldsymbol{P}$，使 $\boldsymbol{P}^{-1}\boldsymbol{AP}=\boldsymbol{B}$.

6. 设 $\boldsymbol{A}$，$\boldsymbol{B}$ 是两个 $n$ 阶矩阵，且 $\boldsymbol{A}$ 的 $n$ 个特征值两两相异，若 $\boldsymbol{A}$ 的特征向量恒为 $\boldsymbol{B}$ 的特征向量，则 $\boldsymbol{AB}=\boldsymbol{BA}$.

7. 若两个方阵相似，则它们的伴随矩阵也相似.

8. 若 $\boldsymbol{A}^2=\boldsymbol{A}$，且矩阵 $\boldsymbol{A}$ 的秩 $r(\boldsymbol{A})=r$，求 $\boldsymbol{A}$ 的相似标准形.

9. 若 $\boldsymbol{A}^2=\boldsymbol{E}$，求 $\boldsymbol{A}$ 的相似标准形.

10. 设 $\boldsymbol{A}$ 是幂零矩阵，且 $\boldsymbol{A}\neq\boldsymbol{O}$，证明：$\boldsymbol{A}$ 不能对角化.

11. 若一个二阶方阵 $\boldsymbol{A}$ 的行列式是 8，主对角线的元素之和是 6. 求 $\boldsymbol{A}$ 的相似标准形.

## C 组

1. 解下列微分方程组：

(1) $\begin{cases}\dfrac{dx_1}{dt}=x_1+2x_2\\ \dfrac{dx_2}{dt}=4x_1+8x_2\end{cases}$.

(2) $\begin{cases}\dfrac{dx_1}{dt}=2x_1-x_2\\ \dfrac{dx_2}{dt}=-x_1+2x_2\end{cases}$.

(3) $\begin{cases}\dfrac{dx_1}{dt}=x_1-2x_2\\ \dfrac{dx_2}{dt}=x_1+4x_2\end{cases}$，$x_1(0)=x_2(0)=1$.

(4) $\begin{cases}\dfrac{dx_1}{dt}=3x_1+x_2+x_3\\ \dfrac{dx_2}{dt}=-12x_1+5x_3\\ \dfrac{dx_3}{dt}=4x_1-2x_2-x_3\end{cases}$.

(5) $\begin{cases}\dfrac{dx_1}{dt}=x_1+x_2+x_3\\ \dfrac{dx_2}{dt}=3x_2+3x_3\\ \dfrac{dx_3}{dt}=-2x_1+x_2+x_3\end{cases}$，$x_1(0)=3$，$x_2(0)=3$，$x_3(0)=1$.

2. 解下列微分方程：

(1) $x''+4x'+3x=0$.

(2) $x''-5x'+6x=0$.

(3) $x''-7x'+6x=0$，$x(0)=x'(0)=1$.

(4) $x''-6x'+8x=8t+10$.

3. 著名的欧拉公式是 $e^{ix}=\cos x+i\sin x$，其中 $i^2=-1$，$x$ 是实数. 用 $e^x$，$\sin x$，$\cos x$ 的幂级数展开式可以在形式上证明这个恒等式. 令 $x=\pi$，可以得到最优美的数学公式之一：$e^{i\pi}+1=0$. 值得注意的是，这个公式中出现了五个最为重要的数字：1，0，π，e，i.

1——计数的单位，也是你最先认识的数.

0——表示什么也没有的数，当然没有 0 也不会有负数概念.

π——圆周率，人们研究得最多的数字.

e——自然对数的底数.

i——虚数单位.

请利用欧拉公式解下列微分方程（组）：

(1) $x''+4x=0$.

(2) $x''-6x'+10x=0$.

(3) $\begin{cases}\dfrac{dx_1}{dt}=-x_2\\ \dfrac{dx_2}{dt}=x_1\end{cases}$.

(4) $\begin{cases}x_1'=x_2\\ x_2'=-8x_1-4x_2\end{cases}$.

## 5.3 实对称矩阵的对角化

二阶方阵$A=\begin{pmatrix}0&1\\-1&0\end{pmatrix}$，通过简单计算可以知道，$A$的特征多项式$f_A(\lambda)=\lambda^2+1$，其特征值为$\pm i$，$A$的特征值是复数. 可见，实矩阵的特征值不一定是实数. 但是，实对称矩阵的特征值一定是实数，并且一定可以对角化.

下面我们将证明这一结论，首先，我们有

**定理 5.9** 实对称矩阵的特征值都是实数.

**证** 设复数$\lambda$是实对称矩阵$A$的特征值，则存在非零向量$x$使得$Ax=\lambda x$，结合条件$A^{\mathrm{T}}=A$及$\overline{A}=A$，我们用两种不同的方法计算表达式$(A\overline{x})^{\mathrm{T}}x$，

$$(A\overline{x})^{\mathrm{T}}x=\overline{x}^{\mathrm{T}}A^{\mathrm{T}}x=\overline{x}^{\mathrm{T}}(Ax)=\overline{x}^{\mathrm{T}}(\lambda x)=\lambda(\overline{x}^{\mathrm{T}}x),$$

$$(A\overline{x})^{\mathrm{T}}x=(\overline{A}\,\overline{x})^{\mathrm{T}}x=(\overline{Ax})^{\mathrm{T}}x=(\overline{\lambda x})^{\mathrm{T}}x=(\overline{\lambda}\,\overline{x})^{\mathrm{T}}x=\overline{\lambda}(\overline{x}^{\mathrm{T}}x),$$

则$(\lambda-\overline{\lambda})\overline{x}^{\mathrm{T}}x=0$. 又$x\neq\mathbf{0}$，于是$\overline{x}^{\mathrm{T}}x\neq\mathbf{0}$，故$\lambda=\overline{\lambda}$，即$\lambda$是实数.

正交的非零向量一定是线性无关的.

**定理 5.10** 实对称矩阵属于不同特征值的特征向量一定是正交的.

**证** 设$\lambda_1$，$\lambda_2$是对称矩阵$A$的两个不同的特征值，$x_1$，$x_2$分别是属于这两个特征值的特征向量，则有$Ax_1=\lambda_1x_1$与$Ax_2=\lambda_2x_2$. 我们用两种不同的方法计算$x_1^{\mathrm{T}}A^{\mathrm{T}}x_2$，

$$x_1^{\mathrm{T}}A^{\mathrm{T}}x_2=(Ax_1)^{\mathrm{T}}x_2=(\lambda_1x_1)^{\mathrm{T}}x_2=\lambda_1(x_1^{\mathrm{T}}x_2),$$

$$x_1^{\mathrm{T}}A^{\mathrm{T}}x_2=x_1^{\mathrm{T}}(Ax_2)=x_1^{\mathrm{T}}(\lambda_2x_2)=\lambda_2x_1^{\mathrm{T}}x_2.$$

由于$\lambda_1\neq\lambda_2$，所以$x_1^{\mathrm{T}}x_2=0$，即$x_1$与$x_2$正交.

**定理 5.11** 对任意的$n$阶实对称矩阵$A$，存在$n$阶正交矩阵$Q$，使得

$$Q^{-1}AQ=\begin{pmatrix}\lambda_1&&&\\&\lambda_2&&\\&&\ddots&\\&&&\lambda_n\end{pmatrix},$$

这里$\lambda_i$，$1\leqslant i\leqslant n$，是$A$的全部特征值.

***证** 对矩阵$A$的阶数$n$用归纳法.

当 $n=1$，结论显然成立. 设此结论对 $n-1$ 阶方阵成立，下面证明对 $n$ 阶方阵也成立.

设 $\boldsymbol{p}_1$ 是属于 $\boldsymbol{A}$ 的特征值 $\lambda_1$ 的单位特征向量，即 $\boldsymbol{A}\boldsymbol{p}_1=\lambda_1\boldsymbol{p}_1$，且 $|\boldsymbol{p}_1|=1$. 构造一个以 $\boldsymbol{p}_1$ 为第一列的正交矩阵 $\boldsymbol{Q}_1=(\boldsymbol{p}_1,\boldsymbol{p}_2,\cdots,\boldsymbol{p}_n)$，若记 $\boldsymbol{e}_1=(1,0,\cdots,0)^{\mathrm{T}}$，则有

$$\boldsymbol{Q}_1\boldsymbol{e}_1=(\boldsymbol{p}_1,\boldsymbol{p}_2,\cdots,\boldsymbol{p}_n)\begin{pmatrix}1\\0\\\vdots\\0\end{pmatrix}=\boldsymbol{p}_1.$$

由于正交矩阵一定可逆，因此 $\boldsymbol{Q}_1^{-1}\boldsymbol{p}_1=\boldsymbol{e}_1$. 用矩阵 $\boldsymbol{Q}_1^{-1}$ 左乘等式 $\boldsymbol{A}\boldsymbol{p}_1=\lambda_1\boldsymbol{p}_1$ 的两端，得到 $\boldsymbol{Q}_1^{-1}\boldsymbol{A}\boldsymbol{Q}_1\boldsymbol{Q}_1^{-1}\boldsymbol{p}_1=\lambda_1\boldsymbol{Q}_1^{-1}\boldsymbol{p}_1$，即 $(\boldsymbol{Q}_1^{-1}\boldsymbol{A}\boldsymbol{Q}_1)\boldsymbol{e}_1=\lambda_1\boldsymbol{e}_1$. 由于正交矩阵 $\boldsymbol{Q}_1$ 满足 $\boldsymbol{Q}_1^{\mathrm{T}}=\boldsymbol{Q}_1^{-1}$，因此，$\boldsymbol{Q}_1^{-1}\boldsymbol{A}\boldsymbol{Q}_1=\boldsymbol{Q}_1^{\mathrm{T}}\boldsymbol{A}\boldsymbol{Q}_1$ 是对称矩阵，且与 $\boldsymbol{A}$ 有相同的特征值. 记 $\boldsymbol{Q}_1^{-1}\boldsymbol{A}\boldsymbol{Q}_1=\begin{pmatrix}\lambda_1 & \boldsymbol{O}^{\mathrm{T}}\\ \boldsymbol{0} & \boldsymbol{B}\end{pmatrix}$，这里 $\boldsymbol{B}$ 是 $n-1$ 阶对称矩阵，其特征值为 $\lambda_2,\lambda_3,\cdots,\lambda_n$.

由归纳假设，存在 $n-1$ 阶正交矩阵 $\boldsymbol{Q}_2$，使得

$$\boldsymbol{Q}_2^{-1}\boldsymbol{B}\boldsymbol{Q}_2=\begin{pmatrix}\lambda_2 & & & \\ & \lambda_3 & & \\ & & \ddots & \\ & & & \lambda_n\end{pmatrix}.$$

令 $\boldsymbol{Q}=\boldsymbol{Q}_1\begin{pmatrix}1 & \boldsymbol{O}^{\mathrm{T}}\\ \boldsymbol{0} & \boldsymbol{Q}_2\end{pmatrix}$，则由于

$$\boldsymbol{Q}^{\mathrm{T}}\boldsymbol{Q}=\begin{pmatrix}1 & \boldsymbol{O}^{\mathrm{T}}\\ \boldsymbol{0} & \boldsymbol{Q}_2^{\mathrm{T}}\end{pmatrix}\boldsymbol{Q}_1^{\mathrm{T}}\boldsymbol{Q}_1\begin{pmatrix}1 & \boldsymbol{O}^{\mathrm{T}}\\ \boldsymbol{0} & \boldsymbol{Q}_2\end{pmatrix}=\boldsymbol{E},$$

所以，$\boldsymbol{Q}$ 是正交矩阵.

进一步有

$$\begin{aligned}\boldsymbol{Q}^{-1}\boldsymbol{A}\boldsymbol{Q}&=\begin{pmatrix}1 & \boldsymbol{O}^{\mathrm{T}}\\ \boldsymbol{0} & \boldsymbol{Q}_2^{-1}\end{pmatrix}\boldsymbol{Q}_1^{-1}\boldsymbol{A}\boldsymbol{Q}_1\begin{pmatrix}1 & \boldsymbol{O}^{\mathrm{T}}\\ \boldsymbol{0} & \boldsymbol{Q}_2\end{pmatrix}\\&=\begin{pmatrix}1 & \boldsymbol{O}^{\mathrm{T}}\\ \boldsymbol{0} & \boldsymbol{Q}_2^{-1}\end{pmatrix}\begin{pmatrix}\lambda_1 & \boldsymbol{O}^{\mathrm{T}}\\ \boldsymbol{0} & \boldsymbol{B}\end{pmatrix}\begin{pmatrix}1 & \boldsymbol{O}^{\mathrm{T}}\\ \boldsymbol{0} & \boldsymbol{Q}_2\end{pmatrix}\end{aligned}$$

$$
=\begin{pmatrix}\lambda_1 & \boldsymbol{O}^{\mathrm{T}} \\ \boldsymbol{0} & \boldsymbol{Q}_2^{-1}\boldsymbol{B}\boldsymbol{Q}_2\end{pmatrix}=\begin{pmatrix}\lambda_1 & & & \\ & \lambda_2 & & \\ & & \ddots & \\ & & & \lambda_n\end{pmatrix}.
$$

这一定理说明，实对称矩阵一定正交相似于一个实对角矩阵，对角线上元素为实对称矩阵的全部特征值.

**推论** 实对称矩阵的特征值的几何重数都等于它们的代数重数.

**例 5.22** 设 $\boldsymbol{A}=\begin{pmatrix}-1 & -2 & -2 \\ -2 & -1 & -2 \\ -2 & -2 & -1\end{pmatrix}$，求正交矩阵 $\boldsymbol{Q}$，使得 $\boldsymbol{Q}^{-1}\boldsymbol{A}\boldsymbol{Q}$ 为对角阵.

**解** 矩阵 $\boldsymbol{A}$ 的特征多项式为

$$
\begin{aligned}
f_A(\lambda) &= |\lambda\boldsymbol{E}-\boldsymbol{A}| \\
&=\begin{vmatrix}\lambda+1 & 2 & 2 \\ 2 & \lambda+1 & 2 \\ 2 & 2 & \lambda+1\end{vmatrix} \\
&=\begin{vmatrix}\lambda+1 & 2 & 0 \\ 2 & \lambda+1 & -\lambda+1 \\ 2 & 2 & \lambda-1\end{vmatrix} \\
&=\begin{vmatrix}\lambda+1 & 2 & 0 \\ 4 & \lambda+3 & 0 \\ 2 & 2 & \lambda-1\end{vmatrix} \\
&=(\lambda-1)[(\lambda+1)(\lambda+3)-8] \\
&=(\lambda-1)^2(\lambda+5),
\end{aligned}
$$

所以 $\boldsymbol{A}$ 的特征值为 $\lambda_1=\lambda_2=1$，$\lambda_3=-5$.

对于特征值 $\lambda_1=\lambda_2=1$，求解方程组 $(\lambda_1\boldsymbol{E}-\boldsymbol{A})\boldsymbol{x}=\boldsymbol{0}$，其中 $\boldsymbol{x}=\begin{pmatrix}x_1 \\ x_2 \\ x_3\end{pmatrix}$，亦即求解方程组 $\begin{cases}2x_1+2x_2+2x_3=0 \\ 2x_1+2x_2+2x_3=0 \\ 2x_1+2x_2+2x_3=0\end{cases}$，得到两个线性无关的特征向量 $\boldsymbol{\alpha}_1=\begin{pmatrix}-1 \\ 1 \\ 0\end{pmatrix}$，$\boldsymbol{\alpha}_2=\begin{pmatrix}-1 \\ 0 \\ 1\end{pmatrix}$. 将 $\boldsymbol{\alpha}_1$，$\boldsymbol{\alpha}_2$ 正交化，再单位化得到

$$\boldsymbol{p}_1=\begin{pmatrix}-\frac{1}{\sqrt{2}}\\ \frac{1}{\sqrt{2}}\\ 0\end{pmatrix},\ \boldsymbol{p}_2=\begin{pmatrix}-\frac{1}{\sqrt{6}}\\ -\frac{1}{\sqrt{6}}\\ \frac{2}{\sqrt{6}}\end{pmatrix}.$$

对于特征值 $\lambda_3=-5$，求解方程组$(\lambda_3\boldsymbol{E}-\boldsymbol{A})\boldsymbol{x}=\boldsymbol{0}$，其中 $\boldsymbol{x}=\begin{pmatrix}x_1\\x_2\\x_3\end{pmatrix}$，亦即求解方程组$\begin{cases}-4x_1+2x_2+2x_3=0\\ 2x_1-4x_2+2x_3=0\\ 2x_1+2x_2-4x_3=0\end{cases}$，得到一个特征向量为

$$\boldsymbol{\alpha}_3=\begin{pmatrix}1\\1\\1\end{pmatrix}，单位化为\boldsymbol{p}_3=\begin{pmatrix}\frac{1}{\sqrt{3}}\\ \frac{1}{\sqrt{3}}\\ \frac{1}{\sqrt{3}}\end{pmatrix}.$$

最后，取矩阵 $\boldsymbol{Q}=(\boldsymbol{p}_1,\boldsymbol{p}_2,\boldsymbol{p}_3)$，则 $\boldsymbol{Q}$ 为正交矩阵，且 $\boldsymbol{Q}^{-1}\boldsymbol{A}\boldsymbol{Q}=\begin{pmatrix}1&&\\&1&\\&&-5\end{pmatrix}$.

用正交矩阵将实对称矩阵对角化的步骤如下：

（1）求出实对称矩阵 $\boldsymbol{A}$ 的全部不同的特征值 $\lambda_1$，$\lambda_2$，…，$\lambda_s$.

（2）对每一个 $\lambda_i(i=1,2,\cdots,s)$，求出$(\lambda_i\boldsymbol{E}-\boldsymbol{A})\boldsymbol{x}=\boldsymbol{0}$ 的基础解系

$$\boldsymbol{\alpha}_{i1},\ \boldsymbol{\alpha}_{i2},\ \cdots,\ \boldsymbol{\alpha}_{in_i},$$

正交单位化之后，得到一个正交向量组

$$\boldsymbol{p}_{i1},\ \boldsymbol{p}_{i2},\ \cdots,\ \boldsymbol{p}_{in_i}.$$

（3）令 $\boldsymbol{Q}=(\boldsymbol{p}_{11},\cdots,\boldsymbol{p}_{1n_1},\boldsymbol{p}_{21},\cdots,\boldsymbol{p}_{2n_2},\cdots,\boldsymbol{p}_{s1},\cdots,\boldsymbol{p}_{sn_{si}})$，则 $\boldsymbol{Q}$ 为正交矩阵，且 $\boldsymbol{Q}^{-1}\boldsymbol{A}\boldsymbol{Q}$ 为对角矩阵，对角线上的元素为 $\boldsymbol{A}$ 的全部特征值.

**例 5.23** 设 $\boldsymbol{A}=\begin{pmatrix}3&2&4\\2&0&2\\4&2&3\end{pmatrix}$，求正交矩阵 $\boldsymbol{Q}$，使得 $\boldsymbol{Q}^{-1}\boldsymbol{A}\boldsymbol{Q}$ 是对

角阵.

解　首先，计算矩阵 $\boldsymbol{A}$ 的特征多项式

$$
\begin{aligned}
f_A(\lambda) &= |\lambda \boldsymbol{E}-\boldsymbol{A}| \\
&= \begin{vmatrix} \lambda-3 & -2 & -4 \\ -2 & \lambda & -2 \\ -4 & -2 & \lambda-3 \end{vmatrix} \\
&= \begin{vmatrix} \lambda-3 & -2 & 0 \\ -2 & \lambda & -2\lambda-2 \\ -4 & -2 & \lambda+1 \end{vmatrix} \\
&= \begin{vmatrix} \lambda-3 & -2 & 0 \\ -10 & \lambda-4 & 0 \\ -4 & -2 & \lambda+1 \end{vmatrix} \\
&= (\lambda+1)[(\lambda-3)(\lambda-4)-20] \\
&= (\lambda-8)(\lambda+1)^2.
\end{aligned}
$$

所以，$\boldsymbol{A}$ 的特征值为 $\lambda_1=8$，$\lambda_2=\lambda_3=-1$.

对于特征值 $\lambda_1=8$，解方程组 $(8\boldsymbol{E}-\boldsymbol{A})\boldsymbol{x}=\boldsymbol{0}$，得到基础解系 $(2, 1, 2)^{\mathrm{T}}$，单位化之后得 $\boldsymbol{p}_1=\left(\frac{2}{3}, \frac{1}{3}, \frac{2}{3}\right)^{\mathrm{T}}$.

对于特征值 $\lambda_2=\lambda_3=-1$，解方程组 $(-\boldsymbol{E}-\boldsymbol{A})\boldsymbol{x}=\boldsymbol{0}$，得到基础解系 $(0, -2, 1)^{\mathrm{T}}$ 与 $(1, -2, 0)^{\mathrm{T}}$，正交化并单位化之后得 $\boldsymbol{p}_2=\left(0, -\frac{2}{\sqrt{5}}, \frac{1}{\sqrt{5}}\right)^{\mathrm{T}}$，$\boldsymbol{p}_3=\left(\frac{\sqrt{5}}{3}, -\frac{2\sqrt{5}}{15}, -\frac{4\sqrt{5}}{15}\right)^{\mathrm{T}}$.

令 $\boldsymbol{Q}=(\boldsymbol{p}_1, \boldsymbol{p}_2, \boldsymbol{p}_3)=\begin{pmatrix} \frac{2}{3} & 0 & \frac{\sqrt{5}}{3} \\ \frac{1}{3} & -\frac{2}{\sqrt{5}} & -\frac{2\sqrt{5}}{15} \\ \frac{2}{3} & \frac{1}{\sqrt{5}} & -\frac{4\sqrt{5}}{15} \end{pmatrix}$，则 $\boldsymbol{Q}$ 为正交矩阵，

且有

$$
\boldsymbol{Q}^{-1}\boldsymbol{A}\boldsymbol{Q}=\begin{pmatrix} 8 & & \\ & -1 & \\ & & -1 \end{pmatrix}.
$$

**例 5.24** 已知三阶实对称矩阵 $\boldsymbol{A}$ 的特征值为 $\lambda_1=1$（二重），$\lambda_2=-2$，向量 $\boldsymbol{\alpha}_1=(1,\ 0,\ -1)^{\mathrm{T}}$，$\boldsymbol{\alpha}_2=(1,\ 1,\ 0)^{\mathrm{T}}$ 是矩阵 $\boldsymbol{A}$ 的对应于 $\lambda_1=1$ 的特征向量.

（1）求 $\boldsymbol{A}$ 的对应于特征值 $\lambda_2=-2$ 的特征向量.

（2）求矩阵 $\boldsymbol{A}$.

解 （1）设对应于 $\lambda_2=-2$ 的特征向量是 $\boldsymbol{\alpha}_3=(x_1,\ x_2,\ x_3)^{\mathrm{T}}$，则由定理 5.11 知，$\boldsymbol{\alpha}_3$ 和 $\boldsymbol{\alpha}_1$，$\boldsymbol{\alpha}_2$ 都正交，即 $\begin{cases}x_1-x_3=0\\x_1+x_2=0\end{cases}$. 这个线性方程组的基础解系为 $\begin{pmatrix}1\\-1\\1\end{pmatrix}$，所以属于特征值 $-2$ 的全部特征向量为 $k\begin{pmatrix}1\\-1\\1\end{pmatrix}$，$k\neq0$.

（2）令 $\boldsymbol{P}=\begin{pmatrix}1&1&1\\0&1&-1\\-1&0&1\end{pmatrix}$，则 $\boldsymbol{P}^{-1}\boldsymbol{AP}=\begin{pmatrix}1&&\\&1&\\&&-2\end{pmatrix}$，因此，

$$\boldsymbol{A}=\boldsymbol{P}\begin{pmatrix}1&&\\&1&\\&&-2\end{pmatrix}\boldsymbol{P}^{-1}=\begin{pmatrix}0&1&-1\\1&0&1\\-1&1&0\end{pmatrix}.$$

这里需要注意的是，并不是每一个矩阵都可以相似于一个对角形矩阵. 不能相似于对角阵的矩阵，仍可以相似于一类简单的矩阵，这在“矩阵理论”课程中会有详细介绍.

## 习 题 5.3

### A 组

1. 下列矩阵为 $\boldsymbol{A}$，求正交矩阵 $\boldsymbol{Q}$，使 $\boldsymbol{Q}^{-1}\boldsymbol{AQ}$ 为对角矩阵.

（1）$\begin{pmatrix}1&-2\\-2&1\end{pmatrix}$

（2）$\begin{pmatrix}0&-6&6\\-6&-3&0\\6&0&3\end{pmatrix}$

（3）$\begin{pmatrix}4&2&0\\2&3&-2\\0&-2&2\end{pmatrix}$

(4) $\begin{pmatrix} 2 & -2 & -2 \\ -2 & 5 & 4 \\ -2 & 4 & 5 \end{pmatrix}$

(5) $\begin{pmatrix} 1 & 2 & 2 \\ 2 & 1 & 2 \\ 2 & 2 & 1 \end{pmatrix}$

(6) $\begin{pmatrix} 1 & 0 & -1 \\ 0 & 1 & 0 \\ -1 & 0 & 1 \end{pmatrix}$

(7) $\begin{pmatrix} 0 & 1 & 1 & -1 \\ 1 & 0 & -1 & 1 \\ 1 & -1 & 0 & 1 \\ -1 & 1 & 1 & 0 \end{pmatrix}$

(8) $\begin{pmatrix} 0 & 1 & 0 & 0 \\ 1 & 0 & 0 & 0 \\ 0 & 0 & 0 & 1 \\ 0 & 0 & 1 & 0 \end{pmatrix}$

2. 证明：秩为 $r$ 的对称矩阵可以分解为 $r$ 个秩为 1 的对称矩阵之和.

3. 设 $\boldsymbol{\alpha}=(1,\ -2,\ 3)$，$\boldsymbol{A}=\boldsymbol{\alpha}^{\mathrm{T}}\boldsymbol{\alpha}$，求正交矩阵 $\boldsymbol{Q}$，使得 $\boldsymbol{Q}^{-1}\boldsymbol{A}\boldsymbol{Q}$ 为对角形矩阵.

4. 若 $\boldsymbol{A}$ 是反对称矩阵，证明：$\boldsymbol{A}$ 的特征值是纯虚数.

## *5.4 数学软件 MATLAB 应用——计算矩阵的相似标准形

利用 MATLAB 可以方便地计算出矩阵的相似标准形.

**例 5.25** 利用 MATLAB 计算矩阵 $\begin{pmatrix} 1 & 1 & 1 & 1 \\ 1 & 1 & -1 & -1 \\ 1 & -1 & 1 & -1 \\ 1 & -1 & -1 & 1 \end{pmatrix}$ 的特征值与特征向量.

解　在 MATLAB 命令窗口中依次输入命令

```
>> A = [1 1 1 1; 1 1 -1 -1; 1 -1 1 -1; 1 -1 -1 1]
                                          % 输入矩阵 A
A =
     1     1     1     1
     1     1    -1    -1
     1    -1     1    -1
     1    -1    -1     1
>> [V, D] = eig(A)          % 计算 A 的特征值与特征向量
V =
```

```
  -0.5000    0.2113    0.2887    0.7887
   0.5000    0.7887   -0.2887    0.2113
   0.5000   -0.5774   -0.2887    0.5774
   0.5000         0    0.8660         0
D =
  -2.0000         0         0         0
        0    2.0000         0         0
        0         0    2.0000         0
        0         0         0    2.0000
```

在最后的结果中，$\boldsymbol{V}$ 的列向量是矩阵 $\boldsymbol{A}$ 的特征向量，$\boldsymbol{D}$ 的对角元素为相应特征值，即 $\boldsymbol{V}^{-1}\boldsymbol{A}\boldsymbol{V}=\boldsymbol{D}$.

**例 5.26** 利用 MATLAB 计算矩阵 $\begin{pmatrix} 1 & 1 & 1 \\ -3 & -3 & -3 \\ -2 & -2 & -2 \end{pmatrix}$ 的相似标准形.

解　在 MATLAB 命令窗口中依次输入命令

```
>> A = [1 1 1; -3 -3 -3; -2 -2 -2]        % 输入矩阵 A
A =
     1     1     1
    -3    -3    -3
    -2    -2    -2
>> [V, D] = eig(A)          % 计算 A 的特征值与特征向量
V =
    0.8111    0.2673    0.3630
   -0.4867   -0.8018   -0.8149
   -0.3244   -0.5345    0.4519
D =
     0         0         0
     0   -4.0000         0
     0         0   -0.0000
```

在最后的结果中，$\boldsymbol{V}$ 的列向量是矩阵 $\boldsymbol{A}$ 的特征向量，$\boldsymbol{D}$ 的对角元素为相应特征值，即 $\boldsymbol{V}^{-1}\boldsymbol{A}\boldsymbol{V}=\boldsymbol{D}$.

**例 5.27** 利用 MATLAB 计算矩阵$\begin{pmatrix} -4275 & 3138 & 7170 & -11538 \\ 1904 & -1363 & -3192 & 5124 \\ 2730 & -1966 & -4603 & 7370 \\ 3794 & -2752 & -6378 & 10237 \end{pmatrix}$的相似标准形.

解　在 MATLAB 命令窗口中依次输入命令:

```
>> A = [ -4275 3138 7170  -11538;1904  -1363  -3192 5124;
2730  -1966  -4603 7370;3794  -2752  -6378 10237]
A =
-4275       3138       7170       -11538
  1904      -1363      -3192        5124
  2730      -1966      -4603        7370
  3794      -2752      -6378       10237
>> [V,D] = eig(A)
V =
-0.3586    -0.7303     0.7746     -0.4867
-0.7171     0.1826    -0.2582      0.0000
-0.4781     0.3651    -0.2582     -0.8111
-0.3586     0.5477    -0.5164     -0.3244
D =
23.0000        0        0          0
       0   9.0000       0          0
       0        0   -19.0000       0
       0        0       0      -17.0000
```

在最后的结果中, $\boldsymbol{V}$ 的列向量是矩阵 $\boldsymbol{A}$ 的特征向量, $\boldsymbol{D}$ 的对角元素为相应特征值, 即 $\boldsymbol{V}^{-1}\boldsymbol{A}\boldsymbol{V}=\boldsymbol{D}$.

MATLAB 还可以计算一般矩阵在相似下的最简形, 以下在复数域上讨论. 形如

$$\begin{pmatrix} \lambda & 1 & & & \\ & \lambda & 1 & & \\ & & \ddots & \ddots & \\ & & & \ddots & 1 \\ & & & & \lambda \end{pmatrix}_{r\times r}$$

的矩阵称为 Jordan 块矩阵，其中 $\lambda$ 为复数. 由若干 Jordan 块矩阵组成的分块对角矩阵

$$J=\begin{pmatrix} J_1 & & & \\ & J_2 & & \\ & & \ddots & \\ & & & J_r \end{pmatrix}$$

称为 Jordan 形矩阵，其中每一个 $J_i$，$1\leqslant i\leqslant r$，都是 Jordan 块矩阵.

**定理 5.12** 任何复方阵 $A$ 必相似于一个 Jordan 形矩阵，这个 Jordan 形矩阵除去其中 Jordan 块的排列次序外是由矩阵 $A$ 唯一确定的，称为矩阵 $A$ 的 Jordan 标准形.

如果矩阵 $A$ 是可以对角化的，那么它的 Jordan 标准形就是对角阵. 对于不能对角化的矩阵，借助 MATLAB 可以很容易地计算其 Jordan 标准形.

**例 5.28** 利用 MATLAB，计算矩阵 $\begin{pmatrix} 1 & -3 & 3 \\ -2 & -6 & 13 \\ -1 & -4 & 8 \end{pmatrix}$ 的 Jordan 标准形.

**解** 在 MATLAB 命令窗口中依次输入命令

```
>> A = [1  -3 3; -2  -6 13; -1  -4 8]
A =
      1   -3    3
     -2   -6   13
     -1   -4    8
>> [V, J] = jordan(A)
V =
    3     0  1
    1    -2  0
    1    -1  0
J =
    1  1  0
    0  1  1
    0  0  1
```

在最后的结果中，$J$ 是矩阵 $A$ 的 Jordan 标准形，$V$ 是变换矩阵，即

$V^{-1}AV=J$.

**例 5.29** 用 MATLAB 计算矩阵$\begin{pmatrix}1&2&3&4\\0&1&2&3\\0&0&1&2\\0&0&0&1\end{pmatrix}$的 Jordan 标准形.

**解** 在 MATLAB 命令窗口中依次输入命令:

```
>>A = [1 2 3 4; 0 1 2 3; 0 0 1 2; 0 0 0 1]
A =
     1     2     3     4
     0     1     2     3
     0     0     1     2
     0     0     0     1
>> [V, J] =jordan (A)
V =
          8     0     0     0
          0     4    -3   5/2
          0     0     2    -3
          0     0     0     1
J =
          1     1     0     0
          0     1     1     0
          0     0     1     1
          0     0     0     1
```

在最后的结果中,$J$ 是矩阵 $A$ 的 Jordan 标准形,$V$ 是变换矩阵,即 $V^{-1}AV=J$.

## *习 题 5.4

1. 利用 MATLAB 求下列矩阵的 Jordan 标准形.

(1) $\begin{pmatrix}0&1&0\\-4&4&0\\-2&1&2\end{pmatrix}$.

(2) $\begin{pmatrix}4&-5&2\\5&-7&3\\6&-9&3\end{pmatrix}$.

(3) $\begin{pmatrix} 1 & -3 & 3 \\ -2 & -6 & 13 \\ -1 & -4 & 8 \end{pmatrix}$.

(4) $\begin{pmatrix} 4 & 6 & -15 \\ 3 & 4 & -12 \\ 2 & 3 & -8 \end{pmatrix}$.

(5) $\begin{pmatrix} 3 & -1 & 0 & 0 \\ 1 & 1 & 0 & 0 \\ 3 & 0 & 5 & -3 \\ 4 & -1 & 3 & -1 \end{pmatrix}$.

(6) $\begin{pmatrix} 1 & -3 & 0 & 3 \\ -2 & -6 & 0 & 13 \\ 0 & -3 & 1 & 3 \\ -1 & -4 & 0 & 8 \end{pmatrix}$.

2. 设$\boldsymbol{A}$是$n$阶方阵，定义$\mathrm{e}^{\boldsymbol{A}}=\sum_{n=0}^{+\infty}\frac{\boldsymbol{A}^n}{\boldsymbol{n}!}$，$\boldsymbol{A}^0=\boldsymbol{E}$，对下面的$\boldsymbol{A}$求$\mathrm{e}^{\boldsymbol{A}}$.

(1) $\begin{pmatrix} 4 & -2 \\ 6 & -3 \end{pmatrix}$.

(2) $\begin{pmatrix} 3 & -1 \\ 1 & 1 \end{pmatrix}$.

(3) $\begin{pmatrix} 2 & 6 & -15 \\ 1 & 1 & -5 \\ 1 & 2 & -6 \end{pmatrix}$.

(4) $\begin{pmatrix} 1 & -3 & 4 \\ 4 & -7 & 8 \\ 6 & -7 & 7 \end{pmatrix}$.

3. 借助计算机解下列微分方程（组）.

(1) $x''-4x'+4x=0$.

(2) $x''+6x'+9x=0$.

(3) $\begin{cases} \dfrac{\mathrm{d}x_1}{\mathrm{d}t}=-3x_1+2x_2 \\ \dfrac{\mathrm{d}x_2}{\mathrm{d}t}=-2x_1+x_2 \end{cases}$.

(4) $\begin{cases} \dfrac{\mathrm{d}x_1}{\mathrm{d}t}=3x_1-2x_2-4x_3 \\ \dfrac{\mathrm{d}x_2}{\mathrm{d}t}=8x_1-7x_2-16x_3 \\ \dfrac{\mathrm{d}x_3}{\mathrm{d}t}=-3x_1+3x_2+7x_3 \end{cases}$.

## 小　　结

1. 特征值与特征向量

设$\boldsymbol{A}$是$n$阶方阵，如果存在复数$\lambda$和$n$维非零列向量$\boldsymbol{x}\neq\boldsymbol{0}$，使得等式$\boldsymbol{Ax}=\lambda\boldsymbol{x}$成立，则称$\lambda$为矩阵$\boldsymbol{A}$的一个特征值，非零向量$\boldsymbol{x}$称为矩阵$\boldsymbol{A}$的属于特征值$\lambda$的特征向量，简称特征向量.

方阵$\boldsymbol{A}$的属于不同特征值的特征向量是线性无关的.

2. 代数重数与几何重数

对于$n$阶方阵$\boldsymbol{A}$，如果$\lambda_0$是$\boldsymbol{A}$的特征值，那么$\lambda_0$作为特征多项式$f_{\boldsymbol{A}}(\lambda)$的根的重数，叫做特征值$\lambda_0$的代数重数．齐次线性方程组$(\lambda_0\boldsymbol{E}-\boldsymbol{A})\boldsymbol{x}=\boldsymbol{0}$的基础解系所含向量的个数$n-\mathrm{r}(\lambda_0\boldsymbol{E}-\boldsymbol{A})$，称为特征值$\lambda_0$的几何重数.

（1）若$n$阶方阵$\boldsymbol{A}=(\boldsymbol{a}_{ij})_{n\times n}$的全部特征值是$\lambda_1$，$\lambda_2$，…，$\lambda_n$，那么

$$\lambda_1+\lambda_2+\cdots+\lambda_n=a_{11}+a_{22}+\cdots+a_{nn}=\mathrm{tr}(\boldsymbol{A}),\lambda_1\lambda_2\cdots\lambda_n=|\boldsymbol{A}|,$$

$\mathrm{tr}(\boldsymbol{A})$表示矩阵$\boldsymbol{A}$的迹.

（2）任一特征值的代数重数不小于它的

几何重数.

3. 相似与对角化

若$\boldsymbol{A}$，$\boldsymbol{B}$都是$n$阶方阵，如果存在$n$阶可逆矩阵$\boldsymbol{P}$，使得$\boldsymbol{P}^{-1}\boldsymbol{AP}=\boldsymbol{B}$，则称矩阵$\boldsymbol{A}$与$\boldsymbol{B}$相似，记作$\boldsymbol{A}\sim\boldsymbol{B}$.

如果方阵$\boldsymbol{A}$与一个对角形矩阵相似，则说$\boldsymbol{A}$是可以对角化的，否则，称为不可对角化的.

（1）矩阵的相似关系是等价关系.

（2）相似的矩阵有相同的特征多项式与相同的特征值.

4. Jordan 标准型

形如

$$\begin{pmatrix} \lambda & 1 & & & \\ & \lambda & 1 & & \\ & & \ddots & \ddots & \\ & & & \ddots & 1 \\ & & & & \lambda \end{pmatrix}_{r\times r}$$

的矩阵称为 Jordan 块矩阵，其中$\lambda$为复数. 由若干 Jordan 块矩阵组成的分块对角矩阵$\boldsymbol{J}=\begin{pmatrix} \boldsymbol{J}_1 & & & \\ & \boldsymbol{J}_2 & & \\ & & \ddots & \\ & & & \boldsymbol{J}_r \end{pmatrix}$称为 Jordan 形矩阵，其中每一个$\boldsymbol{J}_i$，$1\leqslant i\leqslant r$，都是 Jordan 块矩阵.

任何复方阵$\boldsymbol{A}$必相似于一个 Jordan 形矩阵，这个 Jordan 形矩阵除去其中 Jordan 块的排列次序外是由矩阵$\boldsymbol{A}$唯一确定的，称为矩阵$\boldsymbol{A}$的 Jordan 标准型.

5. 主要结论

（1）$n$阶方阵$\boldsymbol{A}$可以对角化的充分必要条件是$\boldsymbol{A}$有$n$个线性无关的特征向量.

（2）设$\lambda_1$，$\lambda_2$，…，$\lambda_s$是$n$阶方阵$\boldsymbol{A}$的全部不同的特征值，它们的代数重数依次为$n_1$，$n_2$，…，$n_s$，这里$n_1+n_2+\cdots+n_s=n$. 那么，下面几个条件等价：

矩阵$\boldsymbol{A}$可以对角化；

⇔对每一个$i$，$1\leqslant i\leqslant s$，都有$\mathrm{r}(\lambda_i\boldsymbol{E}-\boldsymbol{A})=n-n_i$；

⇔对每一个$i$，$1\leqslant i\leqslant s$，$\lambda_i$都恰好有$n_i$个线性无关的特征向量；

⇔对每一个$i$，$1\leqslant i\leqslant s$，$\lambda_i$的代数重数都等于它的几何重数；

⇔矩阵$\boldsymbol{A}$有$n$个线性无关的特征向量.

（3）设$\lambda_1$，$\lambda_2$，…，$\lambda_s$是$n$阶方阵$\boldsymbol{A}$的全部不同的特征值，它们的代数重数依次为$n_1$，$n_2$，…，$n_s$，这里$n_1+n_2+\cdots+n_s=n$. 那么下面几个条件等价：

矩阵$\boldsymbol{A}$不能对角化；

⇔对某个$1\leqslant i\leqslant s$，有$\mathrm{r}(\lambda_i\boldsymbol{E}-\boldsymbol{A})>n-n_i$；

⇔矩阵$\boldsymbol{A}$没有$n$个线性无关的特征向量.

（4）实对称矩阵的特征值都是实数.

（5）实对称矩阵属于不同特征值的特征向量一定是正交的.

（6）对任意的$n$阶实对称矩阵$\boldsymbol{A}$，存在$n$阶正交矩阵$\boldsymbol{Q}$，使得

$$\boldsymbol{Q}^{-1}\boldsymbol{AQ}=\begin{pmatrix} \lambda_1 & & & \\ & \lambda_2 & & \\ & & \ddots & \\ & & & \lambda_n \end{pmatrix},$$

这里$\lambda_i$，$1\leqslant i\leqslant n$，是$\boldsymbol{A}$的全部特征值.

6. 矩阵$\boldsymbol{A}$的特征值和特征向量的算法

第一步　计算矩阵$\boldsymbol{A}$的特征多项式$f_{\boldsymbol{A}}(\lambda)=$

$|\boldsymbol{\lambda E}-\boldsymbol{A}|$.

第二步　计算出 $f_A(\lambda)=0$ 的全部根，它们就是矩阵 $\boldsymbol{A}$ 的全部特征值．

第三步　对每一个特征值 $\lambda_0$，求出齐次线性方程组 $(\lambda_0\boldsymbol{E}-\boldsymbol{A})\boldsymbol{x}=\boldsymbol{0}$ 的基础解系 $\boldsymbol{\alpha}_1$，$\boldsymbol{\alpha}_2$，…，$\boldsymbol{\alpha}_t$，则矩阵 $\boldsymbol{A}$ 的属于特征值 $\lambda_0$ 的全部特征向量为 $k_1\boldsymbol{\alpha}_1+k_2\boldsymbol{\alpha}_2+\cdots+k_t\boldsymbol{\alpha}_t$，其中 $k_1$，$k_2$，…，$k_t$ 是任意一组不全为零的数．

7. 用正交矩阵将实对称矩阵对角化的算法

第一步　求出实对称矩阵 $\boldsymbol{A}$ 的全部不同的特征值 $\lambda_1$，$\lambda_2$，…，$\lambda_s$.

第二步　对每一个 $\lambda_i(i=1,2,\cdots,s)$，求出 $(\lambda_i\boldsymbol{E}-\boldsymbol{A})\boldsymbol{x}=\boldsymbol{0}$ 的基础解系 $\boldsymbol{\alpha}_{i1}$，$\boldsymbol{\alpha}_{i2}$，…，$\boldsymbol{\alpha}_{in_i}$，正交单位化之后，得到一个正交向量组 $\boldsymbol{p}_{i1}$，$\boldsymbol{p}_{i2}$，…，$\boldsymbol{p}_{in_i}$.

第三步　令 $\boldsymbol{Q}=(\boldsymbol{p}_{11},\cdots\boldsymbol{p}_{1n_1},\boldsymbol{p}_{21},\cdots\boldsymbol{p}_{2n_2},\cdots,\boldsymbol{p}_{s1},\cdots,\boldsymbol{p})$，则 $\boldsymbol{Q}$ 为正交矩阵，且 $\boldsymbol{Q}^{-1}\boldsymbol{AQ}$ 为对角矩阵，对角线上的元素为 $\boldsymbol{A}$ 的全部特征值．

# 第6章 二次型

在解析几何中，以原点为中心的二次曲线方程是

$$ax^2+bxy+cy^2=d,$$

为判别它表示的是什么曲线，需要选择适当的坐标变换，将其化为标准形式方程

$$a'x'^2+c'y'^2=d'.$$

这个过程中选择什么变换，怎样找到这个变换是十分重要的问题. 本章讨论这个问题的一般形式，其中心问题是多元二次齐次多项式经可逆线性变换化为只含平方项的标准形问题. 二次型理论在数学的其他分支及物理、力学及工程技术中有广泛的应用.

**知识网络框图**

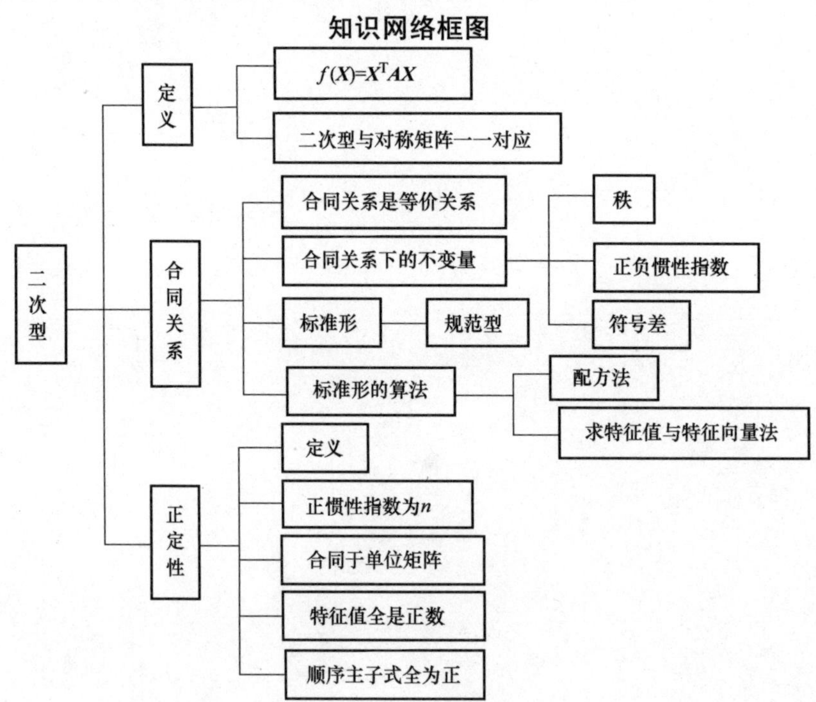

## 6.1 二次型的定义及其矩阵表示

**定义 6.1** $n$ 个变量 $x_1, x_2, \cdots, x_n$ 的二次齐次多项式

$$
\begin{aligned}
f(x_1, x_2, \cdots, x_n) = a_{11}x_1^2 + 2a_{12}x_1x_2 + \cdots + 2a_{1n}x_1x_n + \\
a_{22}x_2^2 + \cdots + 2a_{2n}x_2x_n + \\
\vdots \\
a_{nn}x_n^2,
\end{aligned} \tag{6.1}
$$

称为 $n$ 元二次型，简称二次型.

当系数 $a_{ij}$ 均为实数时，称为实数域上的 $n$ 元二次型，简称实二次型. 本书仅讨论实二次型.

为了研究方便，通常我们约定当 $i \neq j$ 时，$a_{ij} = a_{ji}$，这样二次型式 (6.1) 就容易用矩阵形式写出，

$$
\begin{aligned}
f(x_1, x_2, \cdots, x_n) &= a_{11}x_1^2 + a_{12}x_1x_2 + \cdots + a_{1n}x_1x_n + \\
&\quad a_{21}x_2x_1 + a_{22}x_2^2 + \cdots + a_{2n}x_2x_n + \\
&\quad \vdots \\
&\quad a_{n1}x_nx_1 + a_{n2}x_nx_2 + \cdots + a_{nn}x_n^2 \\
&= (a_{11}x_1 + a_{12}x_2 + \cdots + a_{1n}x_n)x_1 + \\
&\quad (a_{21}x_1 + a_{22}x_2 + \cdots + a_{2n}x_n)x_2 + \\
&\quad \vdots \\
&\quad (a_{n1}x_1 + a_{n2}x_2 + \cdots + a_{nn}x_n)x_n \\
&= (x_1, x_2, \cdots, x_n)\begin{pmatrix} a_{11}x_1 + a_{12}x_2 + \cdots + a_{1n}x_n \\ a_{21}x_1 + a_{22}x_2 + \cdots + a_{2n}x_n \\ \vdots \\ a_{n1}x_1 + a_{n2}x_2 + \cdots + a_{nn}x_n \end{pmatrix} \\
&= (x_1, x_2, \cdots, x_n)\begin{pmatrix} a_{11} & a_{12} & \cdots & a_{1n} \\ a_{21} & a_{22} & \cdots & a_{2n} \\ \vdots & \vdots & & \vdots \\ a_{n1} & a_{n2} & \cdots & a_{nn} \end{pmatrix}\begin{pmatrix} x_1 \\ x_2 \\ \vdots \\ x_n \end{pmatrix}.
\end{aligned}
$$

如果记 $\boldsymbol{X} = \begin{pmatrix} x_1 \\ x_2 \\ \vdots \\ x_n \end{pmatrix}$，$\boldsymbol{A} = (a_{ij})_{n \times n} = \begin{pmatrix} a_{11} & a_{12} & \cdots & a_{1n} \\ a_{21} & a_{22} & \cdots & a_{2n} \\ \vdots & \vdots & & \vdots \\ a_{n1} & a_{n2} & \cdots & a_{nn} \end{pmatrix}$，则上述二次型

可以最终写为

$$f(x_1, x_2, \cdots, x_n) = \sum_{i=1}^{n}\sum_{j=1}^{n} a_{ij}x_ix_j = X^{\mathrm{T}}AX \tag{6.2}$$

其中矩阵$A$是一个$n$阶实对称矩阵，称为二次型$f(x_1, x_2, \cdots, x_n)$的矩阵.

二次型的秩是二次型的重要不变量之一.

由上述分析可知，由二次型式（6.1）可唯一确定$n$阶实对称矩阵$A$，$A$称为二次型的矩阵. 反之，给定$n$阶实对称矩阵$A$，可唯一确定$n$元二次型$f(x_1, x_2, \cdots, x_n)=X^{\mathrm{T}}AX$，该二次型的矩阵就是$A$. 即$n$元二次型与和$n$阶实对称矩阵之间有1-1对应（见定义7.2）关系. 矩阵$A$的秩定义为**二次型的秩**.

**例 6.1** 设二次型$f(x_1, x_2, x_3)=x_1^2+x_2^2+x_3^2-4x_1x_2-6x_2x_3+2x_3x_1$，求二次型的矩阵$A$.

解 所求矩阵为

$$\begin{pmatrix} 1 & -2 & 1 \\ -2 & 1 & -3 \\ 1 & -3 & 1 \end{pmatrix}.$$

**例 6.2** 求下列二次型的矩阵：

（1）三元二次型$f(x_1, x_2, x_3)=x_1^2+8x_1x_2-x_2^2$.

（2）二元二次型$f(x_1, x_2)=x_1^2+8x_1x_2-x_2^2$.

二次型含有的变量的个数是重要的.

解 （1）这是三元二次型，所求矩阵为三阶实对称矩阵$\begin{pmatrix} 1 & 4 & 0 \\ 4 & -1 & 0 \\ 0 & 0 & 0 \end{pmatrix}$.

（2）这是二元二次型，所求矩阵为二阶实对称矩阵$\begin{pmatrix} 1 & 4 \\ 4 & -1 \end{pmatrix}$.

**例 6.3** 求$n$元二次型$f(x_1, x_2, \cdots, x_n) = \sum\limits_{\substack{i\neq j\\ i<j}} x_ix_j$的矩阵$A$.

解 所求矩阵为

$$A = \begin{pmatrix} 0 & \frac{1}{2} & \cdots & \frac{1}{2} \\ \frac{1}{2} & 0 & \cdots & \frac{1}{2} \\ \vdots & \vdots & \ddots & \vdots \\ \frac{1}{2} & \frac{1}{2} & \cdots & 0 \end{pmatrix}.$$

**例 6.4** 求 $n$ 阶对称矩阵

$$\boldsymbol{A}=\begin{pmatrix}2 & 1 & \cdots & 1\\ 1 & 2 & \cdots & 1\\ \vdots & \vdots & \ddots & \vdots\\ 1 & 1 & \cdots & 2\end{pmatrix}$$

所对应的二次型.

**解** 所对应的二次型为

$$f(x_1, x_2, \cdots, x_n)=\boldsymbol{X}^{\mathrm{T}}\boldsymbol{AX}=\sum_{1\leqslant i\leqslant j\leqslant n}2x_ix_j .$$

## 习 题 6.1

### A 组

1. 写出下列二次型的矩阵，并指出它们的秩：

(1) $2x^2-4xy+5y^2$.

(2) $x_1^2-2x_2^2+3x_3^2-4x_1x_2+6x_2x_3-8x_3x_1$.

(3) $x^2+4y^2+9z^2+4xy+12yz+6zx$.

(4) $2x_1x_2+2x_2x_3+2x_3x_4+2x_4x_1$.

(5) $x^2+y^2+z^2+w^2-2(xy+xz+xw+yz+yw+zw)$.

2. 写出下列实对称矩阵的二次型：

(1) $\begin{pmatrix}0 & -2\\ -2 & 3\end{pmatrix}$.  (2) $\begin{pmatrix}7 & 4\\ 4 & 5\end{pmatrix}$.

(3) $\begin{pmatrix}-1 & 4 & 6\\ 4 & 2 & -5\\ 6 & -5 & -3\end{pmatrix}$.  (4) $\begin{pmatrix}-6 & 0 & 3\\ 0 & 7 & 0\\ 3 & 0 & -2\end{pmatrix}$.

(5) $\begin{pmatrix}1 & 2 & 0 & 0\\ 2 & 1 & 0 & 0\\ 0 & 0 & -2 & -1\\ 0 & 0 & -1 & -2\end{pmatrix}$. (6) $\begin{pmatrix}1 & 1 & 1 & 1\\ 1 & 1 & 1 & 1\\ 1 & 1 & 1 & 1\\ 1 & 1 & 1 & 1\end{pmatrix}$.

### B 组

1. 证明：实对称矩阵 $\boldsymbol{A}=\boldsymbol{O}$ 的充分必要条件是对任意的列向量 $\boldsymbol{\alpha}$，都有 $\boldsymbol{\alpha}^{\mathrm{T}}\boldsymbol{A\alpha}=\boldsymbol{0}$.

2. 证明：$\boldsymbol{A}$ 是反对称矩阵的充分必要条件是对任意的列向量 $\boldsymbol{\alpha}$，都有 $\boldsymbol{\alpha}^{\mathrm{T}}\boldsymbol{A\alpha}=\boldsymbol{0}$.

## 6.2 二次型的标准形

### 6.2.1 用正交变换化二次型为标准形

在解析几何中，为研究二次曲线

$$ax^2+bxy+cy^2=d \tag{6.3}$$

的几何性质，选择适当的坐标旋转变换

$$\begin{cases} x = x'\cos\theta - y'\sin\theta \\ y = x'\sin\theta + y'\cos\theta \end{cases}$$

把式（6.3）化为标准形式

$$a'x'^2 + c'y'^2 = d'.$$

对于二次型 $f(x_1, x_2, \cdots, x_n) = \sum_{i=1}^{n}\sum_{j=1}^{n} a_{ij}x_ix_j$，我们要讨论的主要问题是寻求可逆线性变换

$$\begin{cases} x_1 = c_{11}y_1 + c_{12}y_2 + \cdots + c_{1n}y_n \\ x_2 = c_{21}y_1 + c_{22}y_2 + \cdots + c_{2n}y_n \\ \quad\vdots \\ x_n = c_{n1}y_1 + c_{n2}y_2 + \cdots + c_{nn}y_n \end{cases}, \tag{6.4}$$

使二次型 $f(x_1, x_2, \cdots, x_n) = \sum_{i=1}^{n}\sum_{j=1}^{n} a_{ij}x_ix_j$ 只含平方项，即将式（6.4）代入使得

$$f = k_1y_1^2 + k_2y_2^2 + \cdots + k_ny_n^2. \tag{6.5}$$

这种只含平方项的二次型，称为**二次型的标准形**.

记 $n$ 阶可逆矩阵 $\boldsymbol{C} = (c_{ij})$，$\boldsymbol{X} = (x_1, x_2, \cdots, x_n)^{\mathrm{T}}$，$\boldsymbol{Y} = (y_1, y_2, \cdots, y_n)^{\mathrm{T}}$，可逆线性变换式（6.4）记作

$$\boldsymbol{X} = \boldsymbol{CY}. \tag{6.6}$$

代入二次型 $f = \boldsymbol{X}^{\mathrm{T}}\boldsymbol{AX}$ 中，有

$$f = \boldsymbol{X}^{\mathrm{T}}\boldsymbol{AX} = (\boldsymbol{CY})^{\mathrm{T}}\boldsymbol{A}(\boldsymbol{CY}) = \boldsymbol{Y}^{\mathrm{T}}(\boldsymbol{C}^{\mathrm{T}}\boldsymbol{AC})\boldsymbol{Y}.$$

容易验证，矩阵 $\boldsymbol{C}^{\mathrm{T}}\boldsymbol{AC}$ 仍然是一个对称矩阵，且 $\mathrm{r}(\boldsymbol{C}^{\mathrm{T}}\boldsymbol{AC}) = \mathrm{r}(\boldsymbol{A})$. 因此，二次型 $f$ 经线性变换 $\boldsymbol{X} = \boldsymbol{CY}$ 后，其矩阵由 $\boldsymbol{A}$ 变为 $\boldsymbol{C}^{\mathrm{T}}\boldsymbol{AC}$，且二次型的秩不变.

**定义 6.2** 设 $\boldsymbol{A}$，$\boldsymbol{B}$ 都是 $n$ 阶矩阵，如果存在 $n$ 阶可逆矩阵 $\boldsymbol{C}$ 使得 $\boldsymbol{B} = \boldsymbol{C}^{\mathrm{T}}\boldsymbol{AC}$，则称矩阵 $\boldsymbol{A}$ 与 $\boldsymbol{B}$ 是合同的.

矩阵的合同关系是一种等价关系，即合同关系具有如下三条性质：

(1) 反身性：矩阵 $\boldsymbol{A}$ 与 $\boldsymbol{A}$ 合同.

(2) 对称性：如果矩阵 $\boldsymbol{A}$ 与 $\boldsymbol{B}$ 是合同的，则 $\boldsymbol{B}$ 与 $\boldsymbol{A}$ 是合同的.

(3) 传递性：如果矩阵 $\boldsymbol{A}$ 与 $\boldsymbol{B}$ 是合同的，$\boldsymbol{B}$ 与 $\boldsymbol{C}$ 是合同的，则 $\boldsymbol{A}$ 与 $\boldsymbol{C}$ 是合同的.

矩阵的相似关系与合同关系都是矩阵的等价关系，但是二者的定义完全不同.

要使二次型 $f = \boldsymbol{X}^{\mathrm{T}}\boldsymbol{AX}$ 经可逆线性变换 $\boldsymbol{X} = \boldsymbol{CY}$ 化为标准形，就是

要使

$$
\begin{aligned}
f &= X^{\mathrm{T}}AX=(CY)^{\mathrm{T}}A(CY)=Y^{\mathrm{T}}(C^{\mathrm{T}}AC)Y \\
&= k_1y_1^2+k_2y_2^2+\cdots+k_ny_n^2 \\
&= (y_1, y_2, \cdots, y_n)\begin{pmatrix} k_1 & & & \\ & k_2 & & \\ & & \ddots & \\ & & & k_n \end{pmatrix}\begin{pmatrix} y_1 \\ y_2 \\ \vdots \\ y_n \end{pmatrix},
\end{aligned}
$$

也就是要使 $B=C^{\mathrm{T}}AC$ 为对角矩阵. 主要问题转化为对实对称矩阵 $A$，寻求可逆矩阵 $C$，使 $C^{\mathrm{T}}AC$ 为对角矩阵.

在上一章中，我们知道，如果实对称矩阵 $A$ 的特征值为 $\lambda_1$，$\lambda_2$，…，$\lambda_n$，则存在正交矩阵 $Q$，使得 $Q^{-1}AQ=Q^{\mathrm{T}}AQ=\begin{pmatrix} \lambda_1 & & & \\ & \lambda_2 & & \\ & & \ddots & \\ & & & \lambda_n \end{pmatrix}$. 于是，我们得到对称矩阵在合同关系下的如下结论：

**定理 6.1** 若实对称矩阵 $A$ 的特征值是 $\lambda_1$，$\lambda_2$，…，$\lambda_n$，则存在正交矩阵 $Q$，使得

$$Q^{\mathrm{T}}AQ=\mathrm{diag}(\lambda_1, \lambda_2, \cdots, \lambda_n).$$

正交矩阵的逆矩阵就等于其转置矩阵，即 $Q^{-1}=Q^{\mathrm{T}}$.

定理 6.1 说明任何对称矩阵都与一个对角矩阵合同，此结论用于二次型，则有：

**定理 6.2** （**主轴定理**） 任意实二次型 $f(X)=X^{\mathrm{T}}AX$ 都可以经过正交变换 $X=QY$ 化成标准形 $f=\lambda_1y_1^2+\lambda_2y_2^2+\cdots+\lambda_ny_n^2$，其中 $\lambda_1$，$\lambda_2$，…，$\lambda_n$ 是 $f$ 的矩阵 $A$ 的全部特征值，$Q$ 是正交矩阵.

**例 6.5** 用正交变换化二次型 $f(x_1, x_2, x_3)=2x_1^2+3x_2^2+3x_3^2+4x_2x_3$ 为标准形.

解 二次型的矩阵是

$$A=\begin{pmatrix} 2 & 0 & 0 \\ 0 & 3 & 2 \\ 0 & 2 & 3 \end{pmatrix}.$$

$A$ 的特征多项式为

$$f_\lambda(A)=|\lambda E-A|$$

$$
=\begin{vmatrix} \lambda-2 & 0 & 0 \\ 0 & \lambda-3 & -2 \\ 0 & -2 & \lambda-3 \end{vmatrix}
$$

$$
=(\lambda-1)(\lambda-2)(\lambda-5),
$$

得 $\boldsymbol{A}$ 的特征值为 $\lambda_1=1$，$\lambda_2=2$，$\lambda_3=5$，其对应的特征向量分别为

$$
\begin{pmatrix} 0 \\ \frac{1}{2} \\ -\frac{1}{2} \end{pmatrix}, \begin{pmatrix} 1 \\ 0 \\ 0 \end{pmatrix}, \begin{pmatrix} 0 \\ \frac{1}{2} \\ \frac{1}{2} \end{pmatrix}.
$$

将这三个向量单位化得

$$
\begin{pmatrix} 0 \\ \frac{\sqrt{2}}{2} \\ -\frac{\sqrt{2}}{2} \end{pmatrix}, \begin{pmatrix} 1 \\ 0 \\ 0 \end{pmatrix}, \begin{pmatrix} 0 \\ \frac{\sqrt{2}}{2} \\ \frac{\sqrt{2}}{2} \end{pmatrix}.
$$

以上面得到的三个向量为列作矩阵

$$
\boldsymbol{Q}=\begin{pmatrix} 0 & 1 & 0 \\ \frac{\sqrt{2}}{2} & 0 & \frac{\sqrt{2}}{2} \\ -\frac{\sqrt{2}}{2} & 0 & \frac{\sqrt{2}}{2} \end{pmatrix},
$$

则 $\boldsymbol{Q}^{\mathrm{T}}\boldsymbol{A}\boldsymbol{Q}=\begin{pmatrix} 1 & & \\ & 2 & \\ & & 5 \end{pmatrix}$. 最后，作正交变换 $\boldsymbol{X}=\boldsymbol{Q}\boldsymbol{Y}$，二次型 $f(x_1, x_2, x_3)$ 可以通过这个正交变换化为标准形 $y_1^2+2y_2^2+5y_3^2$.

**例 6.6** 求正交矩阵 $\boldsymbol{Q}$ 使得 $\boldsymbol{Q}^{\mathrm{T}}\boldsymbol{A}\boldsymbol{Q}$ 是对角形矩阵，其中

$$
\boldsymbol{A}=\begin{pmatrix} 0 & 1 & 2 & -1 \\ 1 & 0 & 1 & -2 \\ 2 & 1 & 0 & -1 \\ -1 & -2 & -1 & 0 \end{pmatrix}.
$$

**解** 首先计算对称矩阵 $\boldsymbol{A}$ 的特征多项式，

$$f(\lambda)=|\lambda \boldsymbol{E}-\boldsymbol{A}|=\begin{vmatrix}\lambda & -1 & -2 & 1\\ -1 & \lambda & -1 & 2\\ -2 & -1 & \lambda & 1\\ 1 & 2 & 1 & \lambda\end{vmatrix}$$

$$=\begin{vmatrix}\lambda & -1 & -2 & 1\\ 0 & \lambda+2 & 0 & \lambda+2\\ -2 & -1 & \lambda & 1\\ 1 & 2 & 1 & \lambda\end{vmatrix}=(\lambda+2)\begin{vmatrix}\lambda & -1 & -2 & 1\\ 0 & 1 & 0 & 1\\ -2 & -1 & \lambda & 1\\ 1 & 2 & 1 & \lambda\end{vmatrix}$$

$$=(\lambda+2)\begin{vmatrix}\lambda & -1 & -2 & 2\\ 0 & 1 & 0 & 0\\ -2 & -1 & \lambda & 2\\ 1 & 2 & 1 & \lambda-2\end{vmatrix}$$

$$=(\lambda+2)\begin{vmatrix}\lambda & -2 & 2\\ -2 & \lambda & 2\\ 1 & 1 & \lambda-2\end{vmatrix}$$

$$=(\lambda+2)\begin{vmatrix}\lambda+2 & -2 & 2\\ -\lambda-2 & \lambda & 2\\ 0 & 1 & \lambda-2\end{vmatrix}$$

$$=(\lambda+2)\begin{vmatrix}\lambda+2 & -2 & 2\\ 0 & \lambda-2 & 4\\ 0 & 1 & \lambda-2\end{vmatrix}$$

$$=(\lambda+2)^2\begin{vmatrix}\lambda-2 & 4\\ 1 & \lambda-2\end{vmatrix}$$

$$=\lambda(\lambda-4)(\lambda+2)^2,$$

所以对称矩阵$\boldsymbol{A}$有四个实特征值$\lambda_{1,2}=-2$，$\lambda_3=4$，$\lambda_4=0$.

对于特征值$\lambda_{1,2}=-2$，解线性方程组$(-2\boldsymbol{E}-\boldsymbol{A})\boldsymbol{x}=\boldsymbol{0}$，即

$$\begin{pmatrix}-2 & -1 & -2 & 1\\ -1 & -2 & -1 & 2\\ -2 & -1 & -2 & 1\\ 1 & 2 & 1 & -2\end{pmatrix}\boldsymbol{x}=\boldsymbol{0},$$

解得基础解系为$(1,-1,-1,-1)^{\mathrm{T}}$，$(1,1,-1,1)^{\mathrm{T}}$，正交化并单位化之后为$\frac{1}{2}(1,-1,-1,-1)^{\mathrm{T}}$，$\frac{1}{2}(1,1,-1,1)^{\mathrm{T}}$.

对于特征值 $\lambda_3 = 4$，解线性方程组 $(4\boldsymbol{E} - \boldsymbol{A})\boldsymbol{x} = \boldsymbol{0}$，即
$\begin{pmatrix} 4 & -1 & -2 & 1 \\ -1 & 4 & -1 & 2 \\ -2 & -1 & 4 & 1 \\ 1 & 2 & 1 & 4 \end{pmatrix}\boldsymbol{x} = \boldsymbol{0}$，解得基础解系为 $(1,1,1,-1)^{\mathrm{T}}$，正交化并单位化之后为 $\frac{1}{2}(1,1,1,-1)^{\mathrm{T}}$.

对于特征值 $\lambda_4 = 0$，解线性方程组 $(0\boldsymbol{E} - \boldsymbol{A})\boldsymbol{x} = \boldsymbol{0}$，即
$\begin{pmatrix} 0 & -1 & -2 & 1 \\ -1 & 0 & -1 & 2 \\ -2 & -1 & 0 & 1 \\ 1 & 2 & 1 & 0 \end{pmatrix}\boldsymbol{x} = \boldsymbol{0}$，解得基础解系为 $(1,-1,1,1)^{\mathrm{T}}$，正交化并单位化之后为 $\frac{1}{2}(1,-1,1,1)^{\mathrm{T}}$.

构造正交矩阵 $\boldsymbol{Q} = \frac{1}{2}\begin{pmatrix} 1 & 1 & 1 & 1 \\ -1 & 1 & 1 & -1 \\ -1 & -1 & 1 & 1 \\ -1 & 1 & -1 & 1 \end{pmatrix}$，那么 $\boldsymbol{Q}^{\mathrm{T}}\boldsymbol{A}\boldsymbol{Q} = \mathrm{diag}(-2,-2,4,0)$.

### 6.2.2 用配方法化二次型为标准形

用正交变换化二次型为标准形，具有保持几何形状不变的特点. 若不限用正交变换，可有多种方法将二次型化为标准形，下面举例介绍常用的配方法.

**例 6.7** 用配方法化二次型

$$f(x_1, x_2, x_3) = 4x_1^2 + 2x_2^2 - x_3^2 - 4x_1x_2 - 3x_2x_3 + 4x_1x_3$$

为标准形.

**解** 先将含有 $x_1$ 的项配方，有

$$\begin{aligned} f(x_1, x_2, x_3) &= 4x_1^2 + 2x_2^2 - x_3^2 - 4x_1x_2 - 3x_2x_3 + 4x_1x_3 \\ &= [4x_1^2 - 4x_1(x_2 - x_3) + (x_2 - x_3)^2] - (x_2 - x_3)^2 + \\ &= 2x_2^2 - x_3^2 - 3x_2x_3 \\ &= (2x_1 - x_2 + x_3)^2 + x_2^2 - 2x_3^2 - x_2x_3, \end{aligned}$$

再对后三项中含有 $x_2$ 的项配方，有

$$f(x_1, x_2, x_3) = (2x_1 - x_2 + x_3)^2 + x_2^2 - x_2x_3 + \left(\frac{1}{2}x_3\right)^2 - \left(\frac{1}{2}x_3\right)^2 - 2x_3^2$$
$$= (2x_1 - x_2 + x_3)^2 + \left(x_2 - \frac{1}{2}x_3\right)^2 - \frac{9}{4}x_3^2.$$

作可逆线性变换

$$\begin{cases} y_1 = 2x_1 - x_2 + x_3 \\ y_2 = x_2 - \dfrac{1}{2}x_3 \\ y_3 = x_3 \end{cases}, \text{ 即} \begin{cases} x_1 = \dfrac{1}{2}y_1 + \dfrac{1}{2}y_2 - \dfrac{1}{4}y_3 \\ x_2 = y_2 + \dfrac{1}{2}y_3 \\ x_3 = y_3 \end{cases},$$

将二次型 $f(x_1, x_2, x_3)$ 化为标准形 $y_1^2 + y_2^2 - \frac{9}{4}y_3^2$.

**例 6.8** 用配方法化二次型

$$f(x_1, x_2, x_3) = x_1x_2 + x_1x_3 - 3x_2x_3$$

为标准形.

**解** 由于二次型没有平方项，因此先作一个可逆线性变换使其出现平方项，令

二次型的标准形不是唯一的.

$$\begin{cases} x_1 = y_1 + y_2 \\ x_2 = y_1 - y_2, \\ x_3 = y_3 \end{cases} \tag{6.7}$$

则 $f = y_1^2 - y_2^2 - 2y_1y_3 + 4y_2y_3$.

再进行配方，得

$$\begin{aligned} f &= y_1^2 - 2y_1y_3 + y_3^2 - y_3^2 + 4y_2y_3 - y_2^2 \\ &= (y_1 - y_3)^2 - (y_2^2 - 4y_2y_3 + 4y_3^2) + 3y_3^2 \\ &= (y_1 - y_3)^2 - (y_2 - 2y_3)^2 + 3y_3^2. \end{aligned}$$

作变换

$$\begin{cases} z_1 = y_1 - y_3 \\ z_2 = y_2 - 2y_3, \\ z_3 = y_3 \end{cases} \text{即} \begin{cases} y_1 = z_1 + z_3 \\ y_2 = z_2 + 2z_3, \\ y_3 = z_3 \end{cases} \tag{6.8}$$

则有 $f = z_1^2 - z_2^2 + 3z_3^2$. 由式 (6.7) 和式 (6.8)，所作的可逆线性变换为

$$\begin{pmatrix} x_1 \\ x_2 \\ x_3 \end{pmatrix} = \begin{pmatrix} 1 & 1 & 0 \\ 1 & -1 & 0 \\ 0 & 0 & 1 \end{pmatrix} \begin{pmatrix} y_1 \\ y_2 \\ y_3 \end{pmatrix} = \begin{pmatrix} 1 & 1 & 0 \\ 1 & -1 & 0 \\ 0 & 0 & 1 \end{pmatrix} \begin{pmatrix} 1 & 0 & 1 \\ 0 & 1 & 2 \\ 0 & 0 & 1 \end{pmatrix} \begin{pmatrix} z_1 \\ z_2 \\ z_3 \end{pmatrix}$$

$$= \begin{pmatrix} 1 & 1 & 3 \\ 1 & -1 & -1 \\ 0 & 0 & 1 \end{pmatrix} \begin{pmatrix} z_1 \\ z_2 \\ z_3 \end{pmatrix}.$$

**例 6.9** 用配方法化二次型 $f(x, y) = x^2 - xy + y^2$ 为标准形.

**解** 由 $f(x, y) = x^2 - xy + y^2$，配方有

$$f(x, y) = x^2 - xy + y^2 = \left(x - \frac{y}{2}\right)^2 + \frac{3}{4}y^2.$$

作可逆线性代换

$$\begin{cases} x_1 = x - \dfrac{y}{2} \\ y_1 = \quad\;\; y \end{cases}，\text{即}\begin{cases} x = x_1 + \dfrac{y_1}{2} \\ y = \quad\;\; y_1 \end{cases},$$

有 $f(x, y) = x_1^2 + \frac{3}{4}y_1^2$.

当然，也可以采取另一种配方的办法，即

$$f(x, y) = x^2 - xy + y^2 = \frac{3}{4}x^2 + \left(\frac{x}{2} - y\right)^2.$$

这样作可逆线性代换

$$\begin{cases} x_2 = x \\ y_2 = \dfrac{x}{2} - y \end{cases}，\text{即}\begin{cases} x = x_2 \\ y = \dfrac{x_2}{2} - y_2 \end{cases},$$

可以将二次型 $f(x, y)$ 化为标准形 $\frac{3}{4}x_2^2 + y_2^2$.

如果选取可逆线性代换

$$\begin{cases} x_3 = \dfrac{x + y}{2} \\ y_3 = \dfrac{x - y}{2} \end{cases}，\text{即}\begin{cases} x = x_3 + y_3 \\ y = x_3 - y_3 \end{cases},$$

同样可以把二次型 $f(x, y)$ 化为标准形 $x_3^2 + 3y_3^2$.

### 6.2.3 惯性定理与规范形

由例 6.9 可以清楚地看到，一个二次型经过不同的可逆线性代

换化成的标准形可以不同，也就是说标准形不是唯一确定的. 那么一个二次型在经过可逆线性代换之后有哪些性质没有改变呢？下面的 Sylvester 惯性定律很好的回答了这个问题.

设秩为 $r$ 的实二次型 $f(x_1, x_2, \cdots, x_n) = \boldsymbol{X}^{\mathrm{T}}\boldsymbol{A}\boldsymbol{X}$ 经可逆线性变换 $\boldsymbol{X}=\boldsymbol{C}\boldsymbol{Y}$ 化为标准形

$$f = d_1y_1^2 + d_2y_2^2 + \cdots + d_ny_n^2,$$

不妨设 $d_1, d_2, \cdots, d_p > 0$，$d_{p+1}, d_{p+2}, \cdots, d_r < 0$，$d_{r+1} = d_{r+2} = \cdots = d_n = 0$，再作可逆线性变换

$$\begin{cases} z_1 = \sqrt{d_1}y_1 \\ \quad\vdots \\ z_p = \sqrt{d_p}y_p \\ z_{p+1} = \sqrt{-d_{p+1}}y_{p+1} \\ \quad\vdots \\ z_r = \sqrt{-d_r}y_r \\ z_{r+1} = y_{r+1} \\ \quad\vdots \\ z_n = y_n \end{cases},$$

二次型进一步化为标准形

$$f = z_1^2 + \cdots + z_p^2 - z_{p+1}^2 - \cdots - z_r^2 \tag{6.9}$$

称式（6.9）为实二次型 $f(x_1, x_2, \cdots, x_n)$ 的**规范型**.

**定理 6.3 （Sylvester 惯性定律）** 实二次型都能用可逆的线性代换化为规范形，且规范形是唯一的.

***证** 前面的分析已完成定理第一部分的证明，下面只证明唯一性.

若秩为 $r$ 的二次型 $f(x_1, x_2, \cdots, x_n)$ 经可逆线性变换

$$\boldsymbol{X} = \boldsymbol{C}_1\boldsymbol{Y} \text{ 和 } \boldsymbol{X} = \boldsymbol{C}_2\boldsymbol{Z}, \tag{6.10}$$

化为两个规范形

$$f = y_1^2 + \cdots + y_p^2 - y_{p+1}^2 - \cdots - y_r^2 \tag{6.11}$$

及

$$f = z_1^2 + \cdots + z_{p'}^2 - z_{p'+1}^2 - \cdots - z_r^2, \tag{6.12}$$

其中 $r$ 为二次型 $f(x_1, x_2, \cdots, x_n)$ 的秩.

现在证明 $p=p'$. 用反证法，假设 $p>p'$，由式（6.11）与式（6.12）得

$$y_1^2+\cdots+y_p^2-y_{p+1}^2-\cdots-y_r^2=z_1^2+\cdots+z_{p'}^2-z_{p'+1}^2-\cdots-z_r^2. \tag{6.13}$$

且

$$\boldsymbol{Z}=\boldsymbol{C}_2^{-1}\boldsymbol{C}_1\boldsymbol{Y}. \tag{6.14}$$

设 $\boldsymbol{C}_2^{-1}\boldsymbol{C}_1=\boldsymbol{C}=(c_{ij})$，考虑齐次线性方程组

$$\begin{cases} c_{11}y_1+c_{12}y_2+\cdots+c_{1n}y_n=0 \\ \vdots \\ c_{p'1}y_1+c_{p'2}y_2+\cdots+c_{p'n}y_n=0 \\ y_{p+1}=0 \\ \vdots \\ y_n=0 \end{cases} \tag{6.15}$$

由于线性方程组（6.15）有 $n$ 个未知量，只含有$(n-p)+p'<n$ 个方程，因此一定有非零解. 设$(k_1, \cdots, k_p, k_{p+1}, \cdots, k_n)$是方程组（6.15）的一个非零解，则显然有 $k_{p+1}=\cdots=k_n=0$. 把这组解代入式（6.13）左端，得到 $k_1^2+\cdots+k_p^2>0$；再代入式（6.13）右端，得到 $-z_{p'+1}^2-\cdots-z_r^2\leqslant 0$. 矛盾，所以假设不成立，即$p\leqslant p'$. 同理 $p'\leqslant p$，因此，$p=p'$.

二次型的秩、正负惯性指数与符号差都是二次型在合同关系下的重要不变量.

由惯性定理知，尽管实二次型$f(x_1, x_2, \cdots, x_n)$的标准形不唯一，但标准形中正平方项的个数 $p$ 是唯一确定的，负平方项的个数 $q=r-p$也是唯一确定的（$r$ 为二次型的秩），分别称之为实二次型 $f(x_1, x_2, \cdots, x_n)$的**正惯性指数和负惯性指数**，$p-q$ 称为二次型的**符号差**.

惯性定理的矩阵表述为：

**定理 6.4** 任意一个秩为 $r$ 的 $n$ 阶实对称矩阵 $\boldsymbol{A}$ 都合同于一个形如

$$\begin{pmatrix} \boldsymbol{E}_p & & \\ & -\boldsymbol{E}_{r-p} & \\ & & \boldsymbol{O} \end{pmatrix}$$

的对角阵. 这里，$p$ 由矩阵 $\boldsymbol{A}$ 唯一确定.

我们也称定理 6.4 中的 $p$ 和 $q=r-p$ 为实对称矩阵 $\boldsymbol{A}$ 的正惯性指

数和负惯性指数，$p-q$ 称为符号差.

### *6.2.4 二次型的应用

用正交变换 $\boldsymbol{X}=\boldsymbol{QY}$ 化二次型为标准形时，正交矩阵 $\boldsymbol{Q}$ 可以看作是两组标准正交基之间的过渡矩阵. 在 $\mathbf{R}^2$ 中，主轴定理的几何意义是平面上的二次有心曲线，通过坐标变换，总可以找到一个直角坐标系，使该二次曲线的主轴位于新的坐标轴上，这样，曲线在新坐标系下的方程就是标准方程.

例 6.10 在平面直角坐标系 $xOy$ 中方程 $x^2-\sqrt{3}xy+2y^2=1$ 的曲线是什么形状的?

解 令 $f(x,y)=x^2-\sqrt{3}xy+2y^2$，$f(x,y)$ 是二次型，$f$ 的矩阵

$$\boldsymbol{A}=\begin{pmatrix}1 & -\dfrac{\sqrt{3}}{2}\\ -\dfrac{\sqrt{3}}{2} & 2\end{pmatrix},$$

$\boldsymbol{A}$ 的特征值为 $\lambda_1=\dfrac{5}{2}$，$\lambda_2=\dfrac{1}{2}$，它们对应的特征向量单位化后分别是

$$\boldsymbol{\alpha}_1=\begin{pmatrix}\dfrac{1}{2}\\ -\dfrac{\sqrt{3}}{2}\end{pmatrix},\ \boldsymbol{\alpha}_2=\begin{pmatrix}\dfrac{\sqrt{3}}{2}\\ \dfrac{1}{2}\end{pmatrix}.$$

令 $\boldsymbol{Q}=(\boldsymbol{\alpha}_1,\boldsymbol{\alpha}_2)=\begin{pmatrix}\dfrac{1}{2} & \dfrac{\sqrt{3}}{2}\\ -\dfrac{\sqrt{3}}{2} & \dfrac{1}{2}\end{pmatrix}$，则 $\boldsymbol{Q}^{-1}\boldsymbol{AQ}=\boldsymbol{Q}^{\mathrm{T}}\boldsymbol{AQ}=\begin{pmatrix}\dfrac{5}{2} & \\ & \dfrac{1}{2}\end{pmatrix}$.

于是作正交变换 $\begin{pmatrix}x\\y\end{pmatrix}=\boldsymbol{Q}\begin{pmatrix}x_1\\y_1\end{pmatrix}$，将二次型 $f(x,y)=x^2-\sqrt{3}xy+2y^2$ 化成标准形 $f(x,y)=\dfrac{5x_1^2}{2}+\dfrac{y_1^2}{2}$. 代入原方程右边，得到 $\dfrac{5x_1^2}{2}+\dfrac{y_1^2}{2}=1$ 为曲线在新坐标系下的方程，这是椭圆方程.

事实上，$x_1Oy_1$ 坐标系可以看成是 $xOy$ 坐标系经顺时针旋转 $\dfrac{\pi}{3}$ 角

度之后得到的，正交变换实际就是坐标轴的旋转.

**例 6.11** 设三元二次型 $f(x, y, z)=x^2+5y^2+z^2+2xy+6xz+2yz$，在空间直角坐标系 $O-xyz$ 中，方程 $f(x, y, z)=0$、$f(x, y, z)=6$ 及 $f(x, y, z)=-6$ 分别是什么曲面？

**解** 二次型 $f(x, y, z)$ 的矩阵是

$$\boldsymbol{A}=\begin{pmatrix}1&1&3\\1&5&1\\3&1&1\end{pmatrix}.$$

$\boldsymbol{A}$ 的特征值为 $-2$，3，6，它们的特征向量单位化后依次为

$$\begin{pmatrix}-\frac{1}{\sqrt{2}}\\0\\\frac{1}{\sqrt{2}}\end{pmatrix},\ \begin{pmatrix}\frac{1}{\sqrt{3}}\\-\frac{1}{\sqrt{3}}\\\frac{1}{\sqrt{3}}\end{pmatrix},\ \begin{pmatrix}\frac{1}{\sqrt{6}}\\\frac{2}{\sqrt{6}}\\\frac{1}{\sqrt{6}}\end{pmatrix}.$$

令矩阵

$$\boldsymbol{Q}=\begin{pmatrix}-\frac{1}{\sqrt{2}}&\frac{1}{\sqrt{3}}&\frac{1}{\sqrt{6}}\\0&-\frac{1}{\sqrt{3}}&\frac{2}{\sqrt{6}}\\\frac{1}{\sqrt{2}}&\frac{1}{\sqrt{3}}&\frac{1}{\sqrt{6}}\end{pmatrix},$$

作正交变换 $\begin{pmatrix}x\\y\\z\end{pmatrix}=\boldsymbol{Q}\begin{pmatrix}x_1\\y_1\\z_1\end{pmatrix}$，则二次型 $f(x, y, z)$ 就化为关于变量 $x_1$，$y_1$，$z_1$ 的二次型 $g(x_1, y_1, z_1)=-2x_1^2+3y_1^2+6z_1^2$.

在空间直角坐标系 $O-xyz$ 中，二次曲面 $f(x, y, z)=0$ 的方程可以经变换 $\begin{pmatrix}x\\y\\z\end{pmatrix}=\boldsymbol{Q}\begin{pmatrix}x_1\\y_1\\z_1\end{pmatrix}$ 化为空间直角坐标系 $O-x_1y_1z_1$ 中的方程 $g(x_1, y_1, z_1)=0$，也就是 $3y_1^2+6z_1^2=2x_1^2$，可以看到这是一个椭圆锥面. 因此，在 $O-xyz$ 坐标系中，二次曲面 $f(x, y, z)=0$ 是一个椭圆

锥面.

同理，可以得到在 $O-xyz$ 坐标系中，二次曲面 $f(x, y, z)=6$ 是一个单叶双曲面，二次曲面 $f(x, y, z)=-6$ 是一个双叶双曲面.

**例 6.12** 已知二次型 $f(x, y, z)=5x^2+5y^2+cz^2-2xy+6xz-6yz$ 的秩为2.

（1）求出参数 $c$ 及二次型的矩阵的全部特征值.

（2）指出方程 $f(x, y, z)=36$ 表示何种曲面.

解 （1）二次型 $f$ 的矩阵为

$$\boldsymbol{A}=\begin{pmatrix}5 & -1 & 3\\ -1 & 5 & -3\\ 3 & -3 & c\end{pmatrix},$$

由于 $\mathrm{r}(\boldsymbol{A})=2$，则 $|\boldsymbol{A}|=0$. 又 $|\boldsymbol{A}|=24c-72$，因此 $c=3$.

在 $c=3$ 时，矩阵 $\boldsymbol{A}$ 的特征多项式 $|\lambda\boldsymbol{E}-\boldsymbol{A}|=\lambda(\lambda-4)(\lambda-9)$，故 $\boldsymbol{A}$ 三个特征值为0，4，9.

（2）由（1）的分析计算可知，二次型 $f$ 在某个正交变换下的标准形为 $4x_1^2+9y_1^2$，于是方程 $f=36$ 就化为 $\dfrac{x_1^2}{9}+\dfrac{y_1^2}{4}=1$，这是椭圆柱面.

## 习 题 6.2

### A 组

1. 用正交变换化下列二次型为标准形，并写出所作的变换：

（1）$2x_1^2+x_2^2-4x_1x_2-4x_2x_3$.

（2）$x_1^2+4x_2^2+x_3^2-4x_1x_2-8x_1x_3-4x_2x_3$.

（3）$x_1x_2+x_2x_3+x_3x_1$.

（4）$x_1x_4+x_2x_3$.

2. 用配方法化下面二次型为标准形，并写出所作的变换：

（1）$x_1^2+2x_2^2-x_3^2+2x_1x_2-2x_3x_1$.

（2）$2x_1x_2+2x_2x_3+2x_3x_1$.

（3）$x_1^2-x_2^2+2x_1x_2+4x_3x_1$.

（4）$x_1x_4+x_2x_3$.

3. 指出练习题1、2中各二次型的秩、惯性指数与符号差.

4. 求出三阶实对称阵 $\boldsymbol{A}$，使得其特征值为 $\lambda_1=\lambda_2=9$，$\lambda_3=0$，并且 $\lambda_3$ 对应的特征向量为 $\boldsymbol{p}_3=(1,2,2)^{\mathrm{T}}$.

### *B 组

1. 求出所有的二阶正交矩阵.

2. 设 $a$，$b$ 是实数，求出二次型 $a\sum\limits_{i=1}^{n}x_i^2+2b\sum\limits_{1\leqslant i<j\leqslant n}x_ix_j$ 的秩和惯性指数.

*3. 利用正交变换把下列二次曲线化为标准形式（只含平方项的形式），并判断其形状：

(1) $x^2-xy+y^2=1$.

(2) $2x^2-4xy+3y^2=-1$.

(3) $3x^2+2xy+3y^2=8$.

(4) $x^2+6xy-7y^2=8$.

(5) $x^2-2xy+y^2=1$.

*4. 给出利用 $a$, $b$, $c$ 判别二次曲线 $ax^2+2bxy+cy^2=1$ 的形状的条件，$a$，$b$，$c$ 不全为零.

5. 设 $a<5$，用正交变换 $\boldsymbol{X}=\boldsymbol{QY}$ 把二次型

$$f(x_1,x_2,x_3)=2a(x_1^2+x_3^2)+x_2^2+2(x_1x_2+x_2x_3)$$

化成标准形 $g(y_1,y_2,y_3)=by_1^2+2y_2^2+3y_3^2$，求 $a$，$b$ 及正交矩阵 $\boldsymbol{Q}$.

### *C 组

1. 对二次型 $\boldsymbol{X}^{\mathrm{T}}\boldsymbol{AX}$，如果存在列向量 $\boldsymbol{\alpha}$，$\boldsymbol{\beta}$，使得 $\boldsymbol{\alpha}^{\mathrm{T}}\boldsymbol{A\alpha}<0$，且 $\boldsymbol{\beta}^{\mathrm{T}}\boldsymbol{A\beta}>0$，则一定存在列向量 $\boldsymbol{\gamma}\neq\boldsymbol{0}$，使得 $\boldsymbol{\gamma}^{\mathrm{T}}\boldsymbol{A\gamma}=0$.

2. 证明：一个二次型可以分解为两个实系数的一次齐次多项式的乘积的充分必要条件是它的秩等于1，或者秩等于2及符号差等于0.

3. 设二元函数 $f(x,y)=ax^2+2bxy+cy^2$，$a$，$b$，$c$ 不全为零. 若二阶方阵 $\begin{pmatrix} a & b \\ b & c \end{pmatrix}$ 的两个特征值为 $\lambda_1\leqslant\lambda_2$，用拉格朗日乘数法求出 $f(x,y)$ 在条件 $x^2+y^2=1$ 时的最大值和最小值.

4. 求下列函数在 $x^2+y^2=1$ 时的最大值和最小值：

(1) $2x^2-3xy+7y^2$.

(2) $-2x^2-6xy+3y^2$.

5. 设三元函数 $f(x,y,z)=ax^2+by^2+cz^2+2dxy+2exz+2fyz$，$a$，$b$，$c$，$d$，$e$，$f$ 不全为零，且三阶方阵 $\begin{pmatrix} a & d & e \\ d & b & f \\ e & f & c \end{pmatrix}$ 的三个特征值为 $\lambda_1\leqslant\lambda_2\leqslant\lambda_3$. 用拉格朗日乘数法求出三元函数 $f(x,y,z)$ 在条件 $x^2+y^2+z^2=1$ 下的最大值和最小值.

6. 判断空间直角坐标系 $O-xyz$ 中下列方程所表示的二次曲面的形状：

(1) $2x^2+y^2+2z^2-2xy+2yz=1$.

(2) $x^2-2y^2+z^2+4xy-8xz-4yz=0$.

(3) $x^2-2y^2+z^2+4xy-8xz-4yz=1$.

(4) $x^2-2y^2+z^2+4xy-10xz+4yz=1$.

7. 记 $f(x,y,z)=ax^2+by^2+cz^2+2dxy+2exz+2fyz$，其中 $a$，$b$，$c$，$d$，$e$，$f$ 是参数. 根据二次型 $\begin{pmatrix} a & d & e \\ d & b & f \\ e & f & c \end{pmatrix}$ 的秩及正负惯性指数，分别讨论二次曲面 $f(x,y,z)=0$、$f(x,y,z)=1$、$f(x,y,z)=-1$ 的形状.

8. 已知二次曲面方程 $x^2+ay^2+z^2+2bxy+2xz+2yz=4$，可以经过正交变换 $\begin{pmatrix} x \\ y \\ z \end{pmatrix}=\boldsymbol{Q}\begin{pmatrix} \xi \\ \eta \\ \zeta \end{pmatrix}$ 化为椭圆柱面方程 $\eta^2+4\zeta^2=4$，求 $a$，$b$ 及正交矩阵 $\boldsymbol{Q}$.

## 6.3 正定二次型与正定矩阵

**定义 6.3** 设 $f(x_1,x_2,\cdots,x_n)=\boldsymbol{X}^{\mathrm{T}}\boldsymbol{AX}$ 是一个实二次型，若对任意非零向量 $\boldsymbol{X}$，都有 $\boldsymbol{X}^{\mathrm{T}}\boldsymbol{AX}>0$、$\boldsymbol{X}^{\mathrm{T}}\boldsymbol{AX}<0$、$\boldsymbol{X}^{\mathrm{T}}\boldsymbol{AX}\geqslant0$、$\boldsymbol{X}^{\mathrm{T}}\boldsymbol{AX}\leqslant0$，则二次型分别称为正定的、负定的、半正定的、半负定的. 否则，称为不定的. 相应的对称矩阵 $\boldsymbol{A}$ 分别称为正定矩阵、负定矩阵、半正定矩阵、半负定矩阵与不定矩阵.

例 6.13 $n$ 元二次型 $f(x_1, x_2, \cdots, x_n) = \sum_{i=1}^{n} x_i^2$ 是正定的；但 $n$ 元二次型 $f(x_1, x_2, \cdots, x_n) = \sum_{i=1}^{n-1} x_i^2$ 不是正定的，因为 $\boldsymbol{X}=(0, 0, \cdots, 1)^{\mathrm{T}} \neq \boldsymbol{0}$，但 $f(\boldsymbol{X})=0$.

定理 6.5 $n$ 元实二次型 $f(x_1, x_2, \cdots, x_n) = d_1x_1^2 + d_2x_2^2 + \cdots + d_nx_n^2$ 是正定的充分必要条件是 $d_i>0$，$i=1, 2, \cdots, n$.

二次型的正定性与其含有的变量个数有关.

证 **必要性** 二次型 $f(x_1, x_2, \cdots, x_n)$ 的矩阵为

$$\boldsymbol{A}=\operatorname{diag}(d_1, d_2, \cdots, d_n),$$

由于二次型是正定的，对任意的 $\boldsymbol{X} \neq \boldsymbol{0}$，有 $\boldsymbol{X}^{\mathrm{T}}\boldsymbol{A}\boldsymbol{X}>0$. 特别取 $\boldsymbol{X}_i=(0, \cdots, 0, 1, 0, \cdots, 0)^{\mathrm{T}} \neq 0(i=1, 2, \cdots, n)$，则有 $d_i=\boldsymbol{X}_i^{\mathrm{T}}\boldsymbol{A}\boldsymbol{X}_i>0$ $(i=1, 2, \cdots, n)$.

**充分性** 设 $d_i>0(i=1, 2, \cdots, n)$，对任意的 $\boldsymbol{X}=(x_1, x_2, \cdots, x_n)^{\mathrm{T}} \neq \boldsymbol{0}$，则有某个 $x_k \neq 0$，于是 $d_kx_k^2>0$，而其余的 $d_ix_i^2 \geqslant 0$，所以

$$f(x_1, x_2, \cdots, x_n)=d_1x_1^2+d_2x_2^2+\cdots+d_nx_n^2>0,$$

于是，二次型 $f(x_1, x_2, \cdots, x_n)$ 为正定二次型.

定理 6.6 可逆线性变换不改变二次型的正定性.

证 设实二次型 $f(x_1, x_2, \cdots, x_n)=\boldsymbol{X}^{\mathrm{T}}\boldsymbol{A}\boldsymbol{X}$ 是正定的，且经可逆线性变换 $\boldsymbol{X}=\boldsymbol{C}\boldsymbol{Y}$ 变成二次型 $g(y_1, y_2, \cdots, y_n)=\boldsymbol{Y}^{\mathrm{T}}(\boldsymbol{C}^{\mathrm{T}}\boldsymbol{A}\boldsymbol{C})\boldsymbol{Y}=\boldsymbol{Y}^{\mathrm{T}}\boldsymbol{B}\boldsymbol{Y}$，其中 $\boldsymbol{B}=\boldsymbol{C}^{\mathrm{T}}\boldsymbol{A}\boldsymbol{C}$.

下面证明 $g(y_1, y_2, \cdots, y_n)=\boldsymbol{Y}^{\mathrm{T}}\boldsymbol{B}\boldsymbol{Y}$ 是正定二次型.

对任意一个非零 $n$ 元向量 $\boldsymbol{Y}_0$，由于矩阵 $\boldsymbol{C}$ 可逆，则 $\boldsymbol{X}_0=\boldsymbol{C}\boldsymbol{Y}_0 \neq \boldsymbol{0}$. 于是，由 $f(x_1, x_2, \cdots, x_n)=\boldsymbol{X}^{\mathrm{T}}\boldsymbol{A}\boldsymbol{X}$ 为正定二次型知 $\boldsymbol{X}_0^{\mathrm{T}}\boldsymbol{A}\boldsymbol{X}_0>0$，从而

$$\boldsymbol{Y}_0^{\mathrm{T}}\boldsymbol{B}\boldsymbol{Y}_0=\boldsymbol{Y}_0^{\mathrm{T}}(\boldsymbol{C}^{\mathrm{T}}\boldsymbol{A}\boldsymbol{C})\boldsymbol{Y}_0=(\boldsymbol{C}\boldsymbol{Y}_0)^{\mathrm{T}}\boldsymbol{A}(\boldsymbol{C}\boldsymbol{Y}_0)=\boldsymbol{X}_0^{\mathrm{T}}\boldsymbol{A}\boldsymbol{X}_0>0,$$

由定义知二次型 $g(y_1, y_2, \cdots, y_n)=\boldsymbol{Y}^{\mathrm{T}}\boldsymbol{B}\boldsymbol{Y}$ 为正定二次型.

推论 1 $n$ 元实二次型 $f(x_1, x_2, \cdots, x_n)$ 正定的充分必要条件是其规范型为

$$z_1^2+z_2^2+\cdots+z_n^2.$$

推论 2 $n$ 元实二次型 $f(x_1, x_2, \cdots, x_n)$ 正定的充分必要条件是其正惯性指数为 $n$.

把上述二次型的有关结论用相应的矩阵语言来叙述有

定理 6.7 实对称矩阵 $\boldsymbol{A}$ 为正定的充分必要条件是 $\boldsymbol{A}$ 合同于单

位矩阵.

**定理 6.8** $n$ 阶实对称矩阵 $\boldsymbol{A}$ 为正定的充分必要条件是 $\boldsymbol{A}$ 的正惯性指数是 $n$.

下面再给出一些判断正定的条件.

**定理 6.9** 实对称矩阵 $\boldsymbol{A}$ 正定的充分必要条件是 $\boldsymbol{A}$ 的特征值全部为正值.

**证** 设 $\boldsymbol{A}$ 的特征值为 $\lambda_1, \lambda_2, \cdots, \lambda_n$, 由定理 6.2 知存在正交变换 $\boldsymbol{X}=\boldsymbol{QY}$, 使得二次型

$$\begin{aligned} f(\boldsymbol{X}) &= \boldsymbol{X}^{\mathrm{T}}\boldsymbol{AX} = \boldsymbol{Y}^{\mathrm{T}}\boldsymbol{Q}^{\mathrm{T}}\boldsymbol{AQY} \\ &= \boldsymbol{Y}^{\mathrm{T}}\mathrm{diag}(\lambda_1, \lambda_2, \cdots, \lambda_n)\boldsymbol{Y} \\ &= \lambda_1 y_1^2 + \lambda_2 y_2^2 + \cdots + \lambda_n y_n^2. \end{aligned}$$

矩阵 $\boldsymbol{A}$ 正定 $\Leftrightarrow$ 二次型 $f(\boldsymbol{X}) = \boldsymbol{X}^{\mathrm{T}}\boldsymbol{AX}$ 正定 $\Leftrightarrow \lambda_i > 0\ (i=1, 2, \cdots, n)$.

下面从实对称矩阵本身讨论正定矩阵的性质.

设 $\boldsymbol{A}=(a_{ij})_n$ 是 $n$ 阶对称矩阵, $i_1, i_2, \cdots, i_k$ 是一组自然数, 并且满足条件 $1 \leqslant i_1 < i_2 < \cdots < i_k \leqslant n$, 我们把选取矩阵 $\boldsymbol{A}$ 的 $i_1, i_2, \cdots, i_k$ 行与 $i_1, i_2, \cdots, i_k$ 列得到的子式

$$\begin{vmatrix} a_{i_1i_1} & a_{i_1i_2} & \cdots & a_{i_1i_k} \\ a_{i_2i_1} & a_{i_2i_2} & \cdots & a_{i_2i_k} \\ \vdots & \vdots & & \vdots \\ a_{i_ki_1} & a_{i_ki_2} & \cdots & a_{i_ki_k} \end{vmatrix}$$

称为 $\boldsymbol{A}$ 的一个主子式. $n$ 阶矩阵总共有 $2^n-1$ 个主子式, 在这些子式中, 我们把 $n$ 个主子式

$$a_{11}, \begin{vmatrix} a_{11} & a_{12} \\ a_{21} & a_{22} \end{vmatrix}, \cdots, \begin{vmatrix} a_{11} & a_{12} & \cdots & a_{1n} \\ a_{21} & a_{22} & \cdots & a_{2n} \\ \vdots & \vdots & & \vdots \\ a_{n1} & a_{n2} & \cdots & a_{nn} \end{vmatrix}$$

称为 $\boldsymbol{A}$ 的顺序主子式.

**定理 6.10** 正定矩阵的行列式大于零.

**证** 若 $\boldsymbol{A}$ 正定, 则存在可逆矩阵 $\boldsymbol{P}$, 使得 $\boldsymbol{A}=\boldsymbol{P}^{\mathrm{T}}\boldsymbol{EP}=\boldsymbol{P}^{\mathrm{T}}\boldsymbol{P}$, 所以 $|\boldsymbol{A}|=|\boldsymbol{P}^{\mathrm{T}}\boldsymbol{P}|=|\boldsymbol{P}|^2>0$.

**定理 6.11** (**Hurwitz**) 设 $\boldsymbol{A}$ 是实对称矩阵, 则 $\boldsymbol{A}$ 正定的充分

必要条件是 $\boldsymbol{A}$ 的顺序主子式均大于零.

*证　**必要性**　设 $A$ 正定，其二次型为 $f(\boldsymbol{X})=\sum_{i=1}^{n}\sum_{j=1}^{n}a_{ij}x_ix_j$.

考虑顺序主子式 $\begin{vmatrix} a_{11} & a_{12} & \cdots & a_{1k} \\ a_{21} & a_{22} & \cdots & a_{2k} \\ \vdots & \vdots & & \vdots \\ a_{k1} & a_{k2} & \cdots & a_{kk} \end{vmatrix}$，其矩阵为 $\boldsymbol{A}_1=$ $\begin{vmatrix} a_{11} & a_{12} & \cdots & a_{1k} \\ a_{21} & a_{22} & \cdots & a_{2k} \\ \vdots & \vdots & & \vdots \\ a_{k1} & a_{k2} & \cdots & a_{kk} \end{vmatrix}$，$\boldsymbol{A}_1$ 为对称矩阵，相应的二次型是 $g(x_1, x_2, \cdots, x_k)=\sum_{i=1}^{k}\sum_{j=1}^{k}a_{ij}x_ix_j=f(x_1, x_2, \cdots, x_k, 0, \cdots, 0)$. 若 $(x_1, x_2, \cdots, x_k)\neq\boldsymbol{0}$，则有

$$g(x_1, x_2, \cdots, x_k)=f(x_1, x_2, \cdots, x_k, 0, \cdots, 0)>0,$$

因此，$g(x_1, x_2, \cdots, x_k)$ 是正定二次型，知 $|\boldsymbol{A}_1|>0$. 必要性得证.

**充分性**　对 $n$ 用归纳法. 当 $n=1$ 时，充分性显然成立. 假设充分性对 $n-1$ 阶方阵成立，下面证明充分性对于 $n$ 阶方阵也成立. 把方阵 $\boldsymbol{A}$ 分块为 $\boldsymbol{A}=\begin{pmatrix} \boldsymbol{A}_{n-1} & \boldsymbol{\alpha} \\ \boldsymbol{\alpha}^{\mathrm{T}} & a_{nn} \end{pmatrix}$，其中 $\boldsymbol{\alpha}^{\mathrm{T}}=(a_{n1}, a_{n2}, \cdots, a_{n,n-1})$，这时，$\boldsymbol{A}_{n-1}$ 是对称矩阵，且顺序主子式全都大于零，因此，$\boldsymbol{A}_{n-1}$ 是正定矩阵. 所以有

$$\begin{pmatrix} \boldsymbol{E} & -\boldsymbol{A}_{n-1}^{-1}\boldsymbol{\alpha} \\ \boldsymbol{0} & 1 \end{pmatrix}^{\mathrm{T}}\begin{pmatrix} \boldsymbol{A}_{n-1} & \boldsymbol{\alpha} \\ \boldsymbol{\alpha}^{\mathrm{T}} & a_{nn} \end{pmatrix}\begin{pmatrix} \boldsymbol{E} & -\boldsymbol{A}_{n-1}^{-1}\boldsymbol{\alpha} \\ \boldsymbol{0} & 1 \end{pmatrix}=\begin{pmatrix} \boldsymbol{A}_{n-1} & \boldsymbol{0} \\ \boldsymbol{0} & a_{nn}-\boldsymbol{\alpha}^{\mathrm{T}}\boldsymbol{A}_{n-1}^{-1}\boldsymbol{\alpha} \end{pmatrix}$$

由充分条件 $|\boldsymbol{A}|>0$，$|\boldsymbol{A}_{n-1}|>0$ 可知，$a_{nn}-\boldsymbol{\alpha}^{\mathrm{T}}\boldsymbol{A}_{n-1}^{-1}\boldsymbol{\alpha}>0$.

进一步令 $a=a_{nn}-\boldsymbol{\alpha}^{\mathrm{T}}\boldsymbol{A}_{n-1}^{-1}\boldsymbol{\alpha}$，$a>0$，由归纳假设 $\boldsymbol{A}_{n-1}$ 是正定矩阵，因此，存在 $n-1$ 阶可逆矩阵 $\boldsymbol{G}_1$，使得 $\boldsymbol{G}_1^{\mathrm{T}}\boldsymbol{A}_{n-1}\boldsymbol{G}_1=\boldsymbol{E}_{n-1}$，再取 $\boldsymbol{G}=\begin{pmatrix} \boldsymbol{G}_1 & \\ & \frac{1}{\sqrt{a}} \end{pmatrix}$，可得 $\boldsymbol{G}^{\mathrm{T}}\begin{pmatrix} \boldsymbol{A}_{n-1} & \boldsymbol{0} \\ \boldsymbol{0} & a_{nn}-\boldsymbol{\alpha}^{\mathrm{T}}\boldsymbol{A}_{n-1}^{-1}\boldsymbol{\alpha} \end{pmatrix}\boldsymbol{G}=\boldsymbol{E}_n$，于是有 $\begin{pmatrix} \boldsymbol{A}_{n-1} & \boldsymbol{0} \\ \boldsymbol{0} & a_{nn}-\boldsymbol{\alpha}^{\mathrm{T}}\boldsymbol{A}_{n-1}^{-1}\boldsymbol{\alpha} \end{pmatrix}$与 $\boldsymbol{E}_n$ 合同. 故矩阵 $\boldsymbol{A}$ 与 $\boldsymbol{E}_n$ 合同.

**定理 6.12** 设 $\boldsymbol{A}$ 是对称矩阵，则 $\boldsymbol{A}$ 正定的充分必要条件是 $\boldsymbol{A}$ 的主子式全大于零.

证明留作习题.

**例 6.14** 判断实对称矩阵 $\begin{pmatrix} 3 & -1 & -1 \\ -1 & 4 & -1 \\ -1 & -1 & 5 \end{pmatrix}$ 是否正定.

解 由于 $3>0$，$\begin{vmatrix} 3 & -1 \\ -1 & 4 \end{vmatrix}=11>0$，$\begin{vmatrix} 3 & -1 & -1 \\ -1 & 4 & -1 \\ -1 & -1 & 5 \end{vmatrix}=46>0$，根据定理 6.11 知这个矩阵是正定的.

**例 6.15** 设二次型

$$f(x_1,x_2,x_3)=x_1^2+x_2^2+5x_3^2+2tx_1x_2+4x_2x_3-2x_1x_3,$$

当 $t$ 为何值时，$f(x_1,x_2,x_3)$ 为正定二次型.

解 二次型的矩阵为

$$\boldsymbol{A}=\begin{pmatrix} 1 & t & -1 \\ t & 1 & 2 \\ -1 & 2 & 5 \end{pmatrix},$$

二次型 $f(x_1,x_2,x_3)$ 正定的充分必要条件是 $\boldsymbol{A}$ 的各阶顺序主子式均大于零，即

$$|1|>0,\begin{vmatrix} 1 & t \\ t & 1 \end{vmatrix}=(1-t^2)>0,|\boldsymbol{A}|=\begin{vmatrix} 1 & t & -1 \\ t & 1 & 2 \\ -1 & 2 & 5 \end{vmatrix}=-5t^2-4t>0,$$

解得 $-\dfrac{4}{5}<t<0$. 从而 $-\dfrac{4}{5}<t<0$ 时，二次型 $f(x_1,x_2,x_3)$ 为正定二次型.

最后，综合这一节的结果可以得到，对于 $n$ 阶实对称矩阵 $\boldsymbol{A}$，下面几个条件是相互等价的：

（1）二次型 $\boldsymbol{X}^{\mathrm{T}}\boldsymbol{A}\boldsymbol{X}$ 是正定二次型.

（2）$\boldsymbol{A}$ 是正定矩阵.

（3）$\boldsymbol{A}$ 的正惯性指数是 $n$.

（4）$\boldsymbol{A}$ 合同于单位矩阵.

（5）$\boldsymbol{A}$ 的特征值都是正数.

（6）$\boldsymbol{A}$ 的顺序主子式均大于零.

## 习题 6.3

### A 组

1. 判断下列二次型的正定性：

（1）$x_1^2+x_2^2+2x_3^2-8x_1x_2-4x_2x_3+2x_3x_1$.

（2）$7x_1^2+8x_2^2+6x_3^2-4x_1x_2-4x_2x_3$.

（3）$99x_1^2-12x_1x_2+48x_1x_3+130x_2^2-60x_2x_3+70x_3^2$.

（4）$10x_1^2+8x_1x_2+24x_1x_3+2x_2^2-28x_2x_3+x_3^2$.

2. 若$\boldsymbol{A}$，$\boldsymbol{B}$都是正定矩阵，则$\boldsymbol{A}+\boldsymbol{B}$也是正定矩阵.

3. 确定参数$t$，使得下面给出的二次型是正定的：

（1）$4x_1^2+x_2^2+tx_3^2-2x_1x_2+4x_1x_3-2x_2x_3$.

（2）$2x_1^2+3x_2^2+4x_3^2+2tx_1x_2-6x_1x_3+2x_2x_3$.

4. 若$\boldsymbol{A}$正定，则$\boldsymbol{A}^{-1}$也正定.

5. 证明：正定矩阵主对角线上的数都是正数. 反之如何？为什么？

### *B 组

1. 对称矩阵$\boldsymbol{A}$正定的充分必要条件是存在可逆对称矩阵$\boldsymbol{C}$，使得$\boldsymbol{A}=\boldsymbol{C}^2$.

2. 证明定理 6.12.

3. 若已知$\int_{-\infty}^{+\infty}\mathrm{e}^{-x^2}\mathrm{d}x=\sqrt{\pi}$，计算下列二重积分：

（1）$\iint\limits_{\mathbf{R}^2}\mathrm{e}^{-(x^2+y^2)}\mathrm{d}x\mathrm{d}y$.

（2）$\iint\limits_{\mathbf{R}^2}\mathrm{e}^{-(x^2-xy+y^2)}\mathrm{d}x\mathrm{d}y$.

（3）$\iint\limits_{\mathbf{R}^2}\mathrm{e}^{-3x^2-2xy-3y^2}\mathrm{d}x\mathrm{d}y$.

（4）$\iint\limits_{\mathbf{R}^2}\mathrm{e}^{-\boldsymbol{X}^{\mathrm{T}}\boldsymbol{A}\boldsymbol{X}}\mathrm{d}x\mathrm{d}y$，其中$\boldsymbol{X}=\begin{pmatrix}x\\y\end{pmatrix}$，$\boldsymbol{A}$是正定二次型.

4. 计算下列三重积分：

（1）$\iiint\limits_{\mathbf{R}^3}\mathrm{e}^{-(2x^2+3y^2+3z^2+4yz)}\mathrm{d}x\mathrm{d}y\mathrm{d}z$.

（2）$\iiint\limits_{\mathbf{R}^3}\mathrm{e}^{-\boldsymbol{X}^{\mathrm{T}}\boldsymbol{A}\boldsymbol{X}}\mathrm{d}x\mathrm{d}y\mathrm{d}z$，其中$\boldsymbol{X}=\begin{pmatrix}x\\y\\z\end{pmatrix}$，$\boldsymbol{A}$是正定二次型.

## *6.4 数学软件 MATLAB 应用——计算对称矩阵的合同标准形

利用 MATLAB 可以把向量组正交化，这需要用到矩阵的 QR 分解，这里我们只给出用 MATLAB 计算正交向量组的命令.

**例 6.16** 利用 MATLAB 把向量组$\begin{pmatrix}1\\2\\1\\1\end{pmatrix}$，$\begin{pmatrix}2\\3\\1\\0\end{pmatrix}$，$\begin{pmatrix}3\\1\\1\\-2\end{pmatrix}$，$\begin{pmatrix}4\\2\\-1\\6\end{pmatrix}$正交化.

**解** 在 MATLAB 命令窗口中输入命令

```
>>A = [1 2 3 4; 2 3 1 2; 1 1 1 -1; 1 0 -2 -6]    %输入向量
```

```
A =
     1     2     3     4
     2     3     1     2
     1     1     1    -1
     1     0    -2    -6
>>[Q, R] = qr(A)          % 对矩阵 A 作 QR 分解
Q =
   -0.3780   -0.4583   -0.5774   -0.5601
   -0.7559   -0.2750    0.5774    0.1400
   -0.3780    0.1833   -0.5774    0.7001
   -0.3780    0.8250         0   -0.4201
R =
   -2.6458   -3.4017   -1.5119   -0.3780
         0   -1.5584   -3.1168   -7.5169
         0         0   -1.7321   -0.5774
         0         0         0   -0.1400
```

计算结果中，矩阵 $\boldsymbol{Q}$ 的列向量就是正交化向量组.

**例 6.17** 利用 MATLAB 把向量组$\begin{pmatrix}1\\-2\\-3\\-4\end{pmatrix}$, $\begin{pmatrix}2\\1\\-4\\3\end{pmatrix}$, $\begin{pmatrix}3\\4\\1\\-2\end{pmatrix}$正交化.

**解** 在 MATLAB 命令窗口中输入命令

```
A = [1 2 3;  -2 1 4;  -3 -4 1;  -4 3 -2]     %输入向量
A =
     1     2     3
    -2     1     4
    -3    -4     1
    -4     3    -2
>>[Q,R] = qr(A)          % 对矩阵 A 作 QR 分解
Q =
```

```
   -0.1826   -0.3651   -0.5477    0.7303
    0.3651   -0.1826   -0.7303   -0.5477
    0.5477    0.7303   -0.1826    0.3651
    0.7303   -0.5477    0.3651    0.1826
R =
   -5.4772         0   -0.0000
         0   -5.4772   -0.0000
         0         0   -5.4772
         0         0         0
```

计算结果中，矩阵 $\boldsymbol{Q}$ 的列向量就是正交化向量组.

## 习　题　6.4

1. 用 MATLAB 解习题 6.2 中 A 组第 1 题.

## 小　　结

1. 二次型

$n$ 个变量 $x_1$，$x_2$，…，$x_n$ 的二次齐次多项式 $f(x_1, x_2, \cdots, x_n)$ 称为二次型.

(1) 二次型与对称矩阵之间有一一对应关系.

(2) 只含有平方项的二次型称为二次型的标准形，平方项的系数是 1 或者 $-1$ 的二次型称为二次型的规范型.

(3) 二次型的标准形不是唯一确定的，规范型是唯一确定的.

2. 合同关系

设 $\boldsymbol{A}$，$\boldsymbol{B}$ 都是 $n$ 阶矩阵，如果存在 $n$ 阶可逆矩阵 $\boldsymbol{C}$ 使得 $\boldsymbol{B}=\boldsymbol{C}^{\mathrm{T}}\boldsymbol{A}\boldsymbol{C}$，则称矩阵 $\boldsymbol{A}$ 与 $\boldsymbol{B}$ 是合同的.

(1) 矩阵的合同关系是一种等价关系.

(2) 二次型的秩、正负惯性指数以及符号差都是二次型在合同关系下的不变量.

3. 正定性

设 $f(x_1, x_2, \cdots, x_n)=\boldsymbol{X}^{\mathrm{T}}\boldsymbol{A}\boldsymbol{X}$ 是一个实二次型，若对任意非零向量 $\boldsymbol{X}$，都有 $\boldsymbol{X}^{\mathrm{T}}\boldsymbol{A}\boldsymbol{X}>0$、$\boldsymbol{X}^{\mathrm{T}}\boldsymbol{A}\boldsymbol{X}<0$、$\boldsymbol{X}^{\mathrm{T}}\boldsymbol{A}\boldsymbol{X}\geqslant 0$、$\boldsymbol{X}^{\mathrm{T}}\boldsymbol{A}\boldsymbol{X}\leqslant 0$，则二次型分别称为正定的、负定的、半正定的、半负定的；否则，称为不定的. 对称矩阵 $\boldsymbol{A}$ 分别称为正定矩阵、负定矩阵、半正定矩阵、半负定矩阵与不定矩阵.

4. 主要结论

(1) 若实对称矩阵 $\boldsymbol{A}$ 的特征值是 $\lambda_1$，$\lambda_2$，…，$\lambda_n$，则存在正交矩阵 $\boldsymbol{Q}$，使得

$$\boldsymbol{Q}^{\mathrm{T}}\boldsymbol{A}\boldsymbol{Q}=\mathrm{diag}(\lambda_1,\lambda_2,\cdots,\lambda_n).$$

(2)（主轴定理） 任意实二次型

$f(\boldsymbol{X})=\boldsymbol{X}^{\mathrm{T}}\boldsymbol{A}\boldsymbol{X}$ 都可以经过正交变换 $\boldsymbol{X}=\boldsymbol{Q}\boldsymbol{Y}$ 化成标准形 $f=\lambda_1y_1^2+\lambda_2y_2^2+\cdots+\lambda_ny_n^2$，其中 $\lambda_1$，$\lambda_2$，…，$\lambda_n$ 是 $f$ 的矩阵 $\boldsymbol{A}$ 的全部特征值，$\boldsymbol{Q}$ 是正交矩阵．

(3)（Sylvester 惯性定律） 实二次型都能用可逆的线性代换化为规范形，且规范形是唯一的．

(4) 任意一个秩为 $r$ 的 $n$ 阶实对称矩阵 $\boldsymbol{A}$ 都合同于一个形如 $\begin{pmatrix}\boldsymbol{E}_p & & \\ & -\boldsymbol{E}_{r-p} & \\ & & \boldsymbol{O}\end{pmatrix}$ 的对角阵，这里 $p$ 由矩阵 $\boldsymbol{A}$ 唯一确定．

(5) 下列一组条件等价：

(ⅰ) 二次型 $\boldsymbol{X}^{\mathrm{T}}\boldsymbol{A}\boldsymbol{X}$ 是正定二次型；

(ⅱ) $\boldsymbol{A}$ 是正定矩阵；

(ⅲ) $\boldsymbol{A}$ 的正惯性指数是 $n$；

(ⅳ) $\boldsymbol{A}$ 合同于单位矩阵；

(ⅴ) $\boldsymbol{A}$ 的特征值都是正数；

(ⅵ) $\boldsymbol{A}$ 的顺序主子式均大于零．

# *第7章 线性变换

线性空间是由我们熟悉的平面和空间等几何空间概念抽象出来的一种抽象空间. 线性空间上的线性变换是从几何空间中的旋转变换与反射变换抽象出来的. 本章简单介绍线性变换的定义、性质、表示和运算等内容.

**知识网络框图**

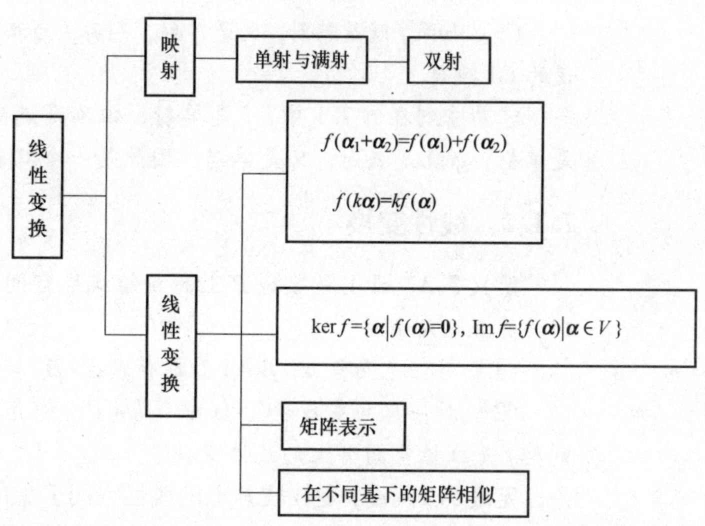


## 7.1 线性变换的概念

### 7.1.1 映射的概念

关于线性变换的理论是线性代数的重要组成部分之一. 这里, 我们从重要的概念映射开始.

**定义 7.1** 若 $X$ 和 $Y$ 都是非空集合, $f$ 是对应法则, 使得对任意

的 $x\in X$，都存在唯一的 $y\in Y$ 与 $x$ 相对应，则称 $f$ 为从集合 $X$ 到集合 $Y$ 的映射，记作 $f: X\to Y$. 这时，$y$ 为 $x$ 在 $f$ 下的像，$x$ 为 $y$ 在 $f$ 下的原像，元素之间的对应关系也可以记为 $y=f(x)$.

**例 7.1** 在映射的定义中，如果集合 $X$ 与 $Y$ 都是数集，那么这样的映射通常称之为函数.

例如，取 $X=Y=\mathbf{R}$，$f: \mathbf{R}\to\mathbf{R}$，$f(x)=e^x$，这是通常的指数函数. $g: \mathbf{R}\to\mathbf{R}$，$g(x)=2x-3$，这是一次函数. 如果取 $X=\mathbf{R}^2$，$Y=\mathbf{R}$，$h: \mathbf{R}^2\to\mathbf{R}$，$h(x,y)=3x+2y$，这就是二元一次函数.

单射的定义等价于从 $f(x_1)=f(x_2)$ 可以推出 $x_1=x_2$.

**定义 7.2** 设 $f$ 是从 $X$ 到 $Y$ 的映射，

(1) 若对任意的 $y\in Y$，都有一个元素 $x\in X$ 使得 $f(x)=y$，则称 $f$ 为满射.

(2) 若 $x_1\neq x_2$ 时，总有 $f(x_1)\neq f(x_2)$，则称 $f$ 为单射.

(3) 如果 $f$ 既是满射，又是单射，则称 $f$ 为双射. 这也就是通常所说的 1-1 映射.

容易看到在例 7.1 中，$f$ 是单射，但不是满射；$h$ 是满射，但不是单射；$g$ 既是满射，又是单射，因此是一个双射.

### 7.1.2 线性变换

**定义 7.3** 设 $V$ 是数域 $P$ 上的 $n$ 维线性空间，$f: V\to V$ 是一个映射，并且满足条件

(1) 对任意向量 $\boldsymbol{\alpha}, \boldsymbol{\beta}\in V$，都有 $f(\boldsymbol{\alpha}+\boldsymbol{\beta})=f(\boldsymbol{\alpha})+f(\boldsymbol{\beta})$；

(2) 对任意向量 $\boldsymbol{\alpha}\in V$，任意数 $k\in P$，都有 $f(k\boldsymbol{\alpha})=kf(\boldsymbol{\alpha})$；

则称 $f$ 是线性空间 $V$ 上的线性变换.

**定理 7.1** 设 $f$ 是数域 $P$ 上的线性空间 $V$ 上的线性变换，则

(1) $f(\mathbf{0})=0$，$f(-\boldsymbol{\alpha})=-f(\boldsymbol{\alpha})$，$\boldsymbol{\alpha}\in V$.

(2) $f\left(\sum\limits_{i=1}^{s}k_i\boldsymbol{\alpha}_i\right)=\sum\limits_{i=1}^{s}k_if(\boldsymbol{\alpha}_i)$，其中 $\boldsymbol{\alpha}\in V$，$k_i\in P$，$1\leqslant i\leqslant s$.

**证** 在定义 7.3 的 (1) 中，令 $\boldsymbol{\alpha}=\boldsymbol{\beta}=\mathbf{0}$，即得 $f(\mathbf{0})=0$.

在定义 7.3 的 (2) 中，令 $k=-1$，即得 $f(-\boldsymbol{\alpha})=-f(\boldsymbol{\alpha})$.

结论 (2) 可以从线性变换所满足的两个条件得出.

**例 7.2** 设 $V$ 是数域 $P$ 上的线性空间，定义变换 $I: V\to V$，$\forall\boldsymbol{\alpha}\in V$，$I(\boldsymbol{\alpha})=\boldsymbol{\alpha}$. 由于

$$I(\boldsymbol{\alpha}+\boldsymbol{\beta})=\boldsymbol{\alpha}+\boldsymbol{\beta}=I(\boldsymbol{\alpha})+I(\boldsymbol{\beta}),\ \forall \boldsymbol{\alpha},\ \boldsymbol{\beta}\in V,$$
$$I(k\boldsymbol{\alpha})=k\boldsymbol{\alpha}=kI(\boldsymbol{\alpha})\quad \forall \boldsymbol{\alpha}\in \boldsymbol{V},\ k\in P,$$

所以，$I$ 是 $V$ 上的线性变换，称为 $V$ 上的恒等变换.

**例 7.3** 设 $V$ 是数域 $P$ 上的线性空间，定义 $f: V\to V$，$\forall \boldsymbol{\alpha}\in V$，$f(\boldsymbol{\alpha})=\boldsymbol{0}$. 由于

$$f(\boldsymbol{\alpha}+\boldsymbol{\beta})=0=0+0=f(\boldsymbol{\alpha})+f(\boldsymbol{\beta}),\ \forall \boldsymbol{\alpha},\ \boldsymbol{\beta}\in V,$$
$$f(k\boldsymbol{\alpha})=\boldsymbol{0}=k\,\boldsymbol{0}=kf(\boldsymbol{\alpha}),\forall \boldsymbol{\alpha}\in V,\ k\in P,$$

所以，$f$ 是 $V$ 上的线性变换，称为 $V$ 上的零变换.

**例 7.4** 设 $\boldsymbol{\varepsilon}_1$，$\boldsymbol{\varepsilon}_2$，$\boldsymbol{\varepsilon}_3$ 是三维欧氏空间 $\mathbf{R}^3$ 的一组标准正交基，$f$ 是 $\mathbf{R}^3$ 的线性变换，且满足条件 $f(\boldsymbol{\varepsilon}_1)=\boldsymbol{\varepsilon}_2$，$f(\boldsymbol{\varepsilon}_2)=\boldsymbol{\varepsilon}_3$，$f(\boldsymbol{\varepsilon}_3)=\boldsymbol{0}$，定义 $f^3(\boldsymbol{\alpha})=f(f(f(\boldsymbol{\alpha})))$，$\forall \boldsymbol{\alpha}\in\mathbf{R}^3$. 证明：$f^3$ 为零变换.

**证** 对任意向量 $\boldsymbol{\alpha}=k_1\boldsymbol{\varepsilon}_1+k_2\boldsymbol{\varepsilon}_2+k_3\boldsymbol{\varepsilon}_3\in\mathbf{R}^3$，$k_1$，$k_2$，$k_3\in\mathbf{R}$，有

$f(\boldsymbol{\alpha})=f(k_1\boldsymbol{\varepsilon}_1+k_2\boldsymbol{\varepsilon}_2+k_3\boldsymbol{\varepsilon}_3)=k_1f(\boldsymbol{\varepsilon}_1)+k_2f(\boldsymbol{\varepsilon}_2)+k_3f(\boldsymbol{\varepsilon}_3)=k_1\boldsymbol{\varepsilon}_2+k_2\boldsymbol{\varepsilon}_3$，

$$f^2(\boldsymbol{\alpha})=f(f(\boldsymbol{\alpha}))=f(k_1\boldsymbol{\varepsilon}_2+k_2\boldsymbol{\varepsilon}_3)=k_1f(\boldsymbol{\varepsilon}_2)+k_2f(\boldsymbol{\varepsilon}_3)=k_1\boldsymbol{\varepsilon}_3,$$
$$f^3(\boldsymbol{\alpha})=f(f^2(\boldsymbol{\alpha}))=f(k_1\boldsymbol{\varepsilon}_3)=k_1f(\boldsymbol{\varepsilon}_3)=\boldsymbol{0}.$$

这就是说，对任意的向量 $\boldsymbol{\alpha}\in\mathbf{R}^3$，都有 $f^3(\boldsymbol{\alpha})=\boldsymbol{0}$，所以 $f^3$ 为零变换.

若变换 $f$ 满足 $f^k$ 是零变换，则称 $f$ 为幂零变换.

**例 7.5** 设 $\boldsymbol{\alpha}_1$，$\boldsymbol{\alpha}_2$ 是二维线性空间 $V$ 的一组基，$f$ 是 $V$ 的线性变换，并且满足条件 $f(\boldsymbol{\alpha}_1)=2\boldsymbol{\alpha}_1+\boldsymbol{\alpha}_2$，$f(\boldsymbol{\alpha}_2)=\boldsymbol{\alpha}_1-2\boldsymbol{\alpha}_2$. 若向量 $\boldsymbol{\alpha}$ 在基 $\boldsymbol{\alpha}_1$，$\boldsymbol{\alpha}_2$ 下的坐标是（$k_1$，$k_2$），求 $f(\boldsymbol{\alpha})$ 在基 $\boldsymbol{\alpha}_1$，$\boldsymbol{\alpha}_2$ 下的坐标.

**解** 由题意知 $\boldsymbol{\alpha}=k_1\boldsymbol{\alpha}_1+k_2\boldsymbol{\alpha}_2$，那么

$$\begin{aligned} f(\boldsymbol{\alpha})&=f(k_1\boldsymbol{\alpha}_1+k_2\boldsymbol{\alpha}_2)=k_1f(\boldsymbol{\alpha}_1)+k_2f(\boldsymbol{\alpha}_2)\\ &=k_1(2\boldsymbol{\alpha}_1+\boldsymbol{\alpha}_2)+k_2(\boldsymbol{\alpha}_1-2\boldsymbol{\alpha}_2)\\ &=(2k_1+k_2)\boldsymbol{\alpha}_1+(k_1-2k_2)\boldsymbol{\alpha}_2. \end{aligned}$$

所以，$f(\boldsymbol{\alpha})$ 在 $\boldsymbol{\alpha}_1$，$\boldsymbol{\alpha}_2$ 下的坐标为（$2k_1+k_2$，$k_1-2k_2$）.

**定理 7.2** 设 $f$ 是 $n$ 维线性空间 $V$ 上的线性变换，$\boldsymbol{\alpha}_1$，$\boldsymbol{\alpha}_2$，$\cdots$，$\boldsymbol{\alpha}_m\in V$ 是一组线性相关的向量，则向量组 $f(\boldsymbol{\alpha}_1)$，$f(\boldsymbol{\alpha}_2)$，$\cdots$，$f(\boldsymbol{\alpha}_m)$ 也线性相关.

证明略.

下面我们考虑与线性变换密切相关的两个重要的集合——像与核. 设 $f$ 是 $n$ 维线性空间 $\boldsymbol{V}$ 上的线性变换，令

$$\mathrm{Im}f=\{f(\boldsymbol{\alpha})\mid\boldsymbol{\alpha}\in V\},$$
$$\ker f=\{\boldsymbol{\alpha}\mid f(\boldsymbol{\alpha})=\mathbf{0},\ \boldsymbol{\alpha}\in V\}.$$

$\mathrm{Im}f$ 是线性空间 $V$ 的全部向量在线性变换 $f$ 之下的像所组成的集合，$\ker f$ 是线性空间 $V$ 中使得 $f(\boldsymbol{\alpha})=0$ 成立的所有向量 $\boldsymbol{\alpha}$ 组成的集合. 容易验证，$\mathrm{Im}f$ 和 $\ker f$ 都是线性空间 $V$ 的子空间，分别称为线性变换的像空间与核空间，简称为像与核.

在例 7.2 中，我们得到恒等变换 $I$ 满足对任意的向量 $\boldsymbol{\alpha}$ 都有 $I(\boldsymbol{\alpha})=\boldsymbol{\alpha}$. 因此，恒等变换 $I$ 的像空间 $\mathrm{Im}I=V$，核空间 $\ker I=\{\mathbf{0}\}$，且恒等变换 $I$ 是双射.

在例 7.3 中，我们得到零变换 $f$ 满足对任意的向量 $\boldsymbol{\alpha}$ 都有 $f(\boldsymbol{\alpha})=\mathbf{0}$. 因此，零变换 $f$ 的像空间 $\mathrm{Im}f=\{\mathbf{0}\}$，核空间 $\ker f=V$. 零变换 $f$ 既不是满射，也不是单射.

在例 7.4 中，对向量 $\boldsymbol{\alpha}=k_1\boldsymbol{\varepsilon}_1+k_2\boldsymbol{\varepsilon}_2+k_3\boldsymbol{\varepsilon}_3\in\mathbf{R}^3$，$k_1$，$k_2$，$k_3\in\mathbf{R}$，有 $f(\boldsymbol{\alpha})=k_1\boldsymbol{\varepsilon}_2+k_2\boldsymbol{\varepsilon}_3$. 由 $k_1$，$k_2$ 的任意性可以得到像空间 $\mathrm{Im}f=\{a\boldsymbol{\varepsilon}_2+b\boldsymbol{\varepsilon}_3\mid a,\ b\in\mathbf{R}\}$. 另一方面，如果 $f(\boldsymbol{\alpha})=k_1\boldsymbol{\varepsilon}_2+k_2\boldsymbol{\varepsilon}_3=\mathbf{0}$ 成立，那么必然有 $k_1=k_2=0$，因此核空间 $\ker f=\{a\boldsymbol{\varepsilon}_3\mid a\in\mathbf{R}\}$.

**例 7.6** 求例 7.5 中线性变换的像空间与核空间.

**解** 首先，容易看到 $\mathrm{Im}f\subseteq V$. 另一方面，对坐标为 $\begin{pmatrix}a\\b\end{pmatrix}$ 的向量 $\boldsymbol{\alpha}=a\boldsymbol{\alpha}_1+b\boldsymbol{\alpha}_2$，由于线性方程组 $\begin{cases}2k_1+k_2=a\\k_1-2k_2=b\end{cases}$ 有唯一解 $\begin{cases}k_1=\dfrac{2a+b}{5}\\k_2=\dfrac{a-2b}{5}\end{cases}$，因此有向量 $\boldsymbol{\beta}=\dfrac{2a+b}{5}\boldsymbol{\alpha}_1+\dfrac{a-2b}{5}\boldsymbol{\alpha}_2$ 满足 $f(\boldsymbol{\beta})=\boldsymbol{\alpha}$，由 $a$，$b$ 的任意性有 $\mathrm{Im}f\supseteq V$，进而 $\mathrm{Im}f=V$.

其次，若向量 $\boldsymbol{\alpha}\in\ker f$ 在基 $\boldsymbol{\alpha}_1$，$\boldsymbol{\alpha}_2$ 下的坐标是 $\begin{pmatrix}k_1\\k_2\end{pmatrix}$，则

$$f(\boldsymbol{\alpha})=(2k_1+k_2)\boldsymbol{\alpha}_1+(k_1-2k_2)\boldsymbol{\alpha}_2=\mathbf{0},$$

因此 $\begin{cases}2k_1+k_2=0\\k_1-2k_2=0\end{cases}$，解这个线性方程组，得 $k_1=k_2=0$，即 $\boldsymbol{\alpha}=\mathbf{0}$，因此，$\ker f=\{\mathbf{0}\}$.

## 习 题 7.1

1. 指出下面的映射是单射？满射？还是双射？

(1) $f: \mathbf{R} \to \mathbf{R}$, $f(x) = 3x - 7$.

(2) $f: \mathbf{R} \to \mathbf{R}$, $f(x) = x^3 + 3x + 4$.

(3) $f: \mathbf{R} \to \mathbf{R}$, $f(x) = x^2$.

(4) $f: \mathbf{R}^+ \to \mathbf{R}^+$, $f(x) = x^2$.

(5) $f: \mathbf{R} \to \mathbf{R}$, $f(x) = \mathrm{e}^x$.

(6) $f: [0,1] \to [0,1]$, $f(x) = \sin\pi x$.

2. 设 $f: \mathbf{R}^2 \to \mathbf{R}^2$ 是一个线性变换，且 $f((1,1)^{\mathrm{T}}) = (-2,-1)^{\mathrm{T}}$, $f((3,2)^{\mathrm{T}}) = (4,-5)^{\mathrm{T}}$.

(1) 求出 $f((-1, 3)^{\mathrm{T}})$ 和 $f((-5, -2)^{\mathrm{T}})$.

(2) 求向量 $\boldsymbol{\alpha}$，使得 $f(\boldsymbol{\alpha}) = (4, -5)^{\mathrm{T}}$.

(3) 求 $f$ 的像与核.

(4) 证明：$f$ 是双射.

3. 设 $f: \mathbf{R}^2 \to \mathbf{R}^2$ 是一个线性变换，且 $f((1,-1)^{\mathrm{T}}) = (-1,-1)^{\mathrm{T}}$, $f((1,1)^{\mathrm{T}}) = (3,7)^{\mathrm{T}}$.

(1) 求出 $f((-1, 2)^{\mathrm{T}})$ 和 $f((3, -2)^{\mathrm{T}})$.

(2) 求向量 $\boldsymbol{\alpha}$，使得 $f(\boldsymbol{\alpha}) = (2,6)^{\mathrm{T}}$.

(3) 求 $f$ 的像与核.

(4) 证明：$f$ 是双射.

4. 设 $f: V \to V$ 是三维线性空间 $V$ 上的线性变换，$\boldsymbol{\alpha}_1$，$\boldsymbol{\alpha}_2$，$\boldsymbol{\alpha}_3$ 是 $V$ 的一组基，且

$f(\boldsymbol{\alpha}_1) = \boldsymbol{\alpha}_1 - \boldsymbol{\alpha}_2$, $f(\boldsymbol{\alpha}_2) = \boldsymbol{\alpha}_1 + \boldsymbol{\alpha}_2$, $f(\boldsymbol{\alpha}_3) = \boldsymbol{\alpha}_1 + \boldsymbol{\alpha}_2 + \boldsymbol{\alpha}_3$.

(1) 求出 $f(\boldsymbol{\alpha}_1 + \boldsymbol{\alpha}_2 - \boldsymbol{\alpha}_3)$.

(2) 求向量 $\boldsymbol{\alpha}$，使得 $f(\boldsymbol{\alpha}) = \boldsymbol{\alpha}$.

(3) 求 $f$ 的像与核.

(4) 证明：$f$ 是双射.

## 7.2 线性变换的矩阵

设映射 $f$ 是线性空间 $V$ 上的一个线性变换，取定 $V$ 的一组基 $\boldsymbol{\alpha}_1$，$\boldsymbol{\alpha}_2$，…，$\boldsymbol{\alpha}_n$，设 $\boldsymbol{\alpha} \in V$，且在基 $\boldsymbol{\alpha}_1$，$\boldsymbol{\alpha}_2$，…，$\boldsymbol{\alpha}_n$ 之下的坐标为

$$\begin{pmatrix} k_1 \\ k_2 \\ \vdots \\ k_n \end{pmatrix}, \text{ 即 } \boldsymbol{\alpha} = k_1\boldsymbol{\alpha}_1 + k_2\boldsymbol{\alpha}_2 + \cdots + k_n\boldsymbol{\alpha}_n,$$

则

$$\begin{aligned} f(\boldsymbol{\alpha}) &= f(k_1\boldsymbol{\alpha}_1 + k_2\boldsymbol{\alpha}_2 + \cdots + k_n\boldsymbol{\alpha}_n) \\ &= k_1 f(\boldsymbol{\alpha}_1) + k_2 f(\boldsymbol{\alpha}_2) + \cdots + k_n f(\boldsymbol{\alpha}_n). \end{aligned} \tag{7.1}$$

式 (7.1) 表明向量 $\boldsymbol{\alpha}$ 的像 $f(\boldsymbol{\alpha})$ 完全由基向量的像确定.

设 $f(\boldsymbol{\alpha}_j)$ 在基 $\boldsymbol{\alpha}_1$，$\boldsymbol{\alpha}_2$，…，$\boldsymbol{\alpha}_n$ 之下的坐标为

$$\begin{pmatrix} a_{1j} \\ a_{2j} \\ \vdots \\ a_{nj} \end{pmatrix},\ 1 \leqslant j \leqslant n,\ 即 f(\boldsymbol{\alpha}_j) = (\boldsymbol{\alpha}_1,\ \boldsymbol{\alpha}_2,\ \cdots,\ \boldsymbol{\alpha}_n)\begin{pmatrix} a_{1j} \\ a_{2j} \\ \vdots \\ a_{nj} \end{pmatrix},\ 1 \leqslant j \leqslant n,$$

于是

$$(f(\boldsymbol{\alpha}_1),\ f(\boldsymbol{\alpha}_2),\ \cdots,\ f(\boldsymbol{\alpha}_n)) = (\boldsymbol{\alpha}_1,\ \boldsymbol{\alpha}_2,\ \cdots,\ \boldsymbol{\alpha}_n)\boldsymbol{A}, \tag{7.2}$$

其中

$$\boldsymbol{A} = \begin{pmatrix} a_{11} & a_{12} & \cdots & a_{1n} \\ a_{21} & a_{22} & \cdots & a_{2n} \\ \vdots & \vdots & & \vdots \\ a_{n1} & a_{n2} & \cdots & a_{nn} \end{pmatrix}.$$

上述推导表明对于 $n$ 维线性空间 $V$ 上的任意线性变换 $f$，当取定 $V$ 一组基 $\boldsymbol{\alpha}_1$，$\boldsymbol{\alpha}_2$，…，$\boldsymbol{\alpha}_n$ 后，可以唯一确定 $n$ 阶方阵 $\boldsymbol{A}$ 使式（7.2）成立（矩阵 $\boldsymbol{A}$ 的第 $j$ 列元素就是 $f(\boldsymbol{\alpha}_j)$ 在基 $\boldsymbol{\alpha}_1$，$\boldsymbol{\alpha}_2$，…，$\boldsymbol{\alpha}_n$ 下的坐标）.

反之，给定 $V$ 一组基 $\boldsymbol{\alpha}_1$，$\boldsymbol{\alpha}_2$，…，$\boldsymbol{\alpha}_n$ 及 $n$ 阶矩阵 $\boldsymbol{A}=(a_{ij})$，定义 $V$ 的变换 $f$ 为

$$f(\boldsymbol{\alpha}_j) = (\boldsymbol{\alpha}_1,\ \boldsymbol{\alpha}_2,\ \cdots,\ \boldsymbol{\alpha}_n)\begin{pmatrix} a_{1j} \\ a_{2j} \\ \vdots \\ a_{nj} \end{pmatrix},\ 1 \leqslant j \leqslant n,$$

$$\forall \boldsymbol{\alpha} = k_1\boldsymbol{\alpha}_1 + k_2\boldsymbol{\alpha}_2 + \cdots + k_n\boldsymbol{\alpha}_n \in V,$$

$$f(\boldsymbol{\alpha}) = k_1 f(\boldsymbol{\alpha}_1) + k_2 f(\boldsymbol{\alpha}_2) + \cdots + k_n f(\boldsymbol{\alpha}_n).$$

易证 $f$ 是线性空间 $V$ 上的线性变换，且 $f$ 与 $\boldsymbol{A}=(a_{ij})$ 满足式（7.2）.

于是在 $n$ 维线性空间 $V$ 中取定一组基 $\boldsymbol{\alpha}_1$，$\boldsymbol{\alpha}_2$，…，$\boldsymbol{\alpha}_n$ 后，$V$ 的线性变换与 $n$ 阶矩阵之间建立了 1-1 对应关系，我们称式（7.2）中的矩阵 $\boldsymbol{A}$ 为**线性变换 $f$ 在基 $\boldsymbol{\alpha}_1$，$\boldsymbol{\alpha}_2$，…，$\boldsymbol{\alpha}_n$ 下的矩阵**. 记 $f(\boldsymbol{\alpha}_1,\ \boldsymbol{\alpha}_2,\ \cdots,\ \boldsymbol{\alpha}_n) = (f(\boldsymbol{\alpha}_1),\ f(\boldsymbol{\alpha}_2),\ \cdots,\ f(\boldsymbol{\alpha}_n))$，则 $f$ 与矩阵 $\boldsymbol{A}$ 的关系表示为

$$f(\boldsymbol{\alpha}_1,\ \boldsymbol{\alpha}_2,\ \cdots,\ \boldsymbol{\alpha}_n) = (\boldsymbol{\alpha}_1,\ \boldsymbol{\alpha}_2,\ \cdots,\ \boldsymbol{\alpha}_n)\boldsymbol{A}. \tag{7.3}$$

设 $\boldsymbol{\alpha} = k_1\boldsymbol{\alpha}_1 + k_2\boldsymbol{\alpha}_2 + \cdots + k_n\boldsymbol{\alpha}_n$，则

$$f(\boldsymbol{\alpha}) = f(k_1\boldsymbol{\alpha}_1 + k_2\boldsymbol{\alpha}_2 + \cdots + k_n\boldsymbol{\alpha}_n)$$

$$=k_1f(\boldsymbol{\alpha}_1)+k_2f(\boldsymbol{\alpha}_2)+\cdots+k_nf(\boldsymbol{\alpha}_n)$$

$$=(f(\boldsymbol{\alpha}_1),f(\boldsymbol{\alpha}_2),\cdots,f(\boldsymbol{\alpha}_n))\begin{pmatrix}k_1\\k_2\\\vdots\\k_n\end{pmatrix}$$

$$=(\boldsymbol{\alpha}_1,\boldsymbol{\alpha}_2,\cdots,\boldsymbol{\alpha}_n)\begin{pmatrix}a_{11}&a_{12}&\cdots&a_{1n}\\a_{21}&a_{22}&\cdots&a_{2n}\\\vdots&\vdots&&\vdots\\a_{n1}&a_{n2}&\cdots&a_{nn}\end{pmatrix}\begin{pmatrix}k_1\\k_2\\\vdots\\k_n\end{pmatrix}. \tag{7.4}$$

即线性变换$f$把坐标为$\begin{pmatrix}k_1\\k_2\\\vdots\\k_n\end{pmatrix}$的向量变为坐标为$\boldsymbol{A}\begin{pmatrix}k_1\\k_2\\\vdots\\k_n\end{pmatrix}$的向量.

如果线性变换$f$的矩阵为$\boldsymbol{A}$，线性变换$g$的矩阵为$\boldsymbol{B}$，定义$V$中的变换$h$为

$$h(\boldsymbol{\alpha})=f(\boldsymbol{\alpha})+g(\boldsymbol{\alpha}),\ 对任意\ \boldsymbol{\alpha}\in V.$$

容易验证，$h$是$V$中的线性变换，称为线性变换$f$与$g$之和，记为$f+g$. 可以证明，$f+g$的矩阵恰好是矩阵$\boldsymbol{A}$，$\boldsymbol{B}$的和$\boldsymbol{A}+\boldsymbol{B}$.

又定义$V$中的变换$h$为

$$h(\boldsymbol{\alpha})=kf(\boldsymbol{\alpha}),\ 对任意\ \boldsymbol{\alpha}\in V,\ k\ 是固定的数.$$

容易验证，$h$是$V$中的线性变换，称为线性变换$f$与数$k$的乘积，记为$kf$. 可以证明，$kf$的矩阵恰好是矩阵$\boldsymbol{A}$与数$k$的数量乘积$k\boldsymbol{A}$.

再定义$V$中的变换$h$为

$$h(\boldsymbol{\alpha})=g(f(\boldsymbol{\alpha})),\ 对任意\ \boldsymbol{\alpha}\in V.$$

容易验证，$h$是$V$中的线性变换，称为线性变换$f$与$g$的乘积或复合，记为$g_\circ f$或$gf$. 可以证明，$g_\circ f$的矩阵恰好是矩阵$\boldsymbol{A}$，$\boldsymbol{B}$的乘积$\boldsymbol{AB}$.

**例 7.7** 若$\boldsymbol{\alpha}_1$，$\boldsymbol{\alpha}_2$，…，$\boldsymbol{\alpha}_n$是$n$维线性空间$V$的一组基，$f$是$V$的线性变换，满足

$$f(\boldsymbol{\alpha}_1)=\boldsymbol{\alpha}_2,\ f(\boldsymbol{\alpha}_2)=\boldsymbol{\alpha}_3,\ \cdots,\ f(\boldsymbol{\alpha}_{n-1})=\boldsymbol{\alpha}_n,\ f(\boldsymbol{\alpha}_n)=\mathbf{0},$$

则线性变换$f$在基$\boldsymbol{\alpha}_1$，$\boldsymbol{\alpha}_2$，…，$\boldsymbol{\alpha}_n$下的矩阵是

$$\begin{pmatrix} 0 & 0 & 0 & \cdots & 0 \\ 1 & 0 & 0 & \cdots & 0 \\ 0 & 1 & 0 & \cdots & 0 \\ \vdots & \vdots & \vdots & \ddots & \vdots \\ 0 & 0 & 0 & \cdots & 0 \end{pmatrix}，即\begin{pmatrix} \mathbf{0} & 0 \\ \boldsymbol{E}_{n-1} & \mathbf{0} \end{pmatrix}_n.$$

坐标为$\begin{pmatrix} k_1 \\ k_2 \\ \vdots \\ k_n \end{pmatrix}$的向量在这个线性变换之下的像的坐标为$\begin{pmatrix} 0 \\ k_1 \\ \vdots \\ k_{n-1} \end{pmatrix}$.

**例 7.8** 恒等变换的矩阵是单位矩阵，而零变换的矩阵是零矩阵.

**例 7.9** 在二维线性空间 $\mathbf{R}^2$ 中，若线性变换 $f$ 的矩阵为 $\begin{pmatrix} \cos\alpha & \sin\alpha \\ -\sin\alpha & \cos\alpha \end{pmatrix}$，则该线性变换把坐标为$\begin{pmatrix} x \\ y \end{pmatrix}$的向量变为坐标为 $\begin{pmatrix} \cos\alpha & -\sin\alpha \\ \sin\alpha & \cos\alpha \end{pmatrix}\begin{pmatrix} x \\ y \end{pmatrix} = \begin{pmatrix} x\cos\alpha - y\sin\alpha \\ x\sin\alpha + y\cos\alpha \end{pmatrix}$的向量，这相当于把坐标系沿逆时针方向旋转了 $\alpha$ 角.

下面我们探讨一下，同一线性变换在不同基下的矩阵之间的关系.

**定理 7.3** 设在线性空间 $V$ 中取定两组基 $\boldsymbol{\alpha}_1, \boldsymbol{\alpha}_2, \cdots, \boldsymbol{\alpha}_n$ 和 $\boldsymbol{\beta}_1, \boldsymbol{\beta}_2, \cdots, \boldsymbol{\beta}_n$. 由基 $\boldsymbol{\alpha}_1, \boldsymbol{\alpha}_2, \cdots, \boldsymbol{\alpha}_n$ 到基 $\boldsymbol{\beta}_1, \boldsymbol{\beta}_2, \cdots, \boldsymbol{\beta}_n$ 的过渡矩阵是 $\boldsymbol{P}$，$V$ 中的线性变换 $f$ 在这两组基下的矩阵依次为 $\boldsymbol{A}$ 和 $\boldsymbol{B}$，则 $\boldsymbol{B} = \boldsymbol{P}^{-1}\boldsymbol{A}\boldsymbol{P}$.

**证** 由假设条件得

$$f(\boldsymbol{\alpha}_1, \boldsymbol{\alpha}_2, \cdots, \boldsymbol{\alpha}_n) = (\boldsymbol{\alpha}_1, \boldsymbol{\alpha}_2, \cdots, \boldsymbol{\alpha}_n)\boldsymbol{A}, \tag{7.5}$$

$$f(\boldsymbol{\beta}_1, \boldsymbol{\beta}_2, \cdots, \boldsymbol{\beta}_n) = (\boldsymbol{\beta}_1, \boldsymbol{\beta}_2, \cdots, \boldsymbol{\beta}_n)\boldsymbol{B}, \tag{7.6}$$

$$(\boldsymbol{\beta}_1, \boldsymbol{\beta}_2, \cdots, \boldsymbol{\beta}_n) = (\boldsymbol{\alpha}_1, \boldsymbol{\alpha}_2, \cdots, \boldsymbol{\alpha}_n)\boldsymbol{P},$$

又 $f$ 是线性变换，所以

$$\begin{aligned} f(\boldsymbol{\beta}_1, \boldsymbol{\beta}_2, \cdots, \boldsymbol{\beta}_n) &= f[(\boldsymbol{\alpha}_1, \boldsymbol{\alpha}_2, \cdots, \boldsymbol{\alpha}_n)\boldsymbol{P}] \\ &= [f(\boldsymbol{\alpha}_1, \boldsymbol{\alpha}_2, \cdots, \boldsymbol{\alpha}_n)]\boldsymbol{P} \\ &= [(\boldsymbol{\alpha}_1, \boldsymbol{\alpha}_2, \cdots, \boldsymbol{\alpha}_n)\boldsymbol{A}]\boldsymbol{P} \\ &= (\boldsymbol{\alpha}_1, \boldsymbol{\alpha}_2, \cdots, \boldsymbol{\alpha}_n)(\boldsymbol{A}\boldsymbol{P}) \end{aligned}$$

$$=[(\boldsymbol{\beta}_1, \boldsymbol{\beta}_2, \cdots, \boldsymbol{\beta}_n)\boldsymbol{P}^{-1}]\boldsymbol{A}\boldsymbol{P}$$
$$=(\boldsymbol{\beta}_1, \boldsymbol{\beta}_2, \cdots, \boldsymbol{\beta}_n)(\boldsymbol{P}^{-1}\boldsymbol{A}\boldsymbol{P}). \qquad (7.7)$$

由于线性变换在确定的基下的矩阵是唯一的，根据式（7.6）与式（7.7）得 $\boldsymbol{B}=\boldsymbol{P}^{-1}\boldsymbol{A}\boldsymbol{P}$.

定理7.3指出了前面讨论的相似概念的来源，相似矩阵是同一个线性变换在不同基下的矩阵.



## 习 题 7.2

1. 设 $f$ 是二维线性空间 $V$ 上的线性变换，$\boldsymbol{\alpha}_1$，$\boldsymbol{\alpha}_2$ 是 $V$ 的一组基，且

$$f(\boldsymbol{\alpha}_1)=3\boldsymbol{\alpha}_1+5\boldsymbol{\alpha}_2, f(\boldsymbol{\alpha}_2)=-4\boldsymbol{\alpha}_1+2\boldsymbol{\alpha}_2,$$

写出 $f$ 在基 $\boldsymbol{\alpha}_1$，$\boldsymbol{\alpha}_2$ 之下的矩阵 $\boldsymbol{A}$.

2. 设 $f$ 是二维线性空间 $V$ 上的线性变换，$\boldsymbol{\alpha}_1$，$\boldsymbol{\alpha}_2$ 是 $V$ 的一组基，且

$$f(\boldsymbol{\alpha}_1)=\boldsymbol{\alpha}_1+\boldsymbol{\alpha}_2, f(\boldsymbol{\alpha}_2)=\boldsymbol{\alpha}_1+\boldsymbol{\alpha}_2,$$

写出 $f$ 在基 $\boldsymbol{\alpha}_1$，$\boldsymbol{\alpha}_2$ 之下的矩阵 $\boldsymbol{A}$.

3. 设 $f$ 是三维线性空间 $V$ 上的线性变换，$\boldsymbol{\alpha}_1$，$\boldsymbol{\alpha}_2$，$\boldsymbol{\alpha}_3$ 是 $V$ 的一组基，且

$$f(\boldsymbol{\alpha}_1)=\boldsymbol{\alpha}_1+2\boldsymbol{\alpha}_2+2\boldsymbol{\alpha}_3, f(\boldsymbol{\alpha}_2)=-\boldsymbol{\alpha}_1+2\boldsymbol{\alpha}_2+\boldsymbol{\alpha}_3,$$
$$f(\boldsymbol{\alpha}_3)=-\boldsymbol{\alpha}_1-\boldsymbol{\alpha}_2-\boldsymbol{\alpha}_3,$$

写出 $f$ 在基 $\boldsymbol{\alpha}_1$，$\boldsymbol{\alpha}_2$，$\boldsymbol{\alpha}_3$ 之下的矩阵 $\boldsymbol{A}$.

4. 设 $f$ 是三维线性空间 $V$ 上的线性变换，$\boldsymbol{\alpha}_1$，$\boldsymbol{\alpha}_2$，$\boldsymbol{\alpha}_3$ 是 $V$ 的一组基，且

$$f(\boldsymbol{\alpha}_1)=\boldsymbol{\alpha}_1-2\boldsymbol{\alpha}_3, f(\boldsymbol{\alpha}_2)=-2\boldsymbol{\alpha}_1+\boldsymbol{\alpha}_2, f(\boldsymbol{\alpha}_3)=-2\boldsymbol{\alpha}_2+\boldsymbol{\alpha}_3,$$

写出 $f$ 在基 $\boldsymbol{\alpha}_1$，$\boldsymbol{\alpha}_2$，$\boldsymbol{\alpha}_3$ 之下的矩阵 $\boldsymbol{A}$.

## 小 结

1. 映射

若 $X$ 和 $Y$ 都是非空集合，$f$ 是对应法则，使得对任意的 $x\in X$，都存在唯一的 $y\in Y$ 与 $x$ 相对应，则称 $f$ 为从集合 $X$ 到集合 $Y$ 的映射，记作：$f:X\to Y$，这时 $y$ 为 $x$ 在 $f$ 下的像，$x$ 为 $y$ 在 $f$ 下的原像，元素之间的对应关系也可以记为 $y=f(x)$.

2. 单射、满射、双射

设 $f$ 是从 $X$ 到 $Y$ 的映射，

（1）若对任意的 $y\in Y$，都有一个元素 $x\in X$ 使得 $f(x)=y$，则称 $f$ 为满射；

（2）若 $x_1\neq x_2$ 时，总有 $f(x_1)\neq f(x_2)$，则称 $f$ 为单射；

（3）如果 $f$ 既是满射又是单射，则称 $f$ 为双射．这时也就是通常所说的 1－1 映射.

3. 线性变换

设 $V$ 是数域 $P$ 上的 $n$ 维线性空间，$f:V\to V$ 是一个映射，并且满足条件：

（1）对任意向量 $\boldsymbol{\alpha}$，$\boldsymbol{\beta}\in V$，都有 $f(\boldsymbol{\alpha}+\boldsymbol{\beta})=f(\boldsymbol{\alpha})+f(\boldsymbol{\beta})$；

（2）对任意向量 $\boldsymbol{\alpha}\in V$，任意数 $k\in P$，都有 $f(k\boldsymbol{\alpha})=kf(\boldsymbol{\alpha})$；

则称 $f$ 是线性空间 $V$ 上的线性变换.

4. 像与核

集合 $\operatorname{Im}f=\{f(\boldsymbol{\alpha})\mid\boldsymbol{\alpha}\in V\}$ 称为线性变换 $f$ 的像；集合 $\ker f=\{\boldsymbol{\alpha}\mid f(\boldsymbol{\alpha})=\mathbf{0},\boldsymbol{\alpha}\in V\}$ 称为线性变换 $f$ 的核.

5. 主要结论

(1) 设 $f$ 是数域 $P$ 上的线性空间 $V$ 上的线性变换，则

(ⅰ) $f(\mathbf{0})=\mathbf{0}$, $f(-\boldsymbol{\alpha})=-f(\boldsymbol{\alpha})$, $\boldsymbol{\alpha}\in V$;

(ⅱ) $f\left(\sum\limits_{i=1}^{s}k_i\boldsymbol{\alpha}_i\right)=\sum\limits_{i=1}^{s}k_if(\boldsymbol{\alpha}_i)$, 其中 $\boldsymbol{\alpha}_i\in V$, $k_i\in P, 1\leqslant i\leqslant s$.

(2) 设 $f$ 是 $n$ 维线性空间 $V$ 上的线性变换，$\boldsymbol{\alpha}_1$, $\boldsymbol{\alpha}_2$, …, $\boldsymbol{\alpha}_m\in V$ 是一组线性相关的向量，则向量组 $f(\boldsymbol{\alpha}_1)$, $f(\boldsymbol{\alpha}_2)$, …, $f(\boldsymbol{\alpha}_m)$ 也线性相关.

(3) 设在线性空间 $V$ 中取定两组基 $\boldsymbol{\alpha}_1$, $\boldsymbol{\alpha}_2$, …, $\boldsymbol{\alpha}_n$ 和 $\boldsymbol{\beta}_1$, $\boldsymbol{\beta}_2$, …, $\boldsymbol{\beta}_n$. 由基 $\boldsymbol{\alpha}_1$, $\boldsymbol{\alpha}_2$, …, $\boldsymbol{\alpha}_n$ 到基 $\boldsymbol{\beta}_1$, $\boldsymbol{\beta}_2$, …, $\boldsymbol{\beta}_n$ 的过渡矩阵是 $\boldsymbol{P}$, $V$ 中的线性变换 $f$ 在这两组基下的矩阵依次为 $\boldsymbol{A}$ 和 $\boldsymbol{B}$, 则 $\boldsymbol{B}=\boldsymbol{P}^{-1}\boldsymbol{AP}$.

# 部分习题答案

## 第1章 矩　　阵

### 习题 1.1

#### A 组

**1.** $\begin{cases} a=5/3 \\ b=-\dfrac{1}{3} \end{cases}$.

**2.** $\boldsymbol{A}+3\boldsymbol{B}=\begin{pmatrix} 9 & -4 \\ 3 & 6 \\ 17 & 12 \end{pmatrix}$, $\boldsymbol{A}^{\mathrm{T}}-2\boldsymbol{B}^{\mathrm{T}}=\begin{pmatrix} 4 & 3 & -8 \\ 1 & -4 & -3 \end{pmatrix}$.

**3.** $\begin{cases} y_1=16t_1+6t_2 \\ y_2=31t_1+11t_2 \end{cases}$.　　**4.** $\begin{cases} x_1=0 \\ y_1=y \end{cases}$，所求变换为点在 $y$ 轴上的投影变换.

**5.** (1) $\begin{pmatrix} 6 & 2 & -2 \\ -2 & -10 & 6 \end{pmatrix}$.　　(2) 26.　　(3) $\begin{pmatrix} 3 & 0 & 4 & -1.5 \\ -12 & 0 & -16 & 6 \\ 15 & 0 & 20 & -7.5 \\ -6 & 0 & -8 & 3 \end{pmatrix}$.

(4) $\begin{pmatrix} 6 & -8 & 1 \\ 0 & 8 & -1 \\ -6 & 16 & -3 \end{pmatrix}$.　　(5) $x_1^2+x_2^2-x_3^2-2x_1x_2+2x_1x_3+6x_2x_3$.

(6) $\begin{pmatrix} 3x_1+2x_2+x_3 \\ -x_1-2x_2-3x_3 \end{pmatrix}$.

**6.** $\begin{pmatrix} 3 & -2 & 2 \\ 2 & -3 & 3 \\ -11 & 0 & 0 \end{pmatrix}$，$\boldsymbol{AB}\neq\boldsymbol{BA}$.

**8.** (1) $\boldsymbol{A}=\begin{pmatrix} 2 & -1 \\ 2 & -1 \end{pmatrix}$，$\boldsymbol{B}\begin{pmatrix} -1 & -1 \\ 2 & 2 \end{pmatrix}$.　(2) $\begin{pmatrix} 1 & -1 \\ 1 & -1 \end{pmatrix}$.　(3) $\begin{pmatrix} -1 & 1 \\ -2 & 2 \end{pmatrix}$.

**9.** (1) $\begin{pmatrix} 0 & 1 \\ -1 & 0 \end{pmatrix}^n = \begin{cases} (-1)^k\begin{pmatrix} 1 & 0 \\ 0 & 1 \end{pmatrix}, & n=2k \\ (-1)^k\begin{pmatrix} 0 & 1 \\ -1 & 0 \end{pmatrix}, & n=2k+1 \end{cases}$.

(2) $\begin{pmatrix} \cos\alpha & \sin\alpha \\ -\sin\alpha & \cos\alpha \end{pmatrix}^n = \begin{pmatrix} \cos n\alpha & \sin n\alpha \\ -\sin n\alpha & \cos n\alpha \end{pmatrix}$.

(3) $\boldsymbol{A}^n = 2^{n-1}\begin{pmatrix} 1 & 1 & 0 \\ 1 & 1 & 0 \\ 0 & 0 & 0 \end{pmatrix}$.

**11.** (1) $f(\boldsymbol{A}) = \begin{pmatrix} 12 & -2 & 0 \\ 13 & 10 & 5 \\ 9 & 2 & 11 \end{pmatrix}$;

(2) $f(\boldsymbol{B}) = \begin{pmatrix} 3^n+4 & 0 & 0 \\ 0 & 2^n+3 & 0 \\ 0 & 0 & (-1)^n \end{pmatrix}$;

### B 组

**1.** $\begin{pmatrix} a & b \\ 0 & a \end{pmatrix}$, $a$, $b$ 是实数.

**3.** $P_n(\boldsymbol{A}) = \begin{pmatrix} P_n(\lambda) & P_n'(\lambda) & \dfrac{n(n-1)}{2}\lambda^{n-2} \\ 0 & P_n(\lambda) & P_n'(\lambda) \\ 0 & 0 & P_n(\lambda) \end{pmatrix}$, $P_5(\boldsymbol{A}) = \begin{pmatrix} P_5(\lambda) & P_5'(\lambda) & 10\lambda^3 \\ 0 & P_5(\lambda) & P_5'(\lambda) \\ 0 & 0 & P_5(\lambda) \end{pmatrix}$,

其中, $P_n(x) = x^n + x + 1$, $P_5(x) = x^5 + x + 1$.

**7.** $\begin{pmatrix} 3 & 4 \\ -1 & -2 \end{pmatrix}^{11} = \dfrac{1}{3}\begin{pmatrix} 1+2^{13} & 4+2^{13} \\ -1-2^{11} & -4-2^{11} \end{pmatrix}$.

## 习题 1.2

### A 组

**1.** (1) $\boldsymbol{AB} = \begin{pmatrix} 6 & 0 & 3 & 0 \\ 0 & 6 & 0 & 3 \\ 6 & 3 & 0 & 0 \\ -9 & 3 & 0 & 0 \end{pmatrix}$. (2) $\boldsymbol{BA} = \begin{pmatrix} 5 & 0 & 2 & 1 \\ 0 & 5 & -3 & 1 \\ 10 & -1 & 1 & 0 \\ 3 & 11 & 0 & 1 \end{pmatrix}$.

(3) $\boldsymbol{AB}-\boldsymbol{BA}=\begin{pmatrix}1&0&1&-1\\0&1&3&2\\-4&4&-1&0\\-12&-8&0&-1\end{pmatrix}$. (4) $\boldsymbol{A\beta}=\boldsymbol{\alpha}_1+2\boldsymbol{\alpha}_2-\boldsymbol{\alpha}_4$.

**2**. $\boldsymbol{A}^4=\begin{pmatrix}-176&-15&&\\15&-161&&\\&&81&0\\&&324&81\end{pmatrix}$. $\boldsymbol{B}^n=\begin{pmatrix}2^n&0&0\\0&0&0\\0&0&0\end{pmatrix}$, $n\geqslant 2$.

**3**. $\boldsymbol{AB}^{\mathrm{T}}=\begin{pmatrix}4&-2&6\\-2&4/3&-3\\4&20&0\\0&5&-2\\0&-7&3\end{pmatrix}$.

## 习题 1.3

### A 组

**1**. (1) $\begin{pmatrix}1&1\\2&3\end{pmatrix}$. (2) $\begin{pmatrix}\cos\theta&\sin\theta&\\-\sin\theta&\cos\theta&\\&&1/3\end{pmatrix}$.

(3) $\begin{pmatrix}1&-2&0&0\\-2&5&0&0\\0&0&9&-8\\0&0&-1&1\end{pmatrix}$. (4) $\begin{pmatrix}\frac{1}{2}&&\\&\frac{1}{3}&\\&&\frac{1}{4}\end{pmatrix}$.

**2**. (1) $\boldsymbol{x}=\begin{pmatrix}0\\-2\\-5\end{pmatrix}$. (2) $\boldsymbol{X}=\begin{pmatrix}8&-11\\25.5&-35.5\\61&-85\end{pmatrix}$.

**3**. $\boldsymbol{M}^{-1}=\begin{pmatrix}-\boldsymbol{C}^{-1}\boldsymbol{BA}^{-1}&\boldsymbol{C}^{-1}\\\boldsymbol{A}^{-1}&0\end{pmatrix}$. **5**. $\boldsymbol{B}=\boldsymbol{A}+\boldsymbol{E}=\begin{pmatrix}2&2\\1&4\end{pmatrix}$.

### B 组

**1**. $\boldsymbol{A}^{-1}=\boldsymbol{A}-4\boldsymbol{E}$, $(4\boldsymbol{A}+\boldsymbol{E})^{-1}=(\boldsymbol{A}-4\boldsymbol{E})^2$.

**2.** $(\boldsymbol{A}+\boldsymbol{E})^{-1}=\frac{1}{2}(2\boldsymbol{E}-\boldsymbol{A})$. **3.** $\boldsymbol{B}=6(\boldsymbol{A}^{-1}-\boldsymbol{E})^{-1}=\begin{pmatrix}6 & & \\ & 2 & \\ & & 3/2\end{pmatrix}$.

**5.** $\frac{1}{2}\begin{pmatrix}(\boldsymbol{A}+\boldsymbol{B})^{-1}+(\boldsymbol{A}-\boldsymbol{B})^{-1} & (\boldsymbol{A}+\boldsymbol{B})^{-1}-(\boldsymbol{A}-\boldsymbol{B})^{-1} \\ (\boldsymbol{A}+\boldsymbol{B})^{-1}-(\boldsymbol{A}-\boldsymbol{B})^{-1} & (\boldsymbol{A}+\boldsymbol{B})^{-1}+(\boldsymbol{A}-\boldsymbol{B})^{-1}\end{pmatrix}$;

提示：设$\begin{pmatrix}\boldsymbol{A} & \boldsymbol{B} \\ \boldsymbol{B} & \boldsymbol{A}\end{pmatrix}\begin{pmatrix}x_1 & x_2 \\ x_3 & x_4\end{pmatrix}=\begin{pmatrix}\boldsymbol{E} & \boldsymbol{0} \\ \boldsymbol{0} & \boldsymbol{E}\end{pmatrix}$

## 习题 1.4

### A 组

**1.** (1) $\boldsymbol{x}=\begin{pmatrix}\frac{17}{3} \\ \frac{4}{3} \\ -2\end{pmatrix}$. (2) 无解.

(3) $\boldsymbol{x}=p\begin{pmatrix}\frac{3}{17} \\ \frac{19}{17} \\ 1 \\ 0\end{pmatrix}+q\begin{pmatrix}-\frac{13}{17} \\ -\frac{20}{17} \\ 0 \\ 1\end{pmatrix}$. (4) $\boldsymbol{x}=p\begin{pmatrix}\frac{1}{7} \\ \frac{5}{7} \\ 1 \\ 0\end{pmatrix}+q\begin{pmatrix}\frac{1}{7} \\ -\frac{9}{7} \\ 0 \\ 1\end{pmatrix}+\begin{pmatrix}\frac{6}{7} \\ -\frac{5}{7} \\ 0 \\ 0\end{pmatrix}$.

**2.** (1) $\begin{pmatrix}4 & -3 \\ -1 & 2\end{pmatrix}^{-1}=\begin{pmatrix}2 & 3 \\ 1 & 4\end{pmatrix}$. (2) $\begin{pmatrix}1 & -1 & -1 \\ 0 & 1 & -1 \\ 0 & 0 & 1\end{pmatrix}^{-1}=\begin{pmatrix}1 & 1 & 2 \\ 0 & 1 & 1 \\ 0 & 0 & 1\end{pmatrix}$.

(3) $\begin{pmatrix}1 & 2 & 3 & 4 \\ 2 & 3 & 1 & 2 \\ 1 & 1 & 1 & -1 \\ 1 & 0 & -2 & -6\end{pmatrix}^{-1}=\begin{pmatrix}22 & -6 & -26 & 17 \\ -17 & 5 & 20 & -13 \\ -1 & 0 & 2 & -1 \\ 4 & -1 & -5 & 3\end{pmatrix}$.

(4) $\begin{pmatrix}0 & 0 & \cdots & 0 & a_n \\ a_1 & 0 & \cdots & 0 & 0 \\ 0 & a_2 & \ddots & & \\ \vdots & \ddots & \ddots & \ddots & \vdots \\ 0 & \cdots & 0 & a_{n-1} & 0\end{pmatrix}^{-1}=\begin{pmatrix}0 & \frac{1}{a_1} & 0 & \cdots & 0 \\ 0 & 0 & \frac{1}{a_2} & \cdots & 0 \\ \vdots & \vdots & \vdots & \ddots & \vdots \\ 0 & 0 & 0 & \cdots & \frac{1}{a_{n-1}} \\ \frac{1}{a_n} & 0 & 0 & \cdots & 0\end{pmatrix}$.

(5) $\begin{pmatrix} 0 & 0 & \cdots & 0 & 1/b_n \\ 0 & 0 & \cdots & 1/b_{n-1} & 0 \\ \vdots & \vdots & \iddots & \vdots & \vdots \\ 0 & 1/b_2 & \cdots & 0 & 0 \\ 1/b_1 & 0 & \cdots & 0 & 0 \end{pmatrix}$

**3.** (1) $\boldsymbol{X}=\begin{pmatrix} -3 & -1 \\ 2 & 1 \end{pmatrix}$. (2) $\boldsymbol{X}=\begin{pmatrix} 1.5 & 0.5 \\ 3.5 & 0.5 \end{pmatrix}$.

(3) $\boldsymbol{X}=\begin{pmatrix} \frac{32}{41} & \frac{20}{41} \\ -\frac{18}{41} & -\frac{1}{41} \\ \frac{15}{41} & \frac{35}{41} \end{pmatrix}$.

**4.** (1) $\boldsymbol{x}=\begin{pmatrix} 5 \\ 0 \\ 3 \end{pmatrix}$. (2) $\boldsymbol{x}=\begin{pmatrix} 13 \\ 5 \\ -2 \end{pmatrix}$

**5.** (1) $\begin{pmatrix} 1 & 0 & 0 \\ 0 & 0 & 0 \end{pmatrix}$. (2) $\begin{pmatrix} 1 & 0 & 0 \\ 0 & 1 & 0 \\ 0 & 0 & 1 \\ 0 & 0 & 0 \end{pmatrix}$.

**6.** $\boldsymbol{PAQ}=\begin{pmatrix} 1 & 0 & 0 & 0 \\ 0 & 1 & 0 & 0 \\ 0 & 0 & 0 & 0 \end{pmatrix}$，其中 $\boldsymbol{P}=\begin{pmatrix} 0 & 0 & -1 \\ -2 & 1 & 0 \\ -3 & 2 & 1 \end{pmatrix}$, $\boldsymbol{Q}=\begin{pmatrix} 1 & 0 & -1 & 2 \\ 0 & 0 & 0 & 1 \\ 0 & 0 & 1 & 0 \\ 0 & 1 & 0 & 0 \end{pmatrix}$, $\boldsymbol{P}$，$\boldsymbol{Q}$ 不唯一.

***8.** (1) $\begin{pmatrix} \boldsymbol{O} & \boldsymbol{A} \\ \boldsymbol{B} & \boldsymbol{O} \end{pmatrix}^{-1}=\begin{pmatrix} \boldsymbol{O} & \boldsymbol{B}^{-1} \\ \boldsymbol{A}^{-1} & \boldsymbol{O} \end{pmatrix}$. (2) $\begin{pmatrix} \boldsymbol{O} & \boldsymbol{A} \\ \boldsymbol{B} & \boldsymbol{C} \end{pmatrix}^{-1}=\begin{pmatrix} \boldsymbol{B}^{-1}\boldsymbol{C}\boldsymbol{A}^{-1} & \boldsymbol{B}^{-1} \\ \boldsymbol{A}^{-1} & \boldsymbol{O} \end{pmatrix}$.

## B　组

**1.** $\begin{cases} (1)\ \lambda\neq 1,\ -2\ \text{时有唯一解}. \\ (2)\ \lambda=-2\ \text{时无解}. \\ (3)\ \lambda=1\ \text{时有无穷解}. \end{cases}$

$$\boldsymbol{x}=p\begin{pmatrix}-1\\1\\0\end{pmatrix}+q\begin{pmatrix}-1\\0\\1\end{pmatrix}+\begin{pmatrix}1\\0\\0\end{pmatrix}.$$

**2.** $\boldsymbol{X}=\begin{pmatrix}1 & \frac{3}{2} & \frac{3}{2}\\ 0 & \frac{1}{4} & \frac{3}{4}\\ 1 & 0 & 0\end{pmatrix}.$

**3.** $\boldsymbol{A}=\begin{pmatrix}1 & 0 & 0\\ 2 & 0 & 0\\ 6 & -1 & -1\end{pmatrix}$，$\boldsymbol{A}^5=\boldsymbol{A}.$

**4.** $x$，$z\in\mathbf{R}$，$y\neq 0.$

**5.** (1) $\begin{pmatrix}1 & -a & & & \\ & 1 & -a & & \\ & & 1 & \ddots & \\ & & & \ddots & -a\\ & & & & 1\end{pmatrix}$. (2) $\begin{pmatrix}-\frac{n-2}{n-1} & \frac{1}{n-1} & \cdots & \frac{1}{n-1}\\ \frac{1}{n-1} & -\frac{n-2}{n-1} & \ddots & \vdots\\ \vdots & \ddots & \ddots & \frac{1}{n-1}\\ \frac{1}{n-1} & \cdots & \frac{1}{n-1} & -\frac{n-2}{n-1}\end{pmatrix}$.

**6.** $a=0$，$b+c\neq 0$，或 $a\neq 0$，$b+c=0$；$\boldsymbol{I}=\begin{pmatrix}1 & 0 & 0\\ 0 & 1 & 0\\ 0 & 0 & 0\end{pmatrix}.$

**8.** 当 $a=1$ 时，$\boldsymbol{I}=\begin{pmatrix}1 & \boldsymbol{O}\\ \boldsymbol{O} & \boldsymbol{O}_{n-1}\end{pmatrix}$；当 $a=1-n$ 时，$\boldsymbol{I}=\begin{pmatrix}\boldsymbol{E}_{n-1} & \boldsymbol{O}\\ \boldsymbol{O} & \boldsymbol{O}\end{pmatrix}$；

当 $a\neq 1$，$1-n$ 时，$\boldsymbol{I}=\boldsymbol{E}_n$. $\mathrm{r}(\boldsymbol{A})=\begin{cases}1 & a=1\\ n-1 & a=1-n\\ n & a\neq 1,\ 1-n\end{cases}.$

***9.** $\boldsymbol{A}^{-1}=\begin{pmatrix}\boldsymbol{A}_{n-1}^{-1}(\boldsymbol{E}_{n-1}+\boldsymbol{\beta}t^{-1}\boldsymbol{\alpha}^{\mathrm{T}}A_{n-1}^{-1}) & -\boldsymbol{A}_{n-1}^{-1}\boldsymbol{\beta}t^{-1}\\ -t^{-1}\boldsymbol{\alpha}^{\mathrm{T}}\boldsymbol{A}_{n-1}^{-1} & t^{-1}\end{pmatrix}$，$t=a_{nn}-\boldsymbol{\alpha}^{\mathrm{T}}\boldsymbol{A}_{n-1}^{-1}\boldsymbol{\beta}.$

$$\begin{pmatrix}1 & 1 & -1 & -3\\0 & 2 & 2 & 1\\1 & -1 & 0 & 1\\2 & 3 & 3 & 2\end{pmatrix}^{-1}=\frac{1}{5}\begin{pmatrix}1 & -1 & 2 & 1\\-3 & -12 & -11 & 7\\5 & 20 & 15 & -10\\-4 & -11 & -8 & 6\end{pmatrix}.$$

## C 组

**1**. (1) $q_1=b_1$, $r_1=c_1/q_1$.

$\begin{cases}p_i=a_i\\q_i=b_i-p_ir_{i-1}\end{cases}$, $i=2$, $\cdots$, $n$.

$r_i=c_i/q_i$

$i=2$, $\cdots$, $n-1$

(2) $$\begin{pmatrix}1 & 2 & & \\2 & 1 & 1 & \\ & 1 & 2 & 1\\ & & 1 & 2\end{pmatrix}\begin{pmatrix}1 & & & \\2 & -3 & & \\ & 1 & \frac{7}{3} & \\ & & 1 & \frac{11}{7}\end{pmatrix}\begin{pmatrix}1 & 2 & & \\ & 1 & -\frac{1}{3} & \\ & & 1 & \frac{3}{7}\\ & & & 1\end{pmatrix},\ \boldsymbol{x}=\begin{pmatrix}2\\2\\2\\2\end{pmatrix}.$$

**2**. $$f(\boldsymbol{A})=\begin{pmatrix}1 & C_n^1 & C_n^2 & C_n^3\\ & 1 & C_n^1 & C_n^2\\ & & 1 & C_n^1\\ & & & 1\end{pmatrix},\ f(\boldsymbol{A})^{-1}=\begin{pmatrix}1 & -C_n^1 & (C_n^1)^2-C_n^2 & -(C_n^1)^3+2C_n^2C_n^1-C_n^3\\ & 1 & -C_n^1 & (C_n^1)^2-C_n^2\\ & & 1 & -C_n^1\\ & & & 1\end{pmatrix}.$$

# 第2章　方阵的行列式

## 习题　2.1

## A　组

**1**. (1) 3. (2) 1. (3) 96. (4) $x^3+3x$. (5) $-a_1a_2a_3$.

**2.** (1) $\begin{cases}x=5\\y=7\end{cases}$. (2) $\begin{cases}x=7\\y=-3\end{cases}$. (3) $\begin{cases}x=-\dfrac{9}{4}\\y=-\dfrac{41}{8}\\z=\dfrac{29}{8}\end{cases}$. (4) $\begin{cases}x=22/13\\y=-5/13.\\z=-5/13\end{cases}$

**3.** (1) 12. (2) 18. 均是偶排列.

**4.** $\dfrac{n\ (n-1)}{2}-k$

**5.** $-a_{13}a_{21}a_{34}a_{42}$, $a_{14}a_{21}a_{33}a_{42}$.

**6.** $-a_{11}a_{23}a_{32}a_{44}$, $-a_{12}a_{23}a_{34}a_{41}$, $-a_{14}a_{23}a_{31}a_{42}$.

**7.** (1) $-36$. (2) $(-1)^{n-1}n!$. (3) 24.

**B 组**

**1.** $-1$.

## 习题 2.2

**A 组**

**1.** (2) $-(m+n)$.

**2.** (1) 0. (2) 0. (3) 0. (4) $-2(a^3+b^3)$.

**3.** $\begin{cases}a_1+b_1 & n=1\\(a_1-a_2)\ (b_2-b_1) & n=2.\\0 & n\geqslant 3\end{cases}$ **5.** $(a^2+b^2+c^2+d^2)^4$, $\pm(a^2+b^2+c^2+d^2)^2$.

**B 组**

**1.** (1) $n!\ (1+\dfrac{1}{2}+\dfrac{1}{3}+\cdots+\dfrac{1}{n})$

**5.** $f(x)=-16(1-x^2)(4-x^2)$, $x=\pm1$, $\pm2$.

## 习题 2.3

**A 组**

**1.** (1) $A_{11}=5$, $A_{12}=15$, $A_{13}=-7$, $A_{21}=A_{31}=A_{32}=0$, $A_{22}=10$, $A_{23}=-4$, $A_{33}=2$.

（2）$A_{i3}=A_{3j}=0$（$i, j=1, 2, 3$），$A_{11}=-1$，$A_{12}=1$，$A_{21}=2$，$A_{22}=-2$.

**2.**（1）801．（2）0.（3）$\cos4\alpha$.（4）$D_n=\dfrac{a^{n+1}-b^{n+1}}{a-b}$.

**3.**（1）$\begin{pmatrix}2 & 1\\4 & 3\end{pmatrix}^{-1}=\dfrac{1}{2}\begin{pmatrix}3 & -1\\-4 & 2\end{pmatrix}$.（2）$\begin{pmatrix}1 & 1 & -1\\0 & 2 & 2\\1 & -1 & 0\end{pmatrix}^{-1}=\dfrac{1}{6}\begin{pmatrix}2 & 1 & 4\\2 & 1 & -2\\-2 & 2 & 2\end{pmatrix}$.

**4.**（2）$a_1, a_2, \cdots, a_n$　（3）$\prod\limits_{n-1\geqslant i>j\geqslant 1}(a_i-a_j)$.

## B　组

**1.**（1）$\prod\limits_{4\geqslant i>j\geqslant 1}(a_i-a_j)\sum\limits_{i=1}^{4}a_i$.

**2.** $\boldsymbol{B}=\begin{pmatrix}2 & 4 & -6\\0 & -4 & 8\\0 & 0 & 2\end{pmatrix}$. **3.** $-\dfrac{4^n}{6}$; **5.** 1.

## C　组

**1.**（1）$\begin{cases}1+x_1y_1 & n=1\\(x_2-x_1)(y_2-y_1) & n=2.\\0 & n\geqslant 3\end{cases}$（2）$\prod\limits_{n\geqslant i>j\geqslant 1}(x_i-x_j)\left(\sum\limits_{1\leqslant i_k<i_{k+1}\leqslant n}\prod\limits_{k=1}^{n-k}x_{i_k}\right)$.

（3）$\prod\limits_{i=1}^{n}(a_ia_{2n+1-i}-b_{2n+1-i}b_i)$.

# 习题 2.4

## A　组

**1.**（1）$x=\begin{pmatrix}9\\6\\-2\end{pmatrix}$.（2）$x=\dfrac{1}{8}\begin{pmatrix}5\\1\\-5\\-1\end{pmatrix}$.（3）$x=\begin{pmatrix}1\\\frac{5}{9}\\\frac{2}{9}\\-\frac{4}{9}\end{pmatrix}$.

**2.**（1）$a\neq0$ 时有唯一解.

（2）$a=0$ 时有无穷解.

（3）当 $a=0$ 或 $a=1$ 时有非零解.

B 组

2. (1) $b \neq -1$, 4 时有唯一解.

(2) $b = -1$ 时无解.

(3) $b = 4$ 时有无穷解,

$$\begin{pmatrix} x_1 \\ x_2 \\ x_3 \end{pmatrix} = k\begin{pmatrix} -3 \\ -1 \\ 1 \end{pmatrix} + \begin{pmatrix} 0 \\ 4 \\ 0 \end{pmatrix}, \ k \text{ 为任意实数.}$$

C 组

1. $\begin{vmatrix} x^2+y^2 & x & y & 1 \\ x_1^2+y_1^2 & x_1 & y_1 & 1 \\ x_2^2+y_2^2 & x_2 & y_2 & 1 \\ x_3^2+y_3^2 & x_3 & y_3 & 1 \end{vmatrix} = 0.$　　2. $\begin{vmatrix} x & y & z & 1 \\ a_1 & b_1 & c_1 & 0 \\ a_2 & b_2 & c_2 & 0 \\ x_0 & y_0 & z_0 & 1 \end{vmatrix} = 0.$

## 第3章　向量空间

### 习题　3.1

A 组

1. (1) $(3, 8, -8)^{\mathrm{T}}$. (2) $(3, 12, -19)^{\mathrm{T}}$. (3) $(0, 0, 0)^{\mathrm{T}}$

2. $\frac{1}{3}(4, 10, 16)^{\mathrm{T}}$.

3. $\boldsymbol{\gamma} = (1, 2, 3, 4)^{\mathrm{T}}$

4. (1) $V_1 = \{(x_1, x_2, 0, 0)^{\mathrm{T}} \mid x_1, x_2 \in \mathbf{R}\}$. (2) $\mathbf{R}^4$.

5. $V = \{k_1\boldsymbol{\alpha} + k_2\boldsymbol{\beta} = (k_1, k_1, k_2)^{\mathrm{T}} \mid k_1, k_2 \in \mathbf{R}\}$, 几何上为过 $z$ 轴的平面.

### 习题　3.2

A 组

1. (1) 不能表示. (2) 能表示, 表示法不唯一, $\boldsymbol{\beta} = \boldsymbol{\alpha}_1 + 2\boldsymbol{\alpha}_3 - \boldsymbol{\alpha}_4$.

4. $-1$

## 习题　3.3

### A　组

1. （1）$\boldsymbol{\alpha}_1$，$\boldsymbol{\alpha}_2$ 为一个极大线性无关组，秩为 2.

（2）$\boldsymbol{\alpha}_1$，$\boldsymbol{\alpha}_2$，$\boldsymbol{\alpha}_3$ 为一个极大线性无关组，秩为 3.

4. $\begin{pmatrix} 1 & 0 & -1 \\ 0 & 1 & 1 \\ -2 & 1 & 0 \end{pmatrix}$, $\begin{pmatrix} 1 \\ 0 \\ 1 \end{pmatrix}$, $\begin{pmatrix} 0 \\ 1 \\ -1 \end{pmatrix}$.

5. （1）$(\boldsymbol{\alpha}, \boldsymbol{\beta}) = \frac{1}{2}$，$(\boldsymbol{\alpha}, \boldsymbol{\gamma}) = 0$，$(\boldsymbol{\beta}, \boldsymbol{\gamma}) = -5$. (2) $\frac{1}{\sqrt{6}}\begin{pmatrix} 1 \\ 2 \\ 1 \end{pmatrix}$. (3) $<\boldsymbol{\alpha}, \boldsymbol{\beta}> = \arccos \frac{1}{3\sqrt{14}}$.

7. $\boldsymbol{\beta}_1 = \begin{pmatrix} 1 \\ 0 \\ 1 \end{pmatrix}$, $\boldsymbol{\beta}_2 = \frac{1}{2}\begin{pmatrix} 1 \\ 2 \\ -1 \end{pmatrix}$, $\boldsymbol{\beta}_3 = \frac{1}{3}\begin{pmatrix} 1 \\ -1 \\ -1 \end{pmatrix}$.

### B　组

1. $\pm \frac{1}{3\sqrt{5}}\begin{pmatrix} -2 \\ -4 \\ 5 \end{pmatrix}$.

## *习题　3.4

1. 基可取为 $\boldsymbol{\alpha}_1 = 1$，$\boldsymbol{\alpha}_2 = \mathrm{i}$，维数为 2.

2. 基可取为 $\boldsymbol{\alpha}_1 = \begin{pmatrix} 0 & 1 & 0 \\ -1 & 0 & 0 \\ 0 & 0 & 0 \end{pmatrix}$, $\boldsymbol{\alpha}_2 = \begin{pmatrix} 0 & 0 & 1 \\ 0 & 0 & 0 \\ -1 & 0 & 0 \end{pmatrix}$, $\boldsymbol{\alpha}_1 = \begin{pmatrix} 0 & 0 & 0 \\ 0 & 0 & 1 \\ 0 & -1 & 0 \end{pmatrix}$，维数为 3.

## 习题　3.5

### A　组

1. （1）1.（2）2.（3）3.

**2**. （1）极大线性无关组可取 $\boldsymbol{\alpha}_1$，$\boldsymbol{\alpha}_3$，$\boldsymbol{\alpha}_4$，且有 $\boldsymbol{\alpha}_2=3\boldsymbol{\alpha}_1+\boldsymbol{\alpha}_3$，$\boldsymbol{\alpha}_5=2\boldsymbol{\alpha}_1$.

（2）向量组的秩为 3，$\boldsymbol{\alpha}_1$，$\boldsymbol{\alpha}_2$，$\boldsymbol{\alpha}_4$ 是向量组的一个极大无关组，且 $\boldsymbol{\alpha}_3=\boldsymbol{\alpha}_1+\boldsymbol{\alpha}_2$，$\boldsymbol{\alpha}_5=3\boldsymbol{\alpha}_1+\boldsymbol{\alpha}_2-2\boldsymbol{\alpha}_4$.

**3**. （1）$a=1$，$b=4$；（2）$\boldsymbol{\alpha}_1$，$\boldsymbol{\alpha}_2$ 是向量组的一个极大无关组，且 $\boldsymbol{\alpha}_3=-\frac{1}{2}\boldsymbol{\alpha}_1+\frac{3}{2}\boldsymbol{\alpha}_2$，$\boldsymbol{\alpha}_4=\frac{7}{2}\boldsymbol{\alpha}_1+\frac{1}{2}\boldsymbol{\alpha}_2$，$\boldsymbol{\alpha}_5=\frac{1}{2}\boldsymbol{\alpha}_1+\frac{1}{2}\boldsymbol{\alpha}_2$.

**4**. （1）$a=7$，$b=-7$；（2）$\boldsymbol{\alpha}_1$，$\boldsymbol{\alpha}_2$ 是向量组的一个极大无关组，$\boldsymbol{\alpha}_3=\boldsymbol{\alpha}_1+2\boldsymbol{\alpha}_2$，$\boldsymbol{\alpha}_4=-2\boldsymbol{\alpha}_1+3\boldsymbol{\alpha}_2$；（3）当 $a=7$，$b=-7$ 时，由于任何两列都线性无关，这表明四个向量中任意两个都构成极大无关组，因此共有 6 个极大无关组.

**B 组**

**1**. $\lambda=3$，$\mathrm{r}(\boldsymbol{A})=2$；$\lambda\neq3$，$\mathrm{r}(\boldsymbol{A})=3$.

# 第 4 章 线性方程组

## 习题 4.1

**A 组**

**1**. （1）$c_1\begin{pmatrix}-1\\2\\0\\-5\end{pmatrix}+c_2\begin{pmatrix}3\\0\\1\\-2\end{pmatrix}$（$c_1$，$c_2$ 为任意常数）.

（2）$c_1\begin{pmatrix}1\\0\\-2\\5\end{pmatrix}+c_2\begin{pmatrix}0\\1\\-3\\-7\end{pmatrix}$（$c_1$，$c_2$ 为任意常数）.

（3）$c_1\begin{pmatrix}1\\-1\\1\\0\end{pmatrix}+c_2\begin{pmatrix}4\\-3\\0\\2\end{pmatrix}$（$c_1$，$c_2$ 为任意常数）.

(4) $c_1\begin{pmatrix}2\\1\\0\\0\\0\end{pmatrix}+c_2\begin{pmatrix}3\\0\\-2\\-2\\1\end{pmatrix}$（$c_1$，$c_2$ 为任意常数）.

(5) $c_1\begin{pmatrix}-1\\1\\0\\0\end{pmatrix}+c_2\begin{pmatrix}-1\\0\\1\\0\end{pmatrix}+c_3\begin{pmatrix}-1\\0\\0\\1\end{pmatrix}$（$c_1$，$c_2$，$c_3$ 为任意常数）.

(6) $c_1\begin{pmatrix}-1\\1\\0\\\vdots\\0\end{pmatrix}+c_2\begin{pmatrix}-1\\0\\1\\\vdots\\0\end{pmatrix}+\cdots+c_{n-1}\begin{pmatrix}-1\\0\\0\\\vdots\\1\end{pmatrix}$（$c_1$，$c_2$，…，$c_{n-1}$为任意常数）.

**2.** $c\begin{pmatrix}5\\-7\\5\\6\end{pmatrix}$（$c$ 为任意非零常数）.

**3.** 当 $a=-1$ 时，方程组有非零解，通解为 $c\begin{pmatrix}-1\\3\\2\end{pmatrix}$（$c$ 为任意常数）；

当 $a=4$ 时，方程组有非零解，通解为 $c\begin{pmatrix}-3\\-1\\1\end{pmatrix}$（$c$ 为任意常数）.

**4.** 当 $a=-5$ 时，方程组有非零解，通解为 $c\begin{pmatrix}0\\1\\1\end{pmatrix}$（$c$ 为任意常数）；

当 $a=-6$ 时，方程组有非零解，通解为 $c\begin{pmatrix}1\\7\\9\end{pmatrix}$（$c$ 为任意常数）.

## B 组

**1.** $\begin{cases}6x_1-7x_2+x_3=0\\x_1-2x_2+x_4=0\end{cases}$ （答案不唯一）

2. $c\begin{pmatrix}1\\2\\-1\\-1\end{pmatrix}$（$c$ 为任意常数）

3. $c\begin{pmatrix}1\\1\\\vdots\\1\end{pmatrix}$（$c$ 为任意常数）

4. （1）当 $\sum_{i=1}^{n} a_i \neq -b$ 且 $b\neq 0$ 时，方程组仅有零解.

（2）当 $b=0$，方程组有非零解. 不妨设 $a_1\neq 0$，则通解为

$$c_1\begin{pmatrix}-a_2\\a_1\\0\\\vdots\\0\end{pmatrix}+c_2\begin{pmatrix}-a_3\\0\\a_1\\\vdots\\0\end{pmatrix}+\cdots+c_{n-1}\begin{pmatrix}-a_n\\0\\0\\\vdots\\a_1\end{pmatrix}$$（$c_1$，$c_2$，…，$c_{n-1}$为任意常数）.

当 $\sum_{i=1}^{n} a_i = -b$ 时，方程组有非零解，通解为 $c\begin{pmatrix}1\\1\\\vdots\\1\end{pmatrix}$（$c$ 为任意常数）.

## C 组

1. （1）$c_1\begin{pmatrix}0\\0\\1\\0\end{pmatrix}+c_2\begin{pmatrix}-1\\1\\0\\1\end{pmatrix}$（$c_1$，$c_2$ 为任意常数）.

（2）有，$c\begin{pmatrix}-1\\1\\1\\1\end{pmatrix}$（$c$ 为任意非零常数）.

## 习题 4.2

### A 组

**1.** (1) $\frac{1}{2}\begin{pmatrix}1\\-3\\0\\1\end{pmatrix}+c\begin{pmatrix}-2\\1\\1\\0\end{pmatrix}$ ($c$ 为任意常数).

(2) $\frac{1}{7}\begin{pmatrix}-3\\-4\\0\end{pmatrix}$.

(3) $\begin{pmatrix}2\\1\\0\end{pmatrix}+c\begin{pmatrix}-3\\-1\\1\end{pmatrix}$ ($c$ 为任意常数).

(4) $\begin{pmatrix}1\\1\\0\\1\end{pmatrix}+c\begin{pmatrix}-3\\-1\\1\\0\end{pmatrix}$ ($c$ 为任意常数).

**2.** 当 $a=2$ 时，方程组无解.

当 $a\neq 2$ 时，方程组有无穷多解，通解为$\frac{1}{a-2}\begin{pmatrix}7a-10\\-2a+2\\1\\0\end{pmatrix}+c\begin{pmatrix}-3\\0\\1\\1\end{pmatrix}$ ($c$ 为任意常数).

**3.** 当 $a\neq 4$ 且 $a\neq -1$ 时，方程组有唯一解.

当 $a=4$ 时，方程组有无穷多解，通解为$\begin{pmatrix}0\\4\\0\end{pmatrix}+c\begin{pmatrix}-3\\-1\\1\end{pmatrix}$ ($c$ 为任意常数).

当 $a=-1$ 时，方程组无解.

**4.** 方程组有解的充分必要条件为 $a=0$，$b=2$，通解为

$$\boldsymbol{x}=\begin{pmatrix}-2\\3\\0\\0\\0\end{pmatrix}+c_1\begin{pmatrix}1\\-2\\1\\0\\0\end{pmatrix}+c_2\begin{pmatrix}1\\-2\\0\\1\\0\end{pmatrix}+c_3\begin{pmatrix}5\\-6\\0\\0\\1\end{pmatrix}$$（$c_1$，$c_2$，$c_3$ 为任意常数）.

**5.** （1）当 $a\neq-4$ 时，$\boldsymbol{\beta}$ 可由 $\boldsymbol{\alpha}_1$，$\boldsymbol{\alpha}_2$，$\boldsymbol{\alpha}_3$ 线性表示，且表示法唯一.

（2）当 $a=-4$ 且 $13b-3c-1\neq0$ 时，$\boldsymbol{\beta}$ 不能由 $\boldsymbol{\alpha}_1$，$\boldsymbol{\alpha}_2$，$\boldsymbol{\alpha}_3$ 线性表示.

（3）当 $a=-4$ 且 $13b-3c-1=0$ 时，$\boldsymbol{\beta}$ 可由 $\boldsymbol{\alpha}_1$，$\boldsymbol{\alpha}_2$，$\boldsymbol{\alpha}_3$ 线性表示，且表示法不唯一．这时，$\boldsymbol{\beta}=\dfrac{b-1-3k}{6}\boldsymbol{\alpha}_1+k\boldsymbol{\alpha}_2+\dfrac{2b+1}{3}\boldsymbol{\alpha}_3$（$k$ 为任意常数）.

**6.** C.

**7.** $a=-1$.

## B 组

**1.** 当 $b=-2$ 时方程组有解，且

（1）$b=-2$，$a=-8$ 时，通解为$\begin{pmatrix}-1\\1\\0\\0\end{pmatrix}+c_1\begin{pmatrix}4\\-2\\1\\0\end{pmatrix}+c_2\begin{pmatrix}-1\\-2\\0\\1\end{pmatrix}$（$c_1$，$c_2$ 为任意常数）.

（2）$b=-2$，$a\neq-8$ 时，通解为$\begin{pmatrix}-1\\1\\0\\0\end{pmatrix}+c\begin{pmatrix}-1\\-2\\0\\1\end{pmatrix}$（$c$ 为任意常数）.

**2.** （1）$\boldsymbol{X}$ 为 3 行 2 列矩阵.

（2）当 $s=1$，$t=-1$ 时，方程组分别有解，通解分别为$\begin{pmatrix}0\\1\\0\end{pmatrix}+c_1\begin{pmatrix}-1\\-2\\1\end{pmatrix}$与$\begin{pmatrix}-1\\3\\0\end{pmatrix}+c_2\begin{pmatrix}-1\\-2\\1\end{pmatrix}$（$c_1$，$c_2$ 为任意常数）.

（3）$\boldsymbol{X}=\begin{pmatrix}0&-1\\1&3\\0&0\end{pmatrix}$.

**3**. (1) 通解为$\begin{pmatrix}-2\\-4\\-5\\0\end{pmatrix}+c\begin{pmatrix}1\\1\\2\\1\end{pmatrix}$($c$为任意常数).

(2) $m=2$, $n=4$, $t=6$时, 两个方程组同解.

**4**. $\begin{pmatrix}\frac{1}{2}\\1\\0\end{pmatrix}+c\begin{pmatrix}1\\2\\1\end{pmatrix}$($c$为任意常数).

# 第5章　矩阵的对角化

## 习题　5.1

### A　组

**1**. (1) 特征值1, -1; 特征值1的特征向量是$(1, 1)^T$, 特征值-1的特征向量是$(-1, 1)^T$.

(2) 特征值1, 1; 特征值1的特征向量是$(-5, 2)^T$.

(3) 特征值-3, 3; 特征值-3的特征向量是$(1, -1)^T$, 特征值3的特征向量是$(1, 5)^T$.

(4) 特征值-5, 3; 特征值-5的特征向量是$(1, -2)^T$, 特征值3的特征向量是$(1, 2)^T$.

**2**. (1) 特征值-3, 0, 2; 特征值-3的特征向量是$(1, 0, -1)^T$, 特征值0的特征向量是$(-2, 0, 1)^T$, 特征值2的特征向量是$(12, -5, 3)^T$.

(2) 特征值1, 2, 2; 特征值1的特征向量是$(1, 1, 1)^T$, 特征值2的特征向量是$(-2, -1, 1)^T$.

(3) 特征值0, 0, 3; 特征值0的特征向量是$(-1, 1, 0)^T$, $(-1, 0, 1)^T$, 特征值3的特征向量是$(1, 1, 1)^T$.

(4) 特征值1, 1, 1; 特征值1的特征向量是$(-1, -2, 1)^T$.

(5) 特征值为-1, -2, -2; 特征值-1的特征向量是$(-4, 2, 7)^T$, 特征值-2的特征向量是$(2, 1, 0)^T$, $(1, 0, 1)^T$;

(6) 特征值为0, 1, 1; 特征值0的特征向量是$(-14, 5, 17)^T$, 特征值1的特征向量是$(-6, 2, 7)^T$.

**3**. (1) 特征值1, 1, 1, 1; 特征值1的特征向量是$(0, 0, 0, 1)^T$, $(1, 0, 0, 0)^T$.

(2) 特征值2, 2, 2, -2; 特征值2的特征向量是$(1, 1, 0, 0)^T$, $(1, 0, 1, 0)^T$, $(1, 0, 0, 1)^T$, 特征值-2的特征向量是$(-1, 1, 1, 1)^T$.

7. $V_0=\left\{k\boldsymbol{\alpha}+l\boldsymbol{\beta}\ \middle|\ \boldsymbol{\alpha}=(-1,1,0)^{\mathrm{T}},\ \boldsymbol{\beta}=(-1,0,1)^{\mathrm{T}},\ k,\ l,\ \in\mathbf{R}\right\}$,

$V_1=\left\{k\boldsymbol{\alpha}\ \middle|\ \boldsymbol{\alpha}=(1,1,1)^{\mathrm{T}},\ k\in\mathbf{R}\right\}$.

8. $k=3$，$A$ 的特征值是 1，3，4.

9. $k=1$ 或 $-2$.

10. （2）以题 1 题号排列

（1）0，0.（2）0，0.（3）$-40$，8.（4）$-168$，8.

**B 组**

3. $\lambda^2(\lambda-\boldsymbol{\alpha}^{\mathrm{T}}\boldsymbol{\beta})$.

4. $\lambda^{n-1}(\lambda-\boldsymbol{\alpha}^{\mathrm{T}}\boldsymbol{\beta})$.

5. （1）$\lambda(\lambda-2)(\lambda-3)$.

（2）特征值 0，2，3；特征值 0 的特征向量是 $(1,2,2)^{\mathrm{T}}$，特征值 2 的特征向量是 $(3,-1,7)^{\mathrm{T}}$，特征值 3 的特征向量是 $(-1,1,-2)^{\mathrm{T}}$.

（3）$\boldsymbol{A}^5$ 的全部特征值是 0，32，243，$\boldsymbol{A}+2\boldsymbol{E}$ 的全部特征值是 2，4，5.

10. （1）特征值 5，$-1$，0，0；特征值 5 的特征向量是 $(1,2,0,0)^{\mathrm{T}}$，特征值 $-1$ 的特征向量是 $(-7,4,-2,2)^{\mathrm{T}}$，特征值 0 的特征向量是 $(-2,1,0,0)^{\mathrm{T}}$.

（2）特征值 2，2，2，$-2$；特征值 2 的特征向量是 $(0,0,-1,1)^{\mathrm{T}}$，$(1,1,0,0)^{\mathrm{T}}$，特征值 $-2$ 的特征向量是 $(1,5,0,0)^{\mathrm{T}}$.

## 习题 5.2

**A 组**

1. （1）不可以.（2）可以.

2. （1）$\boldsymbol{P}=\begin{pmatrix}1&1&1\\-1&0&1\\0&1&1\end{pmatrix}$，$\boldsymbol{P}^{-1}\boldsymbol{A}\boldsymbol{P}=\mathrm{diag}(1,1,2)$.

（2）$\boldsymbol{P}=\begin{pmatrix}1&1&1\\1&-1&1\\-1&0&2\end{pmatrix}$，$\boldsymbol{P}^{-1}\boldsymbol{A}\boldsymbol{P}=\mathrm{diag}(0,-1,9)$.

(3) $\boldsymbol{P}=\begin{pmatrix}1 & 1 & 1\\ 1 & -1 & 0\\ -1 & 2 & 1\end{pmatrix}$, $\boldsymbol{P}^{-1}\boldsymbol{AP}=\mathrm{diag}(0, -2, -2)$.

(4) $\boldsymbol{P}=\begin{pmatrix}1 & -1 & -1\\ 2 & -2 & 0\\ 3 & 5 & 1\end{pmatrix}$, $\boldsymbol{P}^{-1}\boldsymbol{AP}=\mathrm{diag}(1, 9, 9)$.

**3.** (1) $n$ 是奇数，$\begin{pmatrix}7 & -12 & 6\\ 10 & -19 & 10\\ 12 & -24 & 13\end{pmatrix}$；$n$ 是偶数，$\boldsymbol{E}$.

(2) $\begin{pmatrix}3^n & 0 & 0\\ 2\times3^n-27 & 6 & 5\\ 3\times3^n+27 & -6 & -5\end{pmatrix}$.

(3) $\begin{pmatrix}-24\times(-3)^n+25\times2^n & 20\times(-3)^n-20\times2^n\\ -30\times(-3)^n+30\times2^n & 25\times(-3)^n-24\times2^n\end{pmatrix}$.

(4) $n$ 是奇数，$2^{n-1}\boldsymbol{A}$；$n$ 是偶数，$2^n\boldsymbol{E}$.

**5.** 相似标准形是 $\mathrm{diag}(1, 2, \cdots, n)$.

## B 组

**1.** $x_n=3\times2^{n-1}-2$.

**2.** $x_n=11\times3^{n-1}-9\times4^{n-1}$.

**3.** $x_n=3-2\times3^{n-1}$，$y_n=6-4\times3^{n-1}$，$z_n=3-4\times3^{n-1}$.

**5.** (1) $a=5$，$b=6$，

(2) $\begin{pmatrix}9 & 1 & -1\\ -2 & 0 & 2\\ 7 & 1 & -3\end{pmatrix}$.

**11.** $\begin{pmatrix}2 & 0\\ 0 & 4\end{pmatrix}$.

## 习题 5.3

### A 组

**1.** (1) $Q=\begin{pmatrix} -\frac{1}{\sqrt{2}} & \frac{1}{\sqrt{2}} \\ \frac{1}{\sqrt{2}} & \frac{1}{\sqrt{2}} \end{pmatrix}$, $Q^{-1}AQ=\mathrm{diag}\,(3,\ -1)$.

(2) $Q=\begin{pmatrix} \frac{1}{3} & -\frac{2}{3} & -\frac{2}{3} \\ -\frac{2}{3} & \frac{1}{3} & -\frac{2}{3} \\ -\frac{2}{3} & -\frac{2}{3} & \frac{1}{3} \end{pmatrix}$, $Q^{-1}AQ=\mathrm{diag}\,(0,\ 9,\ -9)$.

(3) $Q=\begin{pmatrix} -\frac{2}{3} & -\frac{2}{3} & \frac{1}{3} \\ -\frac{2}{3} & \frac{1}{3} & -\frac{2}{3} \\ \frac{1}{3} & -\frac{2}{3} & -\frac{2}{3} \end{pmatrix}$, $Q^{-1}AQ=\mathrm{diag}\,(6,\ 3,\ 0)$.

(4) $Q=\begin{pmatrix} \frac{2}{\sqrt{5}} & \frac{2}{3\sqrt{5}} & -\frac{1}{3} \\ \frac{1}{\sqrt{5}} & -\frac{4}{3\sqrt{5}} & \frac{2}{3} \\ 0 & \frac{\sqrt{5}}{3} & \frac{2}{3} \end{pmatrix}$, $Q^{-1}AQ=\mathrm{diag}\,(1,\ 1,\ 10)$.

(5) $Q=\begin{pmatrix} \frac{1}{\sqrt{3}} & -\frac{1}{\sqrt{2}} & -\frac{1}{\sqrt{6}} \\ \frac{1}{\sqrt{3}} & 0 & \frac{2}{\sqrt{6}} \\ \frac{1}{\sqrt{3}} & \frac{1}{\sqrt{2}} & -\frac{1}{\sqrt{6}} \end{pmatrix}$, $Q^{-1}AQ=\mathrm{diag}\,(5,\ -1,\ -1)$.

(6) $\boldsymbol{Q}=\begin{pmatrix}\frac{1}{\sqrt{2}} & 0 & -\frac{1}{\sqrt{2}}\\ 0 & 1 & 0\\ \frac{1}{\sqrt{2}} & 0 & \frac{1}{\sqrt{2}}\end{pmatrix}$, $\boldsymbol{Q}^{-1}\boldsymbol{A}\boldsymbol{Q}=\mathrm{diag}\ (0,\ 1,\ 2)$.

(7) $\boldsymbol{Q}=\begin{pmatrix}\frac{1}{\sqrt{2}} & \frac{1}{\sqrt{6}} & -\frac{1}{2\sqrt{3}} & \frac{1}{2}\\ \frac{1}{\sqrt{2}} & -\frac{1}{\sqrt{6}} & \frac{1}{2\sqrt{3}} & -\frac{1}{2}\\ 0 & \frac{2}{\sqrt{6}} & \frac{1}{2\sqrt{3}} & -\frac{1}{2}\\ 0 & 0 & \frac{\sqrt{3}}{2} & \frac{1}{2}\end{pmatrix}$, $\boldsymbol{Q}^{-1}\boldsymbol{A}\boldsymbol{Q}=\mathrm{diag}\ (1,\ 1,\ 1,\ -3)$.

(8) $\boldsymbol{Q}=\begin{pmatrix}\frac{1}{\sqrt{2}} & 0 & -\frac{1}{\sqrt{2}} & 0\\ \frac{1}{\sqrt{2}} & 0 & \frac{1}{\sqrt{2}} & 0\\ 0 & \frac{1}{\sqrt{2}} & 0 & -\frac{1}{\sqrt{2}}\\ 0 & \frac{1}{\sqrt{2}} & 0 & \frac{1}{\sqrt{2}}\end{pmatrix}$, $\boldsymbol{Q}^{-1}\boldsymbol{A}\boldsymbol{Q}=\mathrm{diag}\ (1,\ 1,\ -1,\ -1)$.

**3**. $\boldsymbol{Q}=\begin{pmatrix}\frac{2}{\sqrt{5}} & -\frac{3\sqrt{70}}{70} & -\frac{1}{\sqrt{14}}\\ \frac{1}{\sqrt{5}} & \frac{3\sqrt{70}}{35} & \frac{2}{\sqrt{14}}\\ 0 & \frac{\sqrt{70}}{14} & -\frac{3}{\sqrt{14}}\end{pmatrix}$.

# 第6章 二 次 型

## 习题 6.1

### A 组

**1**. (1) $\begin{pmatrix} 2 & -2 \\ -2 & 5 \end{pmatrix}$，秩是2.

(2) $\begin{pmatrix} 1 & -2 & -4 \\ -2 & -2 & 3 \\ -4 & 3 & 3 \end{pmatrix}$，秩是3.

(3) $\begin{pmatrix} 1 & 2 & 3 \\ 2 & 4 & 6 \\ 3 & 6 & 9 \end{pmatrix}$，秩是1.

(4) $\begin{pmatrix} 0 & 1 & 0 & 1 \\ 1 & 0 & 1 & 0 \\ 0 & 1 & 0 & 1 \\ 1 & 0 & 1 & 0 \end{pmatrix}$，秩是2.

(5) $\begin{pmatrix} 1 & -1 & -1 & -1 \\ -1 & 1 & -1 & -1 \\ -1 & -1 & 1 & -1 \\ -1 & -1 & -1 & 1 \end{pmatrix}$，秩是4.

**2**. (1) $3x_2^2-4x_1x_2$.

(2) $7x_1^2+5x_2^2+8x_1x_2$.

(3) $-x_1^2+2x_2^2-3x_3^2+8x_1x_2+12x_1x_3-10x_2x_3$.

(4) $-6x_1^2+7x_2^2-2x_3^2+6x_1x_2$.

(5) $x_1^2+x_2^2-2x_3^2-2x_4^2+4x_1x_2-2x_3x_4$.

(6) $x_1^2+x_2^2+x_3^2+x_4^2+2x_1x_2+2x_1x_3+2x_1x_4+2x_2x_3+2x_2x_4+2x_3x_4$.

## 习题 6.2

### A 组

**1.** (1) 标准形 $y_1^2-2y_2^2+4y_3^2$，$\boldsymbol{X}=\begin{pmatrix}\frac{2}{3} & \frac{1}{3} & \frac{2}{3}\\ \frac{1}{3} & \frac{2}{3} & -\frac{2}{3}\\ -\frac{2}{3} & \frac{2}{3} & \frac{1}{3}\end{pmatrix}\boldsymbol{Y}$.

(2) 标准形 $5y_1^2+5y_2^2-4y_3^2$，$\boldsymbol{X}=\begin{pmatrix}0 & \frac{\sqrt{5}}{3} & \frac{2}{3}\\ -\frac{2}{\sqrt{5}} & -\frac{2\sqrt{5}}{15} & \frac{1}{3}\\ \frac{2}{\sqrt{5}} & -\frac{4\sqrt{5}}{15} & \frac{2}{3}\end{pmatrix}\boldsymbol{Y}$.

(3) 标准形 $-\frac{1}{2}y_1^2-\frac{1}{2}y_2^2+y_3^2$，$\boldsymbol{X}=\begin{pmatrix}-\frac{1}{\sqrt{2}} & -\frac{1}{\sqrt{6}} & \frac{1}{\sqrt{3}}\\ 0 & \frac{2}{\sqrt{6}} & \frac{1}{\sqrt{3}}\\ -\frac{1}{\sqrt{2}} & \frac{1}{\sqrt{6}} & \frac{1}{\sqrt{3}}\end{pmatrix}\boldsymbol{Y}$.

(4) 标准形 $\frac{1}{2}y_1^2+\frac{1}{2}y_2^2-\frac{1}{2}y_3^2-\frac{1}{2}y_4^2$，$\boldsymbol{X}=\begin{pmatrix}\frac{1}{\sqrt{2}} & 0 & -\frac{1}{\sqrt{2}} & 0\\ 0 & \frac{1}{\sqrt{2}} & 0 & -\frac{1}{\sqrt{2}}\\ 0 & \frac{1}{\sqrt{2}} & 0 & \frac{1}{\sqrt{2}}\\ \frac{1}{\sqrt{2}} & 0 & \frac{1}{\sqrt{2}} & 0\end{pmatrix}\boldsymbol{Y}$.

**4.** $\begin{pmatrix}8 & -2 & -2\\ -2 & 5 & -4\\ -2 & -4 & 5\end{pmatrix}$

### 习题 6.3

#### A 组

**1.** (1) 不是正定的. (2) 正定. (3) 正定. (4) 不是正定的.

**3.** (1) $t>\frac{4}{3}$. (2) 不可能正定.

## 第7章 线性变换

### 习题 7.1

**1.** (1) 双射 (2) 双射 (3) 非单非满 (4) 双射 (5) 单射 (6) 满射

**2.** (1) $(-38.9)^{T}$, $(-20, 11)^{T}$; (2) $(3, 2)^{T}$; (3) $\mathrm{Im}f=\mathbf{R}^2$, $\ker f=0$.

**3.** (1) $(0, 2)^{T}$, $(3, 6)^{T}$; (2) $(0, 2)^{T}$; (3) $\mathrm{Im}f=\mathbf{R}^2$, $\ker f=0$.

**4.** (1) $\boldsymbol{\alpha}_1-\boldsymbol{\alpha}_2-\boldsymbol{\alpha}_3$; (2) $k(\boldsymbol{\alpha}_1-\boldsymbol{\alpha}_2+\boldsymbol{\alpha}_3)$; (3) $\mathrm{Im}f=V$, $\ker f=0$.

### 习题 7.2

**1.** $\begin{pmatrix}3 & -4\\ 5 & 2\end{pmatrix}$ **2.** $\begin{pmatrix}1 & 1\\ 1 & 1\end{pmatrix}$

**3.** $\begin{pmatrix}1 & -1 & -1\\ 2 & 2 & -1\\ 2 & 1 & -1\end{pmatrix}$ **4.** $\begin{pmatrix}1 & -2 & 0\\ 0 & 1 & -2\\ -2 & 0 & 1\end{pmatrix}$

# 参 考 文 献


[1] 北京大学数学系几何与代数教研室代数小组. 高等代数 [M]. 2 版. 北京: 高等教育出版社, 1988.

[2] 居余马, 等. 线性代数 [M]. 北京: 清华大学出版社, 1999.

[3] 同济大学数学教研室. 工程数学——线性代数 [M]. 3 版. 北京: 高等教育出版社, 1999.

[4] 陈治中. 线性代数 [M]. 北京: 科学出版社, 2002.

[5] S K Jain, A D Gunawardena. 线性代数 ( Linear Algebra) [M]. 北京: 机械工业出版社, 2003.

[6] D C Lay. 线性代数及其应用 ( Linear Algebra and Its Applications) [M]. 刘深泉等译. 北京: 机械工业出版社, 2005.

[7] 俞正光, 王飞燕. 线性代数 [M]. 北京: 清华大学出版社, 2005.